U0864896

全国高校安全工程专业本科规划教材

工业通风与除尘

教育部高等学校安全工程学科教学指导委员会组织编写

主　编　马中飞　沈恒根

主　审　邵　强

中国劳动社会保障出版社

图书在版编目(CIP)数据

工业通风与除尘/马中飞，沈恒根编. —北京：中国劳动社会保障出版社，2009

全国高校安全工程专业本科规划教材

ISBN 978-7-5045-7461-9

Ⅰ.工… Ⅱ.①马…②沈… Ⅲ.①工业建筑-通风除尘-安全技术-高等学校-教材②工业尘-除尘-安全技术-高等学校-教材 Ⅳ.TU834.6 X964

中国版本图书馆 CIP 数据核字(2009)第 000931 号

中国劳动社会保障出版社出版发行

（北京市惠新东街 1 号　邮政编码：100029）

出 版 人：张梦欣

*

国铁印务有限公司印刷装订　新华书店经销

787 毫米×960 毫米　16 开本　23 印张　401 千字

2009 年 1 月第 1 版　2023 年 7 月第 12 次印刷

定价：46.00 元

营销中心电话：400-606-6496

出版社网址：http://www.class.com.cn

内 容 简 介

本书共分九章，较为系统地论述了适用于各行业通风除尘的通用基本理论与方法，主要内容涉及作业场所空气与粉尘、空气流动压力与阻力、通风动力、通风设施、通风系统及其风量调节、粉尘综合防治、除尘装置、通风设计、通风与粉尘测定等。

本书是“全国高校安全工程专业本科教材”之一，可作为高等院校安全工程、环境工程、采矿工程、通风空调等专业的教材或教学参考书，也可供从事通风防尘工作的工程技术及管理人员参考。

序　言

党的十六届五中全会确立了“安全发展”的指导原则，极大地促进了我国安全科学事业的发展，同时为安全工程学科提供了良好的发展机遇。据初步统计，到目前为止，全国开设安全工程专业的高校已达百余所，安全工程专业已成为我国高等教育中重要的新兴专业之一。

加强教材建设，是促进我国安全工程专业健康发展的重要基础工作。本届（2004—2008年）教育部高等学校安全工程学科教学指导委员会在充分吸收现有教材成果和借鉴上届教指委安全工程专业教材成功编写经验的基础上，于2006年启动了“全国高校安全工程专业本科规划教材”的组织编写和出版工作。第一批安全工程专业本科规划教材包括《安全学原理》《安全管理学》《安全人机工程学》《安全系统工程》《职业卫生概论》《工业通风与除尘》《化工安全》《工业防毒技术》《机械安全工程》《电气安全工程》《防火防爆技术》《锅炉压力容器安全》《安全经济学》《安全心理学》《风险管理与保险》等15种。

本套规划教材的编写力求满足安全工程专业课程体系和课程教学的新发展，立足现实，反映前沿，力求创新，既包括已经成熟并被公认的理论与学术思想，又反映安全工程学科领域具有前瞻性与代表性的最新理论、技术和方法，并借鉴吸收世界上发达国家的先进理论、理念与方法。

在本套教材开发过程中，全国30余所高等学校、科研院所的近百名专家和学者积极参与了教材的编写和审订工作，教指委秘书处、教材开发分委会和中国劳动社会保障出版社做了大量的组织工作，在此向他们表示衷心的感谢！

本套教材的编写和出版，是我国安全工程学科在教材建设方面又迈出的重要一步。虽然我们尽了最大努力，但仍有不足，恳请安全工程领域的专家学者和广大师生提出宝贵意见。

教育部高等学校安全工程学科教学指导委员会

2008年7月

前　　言

一般工业生产中会产生大量的毒害、爆炸气体及粉尘，将严重影响作业人员的身体安全和健康。工业通风既可稀释或排除生产过程产生的毒害、爆炸气体及粉尘，给作业场所送入足够数量和质量的空气，又可调节作业场所的温度、湿度等，从而为保证作业人员的身体健康创造前提条件。因此，工业通风与除尘既是安全工程专业的主干专业课程，又是环境工程、采矿工程等专业的重要专业课程。

本书的编写工作在教育部高等学校安全工程学科教学指导委员会的直接领导下进行，教材编写大纲从编制、修改到审定，都是由教育部高等学校安全工程学科教学指导委员会反复讨论完成的。作者严格按照编写大纲的规定和要求进行教材的编写。

本书共分九章，主要内容涉及作业场所空气与粉尘、空气流动压力与阻力、通风动力、通风设施、通风系统及其风量调节、粉尘综合防治、除尘装置、通风设计、通风与粉尘测定等。根据新世纪高校学生的“厚基础、宽口径、富有创新能力”培养要求，本书力图系统地阐述适用于各行业通风除尘的通用基本理论、方法，同时，也适当介绍各行业通风防尘的特殊方法、设计及前沿动态。本书由沈恒根编写第四章第一至五节、第八章第一至四节、第八章第六节，陈日辉编写第一章第一节、第六章第一至三节、第六章第六节、第七章第六至七节和部分附录，杨秀莉编写第三、九章，王志参与编写第八章及部分附录内容，马中飞编写其余部分并负责全书统稿。

在本书编写过程中，引用了许多文献资料，在此，谨向相关作者表示诚挚的谢意。

由于水平有限，时间仓促，书中恐有错误和不当之处，恳请读者赐教。

编　者

2008年8月

前言

目　　录

第一章　作业场所空气与粉尘

本章学习目标：

1. 掌握作业场所空气及其典型有害气体理化性质。

2. 掌握空气基本物理参数的内涵。

3. 掌握粉尘基本参数、性质及其危害。

4. 了解温度、湿度、气压及空气流速对人体生理的影响，了解有害气体的工业有害因素控制标准及其工业通风概念。

第一节　作业场所空气及其有害气体理化性质

一、大气主要成分及其基本性质

按照国际标准化组织对大气的定义，大气是指环绕地球的全部空气的总和。大气由干燥清洁的空气、水蒸气和各种杂质组成，因此，大气属于湿空气。大气中的各种杂质是由自然过程和人类活动排到大气中的各种悬浮微粒和气态物质组成的，所占比例很小。水蒸气含量也很小，平均不到0.5%，而且随着时间、地点和气象条件等不同而有较大变化，其变化范围可达0.01%～4%。不过，大气中的水蒸气含量虽然很小，但水蒸气含量的变化对湿空气的物理性质和状态的影响是非常显著的。干燥清洁空气是大气最主要的成分，由氧气、氮气、二氧化碳、氩、氖和其他一些微量气体所组成，其组成成分比较稳定，典型干燥清洁空气的化学组成见表1—1。大气中氧气（O_2）、氮气（N_2）及二氧化碳（CO_2）的基本性质如下：

1. 氧气（O_2）

氧气是维持人体正常生理机能所需要的气体。人类在生命活动过程中，必须不

表 1—1　干燥清洁空气的组成

气体名称	分子量	体积比/%	气体名称	分子量	体积比/10^{-6}
氮气（N_2）	28.01	78.084±0.004	氖气（Ne）	20.18	1.8
氧气（O_2）	32.00	20.946±0.002	氦气（He）	4.003	5.2
氩气（Ar）	39.94	0.934±0.001	甲烷（CH_4）	16.04	1.2
二氧化碳（CO_2）	44.01	0.033±0.001	氪气（Kr）	83.80	0.5
			氢气（H_2）	2.016	0.5
			氙气（Xe）	131.30	0.08
			二氧化氮（NO_2）	46.05	0.02
			臭氧（O_3）	48.00	0.01～0.04

断吸入氧气，呼出二氧化碳。人体维持正常生命过程所需的氧气量，取决于人的体质、精神状态和劳动强度等。当空气中的氧浓度降低时，人体就可能产生不良的生理反应，出现种种不适的症状：氧的体积分数为17%时，静止时无影响，工作时能引起喘息和呼吸困难；降到15%时，人呼吸及心跳急促，耳鸣目眩，感觉和判断能力降低，失去劳动能力；达到10%～12%时，人将失去理智，时间稍长有生命危险；达到6%～8%时，人将失去知觉，呼吸停止，如不及时抢救几分钟内可能导致死亡。

2. 氮气（N_2）

氮气是新鲜空气中的主要成分，它无色、无味、无臭，相对密度为0.97，不助燃，也不能供人呼吸。在正常情况下，氮对人体无害，但有限空间内积存大量的氮气，氧浓度相对减小，也可使人因缺氧而窒息。利用氮气的惰性，可将其用于防灭火和防止气体及粉尘爆炸。

3. 二氧化碳（CO_2）

二氧化碳是无色、略带酸味的气体，相对密度为1.52，是一种较重的气体，很难与空气均匀混合，故常积存在作业场所的底部，在静止的空气中有明显的分界。二氧化碳不助燃，也不能供人呼吸，可溶于水，生成碳酸，使水溶液呈弱酸性，对眼、鼻、喉黏膜有刺激作用。在新鲜空气中含有微量的二氧化碳对人体是无害的，如果空气中完全不含有二氧化碳，人体的正常呼吸功能就不能维持。所以在抢救遇难者进行人工输氧时，往往要在氧气中加入5%的二氧化碳，以满足遇难者的呼吸机能。但当空气中二氧化碳的浓度过高时，也会使空气中的氧浓度相对下降，轻则使人呼吸加快，呼吸量增加，严重时也能造成人员窒息。

二、作业场所主要空气成分

大气进入作业场所后，作业场所的有关物质将与大气混合，故其成分和性质将产生一系列的变化。如氧气浓度降低，二氧化碳浓度增加，混入各种有毒、有害气体和粉尘，空气的状态参数（温度、湿度、压力等）发生改变等。

尽管作业场所的空气与大气相比，在性质上存在许多差异，但在新鲜空气中其主要成分仍然是氧气、氮气和二氧化碳。

三、作业场所主要有害气体理化性质及其危害

根据气体（蒸气）类有害物质对人体危害的特征，一般可将其分为麻醉性、窒息性、刺激性、腐蚀性四类。下面介绍几种常见气体（蒸气）理化性质及其对人体的危害。

1. 二氧化硫（SO_2）

二氧化硫是一种无色，有强烈硫黄味的气体，易溶于水，在风速较小时，易积聚于作业场所的底部，对眼睛有强烈刺激作用。二氧化硫遇水后生成硫酸，对眼睛和呼吸器官有腐蚀作用，能引起喉咙和支气管发炎，呼吸麻痹，严重时引起肺水肿。当空气中二氧化硫浓度为0.000 5%时，嗅觉器官能闻到刺激味；空气中二氧化硫浓度为0.002%时，有强烈的刺激，可引起头痛和喉痛；空气中二氧化硫浓度为0.05%时，可引起急性支气管炎和肺水肿，短期间内即死亡。SO_2 主要来自含硫矿物氧化、燃烧，金属矿物的焙烧，毛和丝的漂白，化学纸浆和制酸等生产过程，含硫矿层也会涌出 SO_2。

2. 硫化氢（H_2S）

硫化氢无色、微甜，有浓烈的臭鸡蛋味，当空气中浓度达到0.000 1%即可嗅到，但当浓度较高时，因嗅觉神经中毒麻痹，反而嗅不到。硫化氢相对密度为1.19，易溶于水。硫化氢能燃烧，空气中硫化氢浓度为4.3%～45.5%时有爆炸危险。硫化氢剧毒，有强烈的刺激作用，不但能引起鼻炎、气管炎和肺水肿，而且还能阻碍生物的氧化过程，使人体缺氧。当空气中硫化氢浓度较低时，主要以腐蚀刺激作用为主，当浓度较高时能引起人体迅速昏迷或死亡，腐蚀刺激作用往往不明显。硫化氢进入人体后，在肺泡内很快就被血液吸收，氧化成无毒的硫盐，但未被氧化的 H_2S 则发生毒害作用。H_2S 也很容易溶于黏膜表面的水分中，与钠离子结合成硫化钠，对黏膜有强烈的刺激作用，可引起眼炎及呼吸道炎症，甚至肺水肿。

H_2S对人体全身的致毒作用在于它和氧化型细胞血素酶的三价铁结合，使酶失去活性，影响细胞氧化，造成人体组织缺氧。空气中H_2S浓度过高（900 mg/m^{3}以上）可直接抑制呼吸中枢，引起窒息而迅速死亡。急性中毒后遗症包括头痛与智力下降，慢性中毒症状一般为眼球酸痛，有灼伤感，肿胀畏光，并引起气管炎和头痛。

3. 氮氧化物（NO_x）

氮氧化物主要是指一氧化氮（NO）和二氧化氮（NO_2），来源于燃料的燃烧及化工、电镀等生产过程。二氧化氮是一种褐红色的气体，有强烈的刺激气味，相对密度为1.59，易溶于水。二氧化氮溶于水后生成腐蚀性很强的硝酸，对眼睛、呼吸道黏膜和肺部组织有强烈的刺激及腐蚀作用，严重时可引起肺水肿。二氧化氮中毒有潜伏期，有的在重度中毒时尚无明显感觉，还可坚持工作。但经过6～24小时后发作，中毒者指头出现黄色斑点，并出现严重的咳嗽、头痛、呕吐甚至死亡。NO_2含量为1×10^{-6}～3×10^{-6}时，可闻到臭味；含量为13×10^{-6}时，眼鼻有急性刺激感及胸部不适；含量在25×10^{-6}～75×10^{-6}时，肺部绞痛；300×10^{-6}以上时，发生支气管炎及肺水肿死亡。NO对人体的生理影响还不十分清楚，它与血红蛋白的亲和力比CO还要大几百倍。如果动物与高浓度的NO相接触，可出现中枢神经病变。

4. 甲烷（CH_4）

甲烷为无色、无味、无臭的气体，对空气的相对密度为0.55，难溶于水，扩散性较空气高1.6倍。虽然无毒，但人吸入含有浓度57%以上甲烷的混合空气时，因其可使混合空气中氧浓度降至10%以下，将会使人窒息。另外，甲烷在空气中具有一定浓度并遇到高温（650～700℃）时能引起爆炸，如煤矿中经常发生的瓦斯爆炸事故，其爆炸气体中的主要成分就是甲烷。

5. 苯（C_6H_6）

苯属芳香烃类化合物，在常温下为无色透明带特殊芳香味的无色液体，极易挥发，熔点5.51℃，沸点80.1℃，相对密度为0.879，微溶于水，易溶于酒精、乙醚、氯仿、丙酮等，苯的闪点为10～12℃，易引起燃烧爆炸。苯在工业上用途很广，作为原料用于燃料工业和农药生产，作为溶剂和黏合剂用于造漆、喷漆、制药、制鞋及苯加工业、家具制造业等。苯蒸气主要产生于焦炉煤气及上述行业的生产过程。苯进入人体的途径是从呼吸道或从皮肤表面渗入。苯刺激黏膜、皮肤，出现痒疹、脱脂性皮炎、湿疹等；短时间内吸入大量苯蒸气可引起急性中毒，急性苯中毒主要表现为中枢神经系统的麻醉作用，轻者表现为神志恍惚、兴奋、步态不稳、头晕、头痛、恶心、呕吐等，重者可出现意识模糊、昏迷或抽搐，甚至导致呼吸、心跳停止；长期接触低浓度的苯可引起慢性中毒，主要是对神经系统和造血系统的损害，表现为头晕、头痛、失眠、多梦、乏力、健忘、白血球持续减少、血小板减少而出现出血倾向。

6. 氰化物

氰化物种类很多，比较常见的有氰氢酸、氰酸盐类、腈类、氰甲酸酯类、氯化氰、溴化氰等。氰化物是一种剧毒物质，以氰化氢（HCN）毒性最大。在其他氰化物中，凡能在空气或者组织中放出氰化氢或氰离子的，都具有与氰化氢相仿的毒作用。氰化物的毒理作用在于氰离子能迅速与氧化型细胞色素氧化酶的三价铁结合，并阻碍其细胞色素还原为带两价铁的的还原型细胞色素氧化酶，使组织细胞不能得到足够的氧气，引起缺氧而中毒。在生产条件下，氰化物主要以氰化氢气体或氰化物盐类粉尘形态经呼吸道进入人体内而引起中毒，高浓度时也可经皮肤少量吸收而引起中毒，其急性中毒表现为中枢神经缺氧，呼吸困难，胸部压迫感，血压升高，心律不齐，瞳孔逐渐散大，眼球凸出，皮肤黏膜呈鲜红色，全身肌肉松弛，感觉和反射消失，呼吸慢以至停止。

7. 一氧化碳（CO）

一氧化碳是一种无色、无味、无臭的气体，相对密度为 0.97，微溶于水，能与空气均匀地混合。一氧化碳能燃烧，当空气中一氧化碳浓度在 13%～75%时有爆炸的危险；浓度达 0.4%时，在很短时间内人就会失去知觉，抢救不及时就会中毒死亡。一氧化碳与人体血液中血红素的亲和力比氧大 150～300 倍（血红素是人体血液中携带氧气和排出二氧化碳的细胞）。一旦一氧化碳进入人体后，首先就与血液中的血红素相结合，因而减少了血红素与氧结合的机会，使血红素失去输氧的功能，从而造成人体血液“窒息”。所以，医学上又将一氧化碳称为血液窒息性气体。由于一氧化碳与血红素结合后，生成鲜红色的碳氧血红素，故一氧化碳中毒最显著的特征是中毒者黏膜和皮肤均呈樱桃红色。中枢神经系统对缺氧最敏感。缺氧引起水肿、颅内压增高，同时造成脑血液循环障碍，部分重症 CO 中毒患者，在昏迷苏醒后，经过 2 天至 2 个月的假愈期，出现一系列神经精神障碍等迟发性脑病。CO 多数为燃烧、爆炸时的产物，或来自煤气的泄漏。

8. 甲醛（HCHO）

甲醛又称蚁酸，是无色、有强烈刺激性气味的气体，相对密度为 1.06，略重于空气。几乎所有的人造板材，某些装饰布、装饰纸、涂料和许多新家具都可释放出甲醛，因此它和苯是现代房屋装修中经常出现的有害气体。空气中的甲醛对人的皮肤、结膜、呼吸道黏膜等有刺激作用，它也可经呼吸道吸收。甲醛在体内可转变为甲酸，有一定的麻醉作用。甲醛浓度高的居室中有明显的刺激性气味，可导致流泪、头晕、头痛、乏力、视物模糊等症状，检查可见结膜、咽部明显充血，部分患者听诊呼吸音粗糙或有干性啰音。较重者可有持续咳嗽、声音嘶哑、胸痛、呼吸困难等症状。

9. 铅（Pb）蒸气

铅是一种有毒的淡灰色金属，熔点327℃，沸点1 525℃，温度达400～500℃时会产生大量蒸气。铅蒸气在空气中可以迅速氧化和凝聚成氧化铅微粒。铅不是人体必须的元素，铅及其化合物通过呼吸道及消化道进入人体后，再由血液输送到脑、骨骼及骨髓各个器官，对神经系统、消化系统、血液系统均造成伤害。轻度铅中毒时，除尿铅量增高外，有乏力、肢体酸痛、口内金属味、腹胀、腹部隐痛、便秘、头晕、头痛、睡眠障碍等症状，典型中毒症状为腹绞痛（铅绞痛）、贫血、麻痹、脑病等，反映铅在体内含量的指标为血铅、尿铅。

10. 汞（Hg）蒸气

汞俗称水银，是一种液态金属，相对密度为13.6，熔点－39℃，沸点356.9℃，在常温下非常容易挥发成汞蒸气。汞及其化合物为剧毒物质，人吸入不同量的汞蒸气可引起急性中毒或慢性中毒。人一次吸入加热的2.5 g汞所产生的蒸气可以致死，吸入浓度为1.2～8.5 mg/m^3的汞蒸气可引起急性中毒，其主要表现为腐蚀性胃炎、气管炎、汞毒性肾炎和急性口腔炎，还可并发肝炎及产生皮肤损害。其慢性中毒的主要临床表现包括：神经精神症状，出现乏力、头昏、头痛、睡眠障碍、记忆力减退等神经衰弱症状及急躁、易怒、好哭等，手指、舌、眼睑震颤，口腔炎等。

11. 锰（Mn）蒸气

锰是一种脆而硬的灰白色金属，在自然界以氧化物或盐类形式存在。锰蒸气在空气中很快氧化成黑灰色的MnO及棕红色的Mn_3O_4，在工业生产中，锰主要以锰尘及烟雾的形态经呼吸道进入人体。锰的化合物进入人体主要损害神经系统，伴有精神症状。

第二节　空气基本物理参数及其对人体生理的影响

一、空气基本物理参数

空气基本物理参数主要包括空气的温度、静止压力、湿度、密度与比体积、黏性、比热容及焓等，现分述如下：

1. 空气温度

温度是描述物体冷热状态的物理量，是作业场所表征气象条件的主要参数之一。测量温度的标尺简称温标。热力学绝对温标，用符号 T 表示，单位为 K (Kelvin)，国际单位制规定摄氏温标为实用温标，用 t 表示，单位为℃，它与热力学温标的关系为：

$$T=273.15+t \tag{1—1}$$

2. 空气静止压力

空气静止压力也称为空气的静压，它是空气分子热运动对器壁碰撞的宏观表现，用符号 p 表示。根据物理学的分子运动理论，空气静止压力可用式（1—2）表示：

$$p=\frac{2}{3}n\left(\frac{1}{2}mv^2\right) \tag{1—2}$$

式中　n——单位体积内的空气分子数；

$\frac{1}{2}mv^2$——分子平移运动的平均动能。

由式（1—2）可知，空气静止压力是单位体积内空气分子不规则热运动产生的总动能的 2/3 转化为能对外做功的机械能的表现。因此，空气静止压力的大小可以用仪表测定。

在地球引力场中的大气受分子热运动和地球重力场引力的综合作用，故大气静止压力 p_0（简称大气压力）与海拔高度成反比关系。对于有限空间空气静止压力，根据压力的测算基准的不同，有绝对静压、相对静压两种表示方法。绝对静压是指以真空状态绝对零压为比较基准的静压，恒为正值；相对静压是指以当地当时同标高的大气压力为测算基准测得的压力，也即绝对静压 p_s 与大气压力 p_0 之差，有正负之分。

空气压力的国际标准单位为 Pa（帕斯卡，1 Pa=1 N/m²），压力较大时可采用

kPa（1 kPa＝10^3 Pa）、MPa（1 MPa＝10^3 kPa＝10^6 Pa）。以前采用的单位还有毫米汞柱（mmHg）和毫米水柱（mmH_2O），1 mmHg≈133.322 Pa，1 mmH_2O≈9.806 65 Pa。

3. 空气湿度

表示空气湿度的方法有绝对湿度、相对湿度和含湿量三种。

（1）绝对湿度。单位体积空气中所含水蒸气的质量称为空气的绝对湿度。其单位与密度单位相同，用符号 ρ_v 表示：

$$\rho_v=\frac{m_v}{V} \tag{1—3}$$

式中　m_v——水蒸气的质量，kg；

V——空气的体积，m^3。

在一定的温度和压力下，单位体积空气所能容纳的水蒸气量是有极限的，超过这一极限值，多余的水蒸气就会凝结出来。这种含有极限值水蒸气的湿空气称为饱和空气，其所含的水蒸气量叫饱和湿度，用 ρ_s 表示。此时的水蒸气分压叫饱和水蒸气压，用 p_s 表示。

（2）相对湿度。单位体积空气中实际含有的水蒸气量（ρ_v）与相同温度下的饱和水蒸气含量（ρ_s）之比称为空气的相对湿度，有时也称之为饱和度，它可用符号 φ 表示：

$$\varphi=\frac{\rho_v}{\rho_s} \tag{1—4}$$

φ 值可以用小数表示，也可以用百分数表示。φ 值小表示空气干燥，吸收水分的能力强；反之，φ 值大则空气潮湿，吸收水分能力弱。水分向空气中蒸发的快慢和相对湿度直接有关。不饱和空气随温度的下降其相对湿度逐渐增大，冷却到 $\varphi=1$时的温度称为露点。再继续冷却，空气中的水蒸气就会因过饱和而凝结成水珠。反之，当空气温度升高时，空气的相对湿度将会减小。

（3）含湿量。含有 1 kg 干空气的湿空气中所含水蒸气的质量（kg）称为空气的含湿量，可用符号 d_s 表示：

$$d_s=0.622\frac{\varphi p_s}{p-\varphi p_s} \tag{1—5}$$

式中　p_s——温度为 t 时的饱和水蒸气分压，Pa。

4. 空气密度和比体积

（1）空气密度。单位体积空气的质量称为空气的密度，一般用符号 ρ 表示。一般认为空气是均质流体，所以，空气的密度公式为：

$$\rho=\frac{m}{V} \tag{1—6}$$

式中　m——空气的质量，kg；

V——空气的体积，m^3。

湿空气的密度是单位体积空气中所含干空气质量和水蒸气质量之和，即：

$$\rho=\rho_d+\rho_v \tag{1—7}$$

式中　ρ_d——1 m^3 空气中干空气的质量，kg/m^3；

ρ_v——1 m^3 空气中水蒸气的质量，kg/m^3。

根据道尔顿分压定律，可以知道：湿空气的总压力 p 等于干空气分压力 $p_{d.a}$ 和水蒸气分压力 p_q 之和，即：

$$p=p_{d.a}+p_q \tag{1—8}$$

由气体状态方程，可得：

$$\rho=\frac{p}{RT} \tag{1—9}$$

由式（1—7）和（1—8），不难推导出如下湿空气的密度计算公式：

$$\rho=0.003\ 484\frac{p}{273+t}\left(1-\frac{0.378\varphi p_s}{p}\right) \tag{1—10}$$

式中　p——空气的压力，Pa；

φ——空气的相对湿度；

t——空气温度，℃；

p_s——温度为 t 时的饱和水蒸气分压，Pa。

（2）空气比体积。空气比体积是指单位质量空气所占有的体积，以前也称为空气的比容，用符号 v 表示，单位为 m^3/kg。比体积和密度互为倒数，它们是一个状态参数的两种表达方式，即：

$$v=\frac{V}{m}=\frac{1}{\rho} \tag{1—11}$$

5. 空气的黏性

空气抗剪切力的性质称为空气的黏性，黏性是空气流动时产生阻力的内在因素。例如，空气在管道中作层流流动时，管壁附近流速小，越靠近轴线流速越大。在垂直流动方向上，设有厚度为 dy（m），速度为 u（m/s），速度增量为du（m/s）的分层，在流动方向上的速度梯度为 du/dy（s^{-1}），根据牛顿内摩擦定律可得：

$$F=\mu \cdot S \cdot \frac{\mathrm{d}u}{\mathrm{d}y} \tag{1—12}$$

式中 F——内摩擦力，N；

μ——动力黏度（或绝对黏度），Pa · s；

S——流层之间的接触面积，m^2。

在工业通风中，还常用动力黏度与密度的比值即运动黏度 υ（m^2/s）表示空气的黏性，即：

$$\upsilon=\frac{\mu}{\rho} \tag{1—13}$$

空气的黏度也称黏性系数，它随气温的升高而增大。在实际应用中，压力对黏性的影响可以忽略不计，在考虑流体的可压缩性时常采用动力黏度而不用运动黏度。

有资料表明，在标准状态（压力 0.1 MPa，温度 20℃）下，空气的动力黏性系数为 1.808×10^{-5} Pa · s，运动黏性系数为 1.501×10^{-5} m^2/s。

6. 空气比热容

单位质量的物质在准平衡过程中，单位温度变化时所吸收或放出的热量称为该物体的比热容，表示方法有质量比热容、容积比热容和摩尔比热容。一般来说，质量比热容的符号为 c，单位是J/kg · K；容积比热容的符号是 c'，单位是 J/m^3 · K；摩尔比热容的符号是 C 或 MC，单位是 J/kmol · K。三种比热的换算关系是：

$$c'=\frac{MC}{22.4}=c\rho_0 \tag{1—14}$$

式中 M——气体的分子量；

ρ_0——气体在标准状态下的密度。

7. 空气的焓

焓是一个复合的状态参数，它是内能和压力功之和，焓也称热焓。理想气体混合物的焓等于各组成部分焓之和。对于湿空气而言，其焓应为干空气的焓与水蒸气的焓之和。工程上为了应用方便，湿空气的焓 i 是指 1 kg 干空气及与之混合的水蒸气焓的和，单位是 kJ/（kg 干空气），即：

$$i=i_d+d_s i_v \tag{1—15}$$

式中 i_d——1 kg 干空气的焓；

i_v——1 kg 水蒸气的焓；

d_s——含湿量。

在实际的应用中，为了简化计算，可使用焓湿图直接查阅。

二、空气物理参数对人体生理的影响

空气物理参数中的温度、气压、湿度及空气流速等综合状态对人体生理影响是较大的。如作业环境中的温度和湿度过高、气压及空气流速过低，则作业人员将感到非常不舒服，而影响工作效率。

1. 空气温度

温度是空气物理参数中对人体生理影响最大的因素。

人体与环境的热交换方式主要有对流、辐射、蒸发三种方式。对流换热主要取决于皮肤温度和周围空气温度与速度，当空气温度低于人体皮肤表面温度时，人体会向周围散热，人体感觉凉爽（冷）；当周围空气温度高于人体皮肤表面温度时，人体会感觉热（暖）；当人体皮肤表面温度等于空气温度时，人体与空气之间没有对流换热。人体与周围的辐射换热主要取决于周围固体表面温度和人体皮肤表面温度，而与周围的空气温度无关。当周围固体表面温度高于人体皮肤表面温度时，人体接受热辐射，反之人体接受冷辐射。蒸发散热主要取决于空气的流速和相对湿度，当温度一定时，相对湿度越小，空气流速越大，汗液的蒸发量会越大；反之蒸发量越小。人体对温度较为敏感，且热感觉比冷感觉要相对滞后。

2. 空气压力

高气压对人体的影响，在不同阶段表现不同。在加压过程中，可引起耳充塞感、耳鸣、头晕等，甚至造成鼓膜破裂。在高气压作业条件下，欲恢复到常压状态时，需要有个减压过程。在减压过程中，如果减压过速，会使人体组织和血液中产生大量气泡，造成血液循环障碍和组织损伤。

低气压作业对人体的影响主要是指由于缺氧而引起的损害。如高原病就是发生于高原低氧环境下的一种特发性疾病。根据发病的快慢以及发病的特征表现，临床上将高原病分为急性高原病和慢性高原病两大类；急性高原病又分为急性高原反应、高原肺水肿和高原脑水肿三种类型；慢性高原病又分为高原心脏病、高原红细胞增多症和高原血压异常三种类型。

3. 空气湿度

作业场所湿度过高，会阻碍汗液的蒸发，影响散热和皮肤表面温度，从而影响人的舒适感。在高温、高湿的环境下劳动，除容易发生突发性的高温虚脱现象外，久而久之，还容易患风湿性关节炎。此外，在湿度过大的环境中，粉尘及放射性气溶胶易黏附于人的皮肤、毛孔，阻碍分泌物的排除，引起病变等。

4. 空气流速

空气的流动对人体有着不同的影响。夏季空气流动可以促进人体散热，冬季空气流速过大会使人体感到寒冷。当作业场所空气流动性较，不能有效换气时，各种有害化学物质将不能及时排出，致使作业场所空气质量进一步恶化，可见保持作业场所一定的空气流速是非常重要的。一般来说，作业场所空气流速一般不应低于0.2 m/s。

5. 其他因素

影响作业场所气候条件的还有许多其他因素，如热辐射、气流组织的均匀程度、吹风感、着衣程度、活动量等。另外，最新的研究表明气流的脉动频率也可能造成人体不适，气流脉动频率在范围内波动时，冷气流对人体造成的不舒适度最大。

以上仅分析了单个空气物理参数对人体的影响。应该指出，从人体的热交换原理可知，各种因素的组合值对人体会有不同的影响，需要对这些因素组合进行综合分析。

第三节　粉尘基本参数与性质

一、粉尘的概念及分类

1. 粉尘的概念及来源

粉尘泛指因机械过程（如破碎、筛分、运输等）和物理化学过程（如冶炼、燃烧、金属焊接）而产生的、粒径一般在1 mm以下的微细固体颗粒。其中，因物理化学过程而产生的微细粒子又称为烟尘。

粉尘的来源主要有以下几个方面：一是固体物料的机械破碎和研磨，例如采矿、选矿、耐火材料车间的矿物质破碎过程和各种研磨加工过程；二是粉状物料的混合、筛分、包装及运输，例如水泥、面粉等的生产和运输过程；三是物质的燃烧，例如煤燃烧时产生的烟尘量，占燃煤量10%以上；四是物质被加热时产生的蒸气在空气中的氧化和凝结，例如矿石烧结、金属冶炼等过程中产生的锌蒸气，在空气中冷却时，会凝结、氧化成氧化锌固体微粒。在采矿、冶金、机械、建材、轻工、电力等许多工业部门的生产中均会产生大量粉尘。

2. 粉尘的分类

粉尘可以根据许多特征进行分类。与通风除尘有关的一些常用分类方法，主要有以下几种：

（1）按粉尘的成分可分为无机粉尘、有机粉尘和混合性粉尘。无机粉尘包括矿物性粉尘（如石英尘、滑石粉尘、煤尘等）、金属粉尘（如铁尘、锡尘、铝尘等）和人工无机性粉尘（如金刚砂尘、水泥尘、耐火材料尘等）。有机粉尘包括动物性粉尘（如皮革尘、骨质尘等）、植物性粉尘（如棉尘、亚麻尘、谷物尘等）和人工有机粉尘（如塑料粉末尘、合成纤维尘、有机玻璃尘等）。混合性粉尘是指包括数种粉尘的混合物，大气中的粉尘通常都是混合性粉尘。

（2）按粉尘的颗粒大小可分为可见粉尘、显微粉尘和超显微粉尘。可见粉尘是指粒径大于 10 μm、用眼睛可以分辨的粉尘。显微粉尘是指粒径为 0.25 ～10 μm，在普通显微镜下可以分辨的粉尘。超显微粉尘是指径粒小于 0.25 μm，在超倍显微镜或电子显微镜下才可以分辨的粉尘。工程技术中有时用到超微米粉尘（亚微米粉尘）一词，指的是粒径在 1 μm 以下的粉尘。

（3）从卫生学角度可分为全尘和呼吸性粉尘。全尘是指悬浮于空气中粉尘的总量，也称总粉尘。呼吸性粉尘是指由于呼吸作用能进入人体肺泡并沉积在肺泡内的粉尘，其颗粒直径一般小于 5 μm。

（4）按有无爆炸性可分为爆炸性粉尘和无爆炸件粉尘。爆炸性粉尘是指经过粉尘爆炸性鉴定，确定本身能发生爆炸和传播爆炸的粉尘，如煤尘、硫黄粉尘。无爆炸件粉尘是指经过粉尘爆炸性鉴定，确定不能发生爆炸和传播爆炸的粉尘，如石灰石粉尘、水泥粉尘。

（5）按粉尘的存在状态，可分为浮尘和落尘。浮尘是指悬浮在空气中的粉尘，也称飘尘。落尘是指沉积在器物表面、地面及有限空间四周的粉尘，也称积尘。浮尘和落尘在不同的条件下可相互转化。

二、粉尘的主要物理参数

1. 个体粉尘粒径

球形尘粒是用其直径（粒径）来表示其大小的，非球形粒子一般也用“粒径”来衡量其大小，然而此时的粒径有不同的含义。一般来说有三种形式的粒径：几何当量径、投影径和物理当量径。

（1）几何当量直径。它是指取粉尘的某一几何量相同时的球形粒子的直径。例如，等投影面积径 d_A 是指与粉尘的投影面积相同的某一圆面积的直径；等体积径 d_V 是指与粉尘体积相同的某一圆球的直径；等表面积径 d_S 是指与尘粒的外表面积相同的某一圆球的直径。

（2）投影径。它是指尘粒在显微镜下所观察到的粒径，有定向径、长径、短径、面积等分径等表示方法。定向径是指尘粒投影面上两平行切线之间的距离。面积等分径是指将粉尘的投影面积二等分的直线长度，通常采用等分线与底边平行。长径是指不考虑方向的最长径。短径是指不考虑方向的最短径。

（3）物理当量直径。物理当量直径是指取尘粒的某一物理量相同时的球形粒子的直径。例如，阻力径 d_d 是指在相同黏性、速度的含尘气体中粉尘所受到的阻力与圆球受到的阻力相同时的圆球直径；空气动力径 d_a 是指静止的空气中尘粒的沉降速度与密度为 1 g/cm^3 的圆球的沉降速度相同时的圆球直径。

不同的粒径测试方法得出不同概念的粒径，例如，用显微镜法测得的是投影径，而用光散射法测定时为等体积径等。

2. 粉尘平均粒径和中位径

粉尘的平均粒径包括：①粉尘直径的总和除以粉尘的颗粒数得出的算术平均径；②各粉尘的体积（重量）的总和除以粉尘的颗粒数得出的体积（或重量）平均径；③粉尘表面积的总和除以粉尘的颗粒数得出的平均表面积径；④n 个粉尘粒径的连乘积的 n 次方根得出的几何平均径。粉尘的中位径包括个体粉尘粒径从小到大排列计数中序列为总数量或质量 1/2 的个体粉尘粒径值即计数中位径或质量中位径。

3. 密度

粉尘密度有真密度和假密度之分，单位为 kg/m^3 或 g/cm^3。粉尘的真密度是指单位实际体积粉尘的质量，这里指的是粉尘实际体积，不包括粉尘之间的空隙，因而称之为粉尘的真密度 ρ_p。粉尘假密度 ρ_B 也称堆积密度或表现密度，是指粉尘呈自然扩散状态时单位容积中粉尘的质量，这里指的单位容积包含了尘粒之间存在的空隙，因此堆积密度要比粉尘的真密度小。若空隙率为 ϑ，则真密度 ρ_p 和堆积密度 ρ_B 存在如下关系：

$$\rho_B = (1-\vartheta)\ \rho_p \tag{1—16}$$

4. 比表面积

粉尘比表面积是指粉尘单位质量的表面积，单位为 m^2/kg 或 cm^2/g。

5. 浓度和分散度

粉尘浓度是指单位体积空气中所含浮尘的数量或质量，其大小直接影响着粉尘危害的严重程度，是衡量作业环境的劳动卫生状况和评价防尘技术效果的重要指标。粉尘浓度表示方法有质量法和计数法两种。质量法是指以单位体积空气中所含浮尘的质量来表示，单位为 mg/m^3 或 g/m^3，我国规定采用质量法来计量粉尘浓度。计数法是指以单位体积空气中所含浮尘的颗粒数来表示，单位为粒/cm^3 或粒/m^3，因其测定复杂且不能很好地反映粉尘的危害性，因而在实际中使用越来越少。

粉尘分散度又称粒度分布，指的是在不同粒径范围内所含粉尘的个数或质量占总粉尘的百分比，有质量分散度和数量分散度两种表示方法。质量分散度是以粉尘的质量为基准计量的，用各粒级区间粉尘的质量占总质量的百分数表示；数量分散度是以粉尘颗粒数为基准计量的，用各粒级区间的颗粒数占总颗粒数的百分数表示。粒径较小的粉尘所占比例越大，表示其分散度高。

粉尘分散度的表示手段很多，如列表法、图形法、函数法等，最简单和最常用的是列表法，即将粒径分成若干个区段，然后分别给出每个区段的颗粒数或质量，用绝对数或百分数表示。粒径区段的划分是根据粒度大小和测试目的确定的。我国工矿企业将粉尘粒径区段划分为四级：小于 2 μm、2～5 μm、5～10 μm 和大于10 μm。

6. 安置角与滑动角

将粉尘自然并连续落到水平板上，堆积成圆锥体，圆锥体的母线同水平面的夹角，即圆锥体的锥体角，称为粉尘的安置角，也叫休止角、堆积角、安息角等。

滑动角是指将粉尘置于光滑平面上，使光滑平面倾斜至粉尘开始滑动时的倾斜角。

粉尘的安置角及滑动角是评价粉尘流动特性的一个重要指标，是设计除尘器灰斗锥度、除尘管路倾斜度等的主要依据。影响粉尘安置角和滑动角的因素有：粉尘粒径、含水率、粒子形状、粒子表面光滑程度、粉尘黏性等。安置角小的粉尘，其流动性好，反之则流动性差。

7. 比电阻

粉尘比电阻是指单位面积、单位厚度粉尘的电阻。影响粉尘比电阻的主要因素是粉尘的成分、温度和湿度。导电性能好的粉尘，比电阻小，反之则大。水是导电物质，湿度大，比电阻小，反之则大。在温度较低的范围内，粉尘比电阻是随温度升高而提高的，当温度达到一定值时，粉尘比电阻达到某一最大值，之后又随温度的升高而下降。表 1—2 列出了常见工业粉尘的比电阻范围。

表 1—2　　常见工业粉尘的比电阻

尘源	比电阻/Ω·cm	尘源	比电阻/Ω·cm
细煤粉锅炉	10^{11}（100℃）	重油锅炉	10^4～10^6
烧结炉	10^{10}～10^{12}	转炉	10^8～10^{11}
电炉	10^9～10^{12}	化铁炉	10^6～10^{12}
水泥（窑、干燥机）	10^{11}～10^{18}	骨料干燥器	10^{11}～10^{12}
黑液回收锅炉	10^9	铜精炼	10^8～10^{11}
锌精炼	约 10^{13}	铝精炼	10^{11}～10^{14}
垃圾焚烧	10^8～10^{10}	炭	＜10^4

三、粉尘的基本性质

1. 凝聚与附着性

凝聚是指细小颗粒粉尘尘粒互相结合成新的大尘粒的现象，附着是指尘粒和其他物质结合的现象。粉尘体积小，重量轻，比表面积大，增强了尘粒间的结合力。当粉尘间的间距非常小时，由于分子引力的作用，就会产生凝聚；当粉尘与其他物体间距非常小时，由于分子引力的作用，就会产生附着。如尘粒间距离较大，则可通过外力作用使尘粒间碰撞、接触，促使其凝聚与附着。这些力包括粒子热运动（布朗运动）、静电力、超声波等。

2. 悬浮性

粉尘的悬浮性是指粉尘可在空气中长时间悬浮的特性。粉尘粒径越小，重量越轻，粉尘比表面积越大，吸附空气能力越强，从而形成一层空气膜，不易沉降，可以长时间悬浮在空气中。一般来说，静止的空气中，粒径大于 10 μm 的粉尘呈加速沉降，粒径为 0.1～10 μm 的粉尘呈等速沉降，粒径小于 0.1 μm 的粉尘基本不沉降。

3. 粒度及分散度特性

此特性是指粉尘的粒度及分散度大小与粉尘危害的关系特性。

粉尘的比表面积与粒度成反比，与分散度成正比，粒度越小，分散度越高，比表面积越大，危害性大。这是因为原始物质破碎成细微的尘粒后，一是其比表面积增加，化学活性、溶解性和吸附能力明显增加，越容易参与理化反应，致使参与爆炸活力高，人体吸入后，发病快，病变也严重，其危害也越大；二是粗的粉尘（$>$5 μm）在通过鼻腔、喉头、气管上呼吸道时，被这些器官的纤毛和分泌黏液所阻留，经咳嗽、喷嚏等保护性反射作用而排出，只有 5 μm 以下粒径的细粉尘会深入和滞留在肺泡中；三是粉尘越细，在空气中停留时间越长，被吸入的机会也就越多。

4. 湿润性

粉尘的湿润性是指粉尘与液体亲和的能力。液体对固体表面的湿润程度，主要取决于液体分子对固体表面作用力的大小，而对于同一粉尘尘粒来说，液体分子对尘粒表面的作用力又与液体的力学性质即表面张力的大小有关。表面张力越小的液体，对尘粒越容易湿润，例如，酒精、煤油的表面张力小，对粉尘的浸润就比水好。另外，粉尘的湿润性还与粉尘的形状和大小有关，球形颗粒的粉尘湿润性要比不规则的尘粒差；粉尘越细，亲水能力越差。如石英的亲水性好，但粉碎成粉末后的亲水能力大大降低。粉尘的润湿性可以用润湿速度、接触角、表面张力等参数来表征。对于润湿速度，通常取润湿时间为 20 min，测出此时间的润湿高度 h_{20}(mm)，于是润湿速度 $v_{20}=h_{20}/20$。对于粉尘接触角和表面张力，可用粉尘接触角测定仪和表面张力测定仪测定。

5. 荷电性与导电性

(1) 荷电性。粉尘的荷电性是指粉尘可带电荷的特性，电除尘就是利用此特性来除尘的。尘粒在其产生和运动过程中，因天然辐射、空气的电离、尘粒之间的碰撞、摩擦等作用，都可能使尘粒获得正电荷或负电荷。如非金属和酸性氧化物粉尘常带正电荷，金属和碱性氧化物粉尘常带负电荷；美国亚利桑那大学研究表明，粒径小于 3 μm 的呼吸性粉尘一般带负电荷，大颗粒粉尘带正电荷或呈中性。如在气体电离化的电场内，粒子会从气体离子获得电荷，大粒子是与气体离子碰撞而得电荷，小粒子则由于扩散而获电荷。

尘粒荷电后，将改变它的某些物理性质，如凝聚性、附着性以及在气体中的稳定性。如带有相同电荷的尘粒，互相排斥，不易凝聚沉降，带有异电荷时，则相互吸引，加速沉降。因此，有效利用粉尘的这种荷电性，也是降低粉尘浓度，减少粉尘危害的方法之一。

(2) 导电性。粉尘的导电性通常以比电阻表示。粉尘的导电不仅包括靠粉尘颗粒本体内的电子或离子发生的所谓容积导电，也包括靠颗粒表面吸附的水分和化学膜发生的所谓表面导电。比电阻率高的粉尘，在较低温度下，主要是表面导电；在较高温度下，容积导电占主导地位。

6. 自燃性和爆炸性

固体物料破碎以后，其表面积急剧增大。例如，边长 1 cm 的立方体物料粉碎成边长 1 μm 的微粒，总表面积由 6 cm^2 增大到 6 m^2。随着粉尘比表面积增大，系统中粉尘的自由表面能也随之增大，从而提高了粉尘的化学活性，尤其是提高了氧化产热的能力。粉尘自燃就是由于放热反应时散热速度超过系统的排热速度，氧化反应自动加速造成的。

在封闭或半封闭的空间内可燃性悬浮粉尘的燃烧会导致爆炸。爆炸是急剧的氧化燃烧现象，产生高温、高压、冲击波，同时产生大量的 CO 等有毒有害气体，对安全生产有极大危害。

7. 磨损性

磨损性是指粉尘在流动过程中对器壁或管壁的磨损性能。表面具有尖棱形状的粉尘（如烧结尘）比表面光滑的粉尘的磨损性大。微细粉尘比粗粉尘的磨损性小。

一般认为小于 5～10 μm 的粉尘的磨损性是不严重的，随着粉尘颗粒增大，磨损性增强，但增加到某一最大值后便开始下降。为了减轻对材料的磨损，需要适当地选取管道中气流速度和设计壁厚，降低含尘质量浓度、增大转弯半径等。在有必要的情况下，可在易磨损的部位采用耐磨材料作为内衬，如耐磨涂料、浇结料、铸铁等材料。

8. 光学特性

光线射到粉尘粒子以后，有两个不同过程发生：粒子接受到的能量可被粒子以相同的波长再辐射，再辐射可发生在所有方向上，但不同方向上有不同的强度，这个过程称为散射；另一方面，辐射到粒子上的辐射能可变为其他形式的能，如热能、化学能或不同波长的辐射，这个过程称做吸收。

粉尘的光学特性包括粉尘对光的反射、吸收和透光强度等。在测尘技术中，常常用到这一特性。当光线穿过含尘介质时，由于尘粒对光的散射、吸收和透光等，光强被减弱，其减弱程度与粉尘浓度、粒径、透明度、形状有关。

第四节　粉尘危害

一、粉尘危害概述

粉尘具有很大的危害性，表现在以下几个方面：

(1) 某些粉尘（如谷物、煤、铝、织物纤维、硫化物等粉尘）在一定条件下可以爆炸，导致人身伤亡、财产损失。第一次有记载的粉尘爆炸发生在 1785 年意大利的一个面粉厂。据美国在 1970～1980 年间统计，工业粉尘爆炸有 100 起左右，平均每年因此而造成的直接财产损失为 2 000 万美元（不包括粮食粉尘爆炸的损失）。目前我国粉尘爆炸事故与可燃气爆炸事故比起来，次数还不算多，但是造成的危害却相当大，如 1987 年 3 月 15 日，哈尔滨亚麻厂粉尘大爆炸，死伤 230 多人，直接经济损失上千万元。

(2) 人体吸入后危害身体健康，引起职业病。工人长期吸入粉尘后，轻者会导致呼吸道炎症、皮肤病，重者会导致肺尘埃沉着病，而肺尘埃沉着病引发的工人致残和死亡人数在国内外都十分惊人。且有些粉尘不但能引起肺尘埃沉着病，还具有致癌性，如石棉尘、铬、砷、镍及放射性矿尘致癌已被确认。由粉尘引起的各种疾病，导致许多工人轻则劳动能力降低，重则完全丧失劳动能力，甚至死亡，严重制约着工矿企业的发展，同时也给国家和企业造成巨大经济损失。据统计，平均每个肺尘埃沉着病人每年的直接经济损失为 2 869 元，间接经济损失 1 280 元。按 1986 年的 31 万例肺尘埃沉着病人计算，国家从此每年将因肺尘埃沉着病人而蒙受的经济损失高达 50 多亿元；死亡近 8 万人，仅丧葬费和抚恤费就有 3 亿多元。

（3）影响生产。粉尘会降低产品的质量和机器设备的工作精度，例如，粉尘加速机械磨损，缩短精密仪器使用寿命；在集成电路、化学试剂、医药、感光胶片、精密仪表等生产部门，粉尘不仅使广品质量降低，甚至还会导致报废。

（4）降低工作场所能见度，增加工伤事故发生的可能性。粉尘会使作业环境的能见度和光照度降低，当粉尘浓度很高时，作业场所能见度较低，影响作业环境中人员的视野，往往会导致误操作，造成人身的意外伤亡。

（5）对大气造成污染，影响人类的生存，不仅危害公民健康，而且还会阻碍树木或农作物的生长。

二、肺尘埃沉着病

肺尘埃沉着病是生产作业人员的职业病，也称为尘肺病。作业人员一旦患上肺尘埃沉着病就很难彻底治愈，又因其发病缓慢，得病后容易引起结核，形成合并结核，促使肺尘埃沉着病恶化，加速患者的死亡。肺尘埃沉着病不仅给患者造成巨大的病痛，而且大大缩短了患者的生命周期，因此，在工业生产过程中应采取有效措施，更好地预防肺尘埃沉着病的发生。

1. 肺尘埃沉着病的分类

根据人体吸入粉尘成分的不同，肺尘埃沉着病可分为五类：

（1）炭系肺尘埃沉着病。碳尘是自然界中以单质碳或元素碳形式存在的一组粉尘的总称，极少或基本不含 SiO_2 和硅酸盐。常见的碳尘有煤、炭黑、石墨和活性炭等，能引起肺煤尘埃沉着病、肺炭黑尘埃沉着病、肺石墨尘埃沉着病和肺活性炭尘埃沉着病等。

（2）肺硅尘埃沉着病。肺硅尘埃沉着病是由于在工作场所吸入大量游离 SiO_2 含量较高的粉尘所引起的。游离 SiO_2 粉尘即硅尘，以石英为代表，约 95%的矿山岩石中含有石英。因此，在矿山岩石采掘、开山筑路、开凿隧道、采石等作业中，均能接触含有石英的粉尘。此外，在工厂，如石英粉厂、玻璃厂、耐火材料厂等生产中的原料破碎、研磨、筛选等加工过程，在机械制造业中的型砂的准备和铸件的清砂等生产过程，在钢铁冶金业的矿石原料加工过程，在制造业、陶瓷工业中的原料准备、加工等过程中，均可接触硅尘。

（3）肺硅酸盐尘埃沉着病。肺硅酸盐尘埃沉着病是由于人体吸入硅酸盐粉尘引起的，肺硅酸盐尘埃沉着病有许多种，包括肺石棉尘埃沉着病、肺滑石尘埃沉着病、肺水泥尘埃沉着病、肺云母尘埃沉着病、肺高岭土尘埃沉着病、肺硅藻土尘埃沉着病、肺石棉尘埃沉着病等。硅酸盐由 SiO_2、金属氧化物和结晶水组成，在自然界分布很广，地壳主要由各种硅酸盐岩石构成。它还可分为天然和人造两类，有纤维状和非纤维状两种形态。纤维性硅酸盐主要有石棉、耐火材料、滑石等；非纤维件硅酸盐有黏土、水泥、高岭土、矾土、云母等。

（4）金属肺尘埃沉着病。金属矿山在冶炼加工过程中会产生金属及其氧化物粉尘，如铝、铁、钡、锡、锑等及其氧化物，工人长期吸入能引起金属肺尘埃沉着病。常见的金属肺尘埃沉着病有铝肺尘埃沉着病、白刚玉肺尘埃沉着病、碳化硅肺尘埃沉着病、肺金刚砂尘埃沉着病、肺铁肺埃沉着病、肺钡尘埃沉着病、肺锡尘埃沉着病和肺锑尘埃沉着病等。其中肺铝尘埃沉着已被列为我国职业病名单中。

（5）肺混合尘埃沉着病。在生产活动中，接触单一性质粉尘的机会是很少的，大多是两种或两种以上的粉尘混合在一块，如二氧化硅粉尘和煤尘、铁尘等粉尘混合，即形成混合性粉尘。混合性粉尘能引混合性肺尘埃沉着病，常见的混合肺尘埃沉着病有电焊工肺尘埃沉着病、铸工肺尘埃沉着病、石膏肺尘埃沉着病、磨工肺尘埃沉着病等。

2. 粉尘进入人体造成危害的过程

多数学者认为，进入人体呼吸系统的粉尘大体上经历以下四个过程：①在上呼吸道的咽喉、气管内，含尘气流由于沿程的惯性碰撞作用使粒径大于 10 μm 的尘粒首先沉降在其内，经过鼻腔和气管黏膜分泌物黏结后形成痰排出体外；②在上呼吸道的较大支气管内，通过惯性碰撞及少量的重力沉降作用，使 5～10 μm 的尘粒沉积下来，经气管、支气管上皮的纤毛运动，咳嗽随痰排出体外，因此，真正进入下呼吸道的粉尘，其粒径均小于 5 μm；③在下呼吸道的细小支气管内，由于支气管分支增多，气流速度减慢，使部分 2～5 μm 的尘粒依靠重力沉降作用沉积下来，通过纤毛运动逐级排出体外；④其余的细小粉尘进入呼吸性支气管和肺内后，一部分可随呼气排出体外；另一部分沉积在肺泡壁上或进入肺内。残留在肺内的细小粉尘，表面活性很强，并被肺泡中的吞噬细胞吞食，使吞噬细胞崩解死亡，肺泡组织形成纤维病变出现网眼，逐步失去弹性而硬化（即纤维化），无法担负呼吸作用，降低了人体抵抗能力，并容易诱发其他疾病，如肺结核、肺心病等。

3. 肺尘埃沉着病的发病症状

肺尘埃沉着病的发展有一定的过程，轻者影响劳动生产力，严重时丧失劳动能力，甚至死亡。从自然症状上，肺尘埃沉着病分为三期：第一期，重体力劳动时，呼吸困难、胸痛、轻度咳；第二期，中等体力劳动或正常工作时感觉呼吸困难、胸闷，干咳或带痰咳嗽；第三期，作一般工作甚至休息时，也感到呼吸困难、胸痛，连续带痰咳感，甚至咯血和行动困难。

4. 影响肺尘埃沉着病的发病因素

（1）粉尘粒径及分散度。肺尘埃沉着病变主要是发生在肺脏的最基本单元即肺泡内。粉尘粒径不同，对人体的危害性也不同。粒径 5 μm 以上的粉尘对肺尘埃沉着病的发生影响不大；5 μm 以下的粉尘可以进入下呼吸道并沉积在肺泡中，最危险的是粒径 2 μm 左右的粉尘。由此可见，矿尘的粒径越小，分散度越高，对人体的危害就越大。

（2）粉尘的成分。能够引起肺部纤维病变的粉尘，多半含有游离 SiO_2，由于游离的 SiO_2 表面活性很强，加速了肺泡组织的死亡，故其含量越高，发病工龄越短，病变的发展程度越快，肺硅尘埃沉着病是发病期最短、病情发展最快也最为严重的一种。对于碳尘，引起炭系肺尘埃沉着病的主要是它的有机质，有机质含量高，发病越快。

（3）粉尘浓度。肺尘埃沉着病的发生和进入肺部的粉尘量有直接的关系，也就是说，肺尘埃沉着病的发病工龄和作业场所的粉尘浓度成正比。粉尘浓度越高，被吸入肺部的量越多，患肺尘埃沉着病越快。事实表明，在粉尘浓度为 1 000 mg/m^3 的环境中工作 1～3 年即能致病，而在国家规定的粉尘浓度以下的环境中工作几十年，肺部积尘总量也达不到致病的程度。国外的统计资料表明，在高粉尘浓度的场所工作时，平均 5～10 年就有可能导致肺硅尘埃沉着病，如果粉尘中的游离 SiO_2 含量达 80%～90%，甚至 1.5～2 年即可发病。

（4）接触粉尘的时间。连续在含粉尘的环境中工作的时间越长，吸尘越多，发病率越高。据统计，工龄在 10 年以上的工人比同工种 10 年以下的工人发病率高 2 倍。

（5）个体方面的因素。粉尘引起肺尘埃沉着病是通过人体而进行的，所以人的机体条件，如年龄、营养、健康状况、生活习性、卫生条件等，对肺尘埃沉着病的发生、发展有一定的影响。

三、粉尘爆炸

根据可燃粉尘的爆炸特性，可将其为两大类：即活性粉尘和非活性粉尘。其基本区别是：活性粉尘本身含氧，如火炸药和烟火剂粉尘，故是否有含氧气体并不是其发生爆炸的必要条件，它在惰性气体中也可爆炸，而在活性粉尘的浓度与爆炸特性的关系中表现出不存在浓度上限的情形；非活性粉尘是典型的燃料，如金属、煤、粮食、塑料及纤维粉尘等，本身不含氧，故只有分散在含氧的气体中（如空气）时才有可能发生爆炸。这里主要介绍非活性粉尘爆炸的相关内容。

1. 粉尘爆炸的条件及爆炸过程

（1）粉尘爆炸的条件。粉尘爆炸必须同时具备以下三个条件：

1）粉尘本身具有爆炸性。这是粉尘爆炸的必要条件，粉尘爆炸的危险性必须经过试验确定。

2）粉尘悬浮在一定含氧量的空气中，并达到一定浓度。爆炸只在一定浓度范围内才能发生，这一范围的极值浓度称为爆炸的浓度极限，它又有爆炸上限和下限之分，前者是指粉尘能发生爆炸的最高浓度，后者则是指能发生爆炸的最低浓度，粉尘浓度处于上下限浓度之间则有爆炸危险，而在此浓度范围之外的粉尘不可能发生爆炸。

3）有足以引起粉尘爆炸的点火源。如煤尘爆炸的引燃温度在610～1 050℃之间，一般为700～800℃，最小点火能为4.5～40 mJ，这样的温度条件，几乎一切火源均可达到，如电气火花、气体燃烧或爆炸、火灾等。

以上三个条件缺任何一个都不可能造成粉尘的爆炸。

（2）爆炸过程。粉尘爆炸是个非常复杂的过程，受很多物理因素的影响。一般认为，粉尘爆炸经过以下发展过程：

1）粉尘粒子表面通过热传导和热辐射，从点火源获得点火能量，使表面温度急剧增高；

2）粒子表面的分子，由于热分解或干馏作用，在粒子周围生成气体；

3）这些气体与空气混合，生成爆炸性混合气体，遇火产生火焰；

4）另外，粉尘粒子本身从表面一直到内部相继发生熔融和气化，迸发出微小的火花成为周围未燃烧粉尘的点火源，使粉尘着火，从而扩大了爆炸范围；

5）由于燃烧产生的热量，更进一步促进粉尘的分解，不断地放出可燃气体和空气混合而使火焰继续传播。这是一种连锁反应，当外界热量足够时，火焰传播进度越来越快，最后引起爆炸；若热量不足，火焰则会熄灭。

2. 粉尘爆炸的特性

与气体爆炸相比，粉尘爆炸有如下特性：

（1）点燃粉尘所需的初始能量大，为气体爆炸的近百倍。粉尘爆炸中，热辐射起的作用比热传导更大。

（2）粉尘爆炸的感应期长，可达数十秒，为气体爆炸的数十倍，这是因为粉尘燃烧是一种团体燃烧，其过程比气体燃烧复杂。

（3）破坏力更强。粉尘密度比气体大，爆炸时能量密度也大，爆炸产生的温度、压力很高，冲击波速度快，例如，煤尘的火焰温度为 1 600～19 000℃，火焰传播速度可达 1 120 m/s，冲击波速度可达 2 340 m/s，初次爆炸的平均理论炸压力为 736 kPa。

（4）易发生不完全燃烧，爆炸生成气体中 CO 含量更大。如煤尘爆炸时产生的 CO，在灾区气体中的浓度可达 2%～3%，甚至高达 8%左右。爆炸事故中受害者的大多数（70%～80%）是由于 CO 中毒造成的。

（5）发生二次爆炸或多次连续爆炸的可能性较大，且爆炸威力跳跃式增大。由于初次粉尘爆炸的冲击波速度快，可扬起沉积的粉尘，在新空间形成爆炸浓度而产生二次爆炸或多次连续爆炸，且爆炸压力随着离开爆源距离的延长而跳跃式增大。爆炸过程中如遇障碍物，压力将进一步增加，尤其是二次爆炸或多次连续爆炸，后一次爆炸的理论压力将是前一次的 5～7 倍。

（6）多半会产生“粘渣”，并残留在爆炸现场附近。粉尘爆炸时因粒子一面燃烧一面飞散，一部分粉尘会被焦化，黏结在一起，残留在爆炸现场附近，如气煤、肥煤、焦煤等黏结性煤的煤尘爆炸，会形成煤尘爆炸所特有的产物——焦炭皮渣或粘块，统称“粘焦”。

3. 影响粉尘爆炸的主要因素

粉尘爆炸比可燃气爆炸复杂，影响因素也较多，可以分为粉尘自身性质和外部条件两大方面的影响。下面择其主要分述之：

（1）粒径及分散度。粒径对爆炸性的影响极大。粉尘越细越易飞扬，且粒径小的粉尘比表面积大，表面活性大，爆炸性强。粒径 1 mm 以下的粉尘粒子都可能参与爆炸，而且爆炸的危险性随粒度的减小而迅速增大，75 μm 以下的粉尘，特别是 20～75 μm 的粉尘爆炸性最强。

（2）粉尘的化学组分及性质。粉尘的化学组分及性质对能否引起粉尘爆炸具有决定性作用，如粉尘中没有会燃烧的成分，则不会发生爆炸；粉尘的燃烧热大，其爆炸性强；粉尘中含有的挥发分（可燃气成分）越多，越易爆炸。

（3）氧含量。对于粉尘和空气混合物，气相中氧含量的多少对其爆炸特性影响很大。粉尘爆炸体系是一个缺氧的体系，所以气相中氧含量增加，粉尘的爆炸下限浓度降低，上限浓度增高，爆炸范围扩大。在纯氧中的爆炸下限浓度只为在空气中爆炸下限的 1/3～1/4，而能发生爆炸的最大颗粒尺寸则加大到空气中相应值的 5 倍。

（4）灰分及水分。灰分是指不燃性物质，它能吸收能量，阻挡热辐射，破坏链反应，降低粉尘的爆炸性。水的吸热能力大，能促使细微尘粒聚结为较大的颗粒，减小尘粒总表面积，同时还能降低落尘的飞扬能力，粉尘中含水量越大，粉尘爆炸的危险性越小。

（5）点火能量。随着火源的能量强弱不同，粉尘爆炸浓度下限有 2～3 倍的变化，火源能量大时，爆炸下限较低。

（6）可燃气含量。可燃气的存在会使粉尘爆炸浓度下限下降，最小点燃能量也降低，增加了粉尘爆炸的危险。

（7）粉尘粒子形状和表面状态。在自然界或工业生产过程中产生的粉尘，不仅形状不规则，而且其粒度分布范围也广。粉尘形状和表面状态不同时，爆炸危险性也不一样。扁平状粒子爆炸危险性最大，针状粒子次之，球形粒子最小。粒子表面暴露时间短，则爆炸危险性高。

第五节　工业有害因素控制标准及工业通风概述

一、工业有害因素控制标准

工作场所指劳动者进行职业活动的全部地点，工作地点指劳动者从事职业活动或进行生产管理过程而经常或定时停留的地点。为了保障作业人员和其他相关人员的身体健康安全，既要控制工作场所范围的有害因素低于规定限值，又应对排放危害因素作出相应控制标准。因此，工业有害因素控制标准包括职业安全卫生标准和环境排放标准。

1. 职业安全卫生标准

我国现行职业安全卫生标准主要有《工业企业设计卫生标准》（GBZ 1—2002）和《工作场所有害因素职业接触限值》（GBZ 2—2007），它们是工业企业设计及预防性和经常性监督检查、监测的依据。其中，《工作场所有害因素职业接触限值》中的职业接触限值，是指劳动者在职业活动过程中长期反复接触对机体不引起急性或慢性有害健康影响的容许接触水平。化学因素的职业接触限值可分为时间加权平均容许浓度（PC－TWA）、最高容许浓度（MAC）和短时间接触容许浓度（PC－STEL）三类。时间加权平均容许浓度指以时间为权数规定的 8 h 工作日的平均容许接触水平，最高容许浓度指工作地点在一个工作日内、任何时间均不应超过的有毒化学物质的浓度，短时间接触容许浓度指一个工作日内、任何一次接触不得超过的 15 min 时间加权平均的容许接触水平。

地面作业场所综合温度（℃）规定限值与体力劳动强度指数有关，见表 1—3，体力劳动强度指数是考虑 8 h 工作日劳动时间率、8 h 工作日平均能量代谢率、性别、体力劳动方式等因素的综合指标。地下采掘作业地点温度限值可见表 1—4。

表 1—3　　地面高温作业场所综合温度上限值

体力劳动强度指数	夏季通风室外计算温度（℃）分区*	
	<30℃地区	≥30℃地区
≤15	31	32
15～20	30	31
20～25	29	30
≥25	28	29

注：* 所示温度为干球温度。

表 1—4　　地下采掘作业地点温度限值

干球温度（℃）	风速（m/s）
≤28	0.5～1.0
≤26	0.3～0.5
≥18	不大于 0.3

应当指出，有害气体和蒸气的浓度分质量浓度和体积浓度两种。质量浓度为单位体积空气中含有有害气体和蒸气的质量，体积浓度为单位体积空气中含有害气体或蒸气的体积。质量浓度单位为 mg/m^3，体积浓度单位有%、ml/m^3 或 10^{-6}。

标准状态下的质量浓度和体积浓度按下式换算：

$$y=\frac{mc}{22.4} \tag{1—17}$$

式中　y——有害气体的质量浓度，mg/m^3；

m——有害气体的摩尔质量，g/mol；

c——有害气体的体积浓度，ml/m^3 或 10^{-6}。

[例] 标准状态下二氧化硫的体积浓度为 15×10^{-6}，试问其质量浓度为多少？

[解] 查知二氧化硫的摩尔质量 $m=64$ g/mol，所以质量浓度为：

$$y=\frac{mc}{22.4}=\frac{64\times15}{22.4}\approx42.9\ mg/m^3$$

还应指出，在制定标准时，职业接触限值都留有较大的安全系数。如空气中CO浓度达0.04%时1 h才可出现轻微的中毒症状，而该标准的CO短时间接触允许浓度为浓度0.002 4%（30 mg/m^3）。

2. 环境排放标准

环境排放标准用于作业场所限制毒害物质对外排放的数量，其表示形式大致可以分为三种形式：①按数量产品的排放量（kg/t产品或kg/kcal热量或kg/J等，根据产品的性质确定），这种形式的规定是严格的，考虑了设备的能力、产量的大小，因而也是比较合理的，采用的国家比较多；②按排出气体中的有害物浓度（mg/m^3），目前大多数国家采用这种标准，有害物浓度可直接通过测定获得而不需经过换算；③按单位时间的排放量（kg/h），采用这种标准需要根据设备的能力进行划分（否则对大设备不利），因而显得烦琐，采用的国家不多。

排放标准是在卫生标准的基础上制定的，我国在原有的基础上，于1996年颁布了《大气污染物综合排放标准》（GB 16297—1996）及其他不同行业的相应标准。不同行业的相应标准的要求比《大气污染物综合排放标准》（GB 16297—1996）中的规定更为严格。在实际工作中，对已制定行业标准的生产部门，应以行业标准为准。

二、工业通风概述

1. 工业通风的概念和作用

为了达到职业安全卫生标准和环境排放标准，除采取其他措施外，一个重要的措施就是进行工业通风。所谓通风，泛指空气流动，通风系统是指促使空气流动的动力、通风风路及其相关设施等的组合体。而工业通风是指，既将外界的新鲜空气送入有限空间内，又将有限空间内的废气排至外界。这里的“有限空间”，指的范围较广，既可以指建筑物，又可以指隧道、地下巷道、坑道、硐室，还可指容器等。

工业通风的作用主要有三个方面：一是稀释或排除生产过程产生的毒害、爆炸气体及其粉尘，促进工业安全生产；二是给作业场所送入足够数量和质量的空气，供作业人员呼吸；三是调节作业场所的温度、湿度等气象条件，为作业人员提供舒适的作业环境。

2. 工业通风的分类

工业通风方法较多，可按下面三种进行分类：

(1) 按照通风的作用范围，可以分为局部通风、全面通风。

局部通风和全面通风是针对指定的空间而言的。在指定的空间内，对整个空间均进行通风换气的方法称为全面通风，对局部地点或区域进行通风换气的方法称为局部通风。如一座有不同生产工序的大型厂房，对整个厂房或绝大多数空间均进行通风换气的方法，称为全面通风；对其中部分空间进行通风换气的方法称为局部通风。再如一幢有许多房间的高层建筑，对整幢建筑所有房间或绝大多数房间进行通风换气的方法，称为全面通风；对其中部分房间进行通风换气的方法称为局部通风。还如一个矿井，对整个矿井或绝大多数空间均进行通风换气的方法，称为全面通风，对其中部分空间进行通风换气的方法称为局部通风。

全面通风一般用于整个空间均需要通风换气的场合。局部通风一般用于全面通风未能达到安全、卫生要求的局部地点，或没有必要全面通风的区域，如对于操作人员少、面积大的车间，用全面通风改善整个车间的空气环境，既困难又不经济，而且也无此必要，这时可用局部通风向局部工作地点送风，在局部地点造成良好的空气环境。炼钢、铸造等高温车间经常采用这种通风方法。应当指出，在工业通风系统中，有不少场合往往是局部通风与全面通风结合使用，如矿井生产。

（2）按通风动力，可以分为机械通风、自然通风、自然—机械联合通风。

1）机械通风。机械通风是指依靠通风机械设备作用使空气流动，造成有限空间通风换气的方法。由于通风机械设备产生的风量和风压可根据需要确定，这种通风方法能保证所需要的通风量，控制有限空间内的气流方向和速度，对进风和回风进行必要的处理，使有限空间空气达到所要求的参数，机械通风方法得到了广泛应用。其缺点是机械通风系统需要消耗电能以维持通风机运转，通风机和风道等设备要占用一定建筑面积和空间，工程造价相对较高，维护费用相对高，安装和管理也相对复杂。

2）自然通风。自然通风是指自然因素作用而形成的通风现象，即由于有限空间内外空气的密度差、大气运动、大气压力差等自然因素引起有限空间内外空气能量差后，促使有限空间的气体流动并与大气交换的现象。锅炉或电厂中的烟囱就是一例，它是依靠烟囱内外空气的密度差引起有限空间内外空气能量差后，促使烟囱的气体流动并与大气交换。自然通风在很多情况下是有益的，如在建筑通风换气中，它不需要消耗机械动力，节约能源，使用管理简单，也不存在噪声问题，同时，在适宜的条件下又能获得很大的通风换气量，如产生大量余热的车间，可完成通风降温除湿改善作业地点气象参数（热舒适）状态和通风换气改善有限空间空气质量状态（如增加新鲜空气、排除各种毒害及爆炸气体等）两大功能，是一种经济的通风方式。然而，自然通风也有不利的一面：一是自然进入有限空间的空气很难预先进行处理，同样从有限空间排出的污浊空气也无法进行净化处理；二是由于风压和热压均会受到自然条件的约束，换气量很难人为控制，通风效果不够稳定；三是某些情况下自然通风对安全不利，如建筑物发生火灾时，室内温度高于室外温度，建筑物内的各种竖井成为拔火拔烟的垂直通道和火灾垂直蔓延的主要途径，助长了火势，扩大了灾情，如果燃烧条件具备，整个大楼顷刻间便可能形成一片火海。

3）自然—机械联合通风。它是指自然因素和通风机械设备联合作用而形成的通风现象，也就是在由于自然因素作用而形成空气流动的区域再通过通风机械设备使得空气按人为方向流动。自然—机械联合通风方法中，有时自然因素和通风机械设备共同促使空气按人为方向流动，有时则自然因素阻止空气按人为方向流动，在通风设计时应当考虑到这一点。

（3）按通风机械设备工作方法，可以分为抽出式通风、压入式通风、混合式通风。

1）抽出式通风。通风机械设备产生负压或真空后，待通风换气区域的污浊空气由通风机械设备吸出并送至外界，这种通风方法称为抽出式通风，如图1—1所示为典型的局部抽出式通风系统。其特征是，待通风换气区域的空气压力低于外界空气压力，通风设备的入口与待通风换气的区域相连，通风设备的出口与外界空气相连，待通风换气区域的新鲜空气通过通风机械设备产生负压或真空来补充。在地面通风中，抽出式通风也称为排风，或称为吸风。

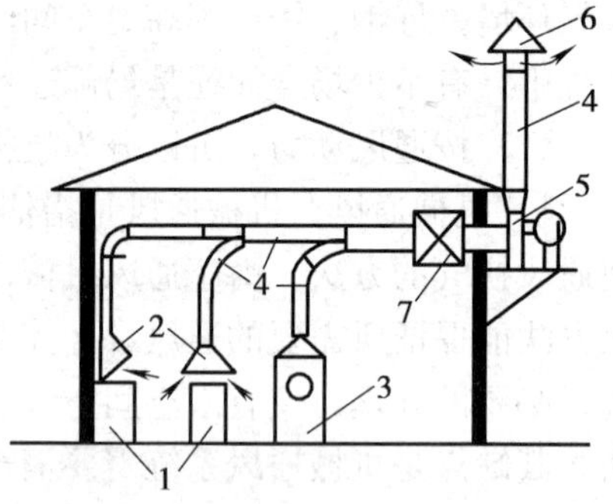

图1—1　局部抽出式通风系统示意图
1—设备　2—吸风罩　3—通风柜　4—风道
5—通风机　6—室外排风口　7—空气处理装置

2）压入式通风。将通风机械设备提供的大于外界空气压力的空气送入到待通风换气区域的通风方法称为压入式通风，如图1—2所示为典型的全面压入式通风系统。其特征是，待通风换气区域的空气压力大于外界空气压力，通风设备的出口与待通风换气的区域相连，通风设备的入口与外界空气相连。在地面通风中，压入式通风也称为送风。

3）混合式通风。混合式通风是压入式和抽出式两种通风方法的联合运用，兼有压入式和抽出式特点，其中，压入式将通风机械设备提供的大于外界空气压力的新鲜空气送入到待通风换气区域，抽出式由通风机械设备将待通风换气区域的污浊空气吸出并送至外界。

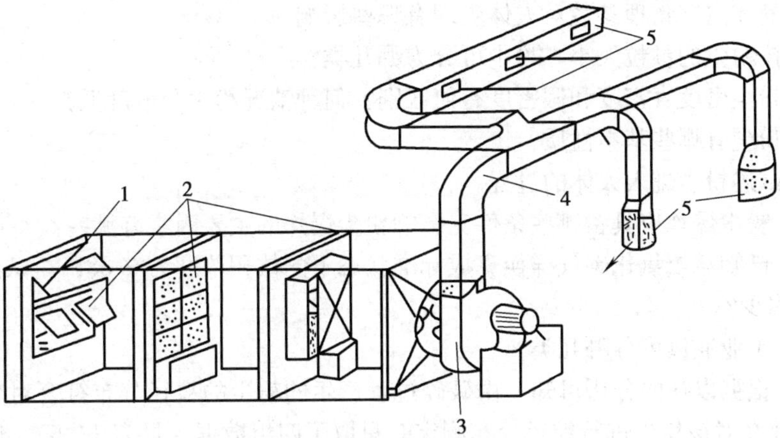

图 1—2 全面压入式通风系统示意图

1—室外进风口 2—空气处理设备 3—通风机 4—风道 5—室内送风口

本 章 小 结

本章主要介绍作业场所空气及其有害气体的基本特征、粉尘基本性质及其危害、工业有害因素控制标准，并简要介绍了工业通风的概念、作用和分类。空气基本物理参数主要包括空气的密度与比体积、温度、湿度、黏性、比热容、焓及空气流速等，其中温度、湿度、气压及空气流速等综合状态对人体生理影响较大。大气进入作业场所后，其成分和性质要发生一系列的变化，空气的物理参数也发生改变。粉尘具有凝聚与附着性、悬浮性、粒度及分散度特性、湿润性、荷电性与导电性、自燃性和爆炸性、磨损性、光学特性等特性。粉尘的最主要危害是爆炸导致人身伤亡、人体吸入后会引起职业病。为保障人员安全，工作场所有害因素应达到控制标准。

复习思考题

1. 试述干洁空气中氧气、氮气、二氧化碳的所占比例及其基本性质。
2. 试述 SO_2、NO_x、C_6H_6、CO 的理化性质及其对人体的危害。
3. 表示空气湿度的方法有哪几种？
4. 试推导湿空气密度的计算公式。

5. 简述空气物理参数对人体生理有哪些影响。

6. 按粉尘的颗粒大小，粉尘可分为哪几类？

7. 粉尘密度真密度和假密度有何区别？何种情况粉尘分散度低？

8. 粉尘有哪些基本性质？

9. 试述粉尘进入人体的过程。

10. 粉尘爆炸应具备哪些条件？影响粉尘爆炸的主要因素有哪些？

11. 已知某二氧化碳气样换算成标准状态下的体积浓度为 0.38%，试问其质量浓度为多少？

12. 工业通风可分哪几类？

13. 根据以往的分析可知，由破碎过程产生的粉尘的粒径分布符合对数正态分布，为此在对该粉尘进行粒径分布测定时只取了四组数据（见表 1—5），试确定其几何平均直径。

表 1—5　　粉尘粒径分布测定数据

粉尘粒径 $d_p/\mu m$	0～10	10～20	20～40	>40
质量分布/%	36.9	19.1	18.0	26.0

第二章 空气流动压力与阻力

本章学习目标：

1. 掌握空气流动的连续性方程和能量方程。
2. 掌握风道流动的空气静压、位压、动压、全压的概念及其相应关系。
3. 掌握紊流状态下的摩擦阻力、局部阻力的计算。
4. 了解风流流态与风道断面的风速分布。
5. 了解风道通风压力分布。

第一节 空气流动基本方程

空气流动基本方程主要包括风流流动的连续性方程和能量方程等。本节主要讨论空气在风道流动情况下基本方程。

一、风流流动连续性方程

一般来说，垂直于流动方向的各截面上的流动参数（如速度、压力、温度、密度等）不随时间变化的流动称为定常流，反之，则为非定常流动。风流在风道中的流动一般可以看做是定常流。在做定常流动（即在流动过程中不漏风又无补给）的风道中任意一控制体，进口断面为 1 和出口断面为 2，假设风道表面没有流体的流进和流出，且不存在点源或点汇，则经过 $d\tau$ 时流进控制体的质量是 $\rho_1 v_1 S_1 d\tau$，流出控制体的质量是 $\rho_2 v_2 S_2 d\tau$。根据质量守恒定律，两个过流断面的空气质量流量相等，即：

$$\rho_1 v_1 S_1 d\tau = \rho_2 v_2 S_2 d\tau \tag{2—1}$$

式中 ρ_1、ρ_2——1、2 断面上的平均密度，kg/m^3；

v_1、v_2——1、2 断面上的平均流速，m/s；

S_1、S_2——1、2 断面的断面积，m^2。

设任一过流断面的质量流量为 m_i（kg/s），则根据 1、2 的任意性，有：

$$m_i=\rho_i v_i S_i=\text{const} \tag{2—2}$$

这就是空气流动的连续性方程。

对于以密度为参数的流体流动，根据上式，当 $S_1=S_2$ 时，空气的密度与其流速成反比，也就是流速大的断面上空气的密度比流速小的断面上空气的密度要小。

对于密度为常数的流体流动，则通过任一断面的体积流量 Q（m^3/s）相等，即：

$$Q=v_i S_i=\text{const} \tag{2—3}$$

式（2—3）说明，对于密度为常数的定常流动，在流量一定的条件下，风道断面上风流的平均流速与过流断面的面积成反比，空气在断面大的地方流速小，在断面小的地方流速大。空气流动的连续性方程为风道风量的测算提供了理论依据。

二、风流流动能量方程

先考察可压缩空气单位质量（1 kg）流量的能量方程。

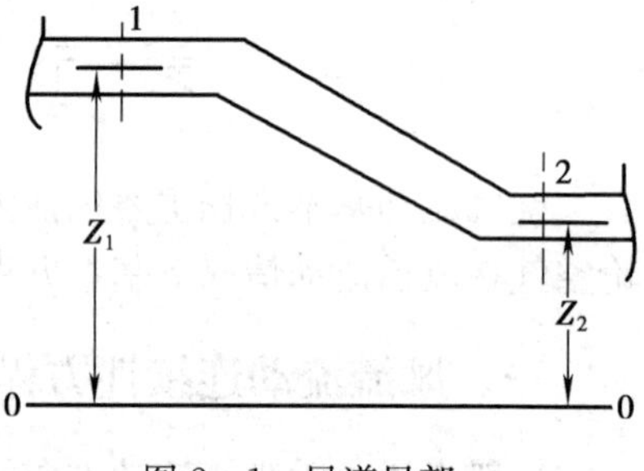

图 2—1　风道局部

风流之所以能在系统中流动，其根本原因是系统中存在着促使空气流动的能量差。空气在风道流动时，风流的能量由静压能、动能、位能和内能组成，常用 1 kg 空气或 1 m^3 空气所具有的能量表示。其中静压能表示空气静压所做的功。假设风流在如图 2—1 所示的风道中由 1 断面流至 2 断面，风流流动中的过程指数 n 为常数，空气的比体积为 υ（m^3/kg），其间无其他动力源，设空气克服流动阻力消耗的能量为 L_R（J/kg），周围介质传递给空气的热量为 q（J/kg），设 1、2 断面风流的已知参数还有风流的绝对静压 p_1、p_2（Pa），风流的平均流速 v_1、v_2（m/s），风流的内能 u_1、u_2（J/kg），风流的密度 ρ_1、ρ_2（kg/m^3），距基准面的高程 Z_1、Z_2（m），风流克服通风阻力消耗的能量后所转化的热能 q_R（J/kg），则根据能量守恒定律有：

$$\frac{p_1}{\rho_1}+\frac{v_1^2}{2}+g\cdot Z_1+u_1+q_R+q=\frac{p_2}{\rho_2}+\frac{v_2^2}{2}+g\cdot Z_2+u_2+L_R \tag{2—4}$$

其中 $$\frac{p_2}{\rho_2}=\frac{p_1}{\rho_1}=p_2v_2-p_1v_1=\int_1^2 \mathrm{d}(pv)=\int_1^2 p\mathrm{d}v+\int_1^2 v\mathrm{d}p \tag{2—5}$$

$$pv^n=\frac{p}{\rho_n^n}=\frac{p_1}{\rho_1^n}=\frac{p_2}{\rho_2^n}=\cdots=\mathrm{const} \tag{2—6}$$

对式（2—6）微分可得：

$$n=\frac{\ln\ (p_1/p_2)}{\ln\ (\rho_1/\rho_2)} \tag{2—7}$$

根据热力学第一定律，传给空气的热量等于增加的空气内能与使空气膨胀对外做功之和，即：

$$q_{\mathrm{R}}+q=u_2-u_1+\int_1^2 p\mathrm{d}v \tag{2—8}$$

联列式（2—4）、（2—5）和（2—8），整理得：

$$L_{\mathrm{R}}=\frac{n}{n-1}\ (\frac{p_1}{\rho_1}-\frac{p_2}{\rho_2})+(\frac{v_1^2}{2}-\frac{v_2^2}{2})+g\ (Z_1-Z_2),\ \mathrm{J/kg} \tag{2—9}$$

式（2—9）就是单位质量可压缩空气在无其他动力源的风道中流动时的能量方程。同理可证明，如由 1 断面流至 2 断面时有其他动力源并产生风压 L_{t}，则单位质量可压缩空气能量方程为：

$$L_{\mathrm{R}}=\frac{n}{n-1}\ (\frac{p_1}{\rho_1}-\frac{p_2}{\rho_2})+(\frac{v_1^2}{2}-\frac{v_2^2}{2})+g\ (Z_1-Z_2)+L_{\mathrm{t}},\ \mathrm{J/kg} \tag{2—10}$$

在工业通风中，习惯采用单位体积空气流动时的能量方程，为计算方便，对式（2—9）、（2—10）转化为单位体积空气流动时的能量方程，可采用如下形式：

$$h_{\mathrm{R}}\approx\ (p_1-p_2)+(\frac{v_1^2}{2}\rho_1-\frac{v_2^2}{2}\rho_2)+g\rho_m\ (Z_1-Z_2),\ \mathrm{J/m^3} \tag{2—11}$$

$$h_{\mathrm{R}}\approx\ (p_1-p_2)+(\frac{v_1^2}{2}\rho_1-\frac{v_2^2}{2}\rho_2)+g\rho_m\ (Z_1-Z_2)+H_{\mathrm{t}},\ \mathrm{J/m^3} \tag{2—12}$$

式（2—11）和式（2—12）就是在没有和有其他动力源 H_{t} 时单位体积可压缩空气的能量方程近似式，ρ_{m} 为 1 断面至 2 断面平均空气密度，H_{t} 为其他动力源产生的风压。式（2—11）的物理意义是单位体积空气在流动过程中的能量损失等于两断面间的机械能差，其中，h_{R} 为单位体积空气在流动过程中的能量损失，等式右边第一项为静压差，等式右边第二项是 1、2 两断面上的动能差，等式右边第三项为 1、2 断面的位能差。

三、使用单位体积流体能量方程的注意事项

从能量方程的推导过程可知，方程是在一定的条件下导出的，并对它做了适当

的简化，因此，在应用能量方程时应根据实际条件，灵活应用。其注意事项包括：①风流流动必须是定常流；②式（2—11）、（2—12）右边第三项适用于 1、2 断面的密度相差不大的场合，否则应用积分形式；③在始、末断面间有压源时，压源的作用方向与风流的方向一致，压源为正，说明压源对风流做正功，反之则压源对风流做负功；④从严格意义上讲，由于风道断面上风速分布的不均匀性和测量误差，断面实际总动能应等于实际测得的断面平均风速计算出来的断面总动能乘以动能系数 K_{dn}（即断面实际总动能与用实际测得的断面平均风速计算出的总动能的比值），不过，据研究资料，K_{dn}值一般为 1.02～1.1，所以在实际工业通风应用应用能量方程时，可取 $K_{dn}=1$，而在进行空气动力学研究时，一般要实际测定 K_{dn}值，此时应将断面分成若干微小面积，并分别测出每一微小面积上的 v_{li} 和 s_i，然后用下式计算 K_{dn}：

$$K_{dn}=\frac{\sum_{i=1}^{N}v_{li}^{3}s_{i}}{v^{3}S} \tag{2—13}$$

第二节　空气流动压力

空气压力是可以感测的。为了解决实际工业通风问题，方便应用能量方程，通常将在风道流动的空气的压力分成静压、动压、位压三部分，且将静压与动压之和称为全压。下面主要介绍在风道流动的空气的静压、位压、动压、全压及其相应关系。

一、动压

1. 动压的概念

当空气流动时，空气定向运动的动能，可用 E_v 表示，单位为 J/m³；单位体积风流的动能所转化显现的压力叫动压或称速压，用符号 h_v 表示，单位为 Pa。

2. 动压的计算

设某点 i 的空气密度为 ρ_i（kg/m³），其定向运动的流速即风速为 v_i（m/s），则单位体积空气所具有的动能 $E_{vi}=\frac{1}{2}\rho_i v_i^2$。

E_{vi}对外所呈现的动压 h_{vi} 为：

$$h_{vi}=\frac{1}{2}\rho_i v_i^2\text{，Pa} \tag{2—14}$$

由此可见，动压是单位体积空气作宏观定向运动时所具有的能够对外做功的动能。

3. 动压的特点

动压的特点主要有：①只有做定向流动的空气才具有动压，因此动压具有方向性；②动压总是大于零，垂直流动方向的作用面所承受的动压最大（即流动方向上的动压真值），当作用面与流动方向有夹角时，其感受到的动压值将小于动压真值，当作用面平行流动方向时，其感受的动压为零，因此在测量动压时，应使感压孔垂直于运动方向；③在同一流动断面上，因风速分布的不均匀性，各点的风速不相等，所以其动压值不等；④某断面动压即为该断面平均风速计算值。

二、静压

流动空气的静压的概念、表示方法与第一章空气静止压力相同，静压的概念与物理学中的压强相同，即单位面积上受到的垂直作用力。因此，静压具有如下特点：①风流中任一点的静压各向同值，且垂直于作用面；②无论静止的空气还是流动的空气都具有静压；③风流静压的大小（可以用仪表测量）反映了单位体积风流所具有的能够对外做功的静压能的多少；④流动空气的绝对静压 p、相对静压 h_j 和与其对应的大气压 p_0 三者之间的关系如下：

$$h_j = p - p_0 \tag{2—15}$$

某点的绝对静压只能为正，它可能大于、等于或小于该点同标高的大气压 p_0，因此相对静压则可正可负。相对静压为正，称为正压；相对静压为负，称为负压。图 2—2 比较直观地反映了绝对静压和相对静压的关系。设 A、B 两点同标高，A 点绝对静压 p_A 大于同标高的大气压 p_0，h_{jA} 为正值；B 点的绝对静压 p_B 小于同标高的大气压 p_0，h_{jB} 为负值。

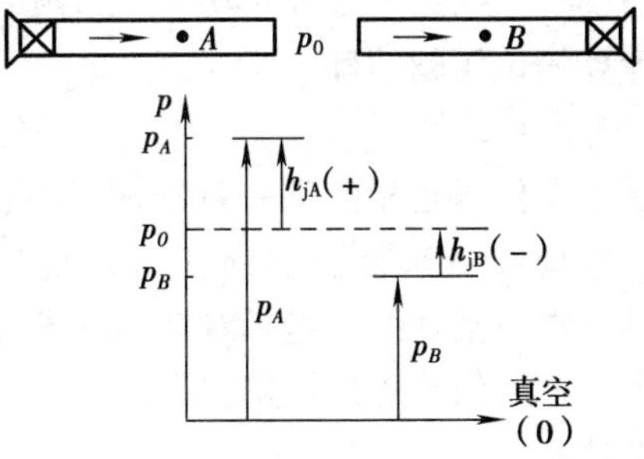

图 2—2　绝对静压、相对静压和大气压之间的关系

三、位压

1. 位压的概念

单位体积风流对于某基准面而具有的位能，称为位压 h_Z。如果把质量为 m（kg）的物体从某一基准面提高 Z（m），就要对物体克服重力做功 mgZ（J），物体因而获得同样数量（mgZ）的重力位能，即：

$$E_{p0}=mgZ$$

当物体从此处下落时，该物体就会对外做功 mgZ（指同一基准面）。这里需要强调指出的是，重力位能是一种潜在的能量，只有通过计算才能得出。

2. 位压的计算

位压的计算应该有一个参照基准。在如图 2—3 所示的井筒中，欲求 1—1、2—2 两断面间的位压，则取 2—2 点为基准面（2—2 断面的位能为零）。

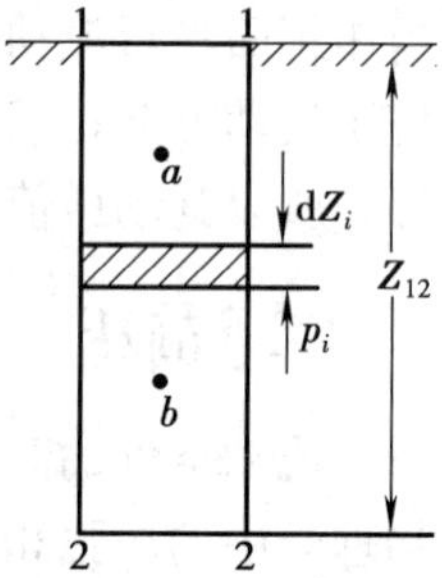

图 2—3　位压计算图

按下式计算 1—1、2—2 断面间位压：

$$h_Z=E_{p012}=\int_2^1 \rho_i g\ dZ_i,\ J/m^3 \tag{2—16}$$

此式是位压的数学定义式。即 1—1、2—2 断面间的位压就等于 1—1、2—2 两断面间单位面积上的空气柱重量。

在实际测定时，可在 1—1、2—2 断面间再布置若干测点（测点间距视具体情况而定），如图 2—3 所示加设了 a、b 两点。分别测出这四点的静压 p、温度 t、相对湿度 φ，计算出各点的密度和各测段的平均密度。再由下式计算出 1—1、2—2 断面间的位压：

$$E_{p012}=\rho_{1a}Z_{1a}g+\rho_{ab}Z_{ab}g+\rho_{b2}Z_{b2}g=\sum \rho_{ij}Z_{ij}g,\ J/m^3 \tag{2—17}$$

测点布置的越多，计算的位压越精确。

3. 位压的特点

位压具有的特点包括：①位压是相对某一基准面具有的能量，在讨论位压时，必须首先选定基准面，一般应将基准面选在所研究系统风流流经的最低水平面；②位压是一种潜在的能量，常说某处的位能是对某一基准面而言，它在本处对外无力的效应，即不呈现压力，不能像静压那样用仪表进行直接测量，只能通过测定高差及空气柱的平均密度来计算。

四、全压

风流中某一点的动压与静压之和称为全压。根据静压的两种不同的计算基准，静压可以分为绝对静压（p）和相对静压（h_j），同样的道理，全压也有绝对全压（p_t）和相对全压（h_t）之分。

绝对全压均可用下式表示：

$$p_{ti}=p_i+h_{vi} \tag{2—18}$$

式中 p_{ti}——风流中 i 点的绝对全压，Pa；

p_i——风流中 i 点的绝对静压，Pa；

h_{vi}——风流中 i 点的动压，Pa。

由于 $h_{vi}>0$，所以由上式可知，在风流中的任一点的绝对全压恒大于绝对静压，风流中任一点的相对全压有正负之分，它与通风方式有关。而对于风流中任一点的相对静压，其正负不仅与通风方式有关，还与风流流经的风道断面变化有关。

第三节 风流流态与风道断面的风速

一、风道风流流态

由流体力学知识可知，气体在风道内低速流动时，气体各层之间相互滑动而不混合，这种流动称为层流。如果流速继续增加，当其达到某一速度时，气体质点在径向也得到附加速度，流动发生混合，正常的层流被破坏，流动状态发展为紊流。风道内流动状态的变化，可用无因次量雷诺数 Re 来表征：

$$Re=\frac{vD\rho}{\mu} \tag{2—19}$$

式中 v——气流速度，m/s；

D——管道直径，m；

ρ——气体密度，kg/m^3；

μ——气体动力黏性系数，Pa·s。

实验表明，流体在直圆管内流动时，当 $Re<2\ 320$ 时，流动状态为层流；当 $Re>13\ 800$（上临界雷诺数）时，流动状态为紊流；Re 在 2 320～13 800 的区域内，流动为不稳定的过渡区。

二、风道断面的风速

在工业通风中，空气流速简称为风速。由于空气的黏性和风道壁面摩擦影响，风道断面上风速分布是不均匀的。

1. 层流风速

对于半径为 R 的层流态圆形管风流，由流体力学知识可知，对于半径为 r 处的切应力 τ 为：

$$\tau=\frac{r}{2}\rho gJ \tag{2—20}$$

式中　J——常数。

另由牛顿内摩擦定律，即 $\tau=-\mu\frac{\mathrm{d}v}{\mathrm{d}t}$，不难解出在半径为 r 处的风速为：

$$v=\frac{\rho gJ}{4\mu}(R^2-r^2) \tag{2—21}$$

根据式（2—21）可作出如图 2—4 所示的层流风道断面风速分布。可以看出，对于层流流态风流，断面上的流速分布为抛物线分布。

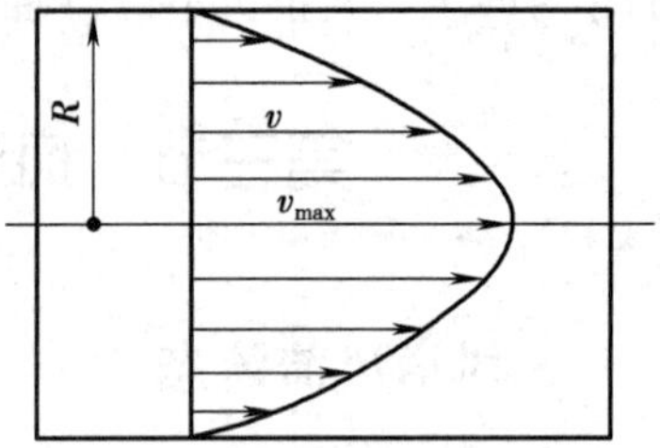

图 2—4　层流风道断面风速分布示意图

若在半径为 r 处取环状微元断面积 $2\pi r\mathrm{d}r$，则风流通过圆形管道整个断面的流量 Q 为：

$$Q=\int_0^R\frac{\rho gJ}{4\mu}(R^2-r^2)2\pi r\,\mathrm{d}r=\frac{\pi\rho gJ}{8\mu}R^4 \tag{2—22}$$

平均风速 $\bar{v}$ 为：

$$\bar{v}=Q/\pi R^2=\frac{\rho gJ}{8\mu}R^2 \tag{2—23}$$

分析式（2—21）和（2—23），不难看出，断面最大风速 v_{max} 处于半径为零处，即风道中心最大速度 v_{max} 为平均流速 $\bar{v}$ 的 2 倍。

2. 紊流风速

紊流风道中风流质点的运动状态是极其复杂的，流体质点互相混杂、碰撞，速度快的质点流向速度慢的质点处时，运动较快的质点就会推动运动慢的质点层，使慢层的流动速度加快，而运动慢的质点会阻碍运动较快的质点层，使快层质点的流动速度减慢，动量交换的结果使过流断面上各点的速度趋向均匀，速度梯度变小。

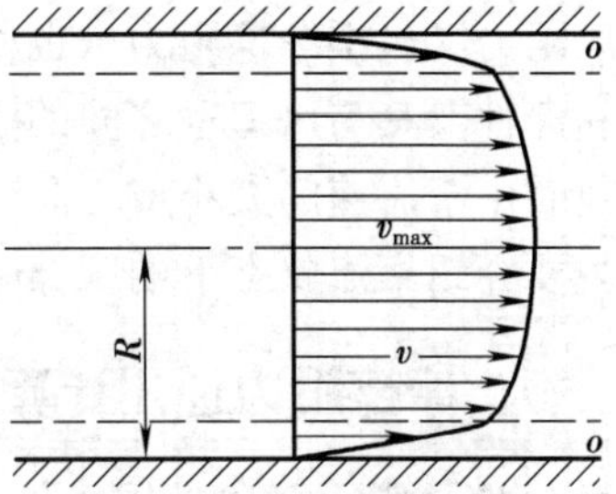

图 2—5　紊流风道断面风速分布示意图

如图 2—5 所示，在紊流状态下，断面上的流速分布发生改变，管道内流速的分布取决于 Re 的大小。在贴近壁面处仍存在层流运动薄层，即层流边界层。其厚度 δ 随 Re 增加而变薄，它的存在对流动阻力、传热和传质过程有较大影响。在层流边界层以外，即紊流核心区，从风道壁向轴心方向，风速逐渐增大，距管中心 r 处的流速与管中心（$r=0$）最大流速 v_{max} 的比值服从指数定律。

$$\frac{v}{v_{max}}=(1-\frac{r}{R})\ m \tag{2—24}$$

式中，m 为取决于 Re 的指数：当 $Re=50\ 000$ 时，$m=1/7$；$Re=200\ 000$ 时，$m=1/8$；$Re=2\ 000\ 000$ 时，$m=1/10$。

设断面上任一点风速为 v_i，则风道断面的平均风速 $\bar{v}$ 为：

$$\bar{v}=\frac{1}{S}\int_{s} v_i\mathrm{d}S \tag{2—25}$$

式中，S 为断面积，$\int_{s} v_i\mathrm{d}S$ 为通过断面 S 上的风量 Q。

断面上平均风速 $\bar{v}$ 与最大风速 v_{max} 的比值称为风速分布系数（速度场系数），用 K_v 表示：

$$K_v=\frac{v}{v_{max}} \tag{2—26}$$

其值与风道粗糙程度有关。风道壁面越光滑，K_v 值越大，即断面上风速分布越均匀。

应当指出，对于条件比较复杂的风道，由于受断面形状和壁面粗糙程度的影响，以及局部阻力物的存在，最大风速不一定在风道的轴线上，风速分布也不一定具有对称性。

第四节　摩擦阻力

当空气沿风道运动时，由于风流的黏滞性和惯性以及风道壁面等对风流的阻滞、扰动作用而形成通风阻力，它是造成风流能量损失的原因。因此，从数值上来说，某一风道的通风阻力等于风流在该风道的能量损失；从通风阻力的产生来看，通风阻力又包括摩擦阻力（也称沿程阻力）和局部阻力，摩擦阻力是由于空气本身的黏滞性及其与风道壁之间的摩擦而产生的沿程能量损失；局部阻力是空气在流经风道时由于流速的大小或方向变化及随之产生的涡流造成比较集中的能量损失。本节主要介绍紊流状态下的摩擦阻力。

一、摩擦阻力通用计算式与无因次系数

1. 摩擦阻力通用计算式

根据流体力学原理，无论是层流还是紊流，圆形风管的摩擦阻力可按下式计算：

$$h_r=\lambda\frac{L}{D}\rho\frac{v^2}{2}，\text{Pa} \tag{2—27}$$

式中 λ——摩擦阻力无因次系数；

v——风管内空气的平均流速，m/s；

ρ——空气的密度，kg/m^3；

L——风管长度，m；

D——圆形风管直径，m。

如将风管长度为 1 m 摩擦阻力称为比摩阻，并以 h_b 表示，则：

$$h_b=\lambda\frac{1}{D}\rho\frac{v^2}{2}，\quad \text{Pa/m} \tag{2—28}$$

如风管断面为非圆形的其他形状，则式（2—27）和式（2—28）的直径应以当量直径代入。所谓当量直径，即是指与非圆形风管有相等比摩阻值的圆形风管直径。当量直径有流速当量直径和流量当量直径两种，工程中一般用流速当量直径 D_e 计算。流速当量直径是假想一圆形风管中的空气流速与非圆形风管的空气流速相等且单位长度摩擦阻力（比摩阻）也相等情况下计算的圆形风管直径。根据这一定义，矩形风管流速当量直径 D_e 与断面积 S、断面周长 U 有如下关系：

$$D_e=4\frac{S}{U} \tag{2—29}$$

对于不同形状的通风断面，其周长 U 与断面积 S 的关系，可用下式表示：

$$U=C\sqrt{S} \tag{2—30}$$

式中 C——断面形状系数，梯形 $C=4.16$，三心拱 $C=3.85$，半圆拱 $C=3.90$。

2. 摩擦阻力无因次系数

管壁的粗糙度分为绝对粗糙度和相对粗糙度，绝对粗糙度 K 是指管壁凹凸不

平的平均高度，相对粗糙度是指绝对粗糙度 K 与管径 D 的比值。尼古拉兹在各种不同粗糙度的管道上进行实验，发现摩擦阻力无因次系数 λ 与流体流动状态和管壁的粗糙度有关：当 $Re<2\ 300$ 时，流动为层流区，λ 与 K/D 无关，仅与 Re 有关；当 $2\ 300\leqslant Re\leqslant 4\ 000$ 时，流动为层流到紊流的临界区，λ 随 Re 增大而增大，与 K/D 无明显关系；当 $4\ 300<Re\leqslant 26.98\left(\frac{D}{K}\right)^{8/7}$ 时，流动为紊流光滑区，λ 仍与 K/D 无明显关系，仅与 Re 有关；当 Re 为 $26.98\left(\frac{D}{K}\right)^{8/7}\sim\frac{191.2}{\sqrt{\lambda}}\left(\frac{D}{K}\right)$ 时，流动处于紊流光滑区变阻力平方区（紊流粗糙区）过渡区，λ 与 Re、K/D 均有关系；当 $Re>\frac{191.2}{\sqrt{\lambda}}\left(\frac{D}{K}\right)$ 时，流动处于阻力平方区（紊流粗糙区），λ 只与 K/D 有关，与 Re 无关。

紊流光滑区向紊流粗糙过渡区的 λ 经验公式较多，其中我国于 1976 年编制的《全国通用通风管道计算表》采用的经验公式是：

$$\frac{1}{\sqrt{\lambda}}=-2\lg\left(\frac{K}{3.71D}+\frac{2.51}{Re\sqrt{\lambda}}\right) \tag{2—31}$$

式中　K——风管内壁的当量绝对粗糙度，mm；

D——风管直径，mm。

紊流粗糙区的 λ 可用经验公式计算：

$$\lambda=\left(1.74+2\lg\frac{D}{2K}\right)^{-2} \tag{2—32}$$

或

$$\lambda=0.11\left(\frac{K}{D}\right)^{0.25} \tag{2—33}$$

二、流动处于紊流光滑区向粗糙过渡区的摩擦阻力计算

在实际通风系统中，除风管直径很小、表面粗糙的砖、混凝土通风管道外，一般的通风管道的空气流动状态大多属于紊流光滑向粗糙过渡区，即流动处于紊流光滑区到紊流粗糙区之间的过渡区，甚至高速风管的流动状态也处于此过渡区。因此，一般通风管道基本按式（2—31）计算 λ。

在设计通风管道时，为了避免烦琐的计算，可以按式（2—28）和式（2—33）制成各种形式的表格或线算图，图 2—6 则是根据上述公式得到的线算图，适用于 $K=0.15$ mm 薄钢板风管。运用线算图或计算表，只要已知流量、管径、流速、阻力四个参数中的任意两个，即可求得其余两个参数。但是必须指出，各种线算图或

计算表格，都是在一些特定的条件下作出的，使用时必须注意。例如我国采用的《全国通用通风管道计算表》，适用于以大气压为 $p_0=101.33$ kPa、温度为 $t_0=20℃$的空气标准状态，空气运动黏滞系数 $\upsilon_0=15.06\times10^{-6}$ m²/s，空气密度 $\rho_0=1.204$ kg/m³。当量绝对粗糙度的取值为：对于钢板制风管，$K=0.15$ mm；对于塑料板制风管，$K=0.01$ mm。当实际条件与图表条件相差较大时，应予以修正。

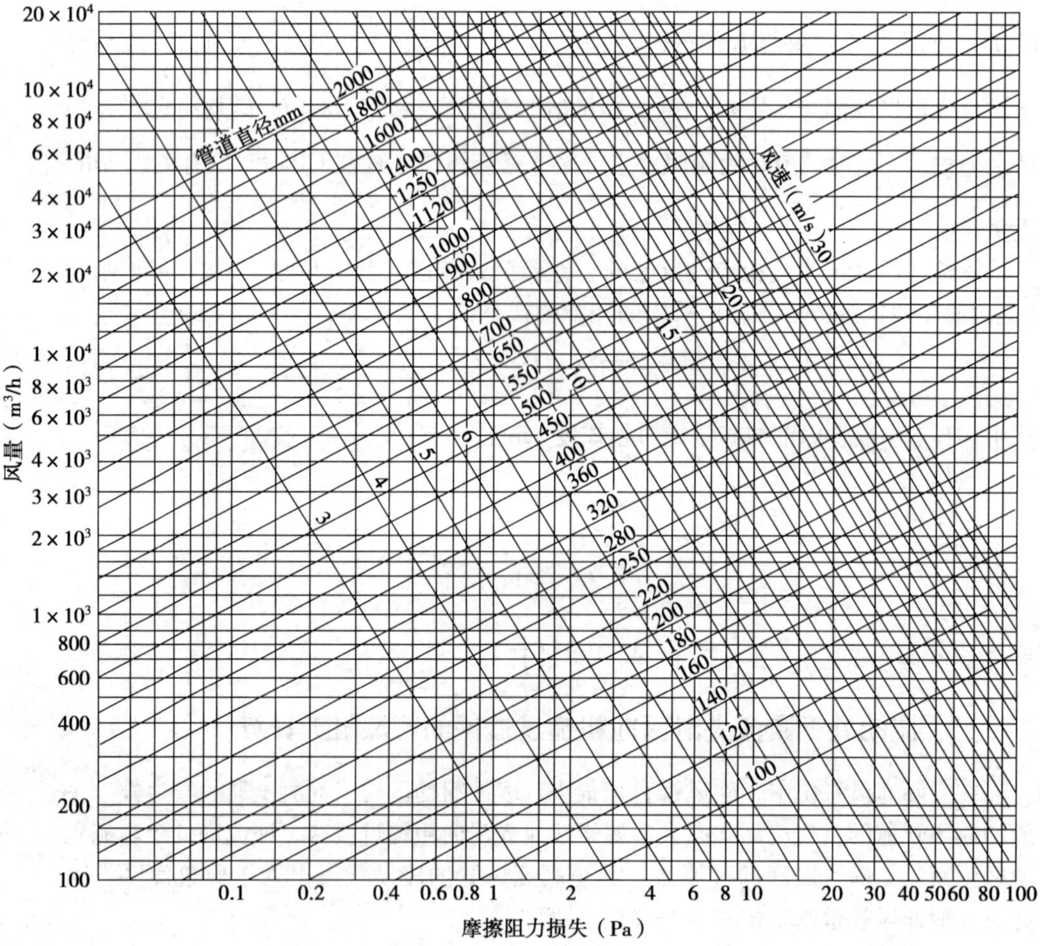

图 2—6　通风管道单位长度摩擦阻力线解图

（1）空气温度和大气压力的修正。如果空气的压力、温度与线算图或计算表不一致，可按下式修正：

$$h_b = K_t K_B h_{b0}\text{，Pa/m} \tag{2—34}$$

$$K_t = \left(\frac{273+20}{273+t}\right)^{0.825}\text{；}K_B = \left(\frac{p_0}{101.3}\right)^{0.9} \tag{2—35}$$

式中　h_{b0}——标准状态下（即从图 2—6 中查得的）比摩阻，Pa；

K_t——温度修正系数；

t——实际的空气温度，℃；

K_B——大气压力修正系数；

p_0——实际的大气压力，kPa。

K_t 和 K_B 也可直接由图 2—7 查得，从图 2—7 可以看出，在 0～100℃的范围内，可近似把温度和压力的影响看做是直线关系。

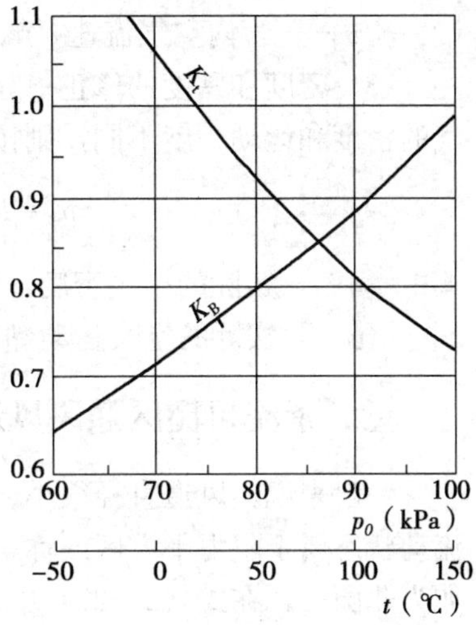

图 2—7　温度与大气压的修正系数

（2）粗糙度的修正。摩擦阻力无因次系数 λ 不仅与表征流动状态的雷诺数 Re 有关，还与管壁当量绝对粗糙度有关。粗糙度增大时摩擦阻力系数或比摩阻随之增大。通风防尘工程中使用多种材料制作风管，这些材料的粗糙度各不相同，参考采用的数值列于表 2—1。

表 2—1　　各种材料制作的风管的粗糙度

风管材料	粗糙度 K（mm）
薄钢板或镀锌钢板	0.15～0.18
塑料板	0.01～0.05
矿渣石膏板	1.0
矿渣混凝土板	1.5
胶合板	1.0
砖砌体	3～6
混凝土	1～3
木板	0.2～1.0

当风管管壁的粗糙度 $K \neq 0.15$ mm 时，可先由图 2—6 查出 h_{b0}，再近似按下式修正：

$$h_b = K_r h_{b0}\text{，Pa/m} \tag{2—36}$$

$$K_r = (Kv)^{0.25} \tag{2—37}$$

式中 h_b——实际比摩阻，Pa/m；

h_{b0}——图 2—6 查得的比摩阻，Pa/m；

K_r——管壁粗糙度修正系数；

K——管壁粗糙度，mm；

v——管内空气流速，m/s。

（3）密度和黏度的修正。如果空气的压力、温度与线算图或计算表不一致，空气的密度和运动黏度不同，则按下式修正：

$$h_b=h_{b0}\left(\frac{\rho}{\rho_0}\right)^{0.91}\left(\frac{\upsilon}{\upsilon_0}\right)^{0.1}，\text{Pa/m} \tag{2—38}$$

式中 ρ——实际的空气密度，kg/m^3；

υ——实际的空气运动黏度，m^2/s。

三、紊流粗糙区通风风道摩擦阻力及计算

一般来说，风道直径很小、表面粗糙的砖、混凝土风管内和隧道及地下风道的流动状态属于阻力平方区或称紊流粗糙区。在实际通风系统中，紊流粗糙区的风道如为非圆形，在式（2—27）中，用当量直径 D_e 代替 D，且用通过的风量 Q 除以断面积 S 代替风速 v，则得到紊流粗糙区风道的摩擦阻力计算式：

$$h_r=\frac{\lambda\rho}{8}\frac{LUv^2}{S}=\frac{\lambda\rho}{8}\frac{LUQ^2}{S^3} \tag{2—39}$$

应当指出，用当量直径代入式（2—27）计算非圆管的摩擦阻力，并不适用于所有断面形状，但对常见的风道而言，造成的误差很小，可不予考虑。

不难看出，对于风道壁面及几何尺寸已定型的紊流粗糙区通风风道，可视 λ 为定值，故可令

$$\alpha=\frac{\lambda\rho}{8}；R_r=\alpha\frac{LU}{S^3} \tag{2—40}$$

α 称为摩擦阻力系数，单位为 kg/m^3 或 $N\cdot s^2/m^4$。α 值在阻力平方区是风道相对粗糙度和空气密度的函数，在地下风道、隧道的 α 值一般是通过实测和模型实验得到。R_r 称为巷道的摩擦风阻，R_r 是空气密度、风道粗糙度、断面积、周长、沿程长度诸参数的函数，其单位为 kg/m^7 或 $N\cdot s^2/m^8$。

将式（2—39）（2—40）代入式（2—27）得：

$$h_r=\alpha\frac{LU}{S^3}Q^2=R_rQ^2 \tag{2—41}$$

此式就是紊流粗糙区（或称阻力平方区）下的摩擦阻力定律。当摩擦风阻一定

时，摩擦阻力与风量的平方成正比。

前人通过大量实验和实测获得了在标准状态（$\rho_0=1.2\ kg/m^3$）条件下的各类井巷的摩擦阻力系数，即所谓标准值 α_0 值。当井巷中空气密度 $\rho_0\neq1.2\ kg/m^3$ 时，其 α 值应按下式修正：

$$\alpha=\alpha_0\frac{\rho}{1.2} \tag{2—42}$$

四、减小通风摩擦阻力措施

减小摩擦阻力对于工业通风系统合理运行，特别是摩擦阻力占主要部分的处于粗糙流动区、摩擦阻力比例较大、风道线路长的隧道和地下风道，有着重要意义。由式（2—27）（2—39）可知，降低摩擦阻力的措施有：

（1）选用断面周长较小的风道。在风道断面相同的条件下，圆形断面的周长最小，拱形断面次之，矩形、梯形断面的周长较大。因此，从减小摩擦阻力角度，应尽量按照圆形断面—拱形断面—矩形、梯形断面的顺序。

（2）减小相对粗糙度。相对粗糙度的减小，就减小了摩擦阻力无因次系数 λ，减少了摩擦阻力系数 α。这就要求在工业设计时尽量选用相对粗糙度较小的风道壁面，施工时要注意保证施工质量，尽可能使风道壁面平整光滑。

（3）保证有足够大的风道断面。在其他参数不变时，风道断面扩大，通风阻力和能耗可减小。断面增大将增加基建投资，但要同时考虑长期节电的经济效益。从总经济效益考虑的风道合理断面称为经济断面。在通风设计时应尽量采用经济断面。在工业生产单位改善通风系统时，对于主风流线路上的高阻力区段，常采用这种措施。例如把某段风道（断面积小、阻力大的“卡脖子”地段）的断面扩大。

（4）避免风道内风量过于集中。风道的摩擦阻力与风量的平方成正比，风道内风量过于集中时，摩擦阻力就会大大增加。

（5）减小风道长度。因风道的摩擦阻力和风道长度成正比，故在进行通风系统设计和改善通风系统时，在满足生产需要的前提下，要尽可能缩短风路的长度。

第五节　局部阻力

上一节讨论了由于风道壁面的粗糙引起的摩擦阻力，但是，在通风系统中常常存在风道断面变化、通风方向变化以及风流分岔或汇合等部位，风流流过这些部位时，或改变方向，或要改变速度大小，或二者兼有，因此风流的正常流动受到干扰，从而产生撞击、分流、旋涡等现象，在局部区域产生较大的能量损失，这个损失就是由局部阻力造成的。

一、局部阻力产生的分析

下面主要分析三种典型局部阻力的产生：

如图 2—8 所示为截面突然扩大的局部阻力物。由于气体质点有惯性，气体质点的运动轨迹不可能按照管道的形状突然转弯扩大，即整个气体在离开小截面管后只能向前继续流动，逐渐扩大，这样在管壁拐角处流体与管壁脱离形成旋涡区。旋涡区外侧气体质点的运动方向与主流的流动方向不一致，形成回转运动，因此气体质点之间发生碰撞和摩擦，产生局部阻力，消耗流体的一部分能量。同时旋涡区本身也不是稳定的，在气体流动过程中旋涡区的流体质点将不断被主流带走，也不断有新的气体质点从主流中补充进来，即主流与旋涡之间的流体质点不断地交换，发生剧烈的碰撞和摩擦，产生局部阻力，产生较大的能量损失，这些能量损失转变为热能而消失。

如图 2—9 所示为截面突然缩小的局部阻力物，气体从大直径的管道流往小直径的管道时，流线必须弯曲，流束必定收缩。当流体进入小直径管道后，由于流体有惯性，流体将继续收缩直至称为缩颈的最小截面 A_C，而后又逐渐扩大，直至充满整个小直径截面 A_2。在缩颈附近的流束与管壁之间有一充满小旋涡的低压区。在大直径截面与小直径截面连接的凸肩处，也常有旋涡形成。所有旋涡运动产生了局部阻力，消耗了能量；在流线弯曲、流体的加速和减速过程中，流体质点碰撞、速度分布变化等也产生局部阻力，造成能量损失。由于流体沿突然缩小管道的流动是先收缩后扩展，故它的能量损失，即局部阻力，也由两部分组成。

如图 2—10 所示为弯管形式的局部阻力物。流体由直管进入弯管前，截面 AA' 处的压力是均一的，进入弯管后，外侧由 A 到 B 的流动为增压过程（压力梯度为正），B 点压力最高，从 B 到 D'，压强逐渐下降；内侧由 A' 到 C，压强逐渐下降，C 点压强最低，从 C 到 D 的流动为增压过程，直至流体进入直管后，截面 DD' 处的压力又趋于均一。在 AB 和 CD 这两段增压过程中，都有可能因边界层能量被黏滞力所消耗而出现边界层分离，形成旋涡，产生局部阻力而造成能量损失。同时，流体在弯管中流动时，流速高的离心惯性大，这样，便发生两个旋转运动，并与主流相结合，便产生了双螺旋流动，增加了局部流速，产生局部阻力，从而增加了损耗。

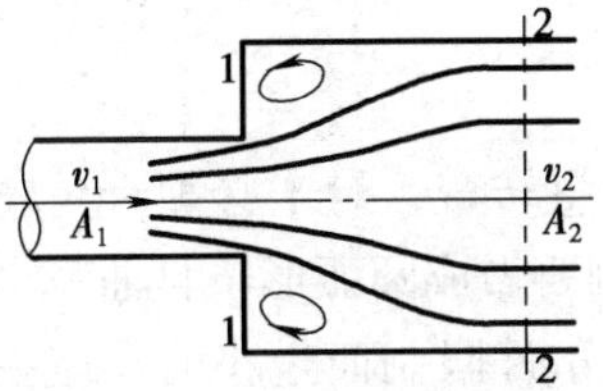

图 2—8　风道截面突然扩大

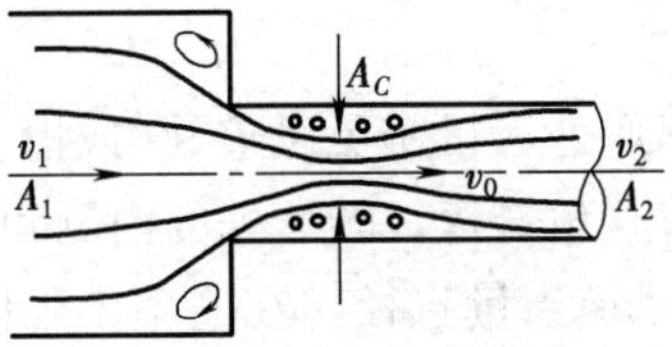

图 2—9　风道截面突然缩小

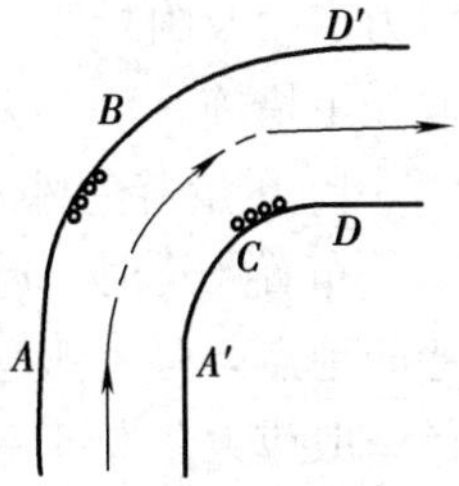

图 2—10　弯管

二、局部阻力及其计算

由于局部阻力所产生风流速度场分布的变化比较复杂，对局部阻力的计算一般采用经验公式。和摩擦阻力相似，局部阻力 h_1 一般也用动压的倍数来表示：

$$h_1=\xi\frac{\rho v^2}{2}=\xi\frac{\rho}{2S^2}Q^2 \tag{2—43}$$

式中，ξ 为局部阻力系数，无因次，通过实验确定。

大量实验证明，在紊流范围，局部阻力系数 ξ 只取决于局部构件的形状，因此，一般不需要考虑管壁相对粗糙度和雷诺数的影响，且对于已定型的风道 S 为已知，故可参照摩擦阻力方法，令

$$R_1=\xi\frac{\rho}{2S^2} \tag{2—44}$$

式中，R_1 为局部风阻。将式（2—44）代入式（2—43），则有：

$$h_1=R_1Q^2 \tag{2—45}$$

此式就是紊流流动下的局部阻力定律的表达式。它表示，当局部风阻一定时，局部阻力与风量的平方成正比。

不难看出，计算局部阻力时，关键在于确定局部阻力物的阻力系数 ξ，因此，实际计算局部阻力时，一般先确定局部阻力物的阻力系数 ξ，再按照式（2—43）进行计算。附录 5 列出了常见构件通过实验得出的局部阻力系数。注意，在计算局部阻力时，必须注意局部阻力系数 ξ 值对应于哪一个断面的气流速度。

三、减小局部通风阻力措施

减小局部通风阻力对于工业通风系统合理运行同样有重要意义，尤其是管道通风系统，其局部阻力占系统总阻力的比例较大，有时甚至高达 80%。由式（2—43）可知，局部阻力与 ξ 值成正比，与断面的平方成反比，同时从前述的局部通风

阻力产生及附录 5 中的局部阻力系数表也可看出，要减小局部通风阻力，主要可采取如下措施：

1. 尽量避免风流急转弯

布置风道时，风流拐弯处尽量避免风道 90°或以上的急转弯；对于必须直角转弯的地点，可用弧弯代替直角转弯，转弯处的内侧和外侧要做成圆弧形，且曲率半径一般应大于 0.5～1 倍风道当量直径，在曲率半径因受条件限制而过小时，应在转弯处设置导风板或导流片。几种弯头局部阻力系数如图 2—11 所示。

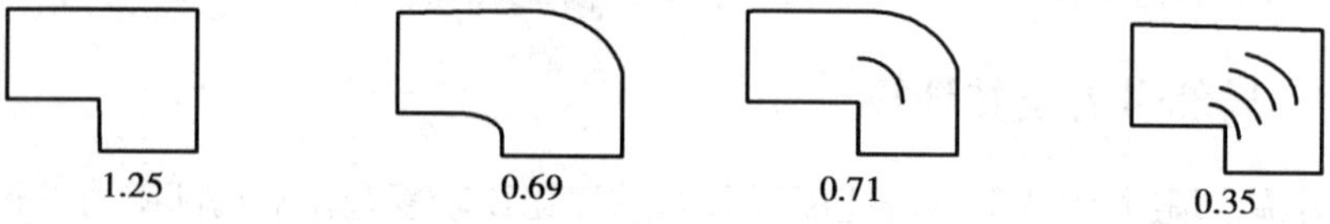

图 2—11　几种弯头局部阻力系数

2. 风流分叉或汇合处连接合理

流速不同的两股气流汇合时的碰撞，以及气流速度改变时形成涡流是造成局部阻力的原因。所以，在风流分叉或汇合点的三通风道，应减小两个分支风道的夹角，当有几个分支管风路汇合于同一总风道时，汇合点最好不要在同一个断面，同时还应尽量使支管和干管内的流速保持相等，如图 2—12 所示。

3. 尽量避免风道断面的突然变化

由于风道断面的突然变化使气流产生冲击，周围出现涡流区，造成局部阻力，因此，为了减小损失，当风道断面需要变化时，应尽量避免风道断面的突然变化，用渐缩或渐扩风道代替突然缩小或突然扩大，如图 2—13 所示，中心角最好在 8°～10°，不要超过 45°。

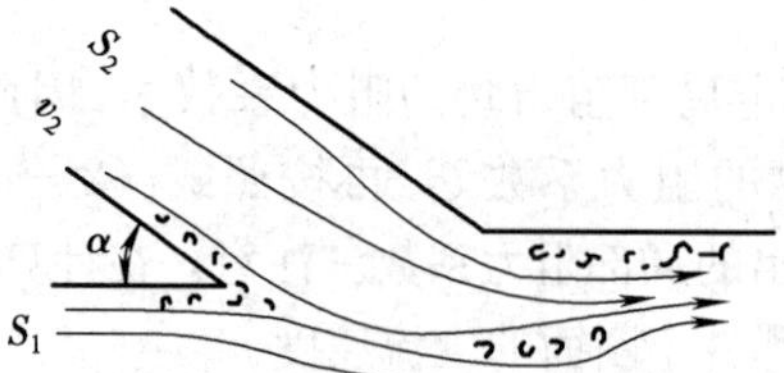

图 2—12　合流三通

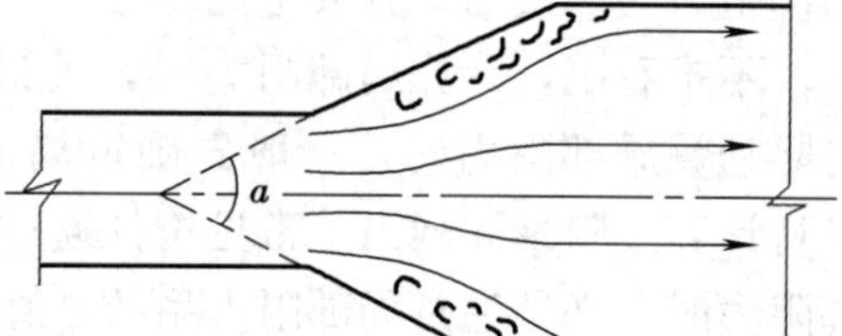

图 2—13　渐扩管内的空气流动

4. 降低出风口流速

降低出风口流速以减小出口的动压损失，同时应减小气流在风道进口处的局部阻力。气流进入风管时，由于产生气流与管道内壁分离和涡流现象造成局部阻力。对于不同的进口形式，局部阻力相差较大，如图 2—14a、b、c 所示。图 2—14c 的进口形式，如果施工或制作严格按照技术规定，其 $\xi \approx 0$。

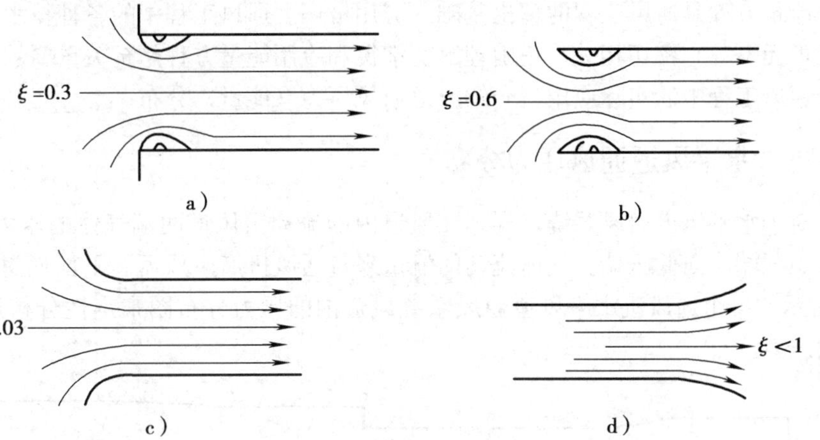

图 2—14　进出口风道阻力

气流从风管出口排出时，如出口处无阻挡，其能量全部损失在数值上等于出口动压；当有阻挡（如风帽、网格、百叶）时，能量损失将大于出口动压，就是说局部阻力系数会大于 1。因此，只有与局部阻力系数大于 1 的部分相应的阻力才是出口局部阻力（即阻挡造成），等于 1 的部分是出口动压损失。为了降低出口动压损失，有时把出口制成扩散角较小的渐扩管，ξ 值会小于 1，如图 2—14d 所示。应当说明，这是相对于扩展前的管内气流动压而言的。

5. 风管与风机的连接应当合理

风管与风机的连接应当合理，保证气流在进出风机时均匀分布，避免发生流向和流速的突然变化，以减小阻力（和噪声）。为减小不必要的阻力，要尽量避免在接管处产生局部涡流，最好使连接通风机的风管管径与通风机的进、出口尺寸大致相同。如果在通风机的吸入口安装多叶形或插板式阀门时，最好将其设置在离通风机进口至少 5 倍于风管直径的地方，避免由于吸口处气流的涡流而影响通风机的效率。在通风机的出口处避免安装阀门，连接风机出口的风管最好用一段直管。如果受到安装位置的限制，需要在风机出口处直接安装弯管时，弯管的转向应与风机叶轮的旋转方向一致。

第六节 风道通风压力分布

能量方程是通风工程的理论基础，应用极广。通风工程中的各种技术测定与技术管理无不与它密切相关，正确理解、掌握和应用能量方程是至关重要的。本节将结合通风工程中的实际应用，介绍风道通风压力（能量）分布。

一、水平风道通风压力分布

对于水平风道通风系统，气体在风道内的流动由风道两端气体的压力差引起，它从高压端流向低压端。气体流动的能量来自通风机产生风压。下面通过如图 2—15 所示的单个通风机水平风道通风系统风道内的压力分布图来定性分析风道内空气的压力分布。

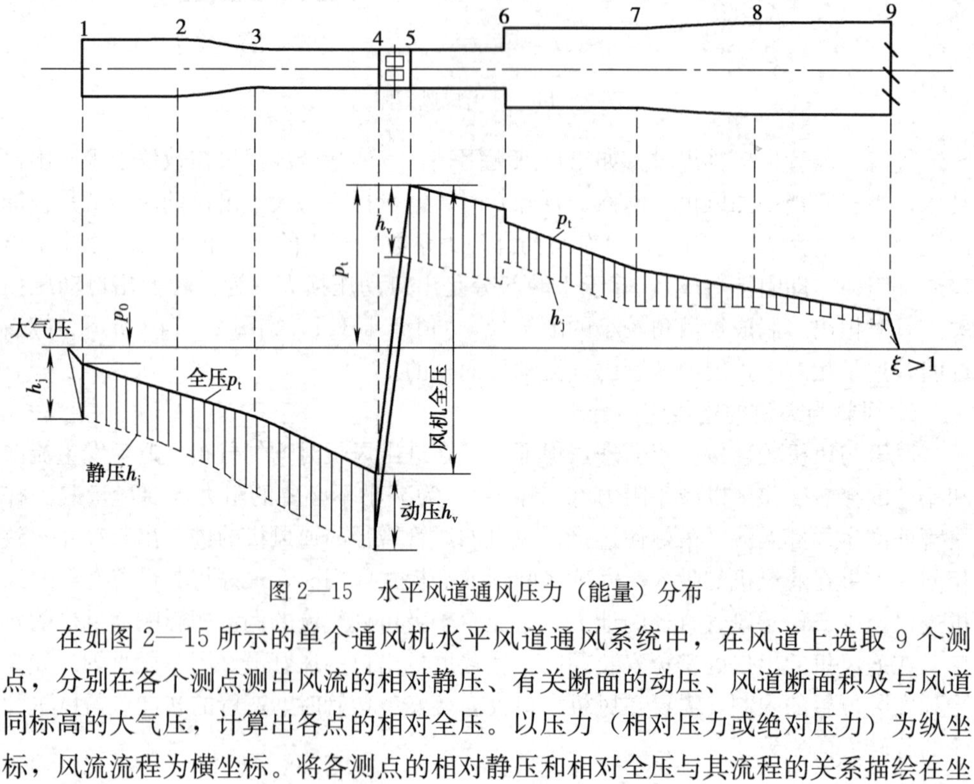

图 2—15 水平风道通风压力（能量）分布

在如图 2—15 所示的单个通风机水平风道通风系统中，在风道上选取 9 个测点，分别在各个测点测出风流的相对静压、有关断面的动压、风道断面积及与风道同标高的大气压，计算出各点的相对全压。以压力（相对压力或绝对压力）为纵坐标，风流流程为横坐标。将各测点的相对静压和相对全压与其流程的关系描绘在坐标图中，最后将图上的同名参数点用直线或曲线连接起来，并得到如图 2—15 所示的压力分布线，不难看出：

（1）由于风道是水平的，各断面间无位能差，除有通风机动力的 5—6 段外，任意两断面间的通风阻力就等于两断面的全压损失（全压差）；

（2）全压沿程逐渐减小，静压沿程随动压的大小变化而变化。在断面不变的水平风道中，全压和静压的损失相等，如管段 1—2、3—4、5—6、6—7 和 8—9；在收缩段 2—3，沿空气流动方向，全压值和静压值减小，动压值相应增大；在全压一定的水平风道系统中，风流在流动过程中的静压和动压可相互转换，在断面小的地方，静压将有一部分转化为动压，反之，在断面大的地方，将有一部分动压转化为静压，如在扩张段 7—8、突扩点 6、出风口点 9 处。所以，静压坡度线沿程是起伏变化的，而非单调下降，这在压力坡度线上可清楚地看出。因此，在判断风流流动方向时，水平风道可应用全压的正负判定。

（3）通风机吸入段和压出段具有不同特征。通风机吸入段的全压和静压均为负值，即均比大气压力低；通风机压出段的全压均是正值，在风机出口全压最大；通风机压出段静压不一定均为正值，如压出段上某一断面收缩得很小，使流速大大增加，当动压大于全压时，该处的静压出现负值，有些压送式气力输送系统的受料器进料和诱导式通风就是这一原理的运用。

（4）在风机段 4—5 处可看出，风机的全压 H_t 等于风机进、出口的全压差，或者说等于风道的总阻力及出口动压损失之和，即 $H_t = p_{t5} - p_{t4} = h_{0-9} + h_{v9}$，也就是说，通风机全压是用以克服风道通风阻力和出口动能损失，如把通风机用于克服风道阻力的那一部分能量叫通风机的静压 H_s，则有 $H_s = h_{0-9} = H_t - h_{v9}$。因此在通风工程中，只要条件允许，一般在风流出口加设一段断面逐渐扩大的风道（称为扩散器），使得出口风速变小。

二、包含非水平风道通风系统风压力分布

图 2—16 为已简化的包含非水平风道的地下通风系统，下面以其为例，介绍包含非水平风道通风压力（能量）分布及分析。

先沿风流流程布设若干测点，即 1、2、3、4 点，测出各点的绝对静压、风速、温度、湿度、标高等参数；然后以最低水平 2—3 为基准面，计算出各断面的压力（机械能），包括静压、动压和相对基准面的位压；再选择坐标系和适当的比例，以压力（或称压能）为纵坐

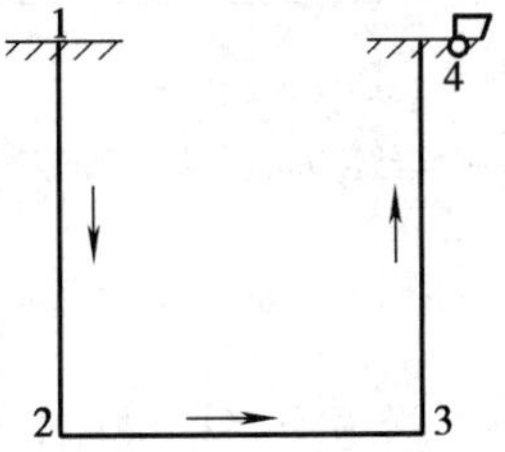

图 2—16　已简化的某地下通风系统

标，风流流程为横坐标，把各断面的静压、动压和位能描在图 2—17 的坐标系中，即得 1、2、3、4 断面的总压力（机械能），分别用 a、b、c、d 点表示，以 a_1、b_1、c_1、d_1 表示分别表示各断面的全压，其中 b 和 b_1、c 和 c_1 重合；a_2、b_2、c_2、d_2 点分别表示各断面的静压；最后在压力（机械能或称压能）—风流流程坐标图上描出各测点，将同名参数点用折线连接起来，即得 1—2—3—4 流程上的压力（能量）分布线，如图 2—17 所示。不难看出：

（1）绝对全压和绝对静压坡度线的变化与总压力（机械能）坡度线的变化不同，其坡度线变化有起伏，如 1—2 段风流由上向下流动，位能逐渐减小，静压逐渐增大；在 3—4 段其压力坡度线变化正好相反，静压逐渐减小，位能逐渐增大。这充分说明，风流在有高差变化的风道流动时，其静压和位能之间可以相互转化。

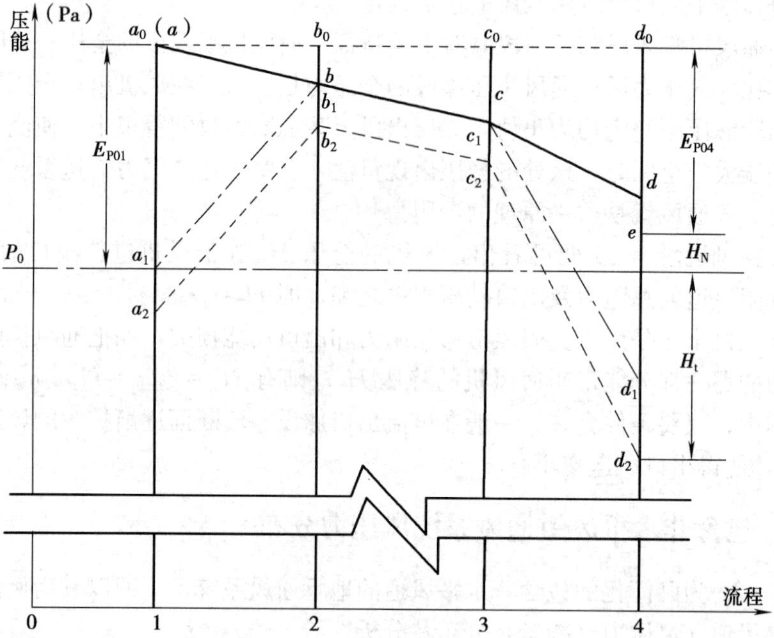

—— 实线 a-b-c-d 表示风流全能量坡度线；-·-·-·- 点画线 a_1-b_1-c_1-d_1 全压坡度线；
- - - - 虚线 a_2-b_2-c_2-d_2 静压坡度线

图 2—17　包含非水平风道通风系统通风压力（能量）分布线

（2）总压力（机械能）沿程逐渐下降，从入风口至各断面的通风阻力等于该断面上总压力（机械能）的下降值，任意两断面间的通风阻力等于这两个断面总压力

（机械能）下降值的差；总压力（机械能）坡度线的坡度反映了流动路线上的通风阻力分布状况，坡度越大，单位长度风道上的通风阻力越大。

本 章 小 结

空气流动的压力和阻力是工业通风设计、测定及其实际工程的基础。本章主要介绍空气在流动过程中的风流流动基本方程、风流压力、通风阻力、风道压力分布等内容。其中通风阻力包括摩擦阻力和局部阻力。单位体积空气流动的能量方程物理意义是单位体积空气在流动过程中的能量损失等于两断面间的机械能差。在实际通风系统中，局部阻力一般按式（2—43）计算，流动处于紊流光滑区到紊流粗糙区之间的过渡区的一般通风管道摩擦阻力，主要运用线算图查出比摩阻后求得，而表面粗糙的砖、混凝土风管内和隧道及地下风道等属于紊流粗糙区的风道摩擦阻力则按式（2—41）计算，风道压力分布是能量方程应用。

复习思考题

1. 密度为常数的定常流体流动的风流连续方程及其物理意义如何？

2. 摩擦阻力 h_f 和摩擦风阻 R_f 有何区别？

3. 简述绝对压力和相对压力的概念，为什么在通风机出口段通风断面上某点的相对全压大于相对静压，而在通风机出口段通风断面某点的相对全压小于相对静压？

4. 降低通风阻力措施有哪些？

5. 对于不同的雷诺数的风流，其摩擦阻力无因次系数如何？

6. 如图 2—18 所示的抽出式通风筒中某点的 $h_i=100$ Pa，$h_{vi}=150$ Pa，风筒外与 i 点同标高的 $p_{0i}=101\ 332.3$ Pa，求：①i 点的绝对静压 p_i；②i 点的相对全压 h_{ti}；③i 点的绝对全压 p_{ti}。

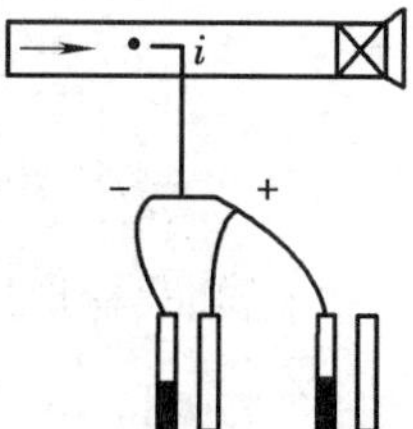

图 2—18　抽出式通风筒

7. 有一矩形镀锌薄钢板风管（$K=0.15$ mm），断面尺寸为 500 mm×400 mm，流量 3 000 m^3/h（0.833 m^3/min），空气温度为 20℃，分别用流速当量直径和流量当量直径法求该风管的单位长度摩擦阻力。如果采用矿渣混凝土板（$K=1.5$ mm），再求该风管的单位长度摩擦阻力。如果空气温度 $t=60$℃，其单位长度摩擦阻力有何变化?

8. 绘出如图 2—19 所示的通风系统压力分布示意图。

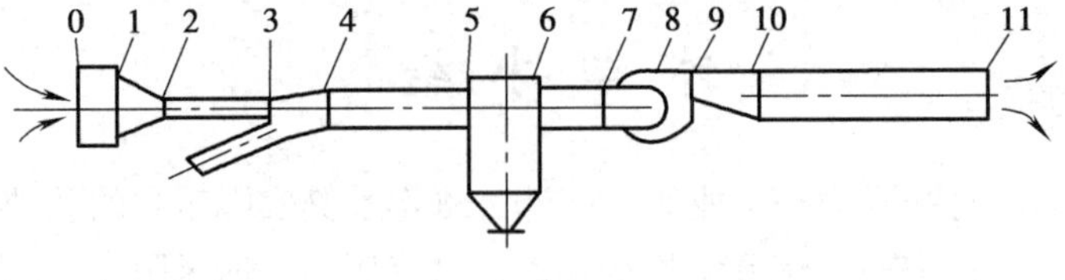

图 2—19 某通风系统示意图

0—空气进口 1—吸风罩进口 2—吸风罩出口 3—渐扩管入口 4—三通 5—除尘器进口 6—除尘器出口 7—通风机进口 8—通风机 9—通风机出口 10—渐扩管 11—总出口

9. 有一如图 2—20 所示的直流式通风空调系统，已知每个风口的风量为 1 500 m^3/h，空气处理装置的阻力（过滤器 50 Pa，表冷器 150 Pa，加热器 70 Pa，空气进出口及箱体内附加阻力 35 Pa）为 305 Pa；空调房间内的正压为 10 Pa，管道材料为镀锌钢板。设计风道尺寸并计算风机所需的全压。

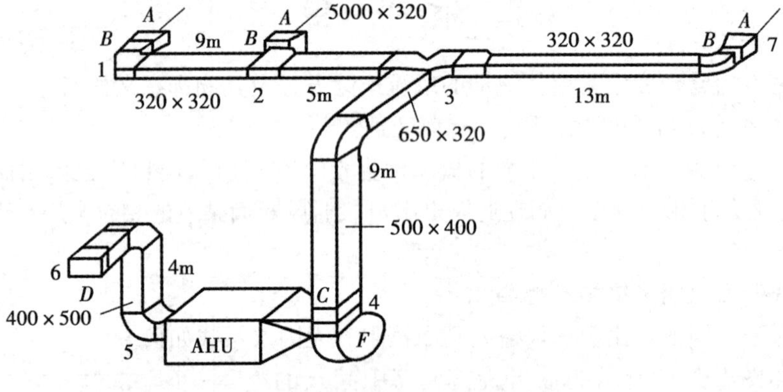

图 2—20 某通风空调系统示意图

A、D—百叶空气进口 B、C—调节阀 F—通风机 AHU—空气处理装置

10. 已知某梯形风道摩擦阻力系数 $\alpha=0.0177\ N\cdot s^2/m^4$，风道长 $L=200$ m，净断面积 $S=5\ m^2$，通过风量 Q 为 720 m^3/min，试求摩擦风阻与摩擦阻力。

11. 如图 2—21 为一圆形通风管道系统的局部，大断面管径为 600 mm，小断面管径为 400 mm，今在断面变化处附近测得大小断面之间的静压差为 550 Pa（两测点距离小于 1 m），大断面的平均动压为 100 Pa，空气密度为 1.2 kg/m^3，试求该处的局部阻力系数。

12. 某集气罩结构如图 2—22 所示，连接管直径 $D=250$ mm，在 $t=30$℃时测得 A—A 断面的相对静压为 -36 Pa，平均动压为 40 Pa。求此集气罩的流量系数和排风量。

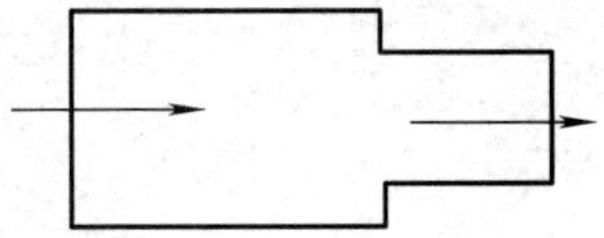

图 2—21　圆形通风管道系统局部

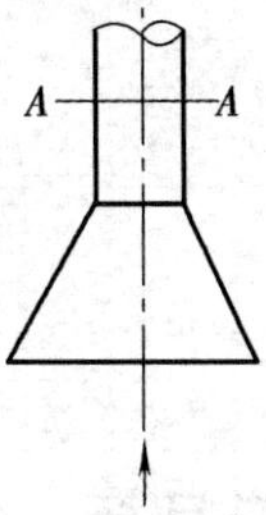

图 2—22　某集气罩结构

第三章 通风动力

本章学习目标：

1. 掌握自然风压的计算方法。
2. 了解通风机械类型及构造原理。
3. 掌握通风机工作参数与实际特性曲线。
4. 了解通风机附属装置及设施。
5. 掌握通风机合理工作范围及其调节。

第一节 自然通风动力

如第一章所述，由于有限空间内外空气的密度差、大气运动、大气压力差等自然因素引起有限空间内外空气能量差后，促使有限空间的气体流动并与大气交换的现象，称为自然通风。在这里，将促使有限空间内气体流动的能量差称为自然通风动力，或称自然风压。自然通风既有有利的一面，又有不利的方面，因此，我们应该了解自然通风原理，充分发挥其有益作用，消除对生产、生活的不利影响。

自然通风在工业中的有益应用，主要有以下几种场合：一是单层工业厂房；二是多层或高层工业建筑中的热车间；三是特种（殊）建筑物、构筑物及容器中的自然通风应用，例如各种坑道，隧道，地下空间建筑物，地下烟道或风道，地面的变电所、变压器室及其他工矿企业特别专用建筑物或构筑物等；四是各类建筑物中防排烟系统。

一、自然通风的产生

下面以几个例子说明自然通风产生的原理和过程：

［例 3—1］　工业厂房内外空气密度差形成的自然通风。如图 3—1 所示的厂房内有一定温度的热源，在外墙的不同高度上设有窗孔，设低处窗孔为 a，高处窗孔为 b，它们的高差为 h，窗孔外的静压分别为 p_a 和 p_b，窗孔内的静压分别为 p'_a 和 p'_b，厂房内外的空气密度和温度分别为 ρ_n、t_n 和 ρ_w、t_w，由于 $t_n>t_w$，所以 $\rho_n<\rho_w$，这时，作用在低处窗孔 a—a 平面的厂房外 h 高度的单位面积空气柱重量大于厂房内 h 高度的单位面积空气柱重量，即 a—a 平面的厂房外的静压大于厂房内的静压，其压力差即自然风压使得房外的低温大气从窗孔 a 源源不断流入厂房内，并与厂房内热源进行热交换，产生气体膨胀，这样，在空气浮力作用下，低温气体产生热膨胀向上运动，并从窗孔 b 流出，即产生了自然通风。

［例 3—2］　矿井内外空气密度差形成的自然通风。图 3—2 为一个简化的矿井通风系统，2—3 为水平巷道，0—5 为通过系统最高点的水平线。如果把地表大气视为断面无限大，风阻为零的假想风路，则通风系统可视为一个闭合的回路。在冬季，由于空气柱 0—1—2 比 5—4—3 的平均温度较低，平均空气密度较大，导致两空气柱作用在 2—3 水平面上的重力不等。其重力差就是该系统的自然风压。它使空气源源不断地从井口 1 流入，从井口 5 流出。在夏季时，若空气柱 5—4—3 比 0—1—2 温度低，平均密度大，则系统产生的自然风压方向与冬季相反。地面空气从井口 5 流入，从井口 1 流出。即由密度差产生了自然通风，其内外气压差就是自然风压。

图 3—1　工业厂房内外空气密度差形成自然通风

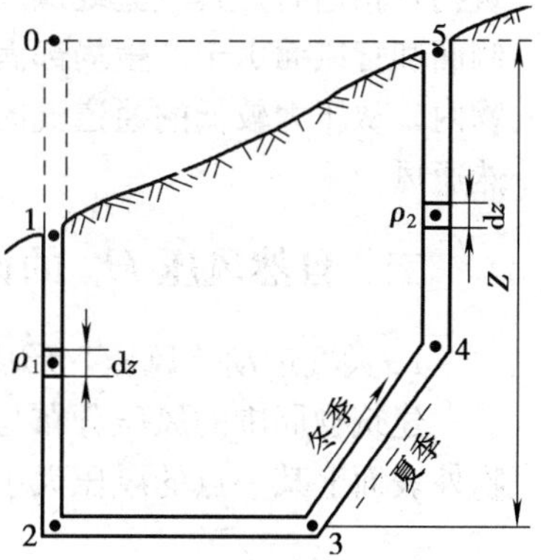

图 3—2　矿井内外空气密度差形成的自然通风

［例 3—3］　大气运动形成的自然通风。如图 3—3 所示，室外大气运动气流与建筑物相遇时，其气流由于受阻而绕流通过，经过一定距离后，气流恢复绕流前的流动情况。在气流绕流建筑物时，建筑物四周的室外气流压力分布将发生变化，迎风面气流受阻，动压降低，静压升高，形成正压；侧面和背风面由于产生局部涡流，静压降低，形成负压。和远处未受干扰的气流相比，这种静压的升高或降低称为自然风压。建筑物在自然风压的作用下，由于其各表面上形成的压力不同，空气就会从压力较高的窗孔进入室内，从压力较低的窗孔流向室外，从而形成大气运动作用下的建筑物内的自然通风。

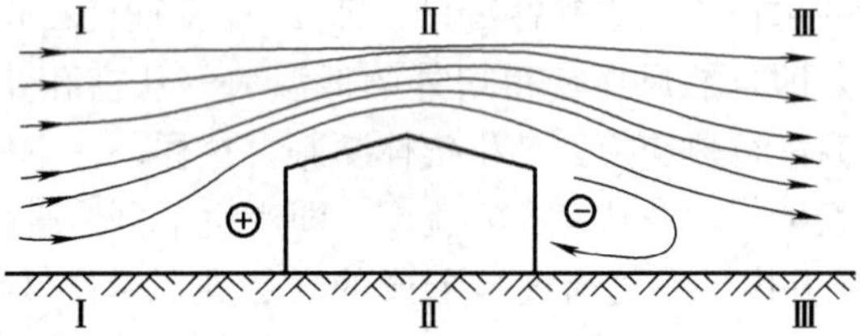

图 3—3　大气运动形成自然通风压差分析

从上面例子可看出，有两种情况可产生自然通风：一是某一有限空间存在与大气相连且具有一定高度差的两个通道，且其空气密度与大气密度不同时，高、低温侧空气在与大气相连的通道底部平面的静压也不同，低温侧空气静压大，高温侧空气静压小，低温侧空气则会从底部通道流入高温侧空间，并与高温侧空间热源进行热交换，产生气体膨胀，在空气浮力作用下，低温气体产生热膨胀向上运动，并从顶部通道流出，即产生自然通风。二是大气运动与建筑物（含矿山、隧道等特殊建筑物）相遇时，其气流绕流建筑物，建筑物迎风面气流受阻，静压升高，而建筑物侧面和背风面由于产生局部涡流，静压降低，空气就会从静压较高的通道进入建筑物内，从压力较低的通道流向建筑物外，从而形成大气运动作用下的建筑物内的自然通风。

二、自然风压 H_N 的计算

1. 大气运动（风压）形成的自然风压计算

建筑物周围的风压分布与该建筑物的几何形状及风向有关。风向一定时，建筑物外表面上某一点的风压大小和室外气流的动压成正比，H_N 可以用下式表示：

$$H_N = A\frac{\rho_w v_w^2}{2} \tag{3—1}$$

式中　v_w——建筑物外空气流速，m/s；

ρ_w——建筑物外空气密度，kg/m^3；

A——空气动力系数。

不同形状的建筑物在不同方向的风力作用下，空气动力系数的分布是不同的，其值可在风洞内通过模型试验得到。一般来说，在正方形或矩形建筑物的迎风侧 A 值为 0.5～0.9，背风侧 A 值为－0.6～－0.3，在平行风向的侧面或与风向稍有角度的侧面 A 值为－0.9～－0.1；倾角在 30°以下的屋面前缘 A 值为－1.0～－0.8；其余部分 A 值为－0.8～－0.2；大倾角屋面迎风侧 A 值为 0.2～0.3；背风侧 A 值为－0.7～－0.5。如果在建筑物外围结构上风压值不同的两个部位开设孔口，处于 $A>0$ 位置的孔口将进风，而处于 $A<0$ 位置的孔口则出风。式（3—1）表明，在同一建筑物的外围结构上，如果有两个风压值不同的窗孔，则空气动力系数大的窗孔将会进风，空气动力系数小的窗孔将会回风（排风），形成贯通室内的空气流，这种自然通风模式称为“穿堂风”。

2. 密度差形成的自然风压计算

根据自然风压定义，图 3—2 所示系统的自然风压 H_N 可用下式计算：

$$H_N=\int_0^2 \rho_1 g\mathrm{d}z-\int_3^5 \rho_2 g\mathrm{d}z \tag{3—2}$$

式中　z——与大气温度或密度不等的有限空间高度，m；

g——重力加速度，m/s^2；

ρ_1、ρ_2——分别为 0—1—2 和 5—4—3 空间的 dz 段空气密度，kg/m^3。

由于空气密度受多种因素影响，与高度 z 成复杂的函数关系，因此利用式（3—2）计算自然风压较为困难。为了简化计算，一般以最低水平为界，分别测算出较大密度有限空间和较小密度有限空间的空气密度平均值 ρ_{m1} 和 ρ_{m2}，分别代替式（3—2）中的 ρ_1 和 ρ_2，则式（3—2）可写为：

$$H_N=zg\ (\rho_{m1}-\rho_{m2}) \tag{3—3}$$

式（3—3）同样适用例 1、例 2 等其他密度差形成的自然通风。

3. 密度差与大气运动（风压）合成的自然风压计算

在密度差与大气运动（风压）同时作用下，其自然风压应综合考虑热压和风压的作用，即：

$$H_N=zg\ (\rho_{m1}-\rho_{m2})+A\frac{\rho_w v_w^2}{2} \tag{3—4}$$

显然，对于迎风面上的孔口，有利于进风而不利于排风；对于背风面和侧风面上的窗孔，则有利于排风而不利于进风。

三、自然风压的影响因素

1. 大气运动（风压）形成自然风压的影响因素

（1）建筑物形状、风向。由前述可知，建筑物形状、风向是影响空气动力系数 A 值的主要因素。直接面对风向的迎风侧窗孔，其 A 值、自然风压大，背风侧窗孔的 A 值、自然风压小。

（2）室外空气风速。由式（3—1）可知，自然风压与室外空气风速的平方成正比。

（3）室外温度 T、大气压 p 和相对湿度 φ。因温度、大气压和相对湿度与室外空气密度密度有关，温度越高，大气压越低，相对湿度越小，则室外空气密度越大，自然风压也越大。

应当指出，自然界中，由于风向和风速在不断地变化，大气压力基本稳定，因此在通风设计中，为保证通风的效果，自然通风仅以密度差形成自然风压作用计算。

2. 密度差形成自然风压的影响因素

由式（3—2）可见，影响自然风压的决定性因素是两侧空气柱的密度差，而空气密度又受温度 T、大气压 p、气体常数 R 和相对湿度 φ 等因素影响。因此，影响自然风压的因素可用下式表示：

$$H_N = f(\rho z) = f\left[\rho(T, p, R, \varphi) z\right] \tag{3—5}$$

（1）某一回路中两侧空气柱的温差。影响气温差的主要因素包括大气气温、风流和有限空间内的热交换。大陆性气候的山区浅井及地面有限空间，自然风压大小和方向受地面气温影响较为明显，一年四季，甚至昼夜之间都有明显变化。对于地下比较深的通风通道，其自然风压受围岩热交换影响比浅井显著，一年四季的变化较小，有的可能不会出现负的自然风压。

（2）与大气温度或密度不等的有限空间高度。当两侧空气柱温差一定时，自然风压与回路最高与最低点（水平）间的高差 z 成正比。

（3）空气成分、湿度和大气压力。因空气成分、湿度和大气压力影响空气的密度，因而对自然风压也有一定影响，但影响较小。

第二节　通风机械类型及构造原理

一、通风机械设备的分类

通风机械设备的分类常用以下几种：

1. 按产生风流的方式分

可分为叶轮旋转式通风机和流体射流通风装置。叶轮旋转式通风机通过电动机使得叶轮旋转而产生风量、风压，也就是通常所称的通风机。流体射流通风装置，通过一定压力的液体或气体在风管中喷射后的射流卷吸作用而产生风量、风压，效率比较低，但它无机械运转设备。叶轮旋转式通风机比流体射流通风装置效率高，应用非常广泛。在一定场合下，如在有爆炸性气体或粉尘场所，完全无碰撞、无摩擦火源的流体射流通风装置就显示出其优越性。

2. 按产生空气压力的高低分

可分为通风机和鼓风机。通风机排气压力低于 11.27×10^4 Pa；鼓风机排气压力在 $11.27\times10^4\sim34.3\times10^4$ Pa 范围内。

3. 按气流运动方向分

（1）轴流式通风机。指使气流轴向进入风机叶轮后，在旋转叶片的流道中又沿着轴线方向流动的通风机，如图 3—4 所示。相对于离心通风机，轴流式通风机具有流量大、体积小、压头低的特点。

（2）离心式通风机。指使气流轴向进入旋转的叶片通道，在离心力作用下气体被压缩并沿着径向流动的通风机，如图 3—5 所示。

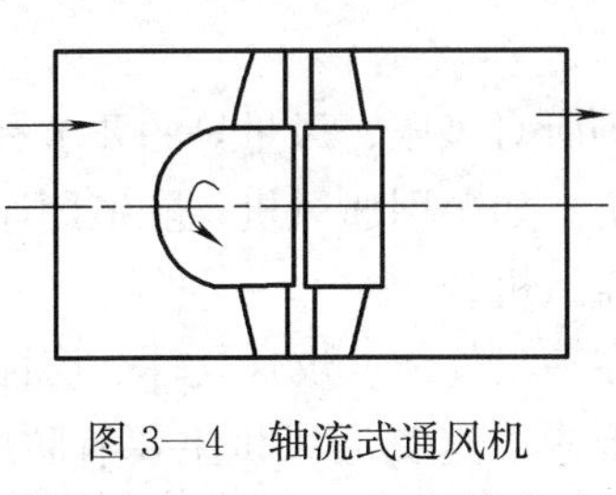

图 3—4　轴流式通风机

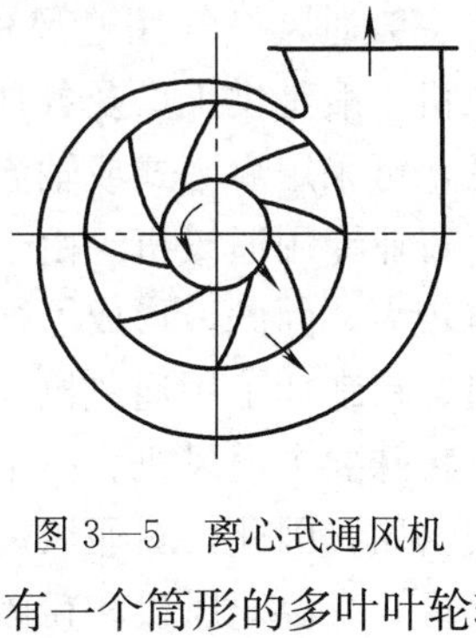

图 3—5　离心式通风机

（3）横流式通风机。也称贯流式通风机，其内有一个筒形的多叶叶轮转子，气流沿着与转子轴线垂直的方向，从转子一侧的叶栅进入叶轮，然后穿过叶轮转子内部，通过转子另一侧的叶栅，将气流排出，如图 3—6 所示。这种通风机具有薄而细长的出口截面，适于装置在扁平或细长形的设备里。这种通风机动压较高，气流不乱，但效率较低。

(4) 混流式（斜流式）通风机。混流式通风机的叶轮轮毂和主体风筒的形状为圆锥形，如图 3—7 所示，气流的方向处于轴流式和离心式之间，气体以与叶轮主轴成某一角度的方向进入旋转叶道，沿倾斜方向流出，近似沿锥面流动，故称为斜流式（混流式）通风机。这种通风机兼有轴流式和离心式风机的特点，其压力系数比轴流式风机高，而流量系数比离心式风机高。

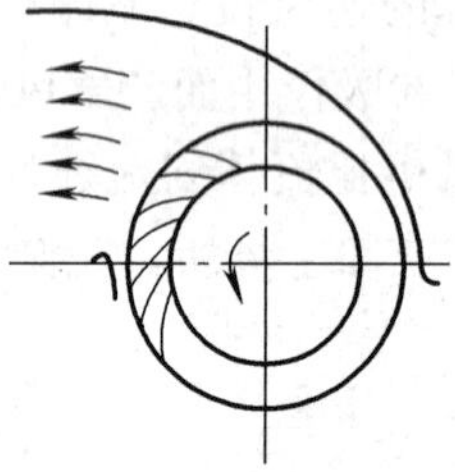

图 3—6　横流式通风机

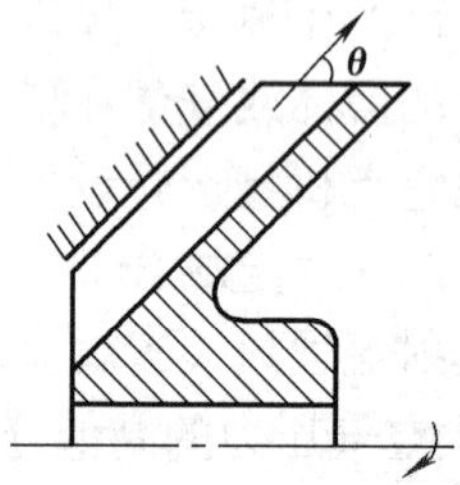

图 3—7　斜流式通风机

4. 按通风机械服务范围分

可分为主要通风机和局部通风机。主要通风机是指为整个通风系统服务的通风机，局部通风机是指为通风系统局部地段服务的通风机。以矿井通风机为例，则安设在地面为整个矿井服务的通风机为主要通风机，为矿井施工地点服务的通风机为局部通风机。

5. 按用途分

(1) 一般通风换气用通风机。这类通风机只适宜输送温度低于 80℃的空气。这类通风机一般是供工厂及各种建筑物通风换气或采暖通风用，要求压力不高，但噪声要低，可采用离心式或轴流式通风机。

(2) 行业专用通风机。由于各个行业、场所对风压、风量等的要求有区别，且需要量也较大，因此，形成了行业专用通风机。如矿用通风机、隧道用通风机、船用通风机、粮食加工用通风机、纺织空调用通风机。

(3) 特殊要求通风机。由于很多场所存在高温气体、爆炸气体、腐蚀性气体及其粉体类物质，因此，对通风机提出了特殊要求。这类通风机主要有防爆通风机、防腐通风机、高温通风机和粉体用通风机等。防爆通风机选用与砂粒、铁屑等物料碰撞时不产生火花的材料制作。防腐通风机输送的气体介质较为复杂，所用材质因气体介质而异，如有些工厂在通风机叶轮、机壳或其他与腐蚀性气体接触的零部件表面喷镀一层塑料，或涂一层橡胶，或刷多遍防腐漆，有的则用过氯乙烯、酚醛树脂、聚氯乙烯和聚乙烯等有机材料制作的通风机（即塑料通风机、玻璃钢通风机）。高温通风机具有耐高温的显著特点，主要用在存在高温气体的场合，如供建筑物消防排烟的通风机、输送气体温度在300℃以上的工业炉用通风机。粉体用通风机又可分为直吹式和吹吸式粉体通风机两种，直吹式将储仓内的粉体由其侧面吹到人为控制范围，粉体不直接通过通风机，它要求通风机的排气压力高，如热力发电站将储仓内的煤粉由其侧面吹到炉膛内。吹吸式粉体通风机的粉体直接通过通风机，所以在叶片表面应渗碳，喷镀三氧化二铝、硬质合金钢等，或焊上一层耐磨焊层如碳化钨等，或叶轮采用锰钢等耐磨材料制作。粉体通风机的典型应用为热电站锅炉燃烧系统的煤粉输送。

（4）其他类型通风机。其他类型通风机是指上述未提及的专用通风机。如用于各类建筑物的室内换气、安装于建筑物的屋顶上的屋顶通风机，其材料可用钢制或玻璃钢制作，有离心式和轴流式两种。还有空调用通风机、冷却塔用通风机等，这里不再一一叙述。

目前，通风机主要向高效率、低噪声、大型化、系列化、调节自动化方向发展。

二、离心式通风机的构造和工作原理

离心式通风机一般由前导器、进风口、工作轮、螺形机壳、主轴、排气口等部分组成，如图3—8所示。工作轮是对空气做功的部件，由呈双曲线型的前盘、呈平板状的后盘和夹在两者之间的轮毂以及固定在轮毂上的叶片组成，进风口有单吸和双吸两种，在进风口与叶（动）轮之间装有前导器（有些通风机无前导器），使进入叶（动）轮的气流发生预旋绕，以达到调节性能之目的。气体在离心通风机内的流动如图3—8所示，叶轮安装在螺形机壳4内，当电动机通过传动装置带动叶轮旋转时，气体经过进风口2轴向吸入，叶片流道间的空气随叶片旋转而旋转，获得离心力，然后气体约折转90°变为垂直于通风机轴的径向运动，流经叶轮叶片构成的流道（简称叶道），经叶端被抛出叶轮，进入螺形机壳，螺形机壳将叶轮甩出的气体集中、导流，其内速度逐渐减小，压力升高，然后从通风机排气口6及出口扩散器7排出。与此同时，在叶片入口（叶根）形成较低的压力（低于进风口压力），于是，进风口的风流便在此压差的作用下流入叶道，自叶根流入，在叶端流出，如此源源不断，形成连续的流动。

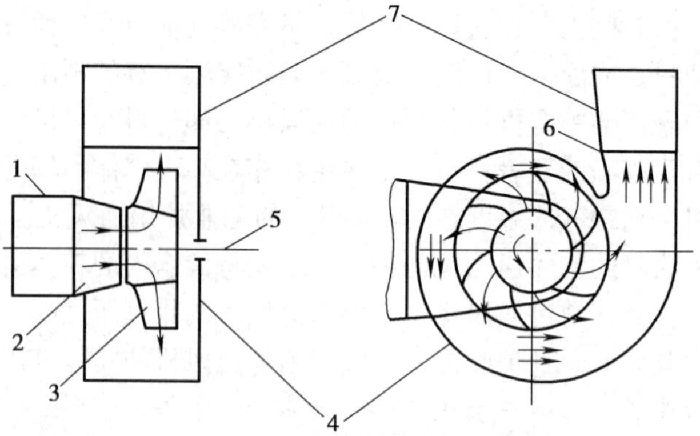

图 3—8 离心式通风机的构造与原理

1—前导器 2—进风口 3—工作轮 4—螺形机壳 5—主轴 6—排气口 7—出口扩散器

三、轴流式通风机的构造和工作原理

如图 3—9 所示为典型轴流式通风机结构简图，它主要由集风器、叶轮、整流器、扩散器（芯筒）和传动部件等部分组成。集风器是断面逐渐缩小的进风通道，使进入叶轮的风流均匀，以减小阻力，提高效率。叶轮的作用是增加空气的全压，由固定在轴上的轮毂和以一定角度安装在其上的叶片组成，可分为一级叶轮和二级叶轮两种，叶片的形状为中空梯形，横断面为翼形，沿高度方向可做成扭曲形。整流器安装在每级叶轮之后，其作用是整直由叶片流出的旋转气流，减小动能和涡流损失。环形扩散器（芯筒）使从整流器流出的气流逐渐扩大到全断面，部分动压转化为静压。

当叶（动）轮 2 旋转时，气体从集风器 1 轴向进入，叶片即以圆周速度 v 移动。处于叶片迎面的气流受挤压，静压增加；与此同时，叶片背面的气体静压降低，叶片受压差作用，但受轴承限制，不能向前运动，于是叶片迎面的高压气流流入整流器 3，整流器将一部分偏转的气流动能变为静压能，最后气流通过扩散筒 4

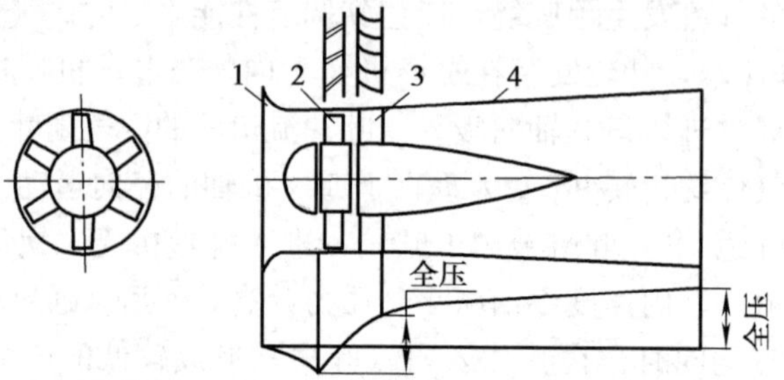

图 3—9 轴流式通风机结构简图

1—集风器 2—叶轮 3—整流器 4—扩散筒

将一部分轴向气流动能转变为静压能，然后从扩散筒轴向流出。而叶片背面的低压区“吸引”叶道入口侧的气体流入，形成穿过叶片的连续气流。

在二级叶轮的轴流式通风机中，有一种将一个叶轮装在另一个叶轮的后面而叶轮的转向彼此相反的对旋式轴流通风机或称为对置式轴流通风机（见图3—10），近年来它的应用越来越广泛，它具有以下几个特点：一是可以省略导叶，因而具有较短的结构尺寸，但它要求两个彼此分离的按相反方向回转的驱动装置，叶轮可以通过皮带驱动，也可以把驱动装置直接装在轮毂内；二是效率高，比其他二级轴式通风机效率高6％～8％；三是反风性能好，一般动叶固定的通风机反风量约为40％，而对旋式轴流通风机的反风量可达60％～70％。这种通风机主要用于矿山、隧道、船舶的换气通风以及风洞、冷却塔和锅炉上。

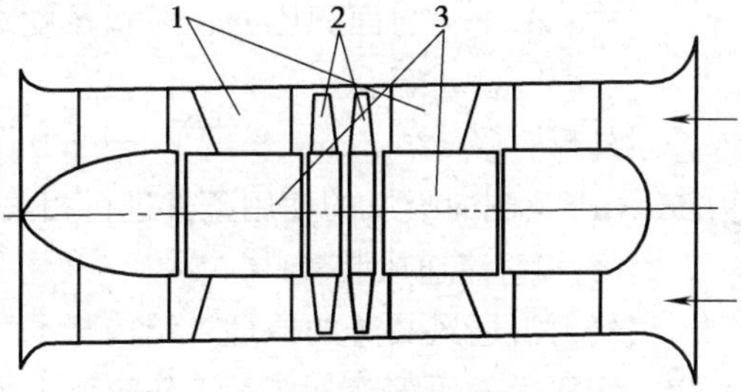

图3—10　对旋式轴流通风机结构

1—支撑板　2—叶轮　3—电动机

四、流体射流通风装置的构造和工作原理

流体射流通风装置可分为水气射流通风装置和气气射流通风装置。

1. 水气射流通风装置

水气射流通风装置是由喷嘴、喉管、扩散器以及吸入室等部件组成，如图3—11所示，其工作原理是，压力水通过喷嘴高速喷射出时，与静止的空气存在速度不连续的间断面而产生涡旋，卷吸周围空气进入射流，同时不断移动、变形、分裂，产生紊动及黏滞作用，水射流与空气产生动量交换，使之产生负压而将气体从吸入室及外界卷吸到喉管；然后，水射流到达喉管时，射流在喉管处的速度增至最高，其气压也降到最低并低于吸入室及外界的气压，促使吸入室内及外界空气向喉管流动；其次，射流在喉管运动中，水射流和空气呈多相混合运动，它们进行能量和质量的传递，结果又使外界及吸入室的气体增加；最后，射流水在扩散管运动时，水气速度也已经基本一致，由于扩散管断面呈增大趋势，水气速度减小，使得水气混合物的部分动能转化成压能，又增加了抽吸和压缩的效果。

水气射流通风装置的基本性能方程可采用如下简化式，即：

$$h_f=\psi_1^2\left[2\psi_2 k_j/m-A_j\ (1+q)/m^2\right] \tag{3—6}$$

式中　h_f——压力比；

ψ_1、ψ_2——分别为喷嘴、喉管的速度系数；

q——吸入气体体积流量与喷水工作流量之比；

m——喉管与喷嘴面积比；

k_j，A_j——与面积比 m、喉管长度 L、扩散角 α_2 有关的系数，通过试验确定。

对外形直径 320 mm、长度 1.5～2.0 m、耗水量不超过10 L/min、最大供水压力 15 MPa、侧向吸风的使用条件进行相关研究表明，吸风量最大可达 80 m^3/min。

2. 气气射流通风装置

气气射流通风装置的原理、结构与水气射流通风装置基本相同，不同的是，它采用一定压力的压缩空气作为工作流体进行喷射，而产生风量和风压。气气射流通风装置有两种，一种是中心喷射式气气射流通风装置，另一种是环隙喷射式气气射流通风装置。环隙式气气射流通风装置的结构如图 3—12 所示，是由压气接头、集风器、环形气室、环缝间隙、凸缘、喷嘴和扩散器等组成。压气经过滤后，由进气管进入环形气室，从环隙喷口喷出，沿凸缘表面流动，并在凸缘表面附近产生负压区，使外界空气沿集风器流入，与高速射流混合后，通过扩散器，使动能大部分转化为压能，用以克服风筒阻力。环隙式气气射流通风装置的工作气压一般在 0.4～0.5 MPa，环缝间隙宽度为 0.09～0.15 mm，引射风量为 40～140 m^3/min，通风压力为 255～1 080 Pa，耗气量为 3～6 m^3/min。

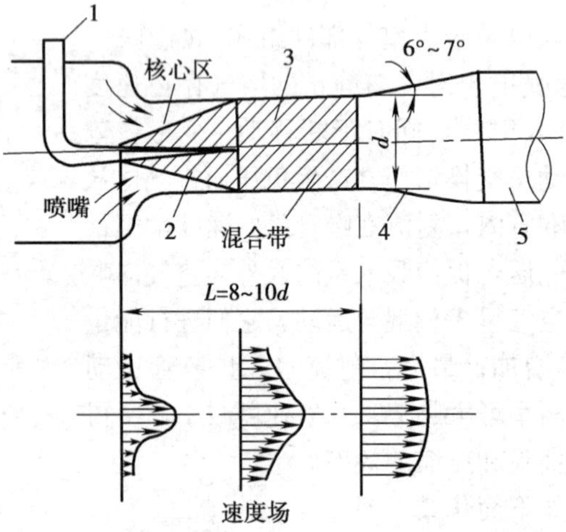

图 3—11　水气射流通风装置原理示意图

1—喷嘴　2—吸入室　3—喉管　4—扩散器　5—风筒

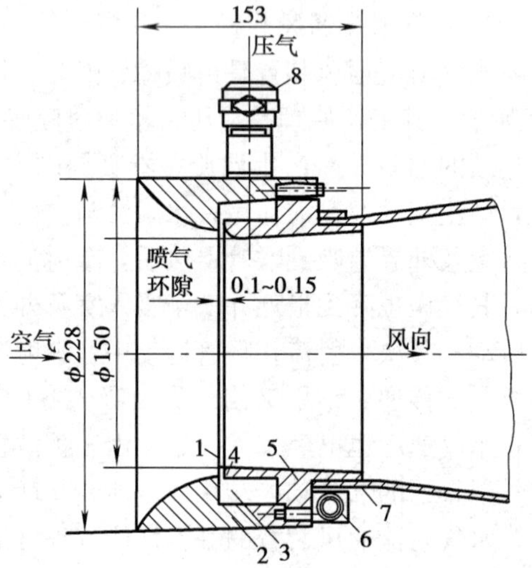

图 3—12　环隙式气气射流通风装置结构图

1—环缝间隙　2—集风器　3—环形气室　4—凸缘　5—喷嘴　6—卡箍　7—扩散器　8—压气接头

气气射流通风装置的特性与水气射流通风装置一样，与压缩空气的射流压力及喷嘴的结构和大小有关。压缩空气的射流压力升高，引射的风量和压力均增加，耗水（气）量也增加。在现场，为加大供风量和送风距离，除了提高气气射流通风装置的射流压力外，还可采取多台气气射流通风装置分散串联工作。两台气气射流通风装置串联间距至少应大于气气射流通风装置射流场影响的长度。

第三节　通风机实际特性曲线

一、通风机工作参数

表示通风机性能的主要参数是风压 H、风量 Q、通风机轴功率 N、效率 h 和转速 n 等。

1. 通风机（实际）全压 H_t 与静压 H_s

通风机风压包括通风机（实际）全压 H_t 与静压 H_s。通风机的全压是通风机对空气做功、消耗于单位体积空气的能量（单位为 Pa），其值为风机出口风流的全压与入口风流全压之差。在忽略自然风压时，通风机（实际）全压 H_t 用以克服通风管网阻力 h_s（$h_s=h_r+h_l$）和风机出口动能损失 h_v，即：

$$H_t=h_s+h_v \tag{3—7}$$

如将克服管网通风阻力的风压称为通风机的静压 H_s（Pa），则：

$$H_t=H_s+h_v \tag{3—8}$$

当流动处于紊流粗糙区时：

$$H_s=RQ^2 \tag{3—9}$$

2. 通风机（实际）风量 Q

风机的实际流量一般是指单位时间内通过风机入口空气的体积，也称体积流量（无特殊说明时均指在标准状态下），单位为 m^3/h，m^3/min 或 m^3/s。

3. 通风机的功率

通风机的输出功率，是指单位时间内通风机对空气所做的功，是风流压力和风量的乘积，可分为全压功率 N_t 和静压功率 N_s，全压功率 N_t 是以全压计算的功率，静压功率 N_s 是以静压计算的功率。如风流压力的单位为 $N\cdot m/m^3$ 或 Pa，风量的单位为 m^3/s，则输出功率的单位为瓦特（W）。通风机功率可用下式计算：

$$N_s=H_sQ;\ N_t=H_tQ \tag{3—10}$$

4. 通风机的效率

通风机的效率是通风机的输出功率和输入功率的比值，也分为全压效率 η_t 和静压效率 η_s。通风机的输入功率 N 常称为轴功率，单位一般为千瓦（kW），所以：

$$\eta_s=\frac{H_sQ}{1\ 000\ N};\ \eta_t=\frac{H_tQ}{1\ 000\ N} \tag{3—11}$$

设电动机的效率为 η_m、传动效率为 $\eta_{t\tau}$ 时，电动机的输入功率为 N_m，则：

$$N_m=\frac{N}{\eta_m\eta_{t\tau}}=\frac{H_tQ}{1\ 000\eta_t\eta_m\eta_{t\tau}} \tag{3—12}$$

二、通风机个体特性曲线

所谓工况点，即是通风机在某一特定转速和工作风阻条件下的工作参数，如 Q、H 和 N 等。当风机以某一转速在风阻为 R 的风路上工作时，可测算出一组工作参数：风压 H、风量 Q、功率 N 和效率 η，这就是该风机在风路风阻为 R 时的工况点。改变管网的风阻，便可得到另一组相应的工作参数，通过多次改变管网风阻，可得到一系列工况参数。将这些参数对应描绘在以 Q 为横坐标，以 H、N 和 η 为纵坐标的直角坐标系上，并用光滑曲线分别把同名参数点连接起来，即得 $H—Q$、$N—Q$ 和 $\eta—Q$ 曲线，这组曲线称为通风机在该转速条件下的个体特性曲线。

在通风机出口段很小时，为了减小风机的出口动压损失，抽出式通风时主要通风机的出口均外接扩散器，此时通常把外接扩散器看作通风机的组成部分，总称为通风机装置。通风机装置的全压 H_{td} 为扩散器出口与通风机入口风流的全压之差，与通风机的全压 H_t 的关系为：

$$H_{td}=H_t-h_{ks} \tag{3—13}$$

式中　h_{ks}——扩散器阻力。

通风机装置静压 H_{sd} 因扩散器的结构形式和规格不同而有变化，严格地说：

$$H_{sd}=H_t-(h_{ks}+h_{dk}) \tag{3—14}$$

式中　h_{dk}——扩散器出口动压。

安装扩散器后回收的动压相对于通风机全压来说很小，所以通常并不把通风机特性和通风机装置特性严加区别。通风机厂提供的特性曲线往往是根据模型试验资料换算绘制的，一般是未考虑外接扩散器。而且有的厂方提供全压特性曲线，有的提供静压特性曲线，使用时应根据具体条件掌握它们的换算关系。

图 3—13 是轴流式通风机实际特性曲线示例。由图可见，$H—Q$ 特性曲线出现了马鞍形“驼峰”区，风机在该段工作，有时会引起风机风量、风压和电动机功率的急剧波动，甚至机体发生振动，发出不正常噪声，产生所谓喘振（或飞动）现

象，严重时会破坏风机。“驼峰区”的形成是由于在风机运转过程中，动轮叶片的两侧出现压力差，在这种压力差的作用下，有一部分空气从高压侧通过叶片顶端与机壳之间的间隙回流到风机的进风侧（低压侧），并与低压侧的进气流发生碰撞而出现冲击损失。冲击损失的大小，随两股气流的相对速度大小而变化，在 B 点相对速度最大，冲击损失也最大。轴流式通风机的 $N-Q$ 曲线的特点是：在其稳定工作区内，一般来说，功率是随风量的增加而减小，所以应在工作风阻最小即风量最大时启动。但是，在 θ 角很大（35°～45°）时，工作风阻的最小点，并非功率最小点，所以轴流式通风机应在风阻最小时启动，以减小启动负荷。

图 3—14 为离心式通风机的个体特性曲线示例。可以看出，离心式通风机 $H-Q$ 曲线驼峰不明显，且随叶片后倾角度增大逐渐减小，其风压曲线工作段较轴流式通风机平缓；当风路风阻做相同量的变化时，其风量变化比轴流式通风机要大。离心式通风机的 $N-Q$ 曲线的特点是：其功率 N 随风量 Q 的增加而增加（后倾叶片的离心式通风机只是在接近短路风量时，功率有所下降），因而启动离心式通风机时，为避免启动电流过大，应将闸门全闭，使其工作风阻最大，待通风机运转稳定后，再逐渐打开闸门。

在产品样本中，大、中型轴流式通风机给出的大多是静压特性曲线；而离心式通风机大多是全压特性曲线，且 $H-Q$ 曲线只画出最大风压点右边单调下降部分，且把不同安装角度的特性曲线画在同一坐标上，效率曲线是以等效率曲线的形式给出。

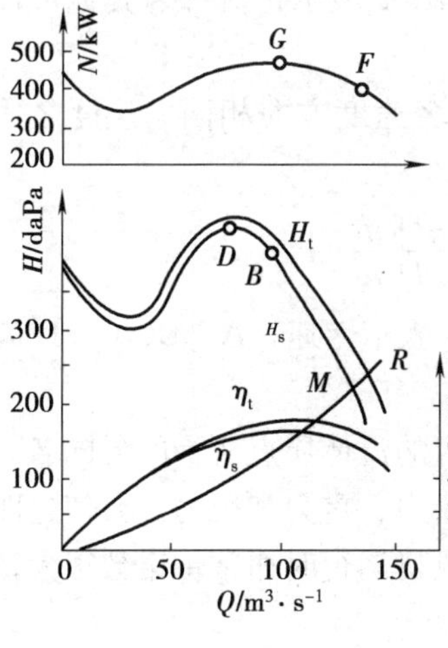

图 3—13　轴流式通风机实际特性曲线图

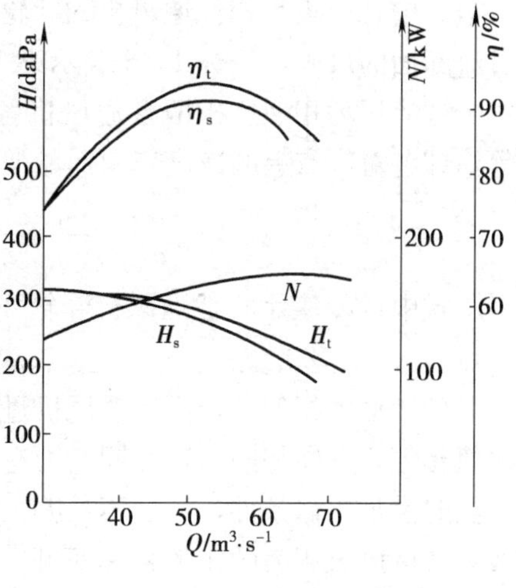

图 3—14　离心式通风机个体特性曲线

三、通风机相似定律与类型特性曲线

1. 通风机相似理论的作用

目前通风机种类较多，同一系列的产品有许多不同的叶轮直径，同一直径的产品又有不同的转速。如果仅仅用个体特性曲线表示各种通风机性能，就显得过于复杂。还有，在设计大型通风机时，必须先进行模型实验。因此，非常有必要讨论同一系列各产品、同一直径各产品及其模型和实物之间关系的相似理论。通风机相似理论的作用主要有：一是在设计新产品时，为了减少制造费用和试验费用，需将原型泵与通风机缩小为模型，进行模型试验以验证其性能是否达到要求；二是在现有效率高、结构简单、性能可靠的通风机资料中，选一台合适的作为模型，按相似关系对该型号通风机进行设计，使得计算简单、性能可靠；三是由性能参数的相似关系，在改变转速、叶轮几何尺寸及流体密度时，可进行性能参数的相似换算。

2. 通风机的相似条件

两台通风机相似，表示两台通风机气体流动相似，它必须满足几何相似、运动相似和动力相似三个条件。

（1）几何相似。指两台通风机的各过流部件对应的线性尺寸成同一比例，对应角、叶片数均相等，即：

$$\frac{D_1}{D_2}=\frac{a_1}{a_2}=\frac{b_1}{b_2}=\frac{c_1}{c_2};\ \frac{S_1}{S_2}=\frac{a_1}{a_2}\times\frac{b_1}{b_2}=\left(\frac{D_1}{D_2}\right)^2$$

式中，D 表示相似通风机的叶轮外缘直径，a、b、c 表示过流部件其他可计算过流断面的尺寸，下标 1、2 表示第 1、2 台通风机。

（2）运动相似。指两台通风机各对应点上的同名速度方向相同，速度之比相等，即各对应点上的速度三角形相似。

$$\frac{v_{1A}}{v_{2A}}=\frac{v_{1B}}{v_{2B}}=\frac{v_{1C}}{v_{2C}}=\frac{v_{1D}}{v_{2D}}=\frac{v_{y1}}{v_{y2}}=\frac{\pi D_1 n_1}{\pi D_2 n_2}$$

式中，v_y 表示相似通风机叶轮外缘圆周速度，n 表示转速，A、B、C、D 为相关点。

（3）动力相似。指两台通风机过流部分对应点上的流体质点所受的各同名力的比值相等，方向相同。这些同名力有：惯性力、黏滞力、重力和压力。要使这四种力同时满足相似条件，一般不易办到。实际上，通风机运行时通常雷诺数很大，一般只考虑风流压力的比值相等即可。

3. 相似定律

相似定律也称为比例定律。根据通风机的相似条件，可以推出如下关系：

（1）流量相似关系。因几何相似和运动相似，可推得：

$$\frac{Q_1}{Q_2}=\frac{S_1}{S_2}\times\frac{v_{y1}}{v_{y2}}=\left(\frac{D_1}{D_2}\right)^2\times\frac{D_1 n_1}{D_2 n_2}=\frac{n_1}{n_2}\left(\frac{D_1}{D_2}\right)^3 \tag{3—15}$$

式中，D、u 分别表示相似通风机的叶轮外缘直径、圆周速度。

（2）风机全压与静压相似关系。根据几何相似和动力相似条件，可推得相似通风机在相似工况点全压和静压的比值相等，即：

$$\frac{H_{t1}}{H_{t2}}=\frac{H_{s1}}{H_{s2}}=\frac{h_{vu1}}{h_{vu2}}=\frac{\frac{1}{2}\rho_1 v_{y1}^2}{\frac{1}{2}\rho_2 v_{y2}^2}=\frac{\rho_1}{\rho_2}\left(\frac{D_1}{D_2}\right)^2\left(\frac{n_1}{n_2}\right)^2 \tag{3—16}$$

式中，H_t 表示通风机全压，H_s 表示通风机静压，h_v 表示平均动压，h_{vu} 表示叶轮外缘动压。

（3）风机轴功率相似关系。根据流量相似关系、风机全压与静压相似关系及通风机效率率计算公式，可推出：

$$\frac{N_{t1}}{N_{t2}}=\frac{Q_1}{Q_2}\frac{H_{t1}}{H_{t2}}=\frac{n_1}{n_2}\left(\frac{D_1}{D_2}\right)^3\frac{\rho_1}{\rho_2}\left(\frac{D_1}{D_2}\right)^2\left(\frac{n_1}{n_2}\right)^2=\frac{\rho_1}{\rho_2}\left(\frac{n_1}{n_2}\right)^3\left(\frac{D_1}{D_2}\right)^5=\frac{N_{s1}}{N_{s2}} \tag{3—17}$$

式（3—15）、（3—16）和（3—17）即为相似定律的内容。

4. 无因次系数

式（3—15）（3—16）和（3—17）分别可改写为：

$$\frac{Q_1}{\frac{\pi}{4}D_1^2\cdot\frac{\pi n_1 D_1}{60}}=\frac{Q_2}{\frac{\pi}{4}D_2^2\cdot\frac{\pi n_2 D_2}{60}}=\overline{Q};$$

$$\frac{H_{t1}}{\rho\cdot\left(\frac{\pi n_1 D_1}{60}\right)^2}=\frac{H_{t2}}{\rho\cdot\left(\frac{\pi n_2 D_2}{60}\right)^2}=\overline{H}_t;\quad\frac{H_{s1}}{\rho\cdot\left(\frac{\pi n_1 D_1}{60}\right)^2}=\frac{H_{s2}}{\rho\cdot\left(\frac{\pi n_2 D_2}{60}\right)^2}=\overline{H}_s$$

$$\frac{1\,000N_{s1}}{\rho\cdot\frac{\pi D_1^2}{4}\left(\frac{\pi n_1 D_1}{60}\right)^3}=\frac{1\,000N_{s2}}{\rho\cdot\frac{\pi D_2^2}{4}\left(\frac{\pi n_2 D_2}{60}\right)^3}=\overline{N}_s;$$

$$\frac{1\,000N_{t1}}{\rho\cdot\frac{\pi D_1^2}{4}\left(\frac{\pi n_1 D_1}{60}\right)^3}=\frac{1\,000N_{t2}}{\rho\cdot\frac{\pi D_2^2}{4}\left(\frac{\pi n_2 D_2}{60}\right)^3}=\overline{N}_t;$$

则由 1、2 号风机的任意性，有：

$$\frac{Q}{\frac{\pi}{4}D^2 v_y}=\overline{Q}=\text{常数} \tag{3—18}$$

$$\frac{H}{\rho v_y^2}=\overline{H}=\text{常数} \tag{3—19}$$

$$\frac{1\ 000N}{\frac{\pi}{4}\rho D^2 v_y^3}=\overline{N}=\text{常数} \tag{3—20}$$

式（3—18）（3—19）和（3—20）中，H 表示通风机全压或静压，N 表示通风机全压轴功率或静压轴功率，而 $\overline{Q}$、$\overline{H}$、$\overline{N}$ 分别表示流量系数、压力系数、功率系数，因三个参数都不含有因次，因此叫无因次系数。

四、类型特性曲线与通用特性曲线

1. 类型特性曲线

$\overline{Q}$、$\overline{H}$、$\overline{N}$ 和 η 可用相似通风机的模型试验获得，即根据通风机模型几何尺寸、实验条件，获得工况参数 Q、H、N 和 η。再利用式（3—18）（3—19）和（3—20）计算出该系列通风机的 $\overline{Q}$、$\overline{H}$、$\overline{N}$ 和 η。然后即可以 $\overline{Q}$ 为横坐标，以 $\overline{H}$、$\overline{N}$ 和 η 为纵坐标，绘出 $\overline{H}$—$\overline{Q}$、$\overline{N}$—$\overline{Q}$ 和 η—$\overline{Q}$ 曲线，此曲线即为该系列通风机的类型特性曲线，也叫通风机的无因次特性曲线和抽象特性曲线。图 3—15 为 4—72—11 型离心式通风机的类型曲线。可根据类型曲线和风机直径、转速换算得到个体特性曲线。需要指出的是，对于同一系列通风机，当几何尺寸（D）相差较大时，在加工和制造过程中很难保证流道表面相对粗糙度、叶片厚度以及机壳间隙等参数完全相似，为了避免因尺寸相差较大而造成误差，所以有些风机（如 4—72—11 型）的类型曲线有多条，可按不同直径尺寸而选用。

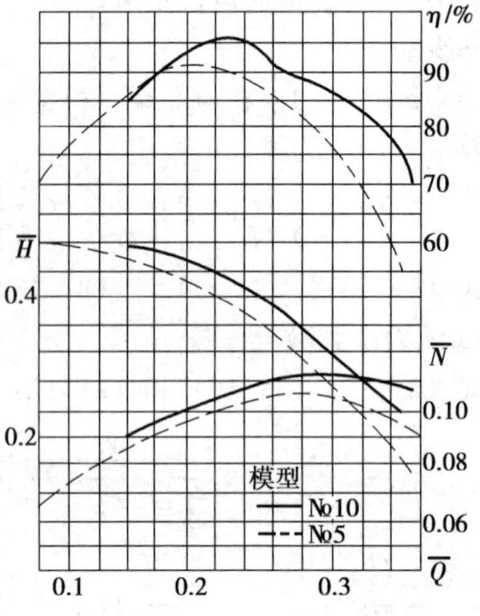

图 3—15　4—72—11 型离心式通风机类型曲线

2. 通用特性曲线

为了便于使用，根据相似定律，可把一个系列产品的性能参数，如压力 H、风量 Q、转速 n、直径 D、功率 N 和效率 η 等相互关系同画在一个坐标图上，这种曲线叫通用特性曲线。图 3—16 为 G4—73 系列离心式通风机的对数坐标通用特性曲线。

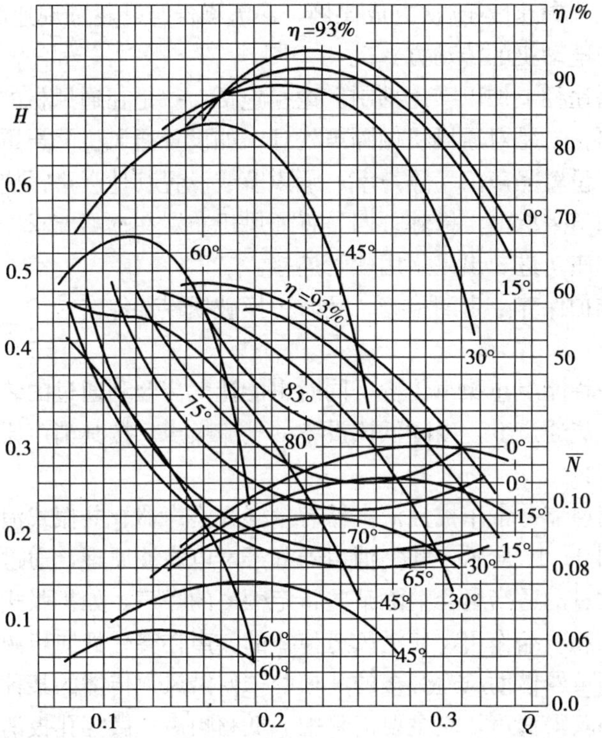

图 3—16　G4—73 系列离心式通风机对数坐标通用特性曲线

第四节　通风机附属装置及设施

通风机附属装置一般包括消声隔声设施、减振器和扩散器等，有的场所还包括反风装置及防爆门（盖）。

一、消声隔声设施

1. 降低通风机噪声的途径

（1）降低通风机声源噪声。主要可从以下几方面考虑：①因通风机效率与噪声成反比，故应使风机的工况点接近最高效率点；②合理选择通风机的机型，在噪声控制要求高的场合，应选用低噪声通风机；③气流在管道内的流速不宜过高，以免引起再生噪声；④设计通风系统应尽量减少通风阻力，因通风机进、出口的噪声级是随风量、风压增加而增大；⑤在可能条件下适当降低通风机的转速，因通风机的旋转噪声与叶轮圆周速度10次方成比例，涡流噪声与叶轮圆周速度6次方成比例；⑥注意通风机与电动机的传动方式。

（2）在传播途径上加以噪声抑制。途径包括：一是在通风机的进、出风口上装配恰当的消声器；二是对通风机做隔声处理，如设置通风机隔声罩，在通风机机壳内衬吸声材料，设置隔声门、隔声室、隔声窗或设置其他吸声设施；三是在通风机室的进、排气通道采取消声措施；四是将通风机布置在远离要求安静的房间；五是通风机设减振基座，进、出风口用软管连接。

（3）及时维护保养，定期检修，及时更换破损零部件。

2. 消声器

消声器是一种能阻止噪声传播，同时也能让气流顺利通过的装置。将其装于空气动力设备的气流通道上，以降低该设备的气流噪声。按其消声原理，消声器可分为以下几种类型：

（1）抗性消声器。常用抗性消声器有扩张式消声器、共振式消声器和微穿孔板消声器等，如图3—17所示。此类消声器基于声电滤波原理，通过消声器内不同声阻、声顺、声质量的适当组合消除某些特定额率的噪声，如扩张式消声器借助管道断面的突然扩张和收缩作用，使沿风道传播的噪声在突变处向声源反射回去，获得消声；共振式消声器借助风道旁接的共振腔，使沿风道传播的某种频率成分的噪声在此共振短路而获得消声，它主要消除中、低频噪声；微穿孔板消声器则是利用当噪声频率和弹性系统的固有频率相同时，会引起小孔孔颈处空气柱强烈共振，空气柱与颈壁产生剧烈摩擦，从而使声能转化为热能的原理来获得消声的。

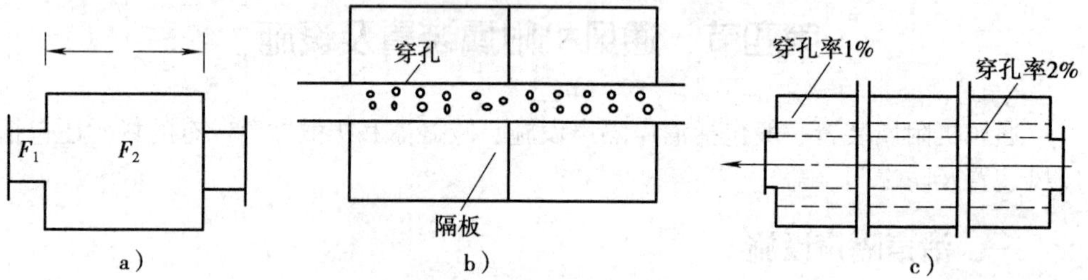

图3—17　几种抗性消声器

a）扩张式消声器　b）共振式消声器　c）微穿孔板消声器

（2）阻性消声器。它是一种利用吸声材料消声的设备，当声波进入消声器后，吸声材料将一部分声能转化为热能，从而达到消声目的。阻性悄声器一般把吸声材料固定在消声器或风道内壁上，使沿风道传播的噪声随距离衰减，常用于大型离心式通风机和轴流式通风机扩散器内壁中。阻性消声器的优点是能在较宽的中、高频范围内消声，特别是对刺耳的高频噪声有突出的消声作用。其缺点是在高温水蒸气以及对吸声材料有侵蚀作用的气体中，使用寿命较短，且对低频噪声消声效果差。阻性消声器的形式有很多，常用的有管式（矩形、圆形）、蜂窝式、片式、声流式、折板式等，如图 3—18 所示。

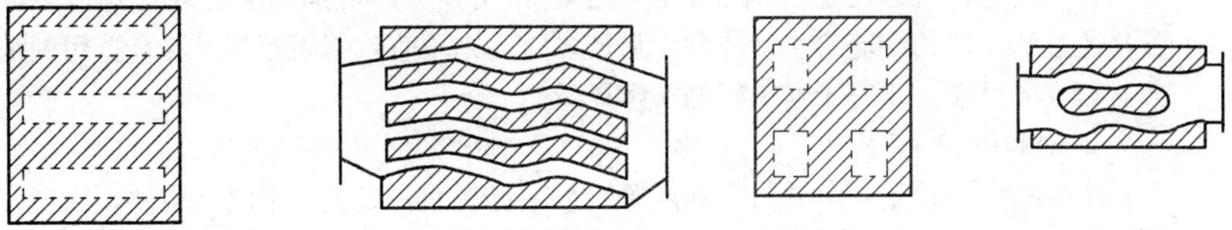

a) b) c) d)

图 3—18 几种阻性消声器

a）片式 b）折板式 c）蜂窝式 d）声流式

（3）干涉型消声器。它利用波的干涉原理，在气流通道上设一旁通管，使部分声能分岔到旁通管里，旁通管长与气流主通道长经峰值频率相对应波长的计算而定，使主、旁通道中的声波在汇合处波长相同，相位相反，在传播过程中，两波相互削弱或完全抵消，达到消声目的。

（4）阻抗复合消声器。它是组合阻性消声器和抗性消声器特性的消声器，对低、中、高整个频段内的噪声均可获得较好的消声效果。如图 3—19 所示为扩张—阻性复合式消声器和共振—阻性复合式消声器。

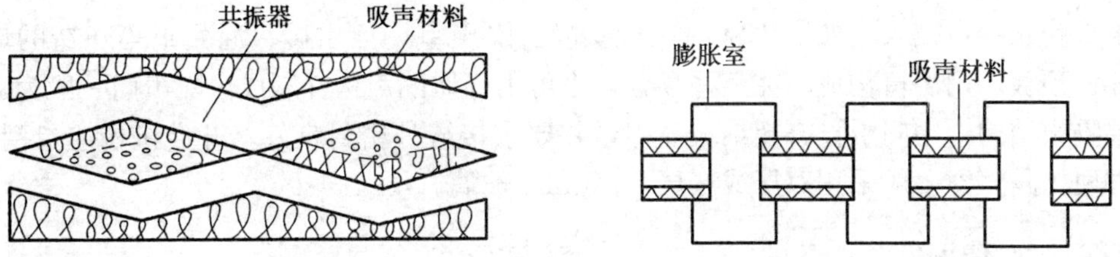

a) b)

图 3—19 阻抗复合式消声器

a）共振—阻性复合式消声器 b）扩张—阻性复合式消声器

（5）扩散式消声器。在其器壁上设许多小孔，气流经小孔喷射后，通过降压减速，达到消声目的。扩散式消声器主要用于消除以低频或低中频噪声为主的设备声源。

（6）缓冲式消声器。它是利用多孔管及腔室的阻抗作用，将脉冲流转换为平滑流的消声设备。

选择消声器应注意的问题包括：消声器的通道流速一般控制在 5～15 m/s 的范围内，以防产生再生噪声；应根据通风机的噪声级、现场可能产生的主要声音频率范围等因素选择，对于消除以中频为主的噪声可选用扩张式消声器，对于消除以中高频为主的噪声可选用阻性消声器，对于消除宽频噪声可选用阻抗复合式消声器等；通过消声器的气流含水量或含尘量较多时，则不宜选用阻性消声器；选用的消声器额定风量应大于等于通风机的实际风量。

3. 隔声设施

所谓隔声，就是在声源与离开声源的某一点之间，设置一个隔声构件，或把声源封闭起来，使噪声与人的工作环境隔绝起来。如通风机装设消声器后，通风机壳体的辐射噪声仍对周围环境有较大的干扰，则需采用隔声设施。通常采用的隔声设施有：隔声罩、隔声门、隔声窗、隔声室。

隔声罩一般由外壳、阻尼涂料、吸声材料、门、观察窗构成，如图 3—20 所示。此外，为了保证机器设备的正常运行，把热量散发出去，有时隔声罩内还需要安装通风散热装置。隔声构件一般采用密实、沉重的材料，如砖墙、钢筋混凝土和钢板等，并在其内壁均敷设吸声材料。

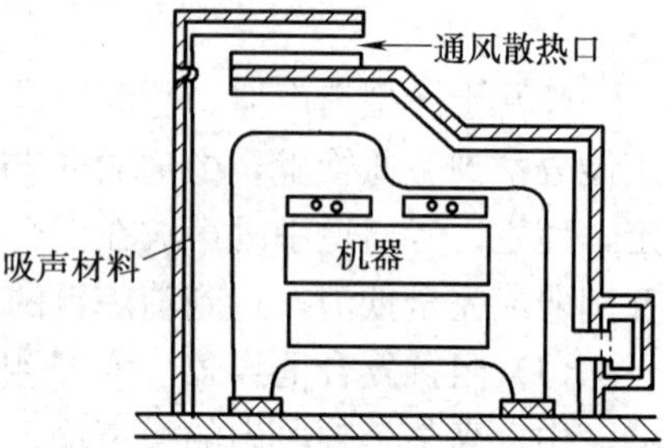

图 3—20　隔声罩结构

隔声室是把工作人员的工作场所封闭起来，防止噪声侵入，使隔声室内保持安静。隔声室一般由砖、混凝土等建造的墙体、顶板、门、窗构成。在某些场合，也可由轻质隔声构件制成。隔声门一般为双层隔声结构，中间敷设有超细玻璃棉，并要求接缝处密封良好，开启机构应灵活、方便。隔声窗一般采用双层或三层 5～6 mm 玻璃。

二、减振器

减振器的作用，一是保护通风机及其他装置，二是减小噪声。

1. 减振器类型

常用的减振器类型有金属螺栓弹簧减振器、预应力阻尼弹簧减振器、空气弹簧减振器、不锈钢金属钢丝减振器、橡胶减振器垫和橡胶减振器等，其中，金属螺栓弹簧减振器和橡胶减振器结构如图 3—21 和 3—22 所示。

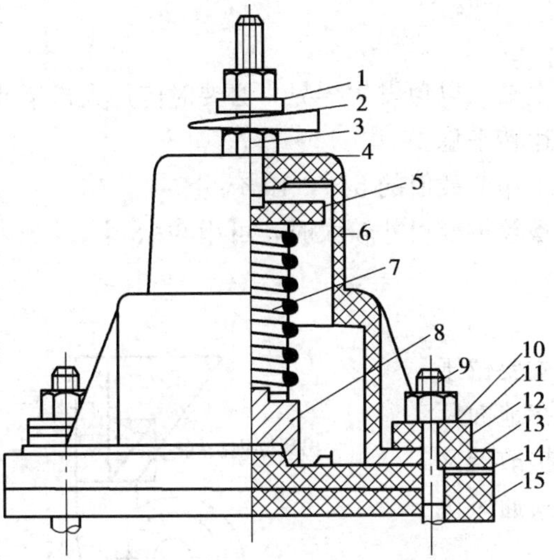

图 3—21　金属螺栓弹簧减振器结构

1—弹簧垫圈　2—斜垫圈　3—螺母　4—螺栓

5—定位板　6—上外罩　7—弹簧　8—垫块

9—地角螺栓　10—垫圈　11—橡胶垫圈　12—胶木螺栓

13—下外罩　14—底盘　15—橡胶垫板

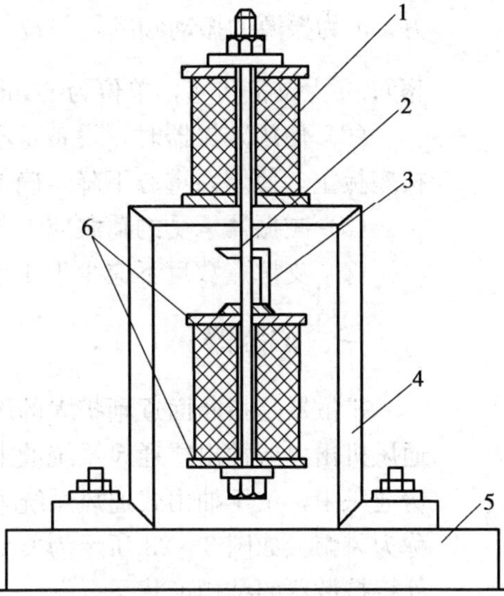

图 3—22　橡胶减振器

1—橡胶　2—螺杆　3、4—支架

5—混凝土支墩　6—垫板

金属螺栓弹簧减振器弹簧的动静刚度基本相等，长期使用下不产生松弛，性能稳定，耐高低温，耐油耐腐蚀，寿命长，用于支承或悬吊减振，阻尼很小；预应力阻尼弹簧减振器具有金属螺栓弹簧减振器和橡胶减振器双重优点，克服弹簧减振器小阻尼缺点；空气弹簧减振器随工作气压和胶囊形状的改变而变动，具有很高的隔振效率，但安装、保养及环境有一定要求，价格较贵；不锈钢金属钢丝减振器阻尼大、耐油、耐高低温，寿命长，加工工艺复杂，价格高，防冲击性性能好；橡胶减振器垫具有橡胶的高弹性，造型和压制方便，吸收高频振动能量效果好，价廉，但易受温度、油质、臭氧、日光、化学溶剂的侵蚀，易老化，寿命一般为 5～10 年；橡胶减振器在轴向、横向和回转方向振动有隔振作用，隔离高频噪声效果好，可根据需要设计各种形状，价格相对较低，但耐高低温性能差，适应温度－5～50℃，寿命相对较低，一般为 5～10 年。

2. 选用减振器的原则

（1）通常采用频率比 f/f_0 在 2.5～6 之间的减振器。其值越大，减振效果越好。f 为振源的振动频率，单位为 Hz，$f=\frac{n}{60}$；f_0 为减振器的固有频率（自振频率）；n 为设备转速，单位为 r/min。

（2）使用减振器时，设备重心不宜太高，以免发生摇晃，必要时应加大机架或机座板重，使体系重心下降，确保机器运转平稳。

（3）减振器承受的荷载应大于允许工作荷载值的 5%～10%。

（4）支撑点数目不应少于 4 个，设备较重或尺寸较大时，可用 6～8 个。

三、扩散器

扩散器是指断面逐渐扩大的风道，主要位于通风机出口或抽出式通风系统的末端。在地面厂房通风中，位于抽出式通风系统末端的扩散器又称为风帽。如图 3—23 所示为典型离心式通风机外接扩散器的结构形状。

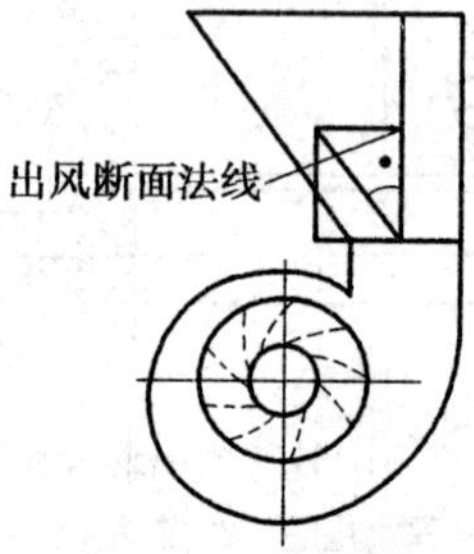

图 3—23　离心式通风机外接扩散器

由式（3—8）可知，通风机的全压 H_t 一定时，通风机出口末端动压 h_v 越小，用以克服管网通风阻力的通风机的静压 H_s 就越大，因此，在通风机的出口都外接一定长度、断面逐渐扩大的扩散器，其作用是降低出口动压，以提高风机静压。大型离心式通风机和大中型轴流式通风机的外接扩散器，一般用砖和混凝土砌筑，小型离心式通风机出口末端处的扩散器由金属板焊接而成。根据能量方程易见，只有当通风机装置阻力与其出口动能损失之和小于通风机出口动能损失时，通风机装置的静压才会因加扩散器而有所提高，因此，扩散器四面张角的大小应视风流从叶片出口的绝对速度方向而定，其各部分尺寸应根据风机类型、结构、尺寸和空气动力学特性等具体情况而定，总的原则是，扩散器的阻力小，出口动压无回流。一般情况下扩散器四面张角为 8°～10°，而出口处断面与入口处断面之比为 3～4。

四、反风装置及防爆门（盖）

反风装置及防爆门是矿井主要通风机所必需的附属装置。反风装置是用来使井下风流反向的一种设施，以防止进风系统发生火灾时产生的有害气体进入作业区；有时为了适应救护工作也需要进行反风。目前的反风方法主要有：设专用反风道反风、利用备用风机做反风道反风、风机反转反风和调节动叶安装角反风。轴流式通风机反转反风时，可调换电动机电源的任意两项接线，使电动机改变转向，从而改变通风机叶（动）轮的旋转方向，使井下风流反向，此种方法基建量较小，反风方便，但反风量较小。图 3—24 为利用专用反风道反风的示意图，反风时，风门 1、5、7 打开，新鲜风流由反风进风门 1 经反风导向门 7 进入风硐 2，由通风机 3 排出，然后经反风门 5 进入反风绕道 6，再返回风硐送入井下。正常通风时，风门 1、7、5 均处于水平位置，井下的污浊风流经过通风机、扩散器排到大气中。调节叶片安装角反风法主要用于叶片安装角可快速调节的通风机，如上海鼓风机厂生产的 GAF 型通风机，需要反风时，只要把所有叶片同时偏转一定角度（大约 120°），不必改变叶轮转向就可以实现整个通风系统风流反向。利用备用风机的风道反风（无地道反风）时，工作通风机可利用另一台备用通风机的风道作为“反风道”进行反风。

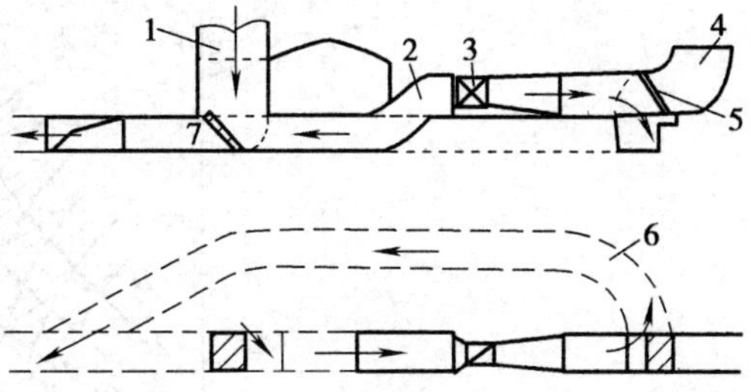

图 3—24　专用反风道反风

1—反风进风门　2—风硐　3—风机　4—扩散器　5、7—反风导向门　6—反风绕道

防爆门（盖）安装在矿井主要通风机吸入侧，在正常情况下它是密闭不漏风的，其作用是当井下一旦发生气体或粉尘爆炸时，受高压气浪的冲击作用，自动打开，以保护主要通风机免受毁坏。

第五节　通风机合理工作范围及工况点调节

一、通风机合理工作范围

为使通风机安全、经济地运转，它在整个服务期内的工况点必须在合理的范围之内。从经济的角度出发，通风机的运转效率不应低于 60%；由于轴流式通风机的性能曲线存在马鞍形驼峰区段，从安全角度考虑，其工况点必须位于驼峰点的右下侧、单调下降的直线段上。

因此，离心式通风机的合理工作范围以运转效率不低于 0.6 为界；轴流式通风机的工作范围如图 3—25 所示的阴影部分，即上限为最大风压 0.9 倍的连线、下限为 η=0.6 的等效曲线，且通风机叶（动）轮的转速不应超过额定转速。应当注意，分析主要通风机的工况点合理与否，应使用实测的风机装置特性曲线。

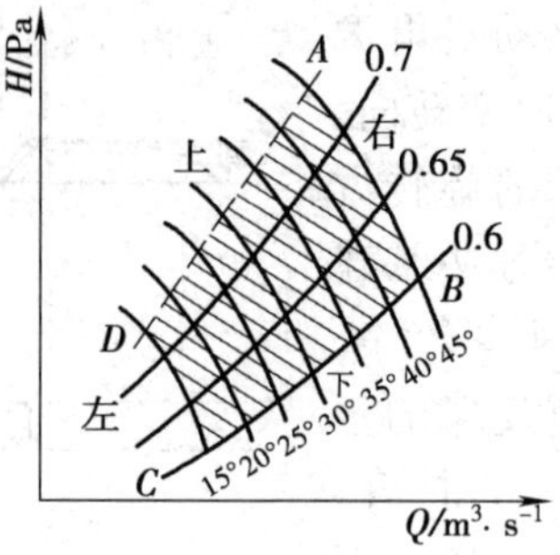

图 3—25　轴流式通风机合理工作范围

二、工况点的调节

为了按需供风和通风机经济运行，需要适时地进行工况点调节。工况点调节方法主要有改变风阻特性曲线法和改变通风机特性曲线法。

1. 改变风阻特性曲线法

在通风系统风阻不变的条件下，先给定一个通风机轴功率运行，将得出一组风量 Q、风压 H 数据，然后，改变通风机的轴功率运行，将再得出一组风量 Q、风压 H 数据，以此进行若干次，将得出若干组风量 Q、风压 H 数据，最后将这些风量、风压数据描在 $H—Q$ 图中，再将其连接起来，就是风阻特性曲线。很显然，如风路中的气体流动属于紊流粗糙区，则根据第二章介绍的阻力定律，在 $H—Q$ 图中，理论上的风组特性曲线为二次抛物线。当风机特性曲线不变时，改变其工作风阻或改变风量，工况点沿风机特性曲线移动。

（1）增风调节。为了增加系统的供风量，可以采取堵塞外部漏风和减小通风系统总风阻措施。外部漏风是指因通风风道的不严密使得通风系统以外的空气漏入通风系统或通风系统内的空气漏入通风系统以外，堵塞外部漏风实施简单，经济效益较好，但调节幅度不大。减小通风系统总风阻调节措施的优点是通风机的运转费用小，但有时工程费用较大。

（2）减风调节。当系统风量过大时，应进行减风调节。其方法有增阻调节和增大外部漏风调节两种。对于轴流式通风机，当其 $Q—N$ 曲线在工作段具有单调下降特点时，因种种原因不能实施降低转速和减小叶片安装角度 θ 时，可以用增大外部漏风的方法，来减小系统风量，它较为经济，但调节幅度较小。对于离心式通风机可利用风硐中闸门增阻（减小开度），该方法实施较简单，但因无故增阻而增加附加能量损耗，调节时间不宜过长，只能作为权宜之计。

2. 改变通风机特性曲线法

在通风系统风阻不变的条件下，改变通风机特性曲线的调节方法有：

(1) 改变风机转速。无论是轴流式通风机还是离心式通风机都可采用，调节的理论依据是相似定律。

1) 利用传动装置调速。如利用液压联轴器调速，其原理是，改变联轴器工作室内的液体量来调节风机转速；利用皮带轮传动的风机可以更换不同直径的皮带轮，改变传动比。这种方法只适用于小型离心式通风机。

2) 改变电动机转速。可采用可控硅串级调速、更换合适转速的电动机和采用变速电动机（此种电动机价格较贵）等方法。

调节转速没有额外的能量损耗，对风机的效率影响不大，因此是一种较经济的调节方法，当调节期长，调节幅度较大时应优先考虑。但要注意，增大转速时可能会使风机振动增加，噪声增大，轴承温度升高和发生电动机超载等问题。

(2) 改变前导器叶片转角。这种方法用于装有前导器的离心式通风机，风流经过前导器叶片后发生一定预旋，能在很小或没有冲角的情况下进入通风机。前导叶片角由 0°变到 90°时，风压曲线降低，风机效率也有所降低。当调节幅度不大时，比较经济。

(3) 改变叶片安装角度。这种方法主要用于轴流通风机，以达到增减风量的目的。但要注意的是，防止因增大叶片安装角度而导致进入不稳定区运行。对于有些轴流式通风机还可以通过改变叶片数来改变风机的特性。改变叶片数时，应按说明书规定进行。对于能力过大的双级叶（动）轮风机，还可以减少叶（动）轮级数，减少供风。目前，有些较先进的风机还能够在风航运转时，自动调节叶片安装角。

调节方法的选择，取决于调节期长短、调节幅度、投资大小和实施的难易程度。调节之前应拟定多种方案，经过技术和经济比较后择优选用。选用时，还要考虑实施的可能性。有时，可以考虑采用综合措施。

本章小结

通风机械设备作用产生的风压和自然通风产生的风压均是工业通风的动力。大气运动与建筑物相遇或两个空间存在高度差及密度差时可产生自然通风。按产生风流的方式，通风机械可分为叶轮旋转式通风机和流体射流通风装置，按气流运动方向，通风机可分为离心式、轴流式、横流式、混流式通风机。表示通风机性能的主要参数是风压 H、风量 Q、风机轴功率 N、效率 η 和转速 n 等，通风机附属装置一般包括消声隔声设施、减振器、扩散器等，有的场所还包括反风装置及防爆门（盖）。离心式通风机的合理工作范围以运转效率不低于0.6为界，轴流式通风机的工作范围为最大风压0.9倍的连线、下限为$\eta=0.6$的等效曲线之间，工况点调节方法主要有改变风阻特性曲线法和改变通风机特性曲线法。

复习思考题

1. 何为自然通风？请举例说明自然通风如何产生的。
2. 简述大气运动（风压）和密度差形成自然风压的影响因素。
3. 按气流运动方向分，通风机械设备可分为哪几类？
4. 简述离心式通风机的构造和工作原理。
5. 简述轴流式通风机的构造和工作原理。
6. 简述水气射流通风装置的构造和工作原理。
7. 表示通风机性能的主要参数有哪些？简述通风机全压的含义。
8. 离心式和轴流式通风机的特性曲线有哪些区别？
9. 自行推导通风机相似定律。
10. 消声器有哪几类？
11. 通风机合理工作范围如何？
12. 某一建筑物内的一个窗，空气动力系数为0.69，建筑外空气流速为8 m/s；建筑外空气密度为1.3 kg/m^3，请计算由于大气运动造成的自然风压。
13. 有一30 m高的烟囱，已知烟囱内空气密度为1.033 kg/m^3，烟囱外大气密度为1.212 kg/m^3，如此时在烟囱下口开一洞，试求此时的自然风压。

第四章　通风设施

本章学习目标：

1. 了解吸入口和吹出口气流运动规律。
2. 掌握集气罩基本类型与工作原理。
3. 掌握集气罩需要风量的计算方法。
4. 掌握风筒种类及其连接件的相关知识。
5. 掌握地面建筑全面通风设施的相关知识。
6. 了解地下全面通风构筑物的相关知识。

第一节　吸入口与吹出口气流运动规律

研究集气罩罩口气流运动的规律对于有效捕集污染物是十分重要的。集气罩罩口气流运动方式有两种：一种是吸气口气流的吸入流动；一种是吹气口气流的吹出流动。了解吸入气流、吹出气流的运动规律，是合理设计集气罩及通风系统的基本依据。

一、吸入口气流运动规律

一个敞开的管口是最简单的吸气口。当吸气时，在吸气口附近形成负压，周围空气从四周流向吸气口，形成吸入气流或汇流。当吸气口面积较小时可视为点汇。

根据流体力学，位于自由空间的点汇吸气口（见图 4—1a）的吸气量 Q 的计算公式为：

$$Q=4\pi r_1{}^2 v_1=4\pi r_2{}^2 v_2 \tag{4—1}$$

$$v_1/v_2=(r_2/r_1)^2 \tag{4—2}$$

式中　v_1，v_2——点 1 和点 2 的空气流速，m/s；

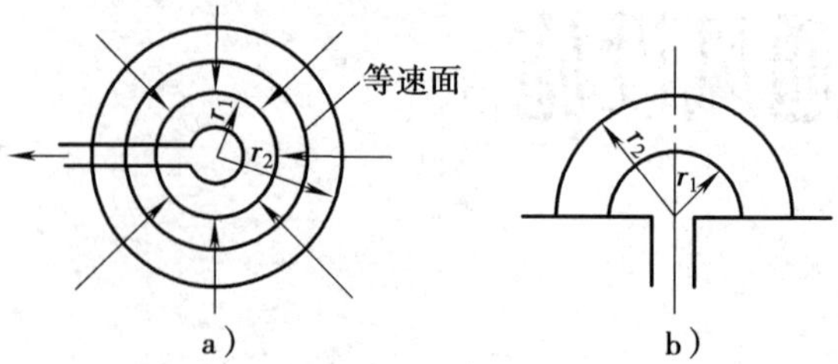

图 4—1　点汇吸气口气流流动示意

a）自由吸气口　b）受限吸气口

r_1，r_2——点 1 和点 2 至吸气口的距离，m。

如吸气口四周加上挡板，即如图 4—1b 所示的平壁，吸气气流受到限制，吸气范围仅半个等速球面，它的吸气量计算公式为：

$$Q=2\pi r_1{}^2 v_1=2\pi r_2{}^2 v_2 \tag{4—3}$$

由式（4—1）～（4—3）可以看出，点汇吸气口外某一点的空气流速与该点至吸气口距离的平方成反比，而且它是随吸气口吸气范围的减小而增大的；在吸气量相同的情况下，在相同的距离上，有挡板的吸气口的吸气速度比无挡板的大一倍。因此，设计集气罩时应尽量靠近有害物源，并设法减小其吸气范围，以提高污染物捕集效率。

实际应用的吸气口，一般都有一定的几何形状、一定的尺寸，吸气口外气流运动规律和点汇吸气口有所不同。目前还很难从理论上准确解释各种吸气口的流速分布，只能借助实验测得各种吸气口的流速分布图。图 4—2 就是通过实验求得四周

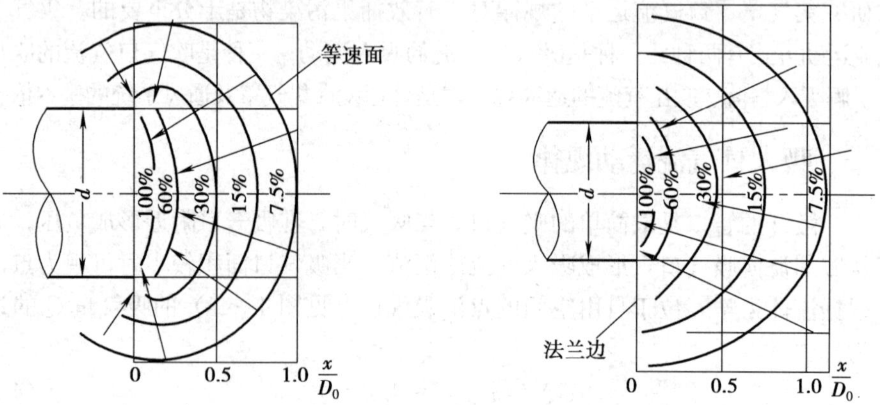

图 4—2　圆形吸气口的速度分布图

a）四周无法兰边　b）四周有法兰边

无法兰边和四周有法兰边的圆形吸气口的速度分布图，图 4—3 是宽长比为 1∶2 矩形吸气口的速度分布图。

图 4—2 的实验结果也可用式（4—4）和式（4—5）表示。即对于四周无法兰边的圆形吸气口有：

$$\frac{v_0}{v_x}=\frac{10x^2+F}{F} \qquad (4—4)$$

对于四周有法兰边的圆形吸气口有：

$$\frac{v_0}{v_x}=0.75\ (\frac{10x^2+F}{F}) \qquad (4—5)$$

式中　v_0——吸气口的平均流速，m/s；

v_x——控制点上必需的气流速度即控制风速，m/s；

x——控制点至吸气口的距离，m；

F——吸气口面积，m^2；

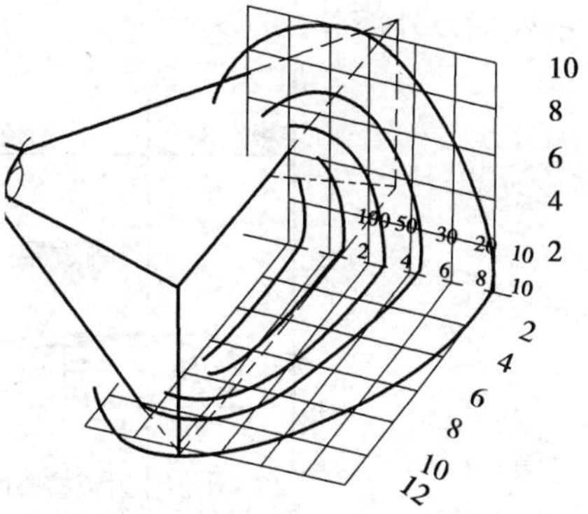

图 4—3　矩形吸气口的速度分布图

根据试验结果，吸气口气流速度分布还具有以下特点：①在吸气口附近的等速面近似与吸气口平行，随离吸气口距离的增大，逐渐变成椭圆面，而在 1 倍吸气口直径 D_0 处，已接近为球面，因此，式（4—4）和式（4—5）仅适用于 $x \leqslant 1.5D_0$ 的场合，当 $x > 1.5D_0$ 时，实际的速度衰减要比计算值大；②吸气口气流速度衰减较快，$x/D_0=1$ 处气流速度已约降至吸气口流速的 7.5%；③对于结构一定的吸气口，其等速面形状大致相同，而吸气口结构形式不同，其气流衰减规律则不同。

二、吹出口气流运动规律

空气从孔口吹出，在空间形成的一股气流称为吹出气流或射流。按孔口及射流形状可以将射流分为圆射流、矩形射流和扁射流（条缝射流）；据空间界壁对射流的约束条件，射流可分为自由射流（吹向无限空间）和受限射流（吹向有限空间）；按射流温度与周围空气温度是否相等，可分为等温射流和非等温射流；据射流产生的动力，还可将射流分为机械射流和热射流。在设计压入式通风系统、热设备上方集气罩、吹吸式集气罩时，均要应用空气射流的基本理论。下面主要介绍通风工程常见的自由等温圆射流、自由等温扁射流和附壁受限射流。

1. 自由等温射流

如图 4—4 所示为自由等温射流的流动图，空气从空口吹出后的流动形成射流初始段和射流基本段，射流初始段为由吹气口至核心被冲散的这一段，此段包含射流内轴线速度保持不变并等于吹出速度的射流核心区，射流基本段为射流核心消失的断面以外部分。

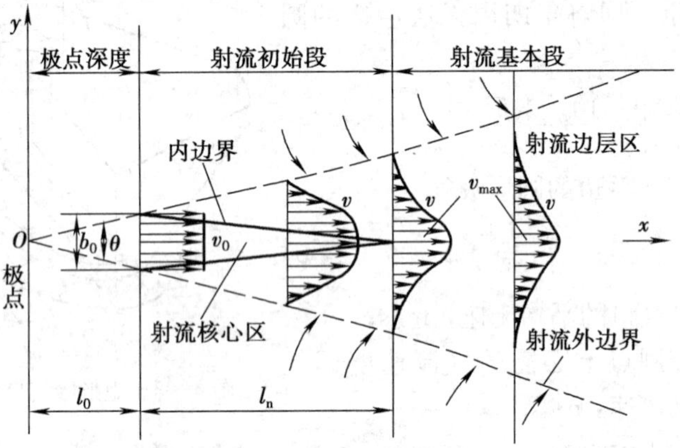

图 4—4　自由等温射流结构图

自由等温射流具有如下特点：

(1) 紊流射流会引发射流流体微团间的横向动量交换、热量交换或质量交换，从而形成湍流射流边界层，使得射流速度逐渐下降，射流断面不断扩大。

(2) 全流场或局部流场气流参数分布彼此间保持一种相仿的关系，边界层的外边界及其初始段上的内边界一般都是斜直线，而参数在横截面上的分布彼此间呈无因次相似。

(3) 与吸气口相比，轴向速度衰减慢，流场中横向分速可被忽略。由于射流的喷射成束的特性，流场中的轴向分速要比横向分速大得多，所以，射流分析计算中，一般都将流场中的横向分速忽略掉，也即射流的轴向速度即被视为射流的总速度。

(4) 射流各断面动量相等，射流中的静压与周围空气的压强相等。

根据有关资料，等温自由紊流圆射流轴心速度 v_x、射流断面直径 d_x、射流扩张角 θ 的公式为：

$$\frac{v_x}{v_0}=\frac{0.48}{\dfrac{\alpha x}{d_0}+0.147}；\ \frac{d_x}{d_0}=6.8\left(\frac{\alpha x}{d_0}+0.147\right)；\ \tan\theta=3.4\alpha \qquad (4—6)$$

而等温自由紊流扁射流轴心速度 v_x、射流断面宽度 b_x、射流扩张角 θ 的公式为：

$$\frac{v_x}{v_0}=\frac{1.2}{\left(\frac{\alpha x}{b_0}+0.41\right)};\ \frac{b_x}{b_0}=2.44\left(\frac{\alpha x}{b_0}+0.41\right);\ \tan\theta=2.44\alpha \tag{4—7}$$

式中　x_0——计算断面至极点间距离，m；

x——计算断面至风口的距离，m；

v_x——射程断面处轴心流速，m/s；

v_0——射流出口速度，m/s；

d_0——送风口直径或当量直径，m；

d_x——射程 x 处射流直径，m；

b_0——送风口射流宽度，m；

b_x——射程 x 处射流断面宽度，m；

α——送风口紊流系数，圆射流 $\alpha=0.08$；扁射流 $\alpha=0.11\sim0.12$。

2. 附壁受限射流

当射流边界的扩展受到有限空间边壁影响时，就称为受限射流（或称有限空间射流）。研究表明，当射流断面面积达到有限空间横断面面积的1/5时，射流受限，成为有限空间射流。

如图4—5所示，射流沿有限空间边壁射出，并不断卷吸周围空气，由于边壁存在与影响，形成回流且回流范围有限，则促使射流外逸，于是射流与回流闭合形成大涡流。

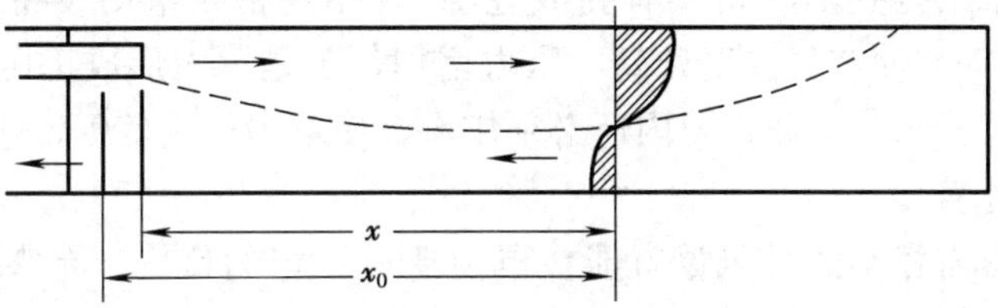

图4—5　附壁受限射流流动规律

附壁射流中，一般用无因次距离来判断射流运动。无因次距离定义为：

$$\bar{x}_0=\frac{\alpha x_0}{\sqrt{S_n}}\text{或}\bar{x}=\frac{\alpha x}{\sqrt{S_n}} \tag{4—8}$$

式中　S_n——垂直于射流的空间断面面积。

实验结果表明，当 $\bar{x}\leqslant0.1$ 时，射流的扩散规律与自由射流相同，并称 $\bar{x}=0.1$ 的断面为第一临界断面。当 $\bar{x}>0.1$ 时，射流扩散受限，射流断面与流量增加变缓，动量不再守恒，并且到 $\bar{x}=0.2$ 时射流流量最大，射流断面在稍后处也达最大，称 $\bar{x}=0.2$ 的断面为第二临界断面。同时，不难看出，在第二临界断面处回流的平均流速也达到最大值。在第二临界断面以后，射流空气逐步改变流向，参与回流，使射流流量、面积和动量不断减小，直至消失。

受限射流的压力场是不均匀的，各断面静压随射程而增加。由于它的回流区一般是工作区，所以控制回流区的风速具有实际意义。受限射流的几何形状与送风口安装位置有关。

第二节　集气罩基本类型与工作原理

集气罩也称为排风罩，通常用于控制或排除生产过程产生的有害物质，以防止其扩散和传播。集气罩的形式很多，按其作用原理可分为密闭罩、外部集气罩、接受式集气罩、吹吸式集气罩等几种基本类型，其中，密闭罩又分为全密闭罩、半密闭罩、柜式集气罩。

一、全密闭罩

全密闭罩是把有害物源全部密闭在罩内，隔断生产过程中产生的有害物与作业场所二次气流的联系，以防止粉尘等有害物随气流传播到其他部位。全密闭罩上一般均设有较小的吸风口（或称工作孔），如图 4—6 所示，以便能观察罩内工作情况。因为密闭罩结构并不严密（有孔或缝隙），在全密闭罩内设备及物料的运动（如碾压、摩擦等）使空气温度升高，压力增加，于是罩内形成正压，粉尘或其他有害物会沿孔隙冒出。为此在罩内还必须排风，使罩内形成负压，这样可以有效地控制有害物质外溢。

全密闭罩只需较小的吸风量就能在罩内造成一定的负压，有害物的扩散效果好，并且集气罩气流不受周围气流的影响，在设计中应优先考虑选用。它的缺点是工人不能直接进入罩内检修设备，有的看不到罩内的工作情况。

全密闭罩的形式又较多，可分为以下三类：

（1）局部密闭罩。将有害物源部分密闭，工艺设备及传动装置设在罩外，如图 4—7 所示。这种密闭罩罩内容积较小，所需抽气量较小，工艺设备大部分露在罩外，方便操作和设备检修。适用于含尘气流速度低、瞬时增压不大，且集中连续散发的地点，如转载点等。

（2）整体密闭罩。即将产生有害物的设备大部分或全部密闭起来只把设备的传动部分设置在罩外，如图 4—8 所示。其特点是密闭罩本身为独立整体，易于密闭，

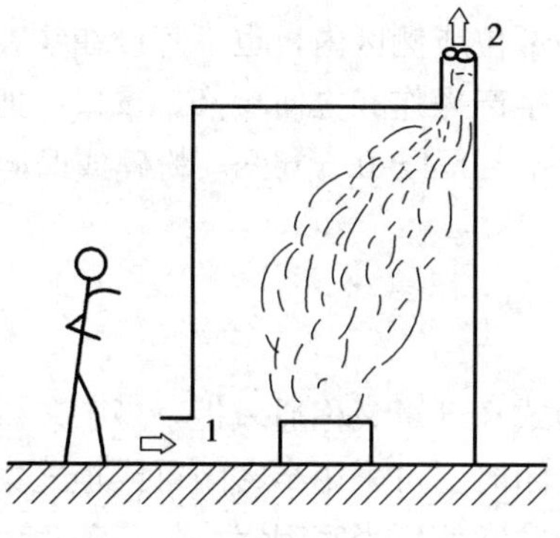

图 4—6　密闭罩示意图

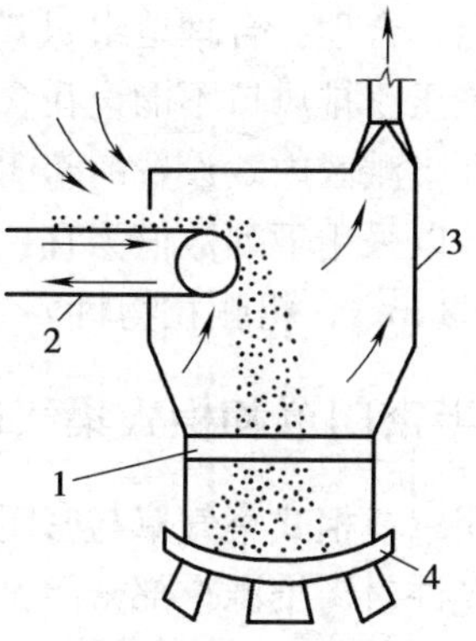

图 4—7　局部密闭罩

1—挡板　2—转运皮带　3—密闭罩　4—受料皮带

通过罩外的观察孔对设备监视，设备传动部分的维修在罩外进行。一般适用于有振动且气流速度较大的场合。

(3) 大容积密闭罩。即将有害物源及传动机构全部密闭起来，形成独立小室，如图 4—9 所示。其特点是罩内容积大，可以缓冲气流，减小局部正压。通过罩外的观察孔对设备监视，设备传动部分的维修在罩内进行。这种方式适用于具有振动、多点、阵发性、污染气流速度大的设备或地点。

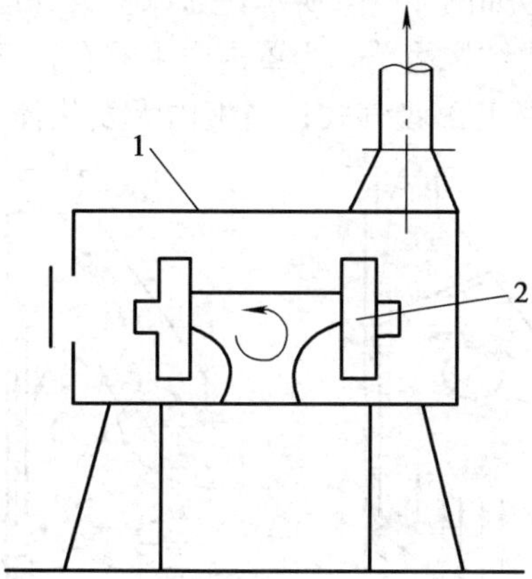

图 4—8　整体密闭罩

1—整体密闭罩　2—干轮碾机

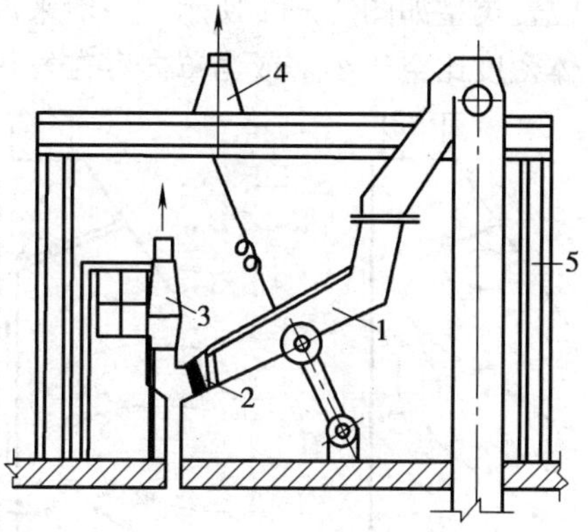

图 4—9　大容积密闭罩

1—振动筛　2—帆布连接头　3、4—吸气罩　5—密闭罩

应当指出，设置全密闭罩时，一方面要保证罩内负压，另一方面还要避免把物料过多地从排风系统排出。为此，全密闭罩形式、罩内吸风口的位置、吸风速度等

要选择得当、合理。合理地组织罩内气流，排风点应设在罩内压力最高的部位，以利于消除正压。排风口不能设在含尘气流浓度高的部位或侧区内，也不宜设在物料集中地点和飞溅区内。设置的密闭罩应不妨碍工艺生产操作和方便检修。罩口风速不宜过高，以采用下列数值为宜：筛落的极细粉尘 v=0.4～0.6 m/s，粉碎或磨碎的细粉 v<2 m/s；粗颗粒物料 v<3 m/s。

二、半密闭罩和柜式集气罩

半密闭罩或柜式集气罩与密闭罩基本相似，柜式集气罩又称通风柜，当工艺生产条件不允许对污染源全部密闭，而只能大部分密闭时，可采用半密闭罩或柜式集气罩，如在粉料装袋、喷漆、打磨、抛光等作业中常常使用半密闭罩。从某种角度看，半密闭罩或柜式集气罩是密闭罩的一种特殊形式。半密闭罩或柜式集气罩与密闭罩的不同之处在于吸风口大小及其是否在罩内操作，密闭罩的吸风口很小，平时不在罩内操作；柜式集气罩的吸风口比密闭罩大，产生有害物的操作完全在罩内；半密闭罩的吸风口又比柜式集气罩大，一般情况下，半密闭罩有一面全部或大部分敞开，形成大面积的孔口，工人在罩内操作。

半密闭罩和通风柜的种类既很多又较为相似，按罩内作业过程是否放热均可分为热过程和冷过程两种；按罩内吸气口的位置又均可分为上部吸气式、下部吸气式和上下同时吸气式三种。半密闭罩吸气口位置类型如图 4—10 所示，通风柜吸气口位置类型如图 4—11 所示。一般来说，上部吸气式结构简单，当罩内产生的有害气体密度比空气小，或当罩内存在发热体时，应选择上部吸气式；当柜内无发热体，

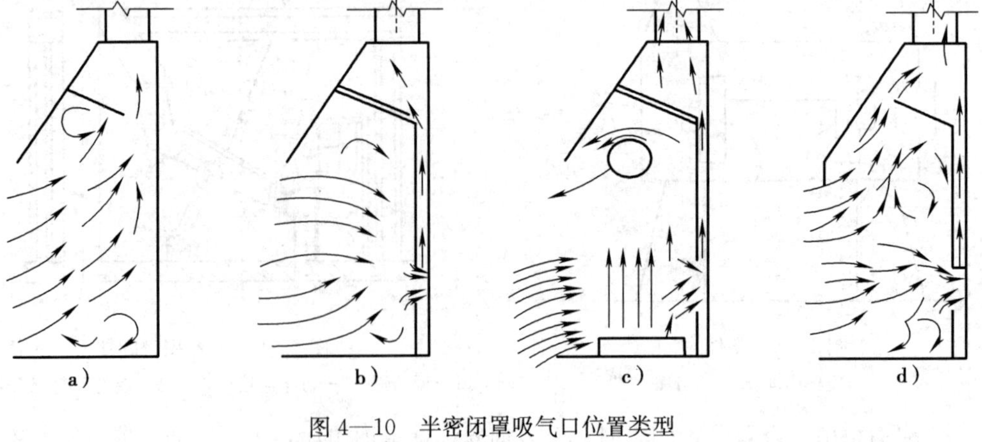

图 4—10 半密闭罩吸气口位置类型

a) 上部吸气式 b) 下部吸气式 1 c) 下部吸气式 2 d) 上下部同时吸气式

且产生的有害气体密度比空气大，罩内气流下降时，应选择下部吸气式，且下部吸气口可紧靠工作台面或距工作台面有一定的距离；上下同时吸气式使用灵活、适用性强，但结构比较复杂，所以，在罩内发热体发热量不稳定或产生密度大小不等的有害气体的条件下选用此类型。

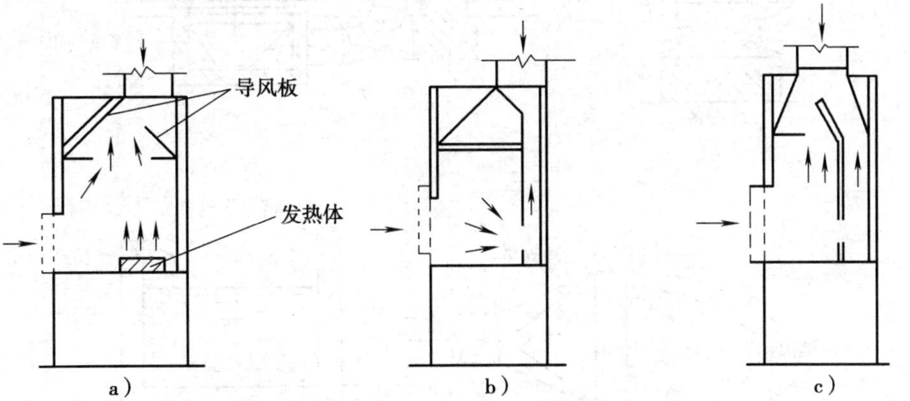

图 4—11　柜式集气罩吸气口位置类型

a）上部吸气式　b）下部吸气式　d）上下部同时吸气式

三、外部集气罩

由于工艺条件限制，生产设备不能密闭时，可把集气罩设在有害物源附近，依靠风机在罩口造成的抽吸作用，在有害物质散发地点造成一定的气流运动，把有害物质吸入罩内，这类吸风罩统称为外部集气罩。当污染气流的运动方向与罩口的吸气方向不一致时，需要较大的吸风量。外部集气罩型式多样，按集气罩与污染源的相对位置可将其分为四类：上部集气罩、下部集气罩、侧边吸气罩和槽边集气罩，如图 4—12 所示。其中，槽边吸气罩专门用于各种工艺槽，如电镀槽、酸洗槽等。它是为了不影响工人操作而在槽边上设置的条缝形吸气口。槽边集气罩分为单侧和双侧两种。目前常用的槽边集气罩的形式有：平口式、条缝式和倒置式。平口式槽边吸气罩因吸气口上不设法兰边，吸气范围大，但槽靠墙布置时，如同设置了法兰边一样，减小吸气范围排风量会相应减小；条缝式槽边集风罩的特点是截面高度 E 较大（$E \geqslant 250$ mm 的称为高截面，$E < 250$ mm 的称为低截面），就如同设置了法兰边一样，减小了吸气范围，故它的吸风量比平口式小，它的缺点是占用空间大、对手工操作有一定影响。

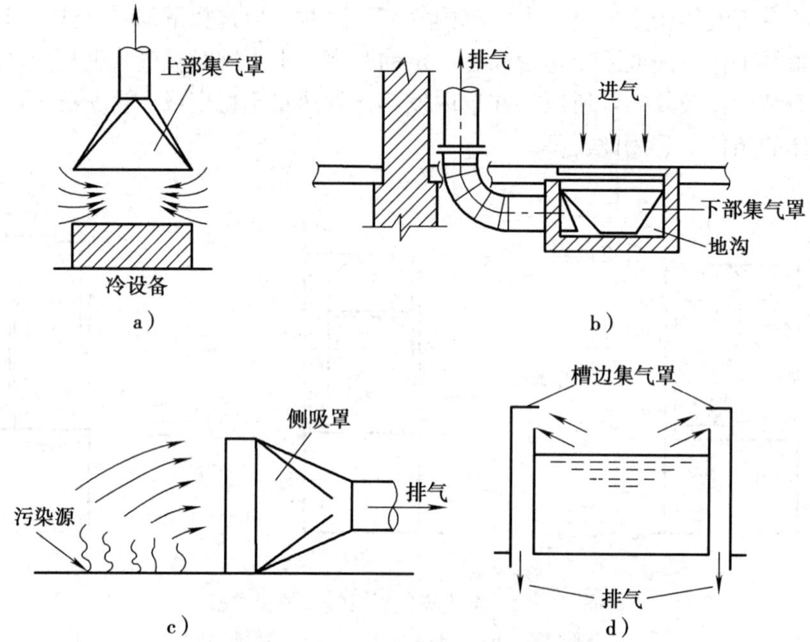

图 4—12　外部集气罩

a）上部集气罩　b）下部集气罩　c）侧边吸气罩　d）槽边集气罩

四、接受式集气罩

某些生产过程或设备本身会产生或诱导一定的气流运动，而这种气流运动的方向是固定的，只需把集气罩设在污染气流前方，污染气流便可借助自身的流动能量进入罩内排出，这类集气罩称为接受式集气罩。顾名思义，接受式集气罩只起接受作用，污染气流的运动是生产过程本身造成的，而不是由于罩口的抽吸作用造成的。接受式集气罩接受的气流可分为粒状物料高速运动时所诱导的空气流动（如砂轮机等）和热源上部的热射流两类，所以接受式集气罩分为热源上部接受式集气罩和诱导空气接受式集气罩，如图 4—13a 所示为热源上部的伞形接受式集气罩，如图 4—13b 所示为捕集砂轮磨削时抛出的磨屑及粉尘的诱导空气接受罩。

物料高速运动诱导的空气流动影响因素较多，多由经验数据确定。热源上部的热射流可分为生产设备本身散发的热烟气（如炼钢炉散发的高温烟气）和高温设备表面对流散热时形成的热射流两类。通常，生产设备本身散发的热烟气由实测确定，这里主要介绍设备表面对流散热时形成的热射流。

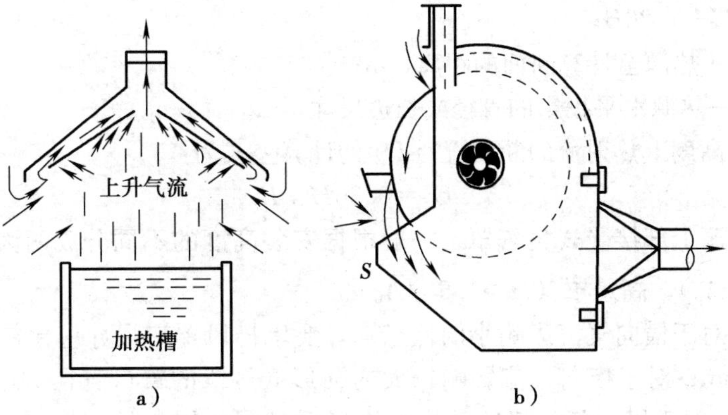

图 4—13　接受式集气罩

a）热源上部接受式集气罩　b）诱导空气接受式集气罩

对热射流观察发现，如令 B 为热源直径，A_p 为热源的水平投影面积，则在离热源表面（1～2）B 处（通常在 $1.5B$ 以下）射流发生收缩，在收缩断面上流速最大，随后上升气流逐渐扩大。可以把它近似看作是从一个假想点热源以一定角度扩散上升的气流，如图 4—14 所示。

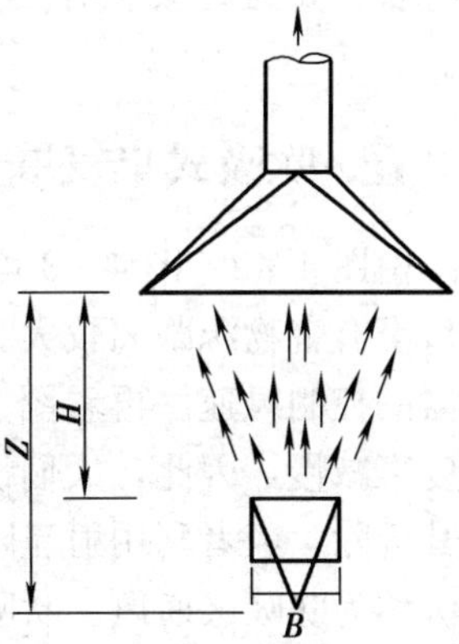

图 4—14　热源上部接受式集气罩

热源上方的热射流呈不稳定的蘑菇状脉冲式流动，难以进行较精确的测量。由于实验条件各不相同，不同研究者得出的结果不尽相同。这里介绍多数人认同的一种研究结果，即热射流收缩断面至热源的距离 $H_0 \leqslant 1.5\sqrt{A_p}$（$A_p$ 为热源的水平投影面积）时，热源的对流散热量 Q 的计算公式为：

$$Q = AS_r \Delta t^{4/3} \tag{4—9}$$

式中　S_r——热源的对流放热面积，m^2；

Δt——热源表面与周围空气的温度差，℃；

A——系数，对于水平散热面，$A=1.7$；竖直散热面 $A=1.13$。

收缩断面上的流量按下式计算：

$$L_0 = 0.167Q^{1/3}B^{3/2} \tag{4—10}$$

在 $H/B=0.9$～7.4 范围内，不同高度上热射流的流量 L_Z 为：

$$L_Z = 0.04Q^{1/3}Z^{3/2}$$

式中　$Z=H+1.26B$；

H——热源至计算断面的距离，m；

B——热源水平投影的直径或长边尺寸，m。

在某一高度上热射流的断面直径 D_Z 的计算公式为：

$$D_Z=0.36H+B \tag{4—11}$$

对于热源上部接受式集气罩，一般根据安装高度的不同分成两大类：低悬罩（$H\leqslant 1.5\sqrt{A_p}$），高悬罩（$H>1.5\sqrt{A_p}$）。

因此，对于横向气流影响小的低悬罩，要求排风罩口尺寸应比热源尺寸扩大150～200 mm；对于横向气流影响较大的圆形低悬罩的罩口直径 D_0 按 $D_0=B+0.5H$ 确定；对于横向气流影响较大的矩形低悬罩的罩口尺寸按 $A_1=a+0.5H$；$B_1=b+0.5H$ 确定。其中，A_1、B_1 为罩口长与宽边长；a、b 为热源水平投影长与宽边长。如为高悬罩则一般设置圆形接受式集气罩，其直径按 $D_0=D_Z+0.8H$ 确定。

五、吹吸式集气罩

由图 4—2、图 4—3 可看出，外部吸气罩罩口外的气流速度衰减很快，因此，罩口至有害物源距离较大时，使用外部吸气罩需要较大的排风量才能在控制点产生所需的控制风速。再看图 4—4 二维吹风口的速度分布，射流的能量密集程度高，速度衰减慢，因此，人们设想可以利用射流作为动力，把有害物输送到集气罩口再由其排除，或者利用射流阻挡、控制有害物的扩散。这种把吹和吸结合起来的通风方法称为吹吸式通风。吹吸式通风依靠吹、吸气流的联合工作进行有害物的控制和输送，具有风量小、污染控制效果好、抗干扰能力强、不影响工艺操作等特点。图 4—15 所示的是大型电解精炼车间采用吹吸气流控制有害物的实例，在基本射流作用下，有害物被抑制在工人呼吸区以下，最后由屋顶上的送风口供给操作人员新鲜空气，在车间中部有局部加压射流，使整个车间的气流按预定路线流动。采用这种通风方式，污染控制效果好，进、回风量少。图 4—16 所示的是吹吸气流用于金属熔化炉的实例，在热源前方设置吹风口，在操作人员和热源之间组成一道气幕，同时利用吹出的射流诱导污染气流进入上部接受罩。

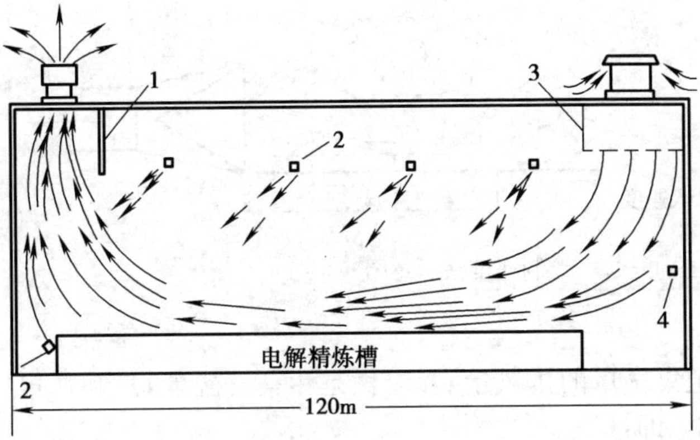

图 4—15　大型电解精炼车间采用吹吸气流控制有害物示意图

1—屋顶排气机组　2—局部加压射流　3—屋顶送风口　4—基本射流

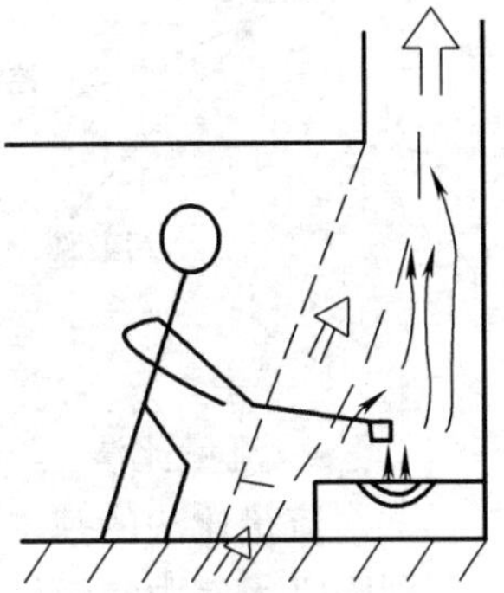

图 4—16　吹吸气流用于金属熔化炉

第三节　集气罩需要风量计算

一、集气罩需要风量计算方法

在实际工程中，计算集气罩的需要风量主要有控制速度法和流量比法，其中以控制速度法占多数。

1. 控制速度法

从污染源散发出的污染物具有一定的扩散速度，该速度随污染物扩散而逐渐减小。所谓控制速度是指在罩口前污染物扩散方向的任意点上均能使污染物随吸入气流流入罩内并将其捕集所必需的最小吸气速度。吸气气流有效作用范围内的最远点称为控制点。控制点距罩口的距离称为控制距离，如图 4—17 所示。计算集气罩吸风量时，首先应根据工艺设备及操作要求，确定集气罩形状及尺寸，由此可确定罩口面积 F；其次根据控制要求安排罩口与污染源相对位置，确定罩口几何中心与控制点的距离 x。在工程设计中，当确定控制速度 v_x 后即可根据不同型式集气罩罩口的气流衰减规律求得罩口处气流速度 v_0，在已知罩口面积 F 时，即可计算出吸风量。采用控制速度法计算集气罩的吸风量关键在于确定控制速度和集气罩结构、安设位置及周围气流运动情况。

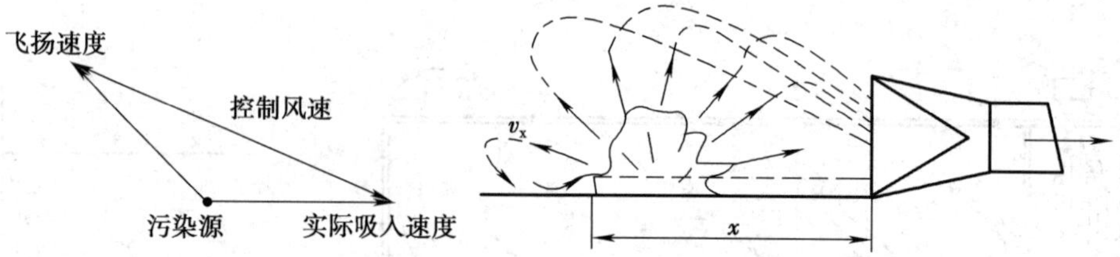

图 4—17　控制速度法示意图

2. 流量比法

流量比法的基本思路是把集气罩的排风量 Q_3 看做是污染气流量 Q_1 和从罩口周围吸入室内空气量 Q_2 之和，即：

$$Q_3=Q_1+Q_2=Q_1\ (1+Q_2/Q_1)\ =Q_1\ (1+K_v) \quad (4—12)$$

比值 $Q_2/Q_1=K_v$ 称为流量比，显然，K_v 值越大，污染物越不易溢出罩外，集气罩排风量 Q_3 也随之增大。考虑到设计的经济合理性，把能保证污染物不溢出罩外的最小段位称为临界流量比或极限流量比，用 K_{vm} 表示。

如上所述，K_{vm} 值是决定集气罩控制效果的主要因素，这种依据 K_{vm} 值计算集气罩排风量的设计方法称为流量比法，工程中采用的 K_{vm} 计算公式需要通过实验研究求出。

二、密闭罩吸风量计算

1. 全密闭罩

全密闭罩的需要风量 Q_{mb}，一般由两部分组成，一部分是由运动物料带入罩内的诱导空气量（如物料输送）或工艺设备供给的空气量（如有鼓风装置的混砂机），另一部分是为消除内正压并保持一定负压所需经孔口或不严密缝隙吸入的空气量，即：

$$Q_{mb}=Q_{mb1}+Q_{mb2} \quad (4—13)$$

式中　Q_{mb1}——物料或工艺设备带入罩内的空气量，m^3/min；

Q_{mb2}——由孔口或不严密缝隙吸入的空气量，m^3/min。

在工程中常用以下两种方法来确定排风量：

(1) 按开口或缝隙处空气的吸入速度 v_0 计算。当已知开口或缝隙的总面积 F_0 和开口缝隙处空气吸入速度 v_0 时，即可按下式计算：

$$Q_{mb}=v_0F_0 \quad (4—14)$$

考虑到减少因排风带走过多的物料并保证控制效果，一般采用下列数值：筛落

的极细粉尘 v=0.4～0.6 m/s；粉碎或磨碎的细粉 v=0.5～2 m/s；粗颗粒物料 v=0.5～3 m/s。

(2) 按经验公式或数据确定排风量。某些特定的污染设备，已根据工程实践经验总结出一些经验公式。例如，砂轮机和抛光机的排风量可按下式计算：

$$Q_{mb}=KD \tag{4—15}$$

式中　K——每毫米轮径的排风量，对砂轮取 $K=2$；对毡轮取 $K=4$，对布轮取 $K=6$；

D——轮径，mm。

某些污染设备可根据其型号、规格、密闭罩形式直接从有关手册中查出所推荐的吸风量。

2. 半密闭罩和柜式集气罩

半密闭罩和柜式集气罩的工作原理与密闭罩相似，为防止罩内有害物逸出罩外，需在工作孔上造成一定的吸入速度（或称控制风速）。

半密闭罩和柜式集气罩的需要风量按下式计算：

$$Q_g=L_1+v_gS_gK_g \tag{4—16}$$

式中　L_1——罩内有害气体散发量，m^3/min；

v_g——吸风口的吸入速度，m/min；

S_g——吸风口及不严密缝隙面积，m^2；

K_g——富裕系数，K_g 可取 1.2～1.3。

吸风口的速度分布对其控制效果有很大影响，速度分布不均匀，污染气流会从吸入速度低的部位逸入室内。吸风口上的吸入速度一般为 0.25～0.75 m/s，也可按表 4—1、4—2 及相关手册确定。

表 4—1　　柜式集气罩的吸入速度　　m/s

有害物性质	吸入速度 v
无毒害物	0.25～0.375
有毒或有危险的有害物	0.4～0.5
剧毒或有少量放射性	0.5～0.6

表 4—2　　半密闭罩敞开面、断面最小平均吸入速度　　m/s

工艺过程		散发的有害物	吸入速度 v_{min}
金属热处理	油槽淬火与回火	油蒸气及其分解产物、热量	0.5
	硝石槽内淬火（400～700℃）	硝石的气溶胶、热量	0.5
	盐槽淬火（350～1100℃）	盐的气溶胶、热量	0.5
	溶铅（400℃）	铅的气溶胶、铅蒸气	1.5
	盐炉氰化（800～900℃）	氰化物、粉尘	1.5
金属电镀（冷过程）	氰化镀镉、镀银	氢氰酸蒸气	1～1.5
	氰化镀铜	氢氰酸蒸气	1～1.5
	镀铅	铅	1.5
	镀铬	铬酸雾和铬酐	1～1.5
	脱脂：汽油	汽油蒸气	0.5
	氯化烃	氯化烃	0.7
	电解	碱雾	0.5
	酸洗：硝酸	酸蒸气和硝酸	0.7～1.0
	盐酸	酸蒸气（氯化氢）	0.5～0.7
	氰化镀锌	氢氰酸蒸气	1～1.5
其他	喷漆	漆悬浮物和溶液蒸气	1～1.5
	手工混合、称重、分装、配料	加工物料粉尘	0.7～1.5
	小件喷砂、清理	硅酸盐粉尘	1～1.5
	金属喷镀	金属粉尘	1～1.5
	小零件焊接	金属气溶胶	0.8～0.9
	柜内化学试验	各种烟气和蒸气	0.5～1.0
	用汞的工序：不必加热	汞蒸气	0.7～1.0
	加热	汞蒸气	1～1.25

三、外部集气罩吸风量计算

1. 圆形或准圆形侧吸式集气罩

根据公式（4—4）及（4—5），圆形或宽长比大于 0.2 的矩形侧吸式集气罩需要风量按下式计算：

四周无边　$$Q_{wb}=(10x^2+F)\ v_x \quad (4—17)$$

四周有边　$$Q_{wb}=0.75\ (10x^2+F)\ v_x \quad (4—18)$$

对于设在工作台上的外部罩，可以把它看成是一个假想大排风罩的一半，其排风量按下式计算：

$$Q_{wb}=\frac{1}{2}\ (10x^2+F)\ v_x \quad (4—19)$$

控制风速 v_x 的大小与工艺操作、有害物毒性、周围干扰气流运动状况等多种因素有关，设计时可参照表 4—3 列出的控制风速范围确定，一般来说，当室内气流速度小或者对吸捕有利、污染物毒性很低或者仅是一般的除尘、间断性生产或产量低、采用大型集气罩时可取低值，而在室内扰动气流强烈、污染物毒性高、连续性生产或产量高、或采用小型集气罩局部控制时取高值。应当指出，在有干扰气流时，外部罩周围的扰动气流对污染物的吸捕有不良影响，此时，选取的控制速度适当加大。

表 4—3　　控制点的风速 v_x

污染物放散情况	最小控制风速（m/s）	举例
以轻微力度放散到相当平静的空气中	0.25～0.5	槽内液体蒸发；气体或烟从敞口容器外逸
以较低速度放散到尚属平静的空气中	0.5～1.0	喷漆室内喷漆；断续地倾倒有尘屑的干物料到容器中；焊接
以相当大速度放散出来，或是放散到空气流动迅速的区域	1～2.5	在小喷漆室内用高压力喷漆；快速装袋或装桶；往运输器上给料
以高速放散出来	2.5～10	磨削；重破碎；滚筒清理

2. 条缝罩

条缝罩是指宽长比小于 0.2 的矩形侧吸式集气罩，其需要风量按下式计算：

$$Q_{wb}=k_t L_t x v_x \tag{4—20}$$

式中 L_t——条缝开口长度，m；

x——控制距离，m；

v_x——控制风速，m/s；

k_t——条缝系数，四周无边 $k_t=3.7$，四周有边 $k_t=2.8$，操作平台 $k_t=2$。

3. 槽边吸气罩

不同形式的槽边吸气罩，其需要风量计算公式不同，下面介绍条缝式排吸气罩需要风量计算公式。

（1）高截面单侧吸风　$$Q_c=2v_x AB\left(\frac{B}{A}\right)^{0.2} \tag{4—21}$$

（2）低截面单侧吸风　$$Q_c=3v_x AB\left(\frac{B}{A}\right)^{0.2} \tag{4—22}$$

（3）高截面双侧吸风（总风量）　$$Q_c=2v_x AB\left(\frac{B}{2A}\right)^{0.2} \tag{4—23}$$

（4）低截面双侧吸风（总风量） $Q_c=3v_xAB\left(\frac{B}{2A}\right)^{0.2}$ （4—24）

（5）高截面环形吸风 $Q_c=1.57v_xD^2$ （4—25）

（6）低截面环形吸风 $D_c=2.36v_xD^2$ （4—26）

式中 A——槽长，m；

B——槽宽，m；

D——圆槽直径，m；

v_x——边缘控制点的控制风速，m/s，一般取 $v_x=0.25\sim0.5$ m/s。

四、热源上部接受罩吸风量计算

低悬罩需要风量按下式计算：

$$Q_r=L_0+v'F' \quad (4—27)$$

高悬罩吸风罩需要风量按下式计算：

$$Q_r=L_z+v'F' \quad (4—28)$$

式中 L_z——罩口断面上热射流流量，m^3/s；

L_0——收缩断面上的流量，m^3/s；

F'——罩口的扩大面积，即罩口面积减去热射流的断面积，m^2；

v'——扩大面积上空气的吸入速度，$v'=0.5\sim0.75$ m/s。

高悬罩排风量大，易受横向气流影响，工作不稳定，设计时应尽可能降低其安装高度。在工艺条件允许时，可在接受罩上设活动卷帘。罩上的柔性卷帘设在钢管上，通过传动机构转动钢管，带动卷帘上下移动，升降高度视工艺条件而定。

五、吹吸式集气罩风量计算

由于吹、吸气流运动的复杂性，目前尚缺乏精确的计算方法。下面介绍两种经验计算方法。

1. 临界断面法

临界断面法认为，吹吸气口之间必然存在一个射流和扩流控制能力皆最弱的断面，即临界断面（见图 4—18），吹吸气流的临界断面一般发生在 $x/B=0.6\sim0.8$ 之间，一般近似认为，在临界断面前吹出气流基本是按射流规律扩展的，在临界断

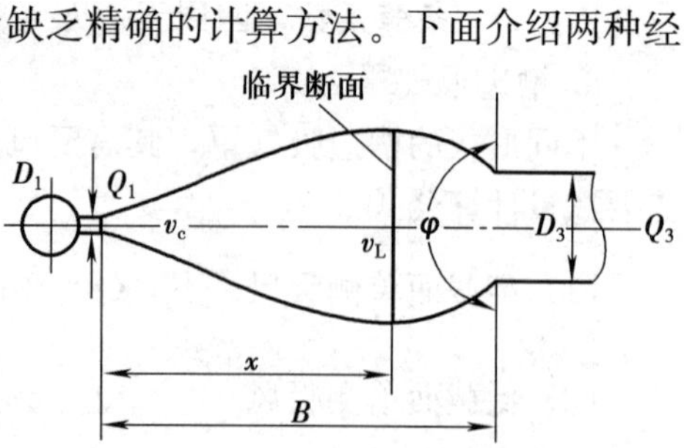

图 4—18 临界断面法示意图

面后，由于吸入气流的影响，断面逐渐收缩。也就是说，吸气口的影响主要发生在临界断面之后。从控制污染物外逸的角度出发，临界断面上的气流速度（称为临界速度）要大于污染物扩散速度。相关参数的计算为：

（1）临界断面位置　$x=KB$　（4—29）

（2）吹气口吹风量　$Q_{cc}=K_1BA_cB_c\frac{v_L^2}{v_c}$　（4—30）

（3）吹气口宽度　$B_c=K_1B\left(\frac{v_L}{v_c}\right)^2$　（4—31）

（4）吸气口吸风量　$Q_{cx}=K_2BA_xv_L$　（4—32）

（5）吸气口宽度　$B_x=K_3B$　（4—33）

式中　B——吹气口至吸气口的距离，m；

A_c、B_c——吹气口长度、宽度，m；

A_x、B_x——吸气口长度、宽度，m；

v_L——临界速度，m/s；

v_c——吹气口平均速度，m/s，一般取 8～10 m/s；

K、K_1、K_2、K_3——系数，由表 4—4 查得，表中数据为紊流系数为 0.2 条件下获得。

表 4—4　临界断面法有关系数

扁平射流	吸入气流夹角 φ	K	K_1	K_2	K_3
两面扩张	$3\pi/2$	0.803	1.162	0.736	0.304
	π	0.760	1.073	0.686	2.283
	$5\pi/6$	0.735	1.022	0.657	0.272
	$2\pi/3$	0.706	0.955	0.626	0.258
	$\pi/2$	0.672	0.878	0.260	0.107
一面扩张	$\pi/2$	0.760	0.537	0.345	0.142
	$3\pi/2$	0.870	0.660	0.400	0.165
	π	0.832	0.614	0.386	0.158

2. ACGIH 法

ACGIH 法是美国联邦工业卫生委员会（ACGIH）推荐的计算方法，该法设定的工业槽上的吹吸式排风罩如图 4—19 所示。假设吹出气流的扩展角 $\alpha=10°$，条缝式吸风口的高度 H_a 按下式计算：

$$H_a=B\tan\alpha=0.18B \quad (4—34)$$

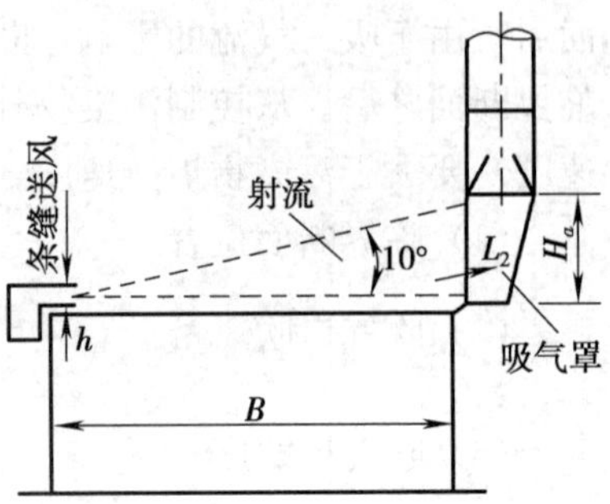

图 4—19　吹吸式排风罩

式中　H_a——吸风口高度，m；

B——吹、吸风口间距，m。

吸风量 Q_{cx1} 取决于槽液面面积、液温、干扰气流等因素。

$$Q_{cx1}=(1\ 800\sim2\ 750)\ S_y \quad (4—35)$$

式中　S_y——液面面积，m^2；

1 800～2 750——每 m^2 液面所需的吸风量。

吹风口流速按出口流速的 5～10 m/s 确定，吹风量 Q_{cx2} 按下式计算：

$$Q_{cx2}=\frac{1}{k_{cx}\times B}\times Q_{cx1} \quad (4—36)$$

式中　k_{cx}——修正系数，见表 4—5。

表 4—5　修正系数

槽宽 B/m	0～2.4	2.4～4.9	4.9～7.3	7.3 以上
修正系数 k_{xc}	6.6	4.6	3.3	2.3

第四节　风筒及其连接件

一、风筒

风筒是指用一定材料制成的一定断面形状的通风风道，它也称为导风设施。对风筒的基本要求是漏风小、风阻小、重量轻、拆装简便。工业通风中使用的风筒可分为刚性和柔性两大类。

1. 柔性风筒

柔性风筒主要有胶布风筒、塑料风筒（塑料软管）、弹簧可伸缩胶布风筒、金属软质风筒（金属软管）、橡胶风筒（橡胶软管）几类。胶布风筒、塑料风筒通常用橡胶布、塑料制成，弹簧可伸缩胶布风筒采用金属整体螺旋弹簧钢圈为骨架和橡胶布合成制成，如图 4—20a 所示。普通胶布风筒常用的规格可见表 4—6，其最大优点是轻便、可伸缩、拆装、搬运方便，是矿山、隧道施工压入式通风最广泛的一种风筒，但它不能用作抽出式通风；弹簧可伸缩胶布风筒既可承受一定的负压，又具有可伸缩、拆装、搬运方便的特点，又比铁风筒质量轻，使用方便，一般用于矿山、隧道施工中的抽出式及混合式通风中，但价格比普通胶布风筒贵；金属软管用特殊金属材料制成，如铝箔伸缩软管是在柔性的优质铝箔软管内用高弹性螺旋形镀铜或镀锌钢丝贴绕而成的，美观大方，可伸缩、拐弯，价格最贵，一般用于美观要求较高和其他特殊要求的地面空调、通风工程。

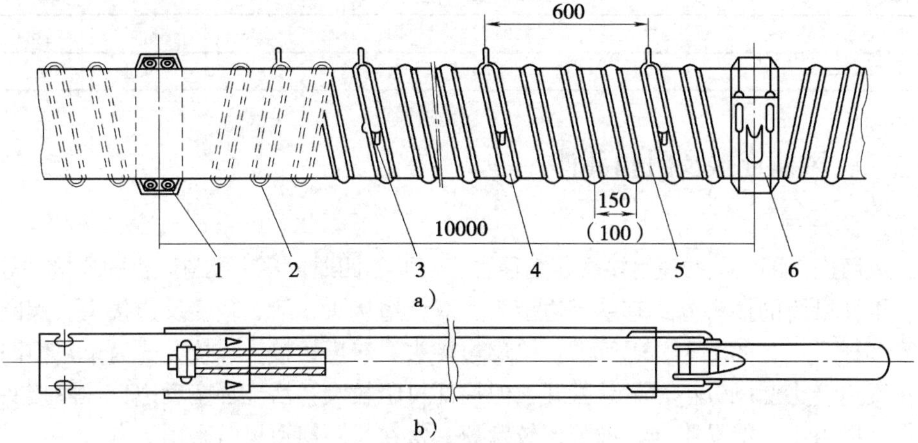

图 4—20　弹簧可伸缩风筒结构

a）风筒连接状态　b）快速接头软带

1—圈头　2—螺旋弹簧　3—吊钩　4—塑料压条　5—风筒布　6—快速弹簧接头

表 4—6　　普通胶布风筒规格参数表

直径/ mm	节长/m	壁厚/mm	风筒质量/kg・m^{-1}	风筒断面/m^2
300	10	1.2	1.3	0.071
400	10	1.2	1.6	0.126
500	10	1.2	1.9	0.196
600	10	1.2	2.3	0.283
800	10	1.2	3.2	0.503
1 000	10	1.2	4.0	0.785

2. 刚性风筒（风管）

刚性风筒一般由硬质材料制成，在各行各业均有应用，刚性风筒既可用于通风机的吸入段，又用于通风机的压出段，地面工程一般称为通风管道，简称风管。通风管道的断面形状有圆形、矩形、异形三种，异形风管还包括螺旋形风管、椭圆形风管。选择断面形状时，一般情况下先选圆形，在特殊条件、特殊要求时选矩形、异形。通风工程常用的钢板厚度是 0.5～4 mm。用作风管的材料很多，主要有以下两大类：一是非金属材料，如玻璃钢、硬聚氯乙烯塑料板、砖、混凝土、炉渣石膏板、木板、胶合板或纤维板、石棉板、陶瓷板等；二是金属材料，如普通薄钢板、镀锌钢板、不锈钢板、铝板和塑料复合钢板，其优点是易于工业化加工制作、安装方便、能承受较高温。金属风筒摩擦阻力系数 α 可见表 4—7。

表 4—7　　金属风筒摩擦阻力系数 α

风筒直径/mm	200	300	400	500	600	800
$\alpha \times 10^4/N \cdot s^2 \cdot m^{-4}$	49	44.1	39.2	34.3	29.4	24.5

二、风筒连接及附属部件

1. 风筒连接部件

风筒连接部件包括风筒接头、变径管、三通、四通、弯头及与风机的连接件等。

柔性风筒的接头方式有单反边接头、双反边接头、活三环多反边接头、螺圈接头等多种形式，如图 4—21 所示。单反边接头、双反边接头连接方式简单，但漏风大，反边接头漏风较小，不易胀开，但局部风阻较大；活三环多反边、螺圈接头漏风小、风阻小，但易胀开，拆装比较麻烦，常在长距离通风时采用。

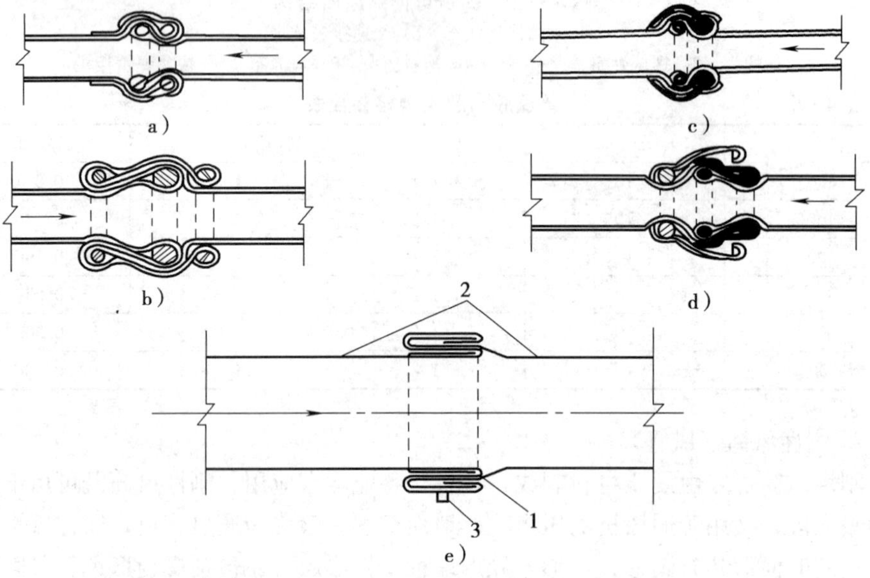

图 4—21　柔性风筒接头连接方式示意图

a）两固定环单反边　b）大活环单反边　c）双反边　d）活三环多反边　e）螺圈接头

1—螺圈　2—风筒　3—铁丝箍

刚性风筒（风管）一般采用法兰盘连接。为保证法兰连接的密封性，法兰间应加衬垫，衬垫厚度为 3～5 mm，垫片应与法兰齐平，不得凸入管内。衬垫材料随输送气体性质和温度而不同：①输送气体温度不超过 70℃的风管，采用浸过干性油的厚纸垫或浸过铅油的麻辫；②除尘风管应采用橡胶垫或石棉绳；③输送气体温度超 70℃的风管，必须采用石棉厚纸垫或石棉绳。

根据第二章局部阻力的分析，地面管道通风的局部阻力可占总阻力的 40%～80%，因此，变径管、三通、四通、弯头及与风机的连接件要充分考虑尽可能减小局部阻力。图 4—22 列举了常见的风管连接部件优劣比较，可供设计时参考。风管与风机连接时的注意事项如下：风机入口的连接中，转弯或弯头的风管内边至风机入口的距离应大于风机入口的直径，以保证气流均匀进入风机叶片，当转弯半径不够时，应加导叶片；当风管变径接入风机时，要求 $\theta \leqslant 45°$，一般取 $\theta \leqslant 30°$为佳；风机出口的连接中，在靠近风机出口处的转弯，必须和风机的转动方向一致，使气流通畅均匀，避免不必要的能量损耗；风机出口到转弯处应有不小于 $3D$（即 $A \geqslant 3D$，D 为风机入口直径）的直管段，以免造成不必要的静压损失。

2. 管道通风阀门

用于控制管道风流大小和方向的设施称为管道通风阀门，或称管道通风闸门。在实际管道通风系统中，有时为风机经济运行需要调节通风机工况点，有时要防止污浊空气侵入某些其他系统，此时通常都要用到管道通风阀门，因此，管道通风阀门是风筒通风系统中重要的部件。风管中的通风阀门有时也简称管道风门。根据其功用，通风阀门可分为关闭通风阀门、调节通风阀门、换向通风阀门、防火阀门、防爆阀门；根据断面形状，可分为圆形、矩形、异形通风阀门；根据控制方式可分为手动通风阀门、机械通风阀门、自动通风阀门；按动作方式分为蝶阀、多叶调节阀、插板阀、止回阀、三通调节阀等。蝶阀一般用于分支管或空气分布器的风口前作风量调节用，这种风阀是通过改变阀板的转角来调节风量的，蝶阀由短管、阀板、调节装置等三部分组成；斜插板风阀多用于除尘系统，安装时应考虑使其不积尘；在通风空调系统，为防止通风机停止运转后气流倒流，常用止回阀。止回阀在通风机开动后，阀板在风压作用下会自动打开，而通风机停止运转后阀板自动关闭。

如图 4—23 所示是机械调节挡板矩形多叶通风阀门，它由挡板门本体、电动（或气动）执行机构、密封空气入口阀、风机、电加热器、控制系统及相关管路附件组成。挡板门一般由几组叶片构成，挡板之间、挡板和门框间设有不锈钢密封板，挡板的启闭靠电动（或气动）执行器通过连杆机构来执行。

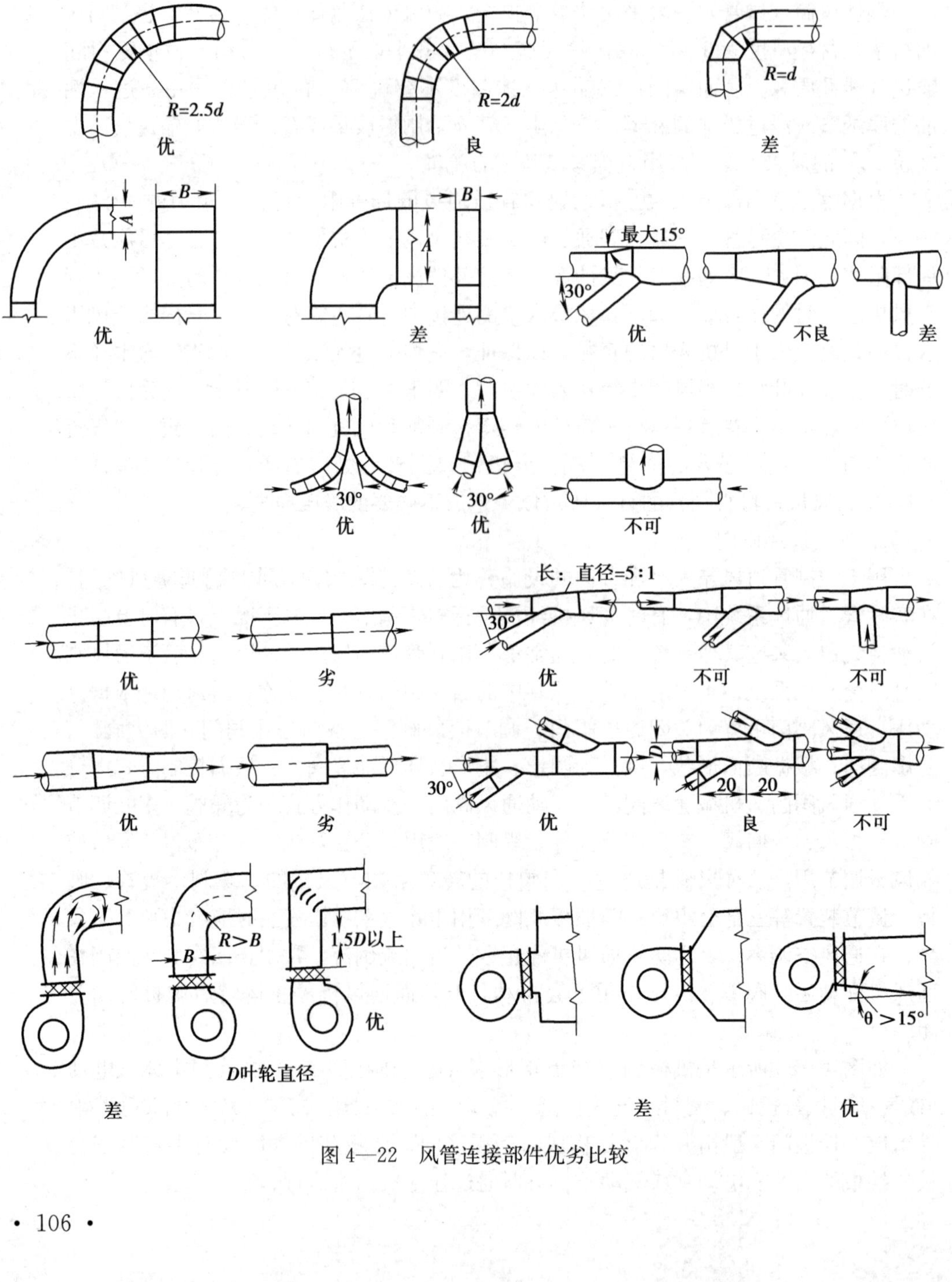

图 4—22　风管连接部件优劣比较

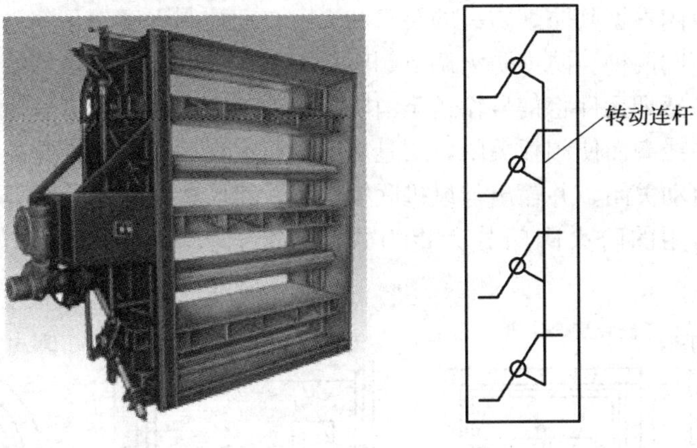

图 4—23 机械调节挡板矩形多叶通风阀门

图 4—24 为圆形蝶式关闭通风阀门的结构示意图。阀门门扇与主轴连接成一整体，主轴一端与门框一端轴座活动连接，主轴另一端伸出管外与传动机构相连，门框设有保证挡板全开时的挡钉，阀门门扇活动角为 90°。通过传动机构及主轴带动门扇转动，达到阀门关闭或开启的目的。

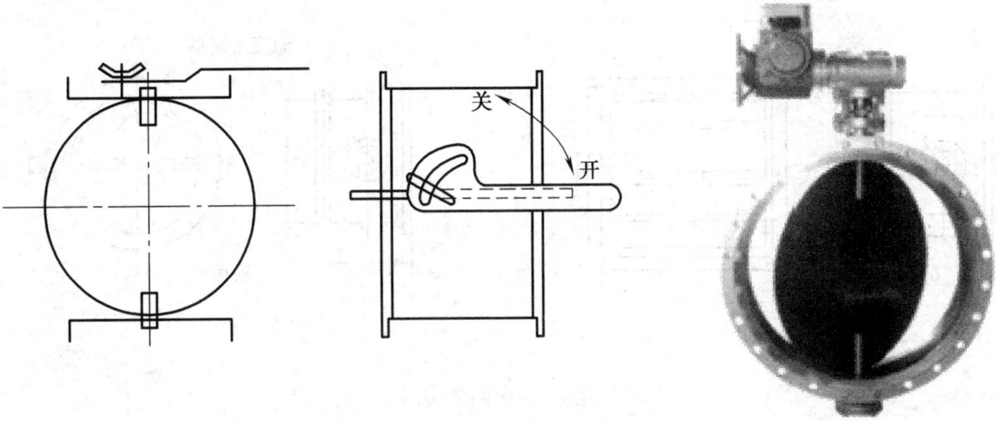

图 4—24 圆形蝶式关闭通风阀门

防火调节阀门是大型建筑和工业厂房通风空调系统中不可少的重要部件。当发生火灾时可切断气流、防止火灾蔓延，因此阀板开启与否，应有信号给出明确的指示，阀板关闭后不但有指示信号，还应打开与通风机联锁的接点，使其停止运转，防火阀的生产厂家必须经过公安消防部门的审批认可方能生产。

防火调节阀根据其防烟防火的要求和火灾自动控制程度，又分为防烟防火调节阀和防火调节阀两种。防烟防火调节阀阀板的动作分别受两个信号控制，一是房间发生火灾后，感烟元件将信号输送至消防报警控制中心，并将信号输出至防烟防火调节阀的电磁线圈而使阀板关闭，二是房间发生火灾后送风温度升高而使易熔片熔化，使阀板自动关闭，并输出与风机联锁信号，使风机停止运转并报消防报警控制中心。风管常用的防火阀门分为重力式、弹簧式、百叶式三种，如图 4—25 所示。

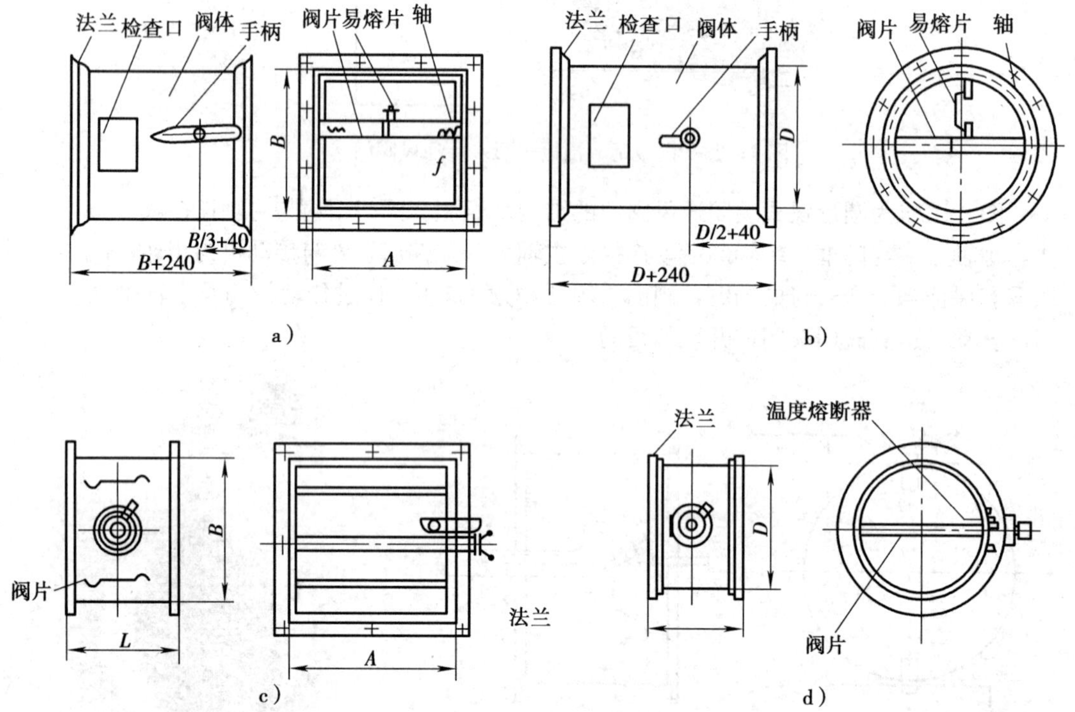

图 4—25　防火调节阀门

a）矩形重力式防火阀　b）圆形重力式防火阀　c）矩形弹簧式防火阀　d）圆形弹簧式防火阀

3. 送风器

送风器又称送风口或称空气分布器，是压入式通风系统向工作空间输送新鲜空气的设施，一般可根据需要调节经过的风量。地面通风中的送风器形式较多，包括侧式送风器、散流器、孔板送风器、喷射式送风器、旋流送风器等。其中侧式送风器、散流器又有多种形式。图 4—26 和图 4—27 分别为侧式送风器和散流器示意图。

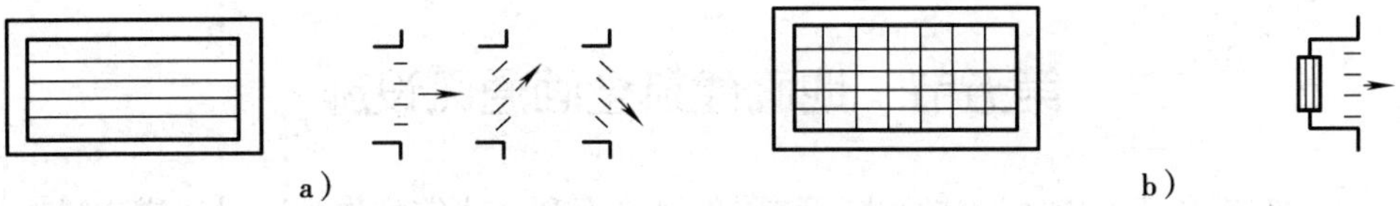

图 4—26 侧式送风器

a）单层百叶式 b）双层百叶式

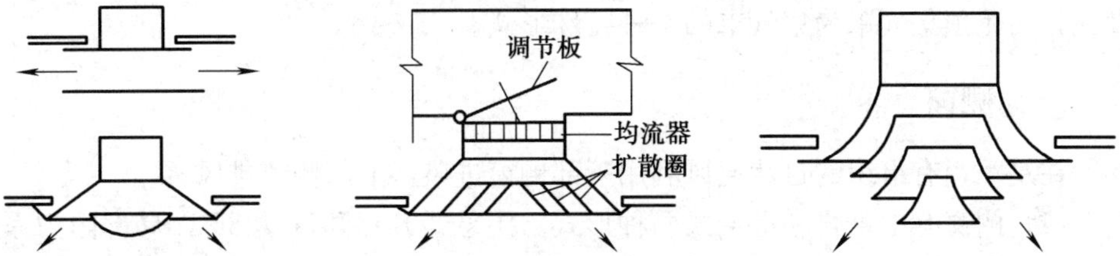

图 4—27 散流器

喷射式送风器（喷射式送风口）如图 4—28 所示。该送风器有较小的收缩角度，并且无叶片遮挡，因此，喷口的噪声低、紊流系数小、射程长。为了提高喷射送风口的使用灵活性，可以作成如图 4—28b 所示的既能调方向又可调风量的形式。

典型的旋流送风器由出口格栅、集尘箱和旋流叶片组成，如图 4—29 所示。送风经旋流叶片切向进入集尘箱，形成旋转气流由格栅送出。送风气流与室内空气混合好，速度衰减快，格栅和集尘箱可以随时取出清扫。

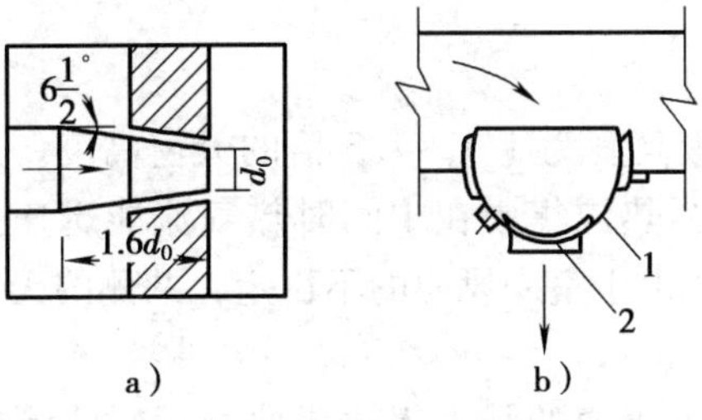

图 4—28 喷射式送风器

a）圆形喷射式送风器

b）可调节方向和风量的喷射式送风器

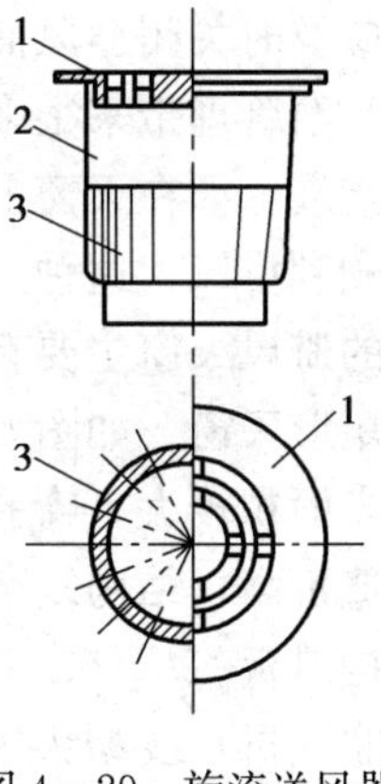

图 4—29 旋流送风器

1—出口格栅 2—集尘箱 3—旋流叶片

第五节　地面建筑全面通风设施

地面建筑全面通风设施是指无需制作风筒而利用建筑物作为通风风道来进行全面通风的隔断、引导和控制风流的设施。地面建筑全面通风设施主要包括侧窗、避风天窗、避风风帽、屋顶集气罩等。其中，避风天窗、侧窗、避风风帽为自然通风设施，而屋顶集气罩为集气罩的一种特殊形式。

一、侧窗

在夏季，有组织的自然通风利用下部侧窗进风，上部侧窗排风。

（1）侧窗有中悬式和上悬式两种形式。中悬式开启角度达 85°，局部阻力系数很小，一般用于有大量余热的热加工车间；上悬式开启角度较小（30°左右），且局部阻力系数很大，只能用于自然通风量不大，而对采光面积要求较大的冷加工车间。

（2）在高温车间，进风窗一般采用竖轴板式较好，因其进风面积大，进风量也大，有利于通风换气。

二、避风天窗

地面建筑物采用自然通风时，在风压作用下，普通天窗往往在迎风面上会发生倒灌现象，使建筑物通风气流受到破坏，不能满足安全卫生要求。因此，当出现这种情况时应及时关闭迎风面天窗，只能依靠背风面天窗进行排风，这样既浪费了天窗面积，又给管理带来很多不便。为了让天窗能保持排风性能，不发生倒灌，需采取一定的措施，如在天窗上加装挡风板，以保证天窗的排风口在任何风向时均处于负压区而顺利排风，这种天窗称为避风天窗。

常用的避风天窗主要有以下几种：

（1）矩形天窗。如图 4—30 所示，挡风板高度为 1.1～1.5 倍的天窗高度。这种天窗采光面积较大，窗孔多集中在中部，当热源集中在中间时热气流能迅速排除，但其造价高，结构复杂。值得一提的是，由于室外风向的不稳定，两侧的天窗均应设置挡风板。

（2）曲（折）线型天窗。这种天窗将矩形天窗的竖直板改成曲（折）线型结构，如图 4—31 所示，其特点是阻力小，产生的负压大，通风能力强。

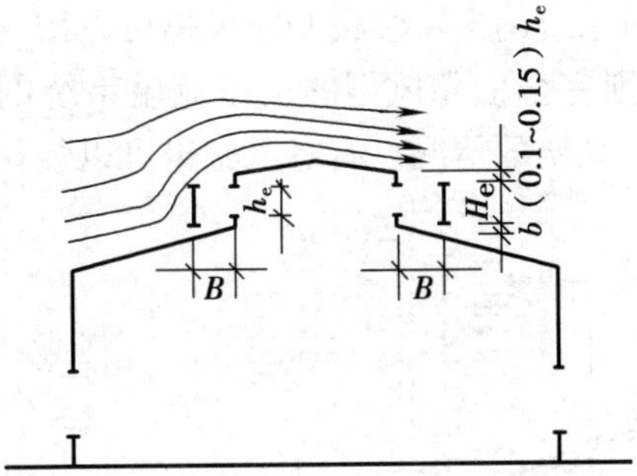

图 4—30　矩形避风天窗

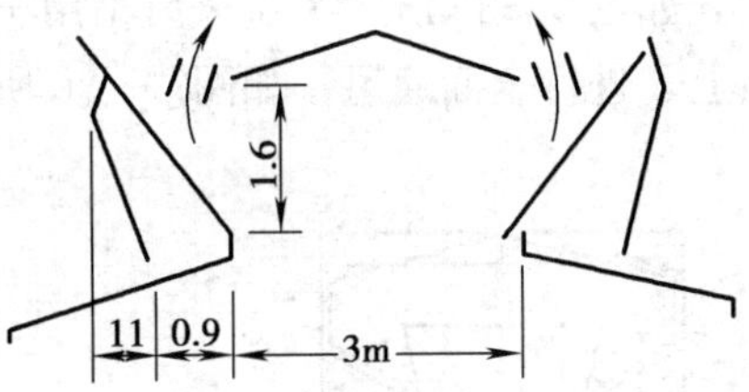

图 4—31　曲（折）线型天窗

（3）女儿墙天窗。当厂房屋顶坡度小于 1/10，且边跨外墙与天窗的距离 B 不超过天窗高度 h_e 的 5 倍时（$B \leqslant 5h_e$），可以加高边跨外墙，即采用女儿墙代替挡风板。女儿墙上缘高度应比天窗顶面延长线低 100～150 mm，如图 4—32 所示。

（4）下沉式天窗。这种天窗是利用屋架上下弦之间的空间，让屋面部分下沉而形成的，如图 4—33 所示。下沉式天窗比矩形天窗降低厂房高度 2.5 m，节省挡风板和天窗架，但天窗高度受屋架的限制，排水也较困难。

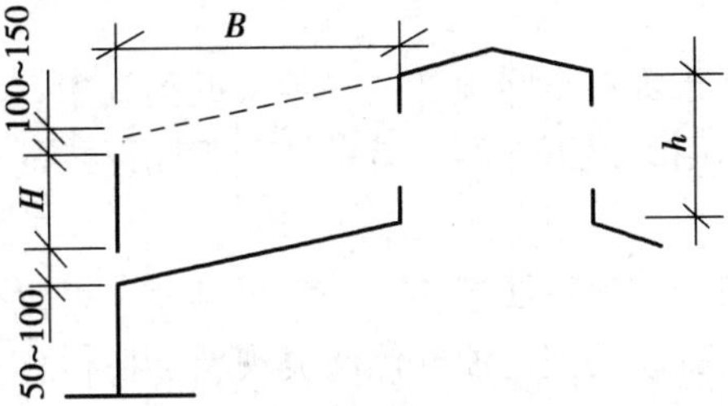

图 4—32　女儿墙天窗

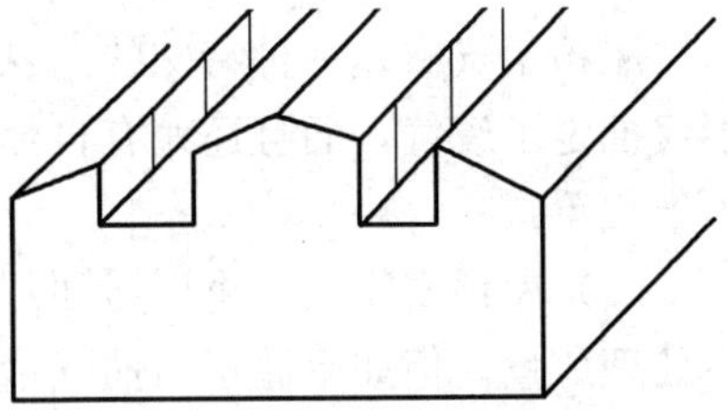

图 4—33　下沉式避风天窗

应当指出，选择天窗时，应当根据不同地区及不同性质的厂房，选用结构简单、不用开关或便于开关，空气动力性能好、阻力小、通风量大、造价低的天窗。此外，还应考虑采光、遮阳及避雨等要求。各类天窗的形式及构造可参考有关设计手册。

三、避风风帽

避风风帽安装在自然通风系统的出口，它是利用风力造成的负压，加强通风能力的一种装置，其结构如图 4—34 所示。它的特点是在普通风帽的外围，增设一圈挡风圈，挡风圈的作用与避风天窗的挡风板是类似的，室外气流吹过风帽时，可以保证排出口基本上处于负压区内。在自然通风系统的出口装设避风风帽可以增大系统的抽力。有些阻力比较小的自然通风系统则完全依靠风帽的负压克服系统的阻力。如图 4—35 所示为避风风帽用于自然通风系统的情况。有时风帽也可以装在屋顶上，进行全面通风，如图 4—36 所示。

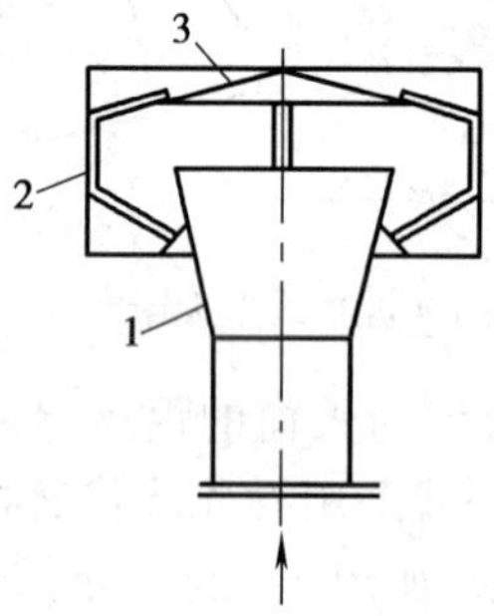

图 4—34 避风风帽
1—渐扩管 2—挡风圈 3—遮雨盖

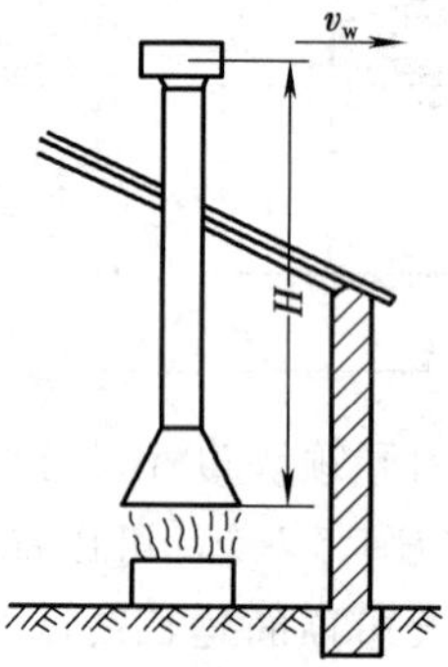

图 4—35 采用风帽的自然通风系统

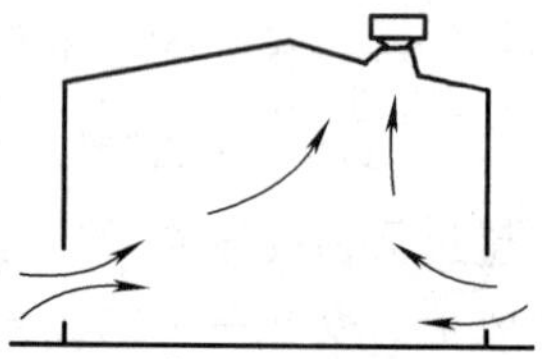

图 4—36 用作全面通风的避风风帽

四、屋顶集气罩

屋顶集气罩是一种特殊的高悬罩，它是布置在车间顶部的一种大型集气罩，它不仅抽走了废气，而且还兼有自然换气的作用。以下介绍的就是几种不同形式的屋顶集气罩：

(1) 屋顶密闭式。将厂房顶部视为烟囱，储留污浊气体，并组织排放，可以减少处理风量。但如果储留与抽气量不平衡，就会出现污浊气体回流现象，使得作业区环境恶化。

(2) 顶部集气罩式。在污浊气体排放源及吊车上方屋顶部位设置，直接抽出工艺过程中产生的污浊气体，捕集效率较高。

(3) 顶部集尘罩及屋顶密闭共用式。为以上两种形式的组合。捕集效率高，作业环境好，处理风量大，但设备费用高。

(4) 天窗开闭型屋顶密闭式。在天窗部位增设排气罩，污浊气体量少时只能使用自然换气，当污浊气体量骤增时启用吸气罩，可保持作业区环境良好，适用于处理阵发性污浊气体，但维护工作量大。

第六节　地下全面通风构筑物

由于某种目的，如采矿、地下运输等工程，通常要对地表以下的地层开掘一定空间，并进行通风，这种通风系统一般称为地下通风。地下全面通风多以开掘的空间为通风风道，如巷道、隧道、井筒等，因此，地下全面通风的隔断、引导和控制风流的设施与地面及管道通风设施有所差异。地下全面通风构筑物主要指地下全面通风系统中隔断、引导和控制风流的设施。地下通风构筑物可分为两大类；一类是隔断风流的通风构筑物，如密闭、挡风墙、风帘和风门等，另一类是通过风流的通风构筑物，如通风机风硐、风桥、导风板和调节风窗等。

一、风门

在地下通风或地面非管道通风中，有的地点往往既有隔断风流要求，又有行人或通车的需要，这就要求构筑既能行人或通车又能隔断风流的设施。在地下通风或地面非管道通风风道的某一断面的一部分范围内安设门，其余部分用其他材料砌筑严密，则这种设施称为风门。风门一般由门扇、门轴、门框、墙垛及控制开关的辅助装置组成，按控制开关方式风门可分为自动风门和普通风门，按服务时间风门可分为永久风门和临时风门。永久风门是指服务时间较长（一般大于 3 个月）的风门，临时风门是指服务时间较短（一般小于 3 个月）的风门，自动风门是指能自动开关的风门，普通风门是指人工打开自动关闭的风门。一般来说，在行人或通车不多的地方，可构筑普通风门；而在行人通车比较频繁的空间，则应构筑自动风门。

1. 风门的要求

为了保证风流稳定可靠且不漏风，对风门的主要要求有：

（1）门框要包边，沿口有垫衬，四周接触严密。门扇平整不漏风，门扇与门框不歪扭。门轴与门框要向关门方向倾斜 80°～85°，门扇与门框之间呈斜面严密接触。

（2）每组风门不少于两道，通车风门间距不小于一列车长度，行人风门间距不小于 5 m。

（3）永久风门能自动关闭，两道门不能同时敞开，要装备闭锁装置。

（4）临时风门能自动关闭，两道门不能同时敞开，通车风门或斜巷运输的风门要有报警信号，否则要装有闭锁装置。

（5）永久风门墙垛要用不燃性材料建筑，厚度不小于 0.5 m，不漏风。墙垛平整，无裂缝、重缝和空缝。墙垛周边要掏槽，见硬顶、硬帮，与四周接实。

（6）临时风门木板设施要鱼鳞搭接，表面要用灰、泥满抹或勾缝，墙垛四周接触严密，不漏风。

2. 风门的控制

普通风门的结构如图 4—37 所示，可用木板或铁板制成。

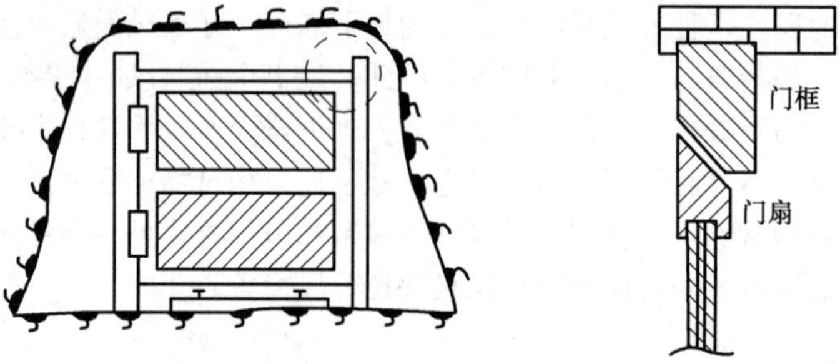

图 4—37 普通风门示意图

对普通风门的控制主要指防止两道门同时打开的闭锁装置和风门自动关闭设施。风门自动关闭设施一般采用弹簧或废旧的橡胶带制作，较为简单。最为简单而效果尚可的闭锁装置是用一根长度等于两道门间距的废旧钢丝绳分别连接两道门，如要提高闭锁效果，则可采用机械闭锁装置。

图 4—38 所示为某矿井自行研制的风门机械闭锁装置，它主要由弹簧、门闩、导向轮、细钢丝绳、拉紧螺钉、门鼻、自动关闭钢丝绳等组成，该装置在两道风门之间用两根钢丝绳相互连接，钢丝绳两端分别固定在两道风门的门扇和门闩上。其工作原理是：当车或行人通过 A 风门时，A 风门即被打开，并通过导向滑轮 6 带动钢丝绳 7 移动，使安装在风门上的弹簧缸里面的门闩 8 失去拉力，弹簧伸展，由弹簧推动门闩 8，门闩伸出，插在门鼻 5 内，将 B 风门闩上，使 B 风门闭锁，此时 B 风门无法打开。车辆或行人通过 A 风门后，A 风门在自动关闭钢丝绳的弹力、矿井风压、风门睡度的作用下自动关闭，此时 A 风门通过导向轮 6 和钢丝绳 7

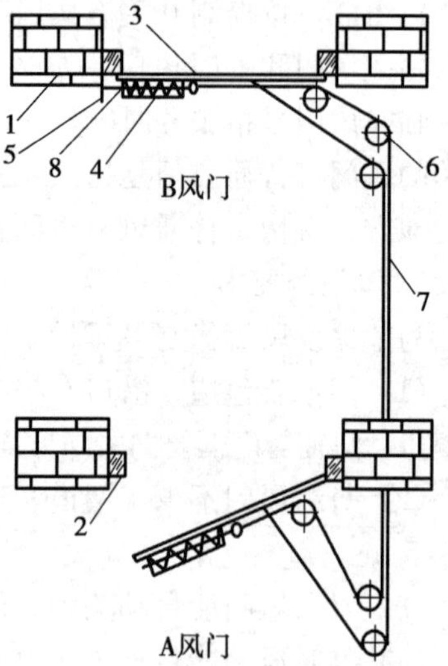

图 4—38　风门机械闭锁装置

1—门墙　2—门框　3—门扇　4—弹簧缸　5—门鼻　6—导向滑轮　7—钢丝绳　8—门闩

对弹簧缸 4 产生拉力，弹簧被压缩，使门闩 8 缩回原位，此时 B 风门被解锁，恢复到原来两道风门正常关闭的状态。

对于自动风门，其控制方式有以下几种：

(1) 电动控制。电动控制的风门一般称为电动风门，一般以电动机做动力。电动机经过减速机构带动联动机构，使风门开闭。电动机的启动和停止可用车辆触及开关或光电控制器自动控制。电动控制适应性较大，只是减速和传动机构复杂些。电动风门样式较多，图 4—39 所示是其中一种。

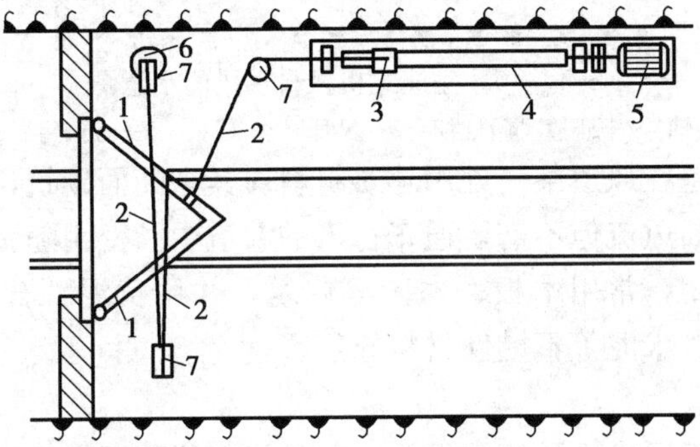

图 4—39　电动风门示意图

1—门扇　2—牵引绳　3—滑块　4—螺杆　5—电动机　6—配重　7—导向滑轮

(2) 气动或水动控制。气动或水动控制的风门一般称为气动或水动风门。这种控制的动力来源是压缩空气或高压水。它是由电气触点控制电磁阀，电磁阀控制气缸或水缸的阀门，使气缸或水缸中的活塞做往复运动，再通过联动机构控制风门开闭。这种控制方式简单可靠，但只能用于有压缩空气和高压水源的地方。

(3) 机械控制。机械控制自动风门称为机械自动风门。图 4—40 为碰撞式机械自动风门的结构示意图，它由木板、推门杠杆、门耳、缓冲弹簧、推门弓和铰链等组成，风门靠矿车碰撞门板上的门弓和推门杠杆而自动打开的，借风门自重而关闭。其优点是结构简单，经济实用，是矿井应用较多的自动风门之一。其缺点是碰撞构件容易损坏，需经常维修。

二、其他通风设施

地下通风或地面非管道通风的其他通风设施包括密闭、挡风墙、风帘、通风机风硐、风桥、导风板和调节风窗等。下面简要介绍密闭、调节风窗和风桥。

1. 密闭

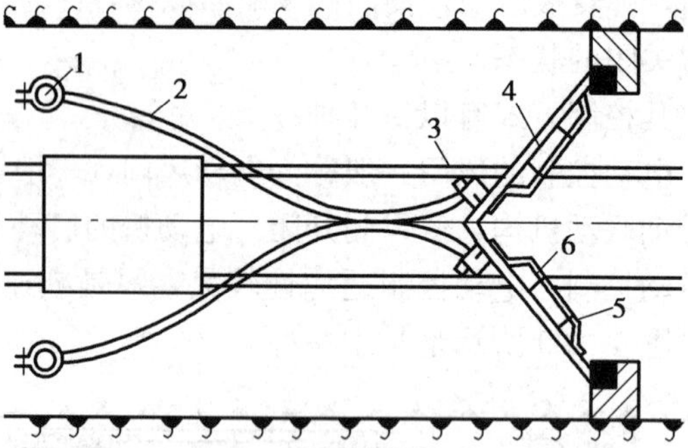

图 4—40　碰撞式机械自动风门示意图

1—杠杆回转轴　2—碰撞风门杠杆　3—风耳　4—门板　5—推门弓　6—缓冲弹簧

所谓密闭，就是在风道某一处用建筑材料对其全断面砌筑，它是隔断风流的构筑物。设置在需隔断风流但不需要通车行人的巷道中。密闭随服务年限的不同而分为两类：①临时密闭，常用木板、木段等修筑，并用黄泥、石灰抹面；②永久密闭，常用料石、砖、水泥等不燃性材料修筑。

2. 调节风窗

调节风窗是地下风道风量调节设施，它是指在地下风道风门上方开一小窗，用可滑移的窗板来改变窗口的面积，从而改变风道中的局部阻力，调节风道的风量。如图 4—41 所示为 T 形断面风道调节风窗示意图。

3. 风桥

当通风系统中进风道与回风道水平交叉时，为使进风与回风互相隔开，需要构筑风桥。按其结构不同可分为绕道式风桥、混凝土风桥、铁筒风桥。图 4—42 为混凝土风桥示意图。对风桥的质量要求主要有：用不燃的材料建筑；风桥两端接口严密，四周见实帮、实底；风桥通风断面积不小于原风道断面积的 4/5，应成流线型，坡度小于 30°；桥面平整不漏风。

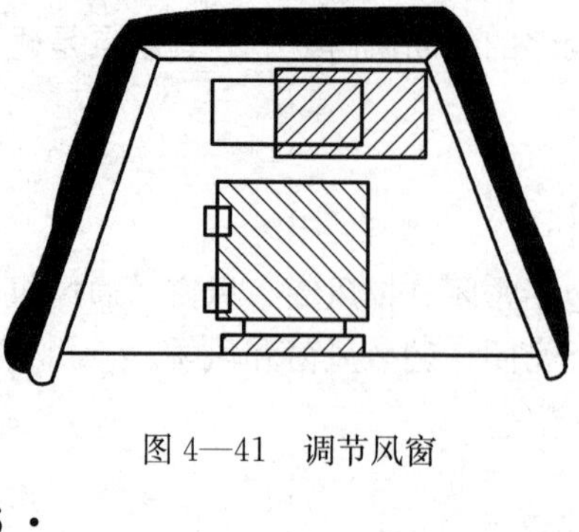

图 4—41　调节风窗

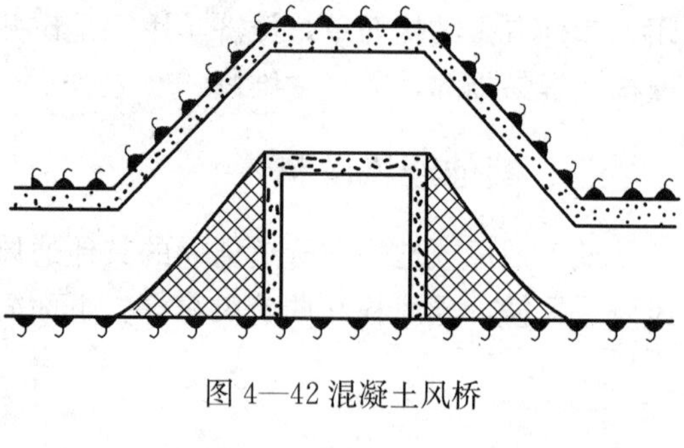

图 4—42 混凝土风桥

本 章 小 结

通风设施可分为集气罩、风筒及其连接件、地下全面通风构筑物、地面建筑全面通风设施。本章主要介绍吸入口与吹出口气流运动规律、上述通风设施的构成及其工作原理。吸入口外的气流速度衰减很快，吹风口射流的能量密集程度高，速度衰减慢。集气罩的形式很多，按其作用原理可分为密闭罩、外部集气罩、槽边集气罩、接受式集气罩、吹吸式集风罩等几种基本类型。工业通风中使用的风筒可分为刚性和柔性两大类，风筒连接及附属部件包括风筒接头、变径管、三通、四通、弯头、阀门、送风器及与风机的连接件等。计算集气罩的需要风量主要有控制速度法和流量比法，其中以控制速度法占多数。地面建筑全面通风设施主要包括避风天窗、避风风帽、侧窗、屋顶集气罩等，地下通风构筑物可分为隔断风流的通风构筑物和通过风流的通风构筑物两大类。

复习思考题

1. 吸气口气流速度分布具有哪些特点?

2. 等温射流具有哪些特点? 自由等温紊流圆射流轴心速度如何计算?

3. 简述附壁射流中无因次距离的含义。

4. 集气罩有哪几种类型? 简述各自工作原理。

5. 集气罩需要风量的计算方法有哪些? 简述其主要思想。

6. 举例说明各种集气罩的使用场合及需要风量的计算方法?

7. 为获得良好的防尘效果，设计防尘密闭罩时应注意哪些问题? 是否可认为罩内排除粉尘越多越好?

8. 哪些材料可以用作风管? 简述其应用条件。

9. 分析总结从风管连接方面减少通风阻力应注意的问题。

10. 采取哪些措施可避免普通天窗不倒灌?

11. 设置地下风门有哪些要求?

12. 有一侧吸罩口尺寸为 300 mm×300 mm。已知其吸风量 $L=0.54\ m^3/s$，按下列情况计算罩口 0.3 m 处的控制风速：①自由悬挂，无法兰边；②自由悬挂，有法兰边；③放在工作台上，无法兰边。

13. 某产尘设备设有防尘密闭罩，已知罩上缝隙及工作孔面积为 0.08 m^2，缝隙局部阻力系数为 3.9，物料进入罩内的诱导空气量为 0.2 m^3/s。要求在罩内形成 25 Pa 的负压，计算该排风罩的排风量。如果罩上又出现面积为 0.08 m^2 的孔洞没有及时修补，会出现什么现象？

14. 根据现场测定，已知某外部集气罩连接管直径 D=200 mm，连接管中的静压为−55 Pa，并已知该罩的局部阻力系数为 0.35，罩口尺寸 $A \times B$=500 mm×600 mm，假定气体密度 ρ=1.2 kg/m^3，如图 4—43 所示。试确定：①该集气罩的吸风量；②集气罩罩口吸气速度；③集气罩的压力损失。

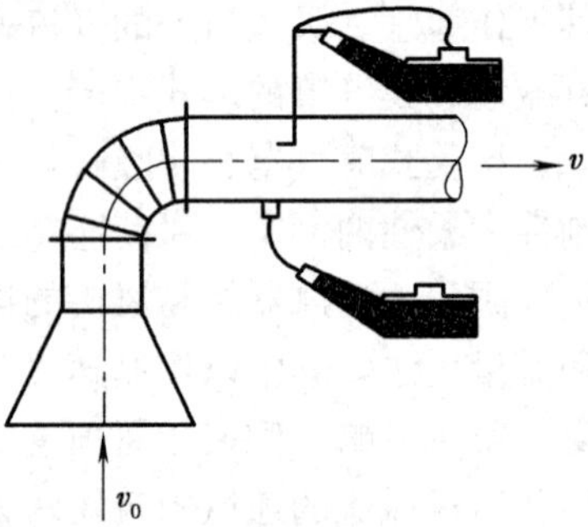

图 4—43 某外部集气罩

15. 有一浸漆槽槽面尺寸为 600 mm×600 mm，槽内污染物发散速度 v_1=0.25 m/s。室内横向风速为 0.3 m/s，在槽上部 350 m 处设外部吸气罩。用控制风速法计算风量。

16. 有一工业槽，长×宽为 2 000 mm×1 500 mm，槽内溶液温度为常温，在槽上分别设置吹吸式排风罩，用控制风速法分别计算其排风量。

第五章　通风系统与通风方式

本章学习目标：

1. 掌握通风网络中风流的基本定律和简单通风网路特性。
2. 掌握地面建筑与营运隧道通风系统类型及其选择。
3. 了解地层开掘施工局部通风与矿井通风系统类型及选择。
4. 掌握均匀送风与置换通风方式的原理。
5. 了解通风网络中通风机串并联工作的影响及其通风系统调节。

第一节　通风网络中风流的基本定律

所谓通风网络，是指若干风路按照各自的风流方向顺序相连而成的网状线路。不难看出，风流在通风网络流动时，符合质量守恒定律和能量守恒定律。

通风网络中风流的基本定律包括风量平衡定律、风压平衡定律和通风阻力定律。

一、风量平衡定律

现将两条风路或两条以上风路的交点定义为节点，汇合处每条支风路定义为分支，由两条或两条以上分支首尾相连形成的闭合线路称为回路。根据质量守恒定律，在稳态通风条件下，单位时间流入某节点的空气质量等于流出该节点的空气质量，或者说，流入与流出某节点的各分支的质量流量的代数和等于零，即$\sum M_i = 0$。若不考虑风流密度的变化，一般取流入的风量为正，流出的风量为负，则流入与流出某节点或回路的各分支的体积流量（风量）的代数和等于零，即：

$$\sum Q_i = 0 \tag{5—1}$$

例如，在如图 5—1a 所示的节点及回路中存在下列关系：$Q_{12}=Q_{78}$，$Q_{12}=Q_{23}+Q_{24}$，$Q_{78}=Q_{67}+Q_{57}$；如图 5—1b 所示的节点中存在下列关系：$Q_{12}=Q_{27}+Q_{24}$，$Q_{45}=Q_{57}+Q_{56}$，$Q_{24}+Q_{34}=Q_{45}$。在如图 5—1b 所示闭合回路中，存在下面关系：$Q_{12}+Q_{34}=Q_{56}+Q_{78}$或者 $Q_{12}+Q_{34}-Q_{56}-Q_{78}=0$。

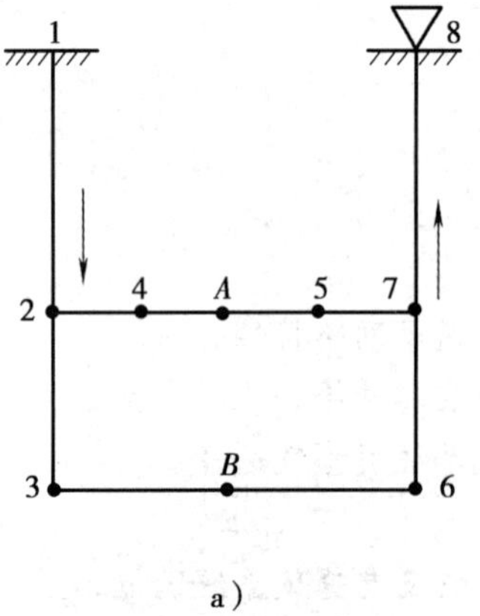

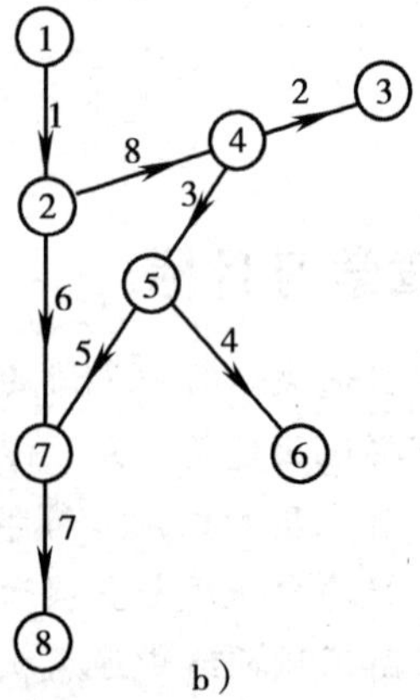

图 5—1　风流汇合及回路示意图

二、风压平衡定律

如任何一回路中没有附加动力，根据能量平衡定律，则不同方向风流的风压或通风阻力必然平衡或相等。对于图 5—1a 和图 5—1b，分别有 $h_{23}+h_{3B}+h_{B6}+h_{67}=h_{24}+h_{4A}+h_{A5}+h_{57}$；$h_{27}=h_{24}+h_{45}+h_{57}$。现取顺时针方向的风压为正，逆时针方向的风压为负，则 $h_{24}+h_{4A}+h_{A5}+h_{57}-h_{23}-h_{3B}-h_{B6}-h_{67}=0$；$h_{24}+h_{45}+h_{57}-h_{27}=0$。因此，对于任何一回路，则有：

$$\sum_{i=1}^{n} h_i = 0 \tag{5—2}$$

式中　h_i——第 i 段分支的风压或阻力。

上式表明，如取顺时针方向的风压为正，逆时针方向的风压为负，在没有附加动力回路中，不同方向的风流的风压或阻力代数和等于零，这就是风压平衡定律。

同样道理，如回路中有附加动力，根据能量平衡定律，不难推导出它们的风压或阻力代数和等于附加动力产生风压的代数和。即：

$$\sum_{i=1}^{n} h_i = H_N \tag{5—3}$$

式中　H_N——附加动力产生风压的代数和。

式（5—3）是风压平衡定律的推广。附加动力可以是通风机械产生的动力，也可以是自然通风产生的动力，该动力产生的风压与风向一致时，附加动力帮助风流运动，反之，则阻碍风流运动。

三、通风阻力定律

通风阻力定律包括紊流流动局部阻力定律、阻力平方区流动的摩擦阻力定律、阻力平方区流动的总阻力定律。

紊流粗糙区流动的摩擦阻力定律、紊流流动局部阻力定律已在第二章介绍，这里再强调一下。紊流粗糙区流动摩擦阻力定律为：风流流动处于紊流粗糙区时，如摩擦风阻一定，摩擦阻力与风量的平方成正比，即 $h_r=R_rQ^2$。紊流流动局部阻力定律为：紊流流动下，如局部风阻一定，局部阻力与风量的平方成正比，即 $h_l=R_lQ^2$。

现令 h 为某通风系统分支的通风总阻力，即 $h=h_r+h_l$；R 为某通风系统的通风总风阻，即 $R=R_r+R_l$，则式（2—40）和式（2—44）相加后得：

$$h=RQ^2 \tag{5—4}$$

此式就是紊流粗糙区流动总阻力定律，它说明，风流流动处于紊流粗糙区时，如总风阻一定，则通风阻力与风量的平方成正比。

第二节　简单通风网路特性

通风网路有串联风路、并联风网、角联风网和复杂风网等四种形式，其中前三种为简单风网。串联风路是由两条或两条以上分支彼此首尾相连、中间没有风流分汇点的风路，如图 5—2a 所示；并联风网是由两条或两条以上具有相同始节点和末节点的分支所组成的通风网络，如图 5—2b 所示；角联风网是指内部存在角联分支的网络，角联分支（对角分支）是指位于风网的任意两条有向通路之间、且不与两通路的公共节点相连的分支，如图 5—2c 所示，分支 5 为角联分支；复杂风网是指至少包含以上两种或以上简单风网的网络。下面介绍串联风路、并联风网、角联风网的特性。

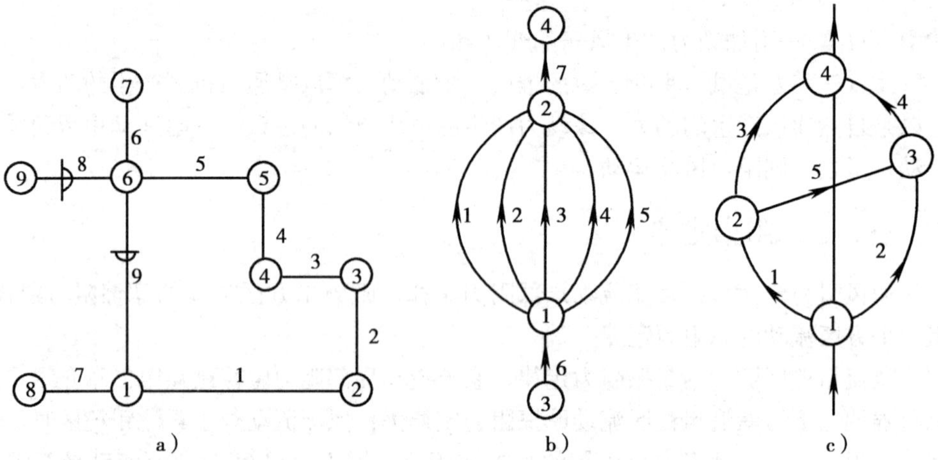

图 5—2 通风网路形式

a）串联风路 b）并联风路 c）角联风网

一、并联风网特性

根据风量平衡定律、风压平衡定律和阻力定律，并联风路具有以下特性：

（1）如系统中无位能差和附加通风动力，总风压 h_s 等于各分支风压 h_i，即：

$$h_s = h_1 = h_2 = \cdots = h_i = \cdots = h_n \tag{5—5}$$

式中 h_1、h_2、…、h_i、…h_n——各分支风压；

h_s——总风压。

注意：当各分支的位能差不相等，或分支中存在风机等通风动力时，并联分支的阻力并不相等。

（2）当各分支的空气密度相等时，总风量 Q_s 等于各分支的风量 Q_i 之和，即：

$$Q_s = Q_1 + Q_2 + \cdots + Q_n = \sum_{i=1}^{n} Q_i \tag{5—6}$$

（3）将式（5—4）、式（5—5）代入式（5—6）可得，紊流粗糙区流动的并联风网总风阻 R_s 与各分支风阻 R_i 满足以下关系：

$$R_s = h_s / Q_s^2 = \frac{1}{\left(\sqrt{\frac{1}{R_1}} + \sqrt{\frac{1}{R_2}} + \cdots + \sqrt{\frac{1}{R_n}}\right)^2} = \left(\sum_{i=1}^{n} R_i^{-1}\right)^{-2} \tag{5—7}$$

根据并联风网的特性，可以得到绘制并联风网等效阻力特性曲线，如图 5—3a

所示，有并联风路 1、2，其风阻为 R_1、R_2。首先在 h—Q 坐标图上分别做出 R_1、R_2 的阻力特性曲线，做平行 Q 轴的若干条等阻力线，然后根据并联风网“阻力相等，风量叠加”的特点，在等阻力线上两分支风量 Q_1、Q_2 相加，得到并联风网的等效阻力特性曲线上（Q_1+Q_2）的点，将所有等阻力线上的点联成曲线 R_3，即为两并联分支的等效阻力特性曲线。

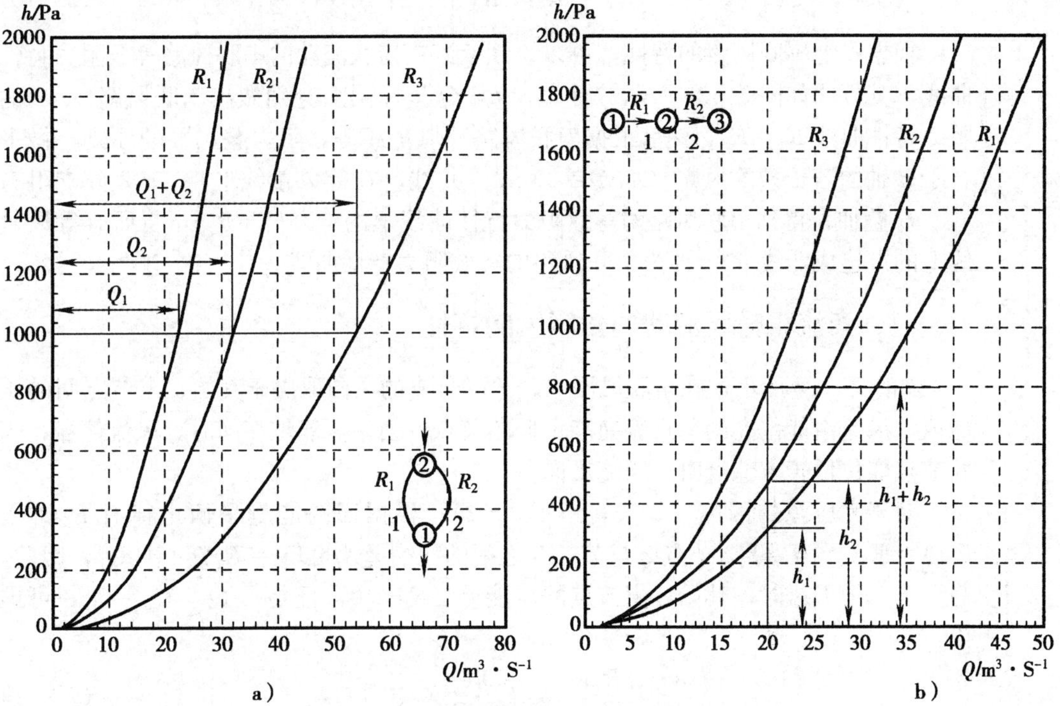

图 5—3　紊流粗糙区流动的等效阻力特性曲线

a）并联风路　b）串联风路

二、串联风路特性

根据风量平衡定律、风压平衡定律和阻力定律，串联风路具有以下特性：

（1）如系统中无位能差和附加通风动力，则总风压 h_s（阻力）等于各分支风压 h_i（阻力）之和，即：

$$h_s = h_1 + h_2 + \cdots + h_n = \sum_{i=1}^{n} h_i \tag{5—8}$$

（2）当各分支的空气密度相等时，总风量 Q_s 等于各分支的风量 Q_i，即：

$$Q_s = Q_1 = Q_2 = \cdots = Q_i = \cdots = Q_n \tag{5—9}$$

式中　Q_1、Q_2、…、Q_i、…、Q_n——各分支风量；

Q_s——总风量。

（3）紊流粗糙区流动的总风阻 R_s 等于各分支风阻 R_i 之和，即：

$$R_s = h_s / Q_s^2 = R_1 + R_2 + \cdots + R_n = \sum_{i=1}^{n} R_i \tag{5—10}$$

根据以上串联风路的特性，可以绘制紊流粗糙区流动的串联风路等效阻力特性曲线。其方法如图 5—3b 所示，首先在 h—Q 坐标图上分别做出串联风路 1、2 的阻力特性曲线 R_1、R_2，然后根据串联风路“风量相等，阻力叠加”的原则，做平行于 h 轴的若干条等风量（如 Q=20 m^3/s）线，在等风量线上将 1、2 分支阻力 h_1、h_2 叠加，得到串联风路的等效阻力特性曲线上的点（h_1+h_2），将所有等风量线上的点连成曲线 R_3，即为串联风路的等效阻力特性曲线。

三、紊流粗糙区流动的角联风网特性

如图 5—2c 所示，在角联风网中，角联分支的风向取决于其始、末节点间的压能值。风流由能位高的节点流向能位低的节点；当两点能位相同时，风流停滞；当始节点能位低于末节点时，风流反向。

对于无压源的回路｛1，3，－4，－2｝，根据回路能量平衡定律有 $R_1Q_1^2 + R_3Q_3^2 = R_2Q_2^2 + R_4Q_4^2$，节点 2 与节点 3 之间的压力差为 $\Delta E_{23} = R_2Q_2^2 - R_1Q_1^2$，因此，当分支 5 中无风时，其始、末节点的压能差 $\Delta E_{23}=0$，且 $Q_1=Q_3$，$Q_2=Q_4$，可推出：

$$\frac{R_1R_4}{R_2R_3} = \left(\frac{Q_2Q_3}{Q_1Q_4}\right)^2 = 1 \tag{5—11}$$

当分支 5 中的风向由 2→3 时，其节点 2 的压能高于节点 3，$\Delta E_{23}>0$，即：

$$R_2Q_2^2 > R_1Q_1^2；R_3Q_3^2 > R_4Q_4^2；R_3Q_3^2 > R_4Q_4^2$$

从而可推出：

$$\frac{R_1R_4}{R_2R_3} < \left(\frac{Q_2Q_3}{Q_1Q_4}\right)^2 < 1 \tag{5—12}$$

而当分支 5 中的风向由 3→2 时，可推导出：

$$\frac{R_1R_4}{R_2R_3} > \left(\frac{Q_2Q_3}{Q_1Q_4}\right)^2 > 1 \tag{5—13}$$

式（5—11）、式（5—12）、式（5—13）表明，简单角联风网中角联分支的风向完全取决于边缘风路的风阻比，而与角联分支本身的风阻无关。角联分支的风向与风量大小均可通过改变其边缘风路的分支风阻实现。当然，改变角联分支本身的风阻也会影响其风量大小，但不能改变方向。角联分支一方面具有容易调节风向的优点，另一方面又有出现风流不稳定的可能性。因此应掌握角联分支的特性，充分利用其优点而克服其缺点。

第三节　地面建筑与营运隧道通风系统类型及其选择

通风系统由通风动力、通风网路、通风设施、污浊气体处理设备等部分组成。根据通风机械设备的工作方法、通风网路的布置方式，不同作业场所的通风系统类型划分有不同之处。本节主要介绍地面建筑与营运隧道通风系统类型及其选择。

一、地面建筑通风系统类型及其选择

通常，将通风风道均在地表以上的地面建筑物通风系统称为地面建筑通风系统。地面建筑通风系统类型有多种分类方法。第一章已经介绍了三种分类方法，即按照通风的作用范围，可分为局部通风系统、全面通风系统；按通风动力，可分机械通风系统、自然通风系统、自然—机械联合通风系统；按通风机械设备工作方法，可分为抽出式通风系统、压入式通风系统、混合式通风系统。下面再介绍另外两种分类方法。

1. 根据气流组织方式分类

根据建筑物空间的气流组织方式，可分为上进风上回风、下进风上回风、侧进风上下回风、上进风下回风、侧进风侧回风等类型。一般来说，建筑物空间的气流组织应符合如下要求：一是放散粉尘或密度比空气大的蒸气和气体，而不同时放热的空间，当从下部回风时，进风宜送至上部地带；二是放散热或同时放散热、湿和有害气体的空间，当采用上部或下部同时回风时，进风宜送至作业地带；三是当固定工作地点靠近有害物放散源，且不可能安装有效的局部通风装置时，应直接向工作地点送风。

气流组织方式的选择，一般按下列原则确定：进风口应尽量接近操作地点，进入通风房间的清洁空气，要先经过操作地点，再经污染区排至室外；回风口尽量靠近有害物源或有害物浓度高的区域，以利于把有害物迅速从建筑物内排出；在整个建筑物内，尽量使进风气流均匀分布，减少涡流，避免有害物在局部地区积聚。

工程设计中，通常采用以下的气流组织方式：如果散发的有害气体温度比周围气体温度高，或受车间发热设备影响产生上升气流时，不论有害气体密度大小，均应采用下进风上回风的气流组织方式；如果没有热气流的影响，散发的有害气体密

度比周围气体密度小时，应采用下进风上回风的形式；比周围空气密度大时，应从上下两个部位回风，从中间部位将清洁空气直接送至工作地带。在复杂情况下，要预先进行模型试验，以确定气流组织方式。因为通风房间内有害气体浓度分布除了受对流气流影响外，还受局部气流、通风气流的影响。

2. 根据进、回风道的数量及通风机提供风量的大小分类

根据进、回风道的数量及通风机提供风量的大小，通风系统分为分散式、集中式、分区集中式三种形式。

（1）分散式通风系统。即每处污染源均设置一台通风机进行通风排污，并形成独立通风系统。这种通风系统基本上不需敷设或只设较短的通风除尘管道，系统布置紧凑、简单，维护管理方便，但它受生产工艺条件的限制，应用面很窄。

（2）集中式通风系统。即通风系统的总进风道或回风道只有一个，建筑物内通风系统的总进风或总回风仅有一台通风机提供风量。其特点是风量大、管路长、系统复杂、阻力平衡困难、初期投资大。

（3）分区集中式通风系统。即根据污染物性质及位置，将污染源进行分区通风。每一分区内至少有两个或以上污染源，相当于一个小型集中式通风系统，分区内的进风道或回风道只有一个，并由一台通风机进行供风，而对于整个系统，至少有两台或以上通风机供风。分区集中式通风系统的净化器和风机应尽量靠近污染源，这种系统风管较短、布置简单，系统阻力容易平衡，但粉尘回收较为麻烦。这种系统目前应用较多。

通风系统分区时应当考虑的原则是：

1）不少情况下有多种方案可选，所以，通风系统分区时应从技术可行、经济合理角度进行多方案优选。

2）同一生产流程，运行时间相同，有害物性质相同且相互距离不远的污染源，可划为一个分区系统；对于同时生产但有害物性质不同的污染源，一般不宜合为一个分区通风系统。如果工艺生产允许不同种类粉尘混合回收处理时，也可合为一个通风除尘系统，但具有下列情况严禁合为一个分区通风系统：①排除水蒸气的排风点不能和产尘的排风点合为一个系统，以免堵塞管道；②不同温度和湿度的含尘气体，混合后可能引起管道内结露者；③凡混合后有引起着火燃烧或爆炸危险者，或会形成毒害更大的混合物或化合物时；④因粉尘性质不同，共享一种除尘设备，除尘效果差别较大者；⑤如果排风量大的排风点位于风机附近，不宜与远处的排风量小的排风点合为一个系统。

3）分区通风系统的吸气点不宜过多，一般不宜超过 10 个。吸气点较多时，可

采用大断面的集合管连接各个支管，集合管内流速不宜超过 3 m/s，以利于各支管间阻力平衡。由于集合管内流速低，气流中的部分粉尘容易沉聚下来，因此在管底要有清除积灰的装置。

4）通风除尘系统管网的布置，应在满足除尘要求的前提下，力争简单、紧凑、操作和检修方便，管道不积灰、磨损少，并且管路短、占地少、投资省。

5）为了便于管理和运行调节，系统不宜过大。同一个分区系统有多个分支管道时，可将这些分支管道分组控制。

6）作为防排烟通风系统的分区应符合防排烟通风相关要求。

在地面建筑全面通风设计过程中，应注意以下几点：一是在散发热、湿或有害物的车间优先采用局部通风，采用局部通风仍不能满足卫生要求的，辅以全面通风，或采用全面通风；二是尽量采用自然通风方式，当自然通风达不到卫生要求或生产要求时，则应采用机械通风或自然与机械的联合通风；三是设置集中供暖且有通风的生产厂房及辅助建筑物，应考虑自然补风（包括利用相邻房间的清洁空气）的可能性；当自然补风达不到室内卫生要求、生产要求或在技术上经济上不合理时，宜设置机械通风系统。

二、营运隧道通风系统类型及其选择

营运隧道一般采用全面通风系统和自然—机械联合通风系统。因此，营运隧道通风系统类型一般有两种分类方法，一是按通风机械设备工作方法，可分为抽出式通风系统、压入式通风系统、混合式通风系统；二是根据通风风流的流向和气流组织，铁路和公路营运隧道通风系统可分为纵向式、全横向式、半横向式、横向—半横向式通风系统。下面重点介绍根据通风流向和气流组织分类的纵向式、全横向式、半横向式、横向—半横向式通风系统。

1. 纵向式通风系统

这种通风系统的新鲜空气从隧道一端引入，有害气体与烟尘从另一端排出。在通风过程中，隧道内的有害气体与烟尘沿纵向流经全隧道，因此，隧道中废气浓度从隧道一端向另一端逐渐增加。根据采用的通风机械类型，又可分为洞口风道吹入式纵向通风系统与分段串联纵向通风系统。

（1）洞口风道吹入式纵向通风系统。即由萨卡多（Saccardo）喷嘴来完成纵向通风，在隧道口处装设 1 台或多台通风机，经隧道口上方的一个环状间隙，与隧道轴线成 15°～20°角，以 25～30 m/s 的速度吹入隧道通行区内，这一具有较高能量的吹入气体，其能量传递给隧道内的空气，产生克服隧道阻力的动压，推动隧道内空气顺气流方向流动，完成从隧道一端进入新气而从另一端排出废气的过程。将这种方式应用于单管双车道对向行驶的隧道时，受车流影响有时需要反向吹入完成上述过程。此时，需在另一端隧道口处设置相同的通风系统。

（2）分段串联纵向通风系统。若隧道不太长，该类系统通常是以一定数量的通风机以一定间距吊挂于隧道顶部来完成整个隧道通风的，新空气由通风机一侧被吸入后以 25～30 m/s 的速度从另一侧喷出，喷射气流的动能传递给隧道内气体，带动隧道内气体流动，完成从隧道一端到另一端排出废气的过程。若隧道很长，该类系统一般采用竖井、斜井、平行导洞等辅助通道将隧道分成几个通风区段，进行分段串联纵向式通风，此时，按通风机工作方法，分段纵向式通风又可分为压入式、抽出式、压—抽混合式通风系统。压入式、压—抽混合式通风系统如图 5—4 和图 5—5 所示。

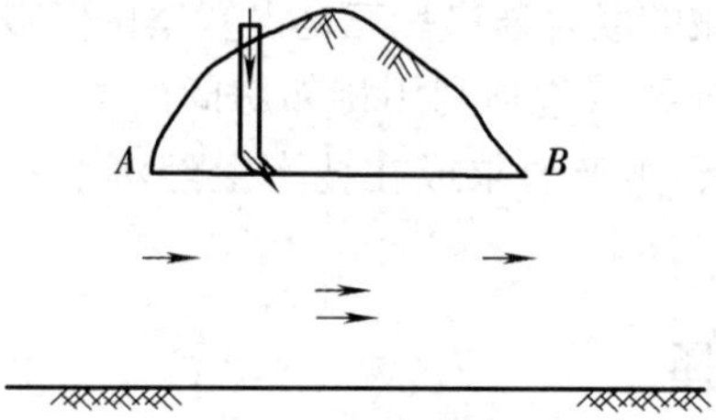

图 5—4　压入式

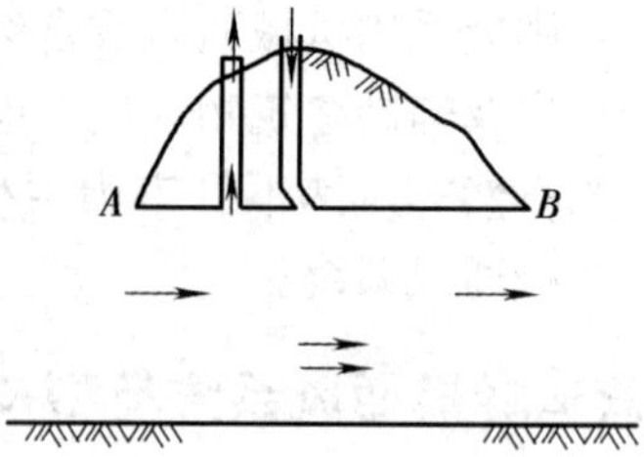

图 5—5　压—抽混合式

纵向通风系统具有如下特点：①能充分发挥汽车“活塞风”作用，所需通风量较小；②以隧道作为通风道，规定气流速度较高，汽车司机有不适之感；③无额外的通风管道，隧道断面小，工程费用低，使用也比较经济；④由于存在自然热风压，不利于控制火灾，往往需要避车道。

这种系统在考虑通风机或辅助风道布置时，应注意使通风机的“主动喷射”能与隧道中气体有较良好的均匀混合。

2. 全横向式通风系统

即用通风孔将隧道分成若干区段，新鲜空气从隧道一侧的通风孔横向流经隧道断面空间，将隧道内的有害气体与烟尘稀释后，从另一侧通风孔排出洞外，各通风区段的风流基本上不流至相邻通风区段，故称为全横向式通风，如图 5—6 所示。

此类型适合于中、长隧道，是最可靠、最舒适的一种通风系统类型。其优点是：隧道纵向无气流动，对驾驶人员舒适感有利，同时有利于防火；能保持整个隧道全程均匀的废气浓度和最佳的能见度，新鲜空气得到充分利用；隧道长度不受限制，能适应最大的隧道长度。缺点是该类系统的投资成本和运行费用在所有通风系统类型中是最高。

3. 半横向式通风系统

这种系统由通风机将新鲜空气经管道送入隧道，并沿隧道长度的各个截面的通风孔进入隧道通行区内，废气则自两端隧道口逸出，如图 5—7 所示。此种通风方式一般可应用于中型（5～6 km）隧道。一般半横向通风方式在两端隧道口的风速小于 8 m/s。半横向通风系统的机房通常安排在两隧道口。由于沿隧道长度均设置有通风孔，因而在隧道中可获得较均匀的废气浓度。其主要优点有：进风管道和车道之间保持一定的压差，以抵消车辆“活塞风”和自然风影响，从而保证了均匀送风，使得沿车道长度有害气体浓度均匀分布；利于控制火灾蔓延和抢险，一旦在隧道内发生火灾，选择可反转的通风机可使通风风流换向。主要缺点为：中隔板附近存在角联风路，这一带的通风效果较差；其投资成本和运行费用仍很高，仅次于全横向式。

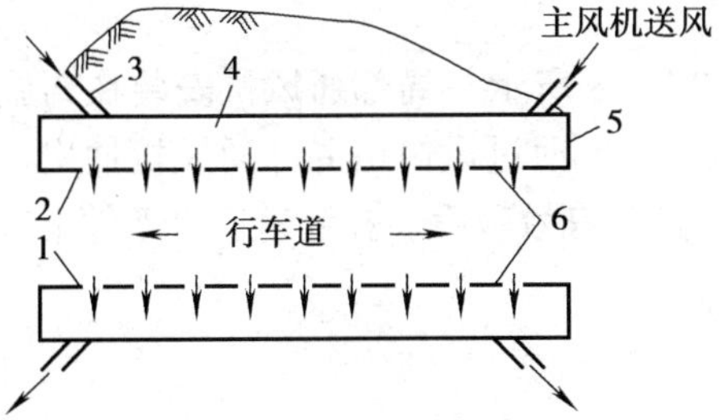

图 5—6　全横向式通风示意图

1—回风口　2—送风口　3—风道

4—风渠　5—端挡板　6—吊顶板

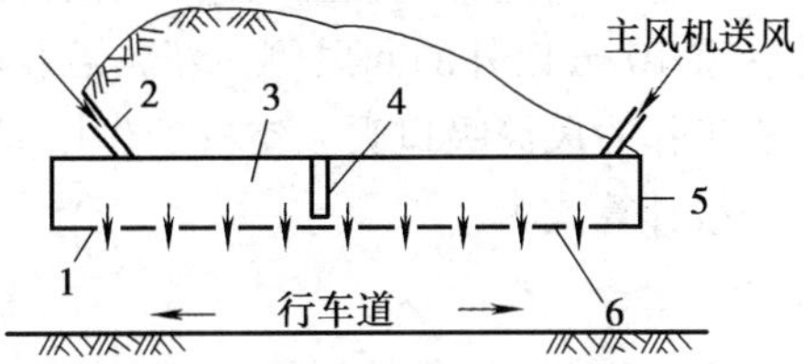

图 5—7　半横向式通风示意图

1—送风口　2—风道　3—风渠

4—横隔板　5—端挡板　6—吊顶板

4. 横向—半横向通风系统

这种系统中，作为压入式的通风机提供需要的全部风量送出，作为抽出式通风的通风机仅抽吸其中的 50%，而另外的 50% 风量由隧道口逸出。其优点是在可获得较舒适的通风状态下，投资成本及隧道营运费用均较全横向通风低。

在营运隧道通风中，隧道长度及交通量对通风系统类型的选择往往起着关键作用。如日本《道路公团设计要领》中给出了各种通风方式所能适应的建议隧道长度：无竖井的纵向式通风 0.5～2 km；有竖井纵向式通风 2 km 以上；半横向式通风 1.5～3 km；全横向式通风 2 km 以上。1990 年交通部颁布的《公路隧道设计规范》在“条文说明”中也认为纵向式通风一般适用于单向行驶，且长度为1 500 m 以下的隧道；半横向式通风一般适用于长度为 1 000～3 000 m 的隧道。

然而，在实际选择营运隧道通风系统类型时，不能单纯由隧道长度来决定，同时，也要考虑隧道所在地的道路、交通、人文、气象及采取的气体净化装置等条件，要对各种类型的通风效果、技术条件、经济效益、维护管理等进行综合分析比较后才能决定。

第四节　地层开掘施工局部通风与矿井通风系统类型及选择

一、隧道施工与地下巷道施工局部通风系统类型及优缺点

隧道施工与地下巷道施工局部通风系统类型主要根据通风机工作方法进行分类，一般分为压入式、抽出式和混合式通风系统。地下巷道施工作业地点，习惯上称做掘进工作面。下面以地下巷道施工局部通风系统为例作一介绍。

1. 抽出式通风系统

地下巷道施工抽出式通风系统布置如图 5—8 所示。局部通风机安装在离施工巷道 10 m 以外的回风侧。新风沿巷道流入，污风通过风筒由局部通风机抽出。风机工作时风筒吸口吸入空气的作用范围，称其为有效吸程。在巷道边界条件下，其一般计算式为：

$$L_e=1.5\sqrt{S} \tag{5—14}$$

式中　S——巷道断面积，m^2。

实践证明，在有效吸程以外的独头巷道中会出现循环涡流区，只有当吸风口离工作面距离小于有效吸程 L_e 时，才有良好的吸出有害气体效果。理论和实践都证明，抽出式通风的有效吸程比压入式通风的有效射程要小。

2. 压入式通风系统

压入式通风系统是地下巷道施工中采用最多的通风系统，其通风系统布置如图 5—9 所示，局部通风机及其附属装置安装在离巷道口 10～30 m 以外的新鲜风流中，并将新鲜风流输送到施工作业地点，污风沿施工隧道或巷道排出。风筒出口至射流反向的最远距离称为射流有效射程，以 L_s 表示。在巷道边界条件下，一般有：

$$L_s=(4\sim5)\sqrt{S} \tag{5—15}$$

式中　S——巷道断面积，m^2。

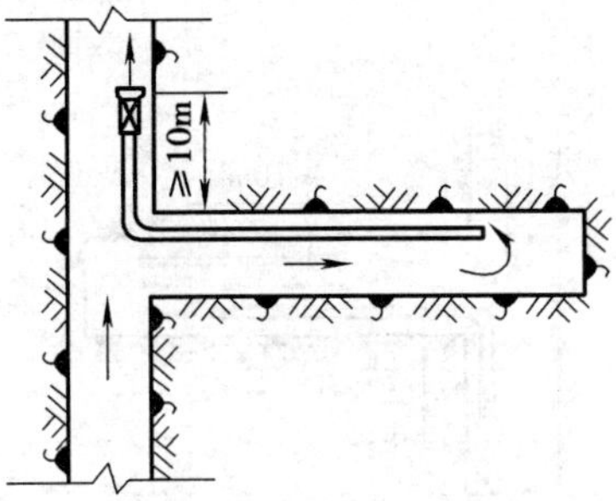

图 5—8　抽出式通风

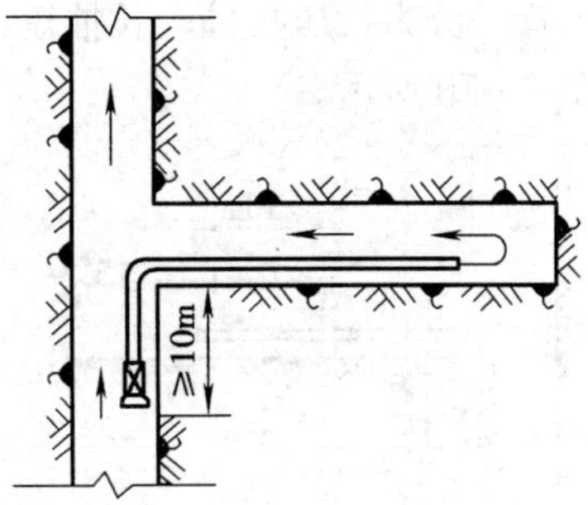

图 5—9　压入式通风

在有效射程以外的独头巷道中会出现循环涡流区。为了能有效地排出炮烟，风筒出口与工作面的距离应不超过有效射程。

压入式和抽出式通风系统的优缺点比较如下：

(1) 抽出式通风时，新鲜风流沿巷道进入工作面，整个施工巷道空气清新，劳动环境好；压入式通风时，污风沿巷道缓慢排出，当掘进巷道越长，排污风速度越慢，受污染时间越久。这种情况在大断面长距离巷道施工中尤为突出。

(2) 压入式通风风筒出口风速和有效射程均较大，可防止有害气体层状积聚，且因风速较大而提高散热效果；抽出式通风有效吸程小，施工中难以保证风筒吸入口到工作面的距离在有效吸程之内，抽出式风量相对较少，工作面排污风所需时间长、速度慢。

(3) 压入式通风可用柔性风筒，其成本低、质量轻，便于运输，而抽出式通风的风筒承受负压作用，必须使用刚性或带刚性骨架的可伸缩风筒，成本高，质量大，运输不便。

(4) 压入式通风的局部通风机及其附属电气设备均布置在新鲜风流中，污风不通过局部通风机，安全性好；抽出式通风系统中的污风通过通风机，若作业地点含有爆炸性气体且通风机不具备防爆性能，则是非常危险的。

基于上述分析，当以排除有害气体为主的隧道与地下巷道施工时，应采用压入式通风；而当以排除粉尘为主的隧道与地下巷道施工时，宜采用抽出式通风。

3. 混合式通风

混合式通风是压入式和抽出式两种类型的联合运用，其中，压入式通风机向开挖工作面吹送新鲜空气，抽出式通风机从开挖工作面吸出污染空气。其布置方式取决于开挖工作面空气中污染物的空间分布和相关机械的位置。按局部通风机和风筒的布设位置，分为长压短抽、长抽短压和长抽长压三种，长压短抽、长抽短压通风系统如图 5—10 所示。

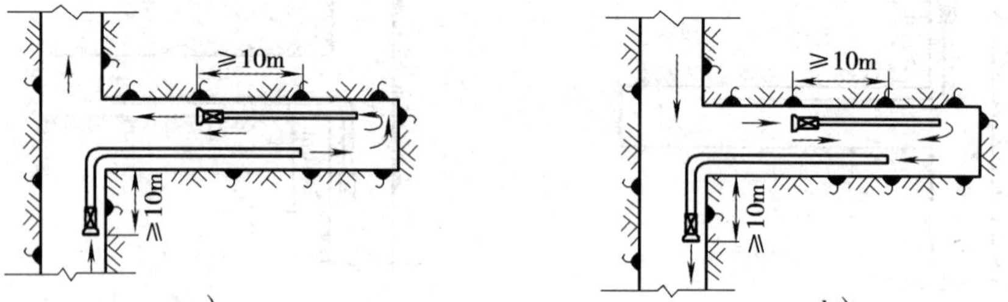

图 5—10　混合式通风

a）长压短抽通风　b）长抽短压通风

混合式通风兼有压入式和抽出式两者优点，是大断面长距离岩石施工通风的较好方式，其主要缺点是，降低了压入式与抽出式两列风筒重叠段巷道内的风量，当施工巷道断面大时，风速就更小，则此段巷道顶板附近易形成有害气体层状积聚。因此，两台风机之间的风量要合理匹配，以免发生循环风，并应使风筒重叠段内风速大于最低风速。

二、矿井通风系统类型及其选择

1. 矿井开采基本概念

由于埋藏于地层下的煤或其他矿物质范围和面积较大，所以，通常将其划分为若干较小的部分，由若干矿井开采。人们将划归一个矿井开采的那一部分煤或矿物质范围称为井田，井田范围内，地层层面与水平面交线为井田走向。沿煤或其他矿物质储存的倾斜方向，按预定的标高将井田划分为若干长条形部分，每一个长条形部分称为阶段，阶段与阶段之间是以水平面分界，分界面又称为水平。在阶段范围内，沿地层走向把阶段再划分为若干部分，每一部分称为采区。由于采区倾斜长度较大，需要再划分，并将再划分后进行采矿作业的工作地点称为采矿工作面，一般来说，一个采区要划分几个采矿工作面进行回采。

为了安全开采埋藏于地层下的煤或其他矿物质，从地面开始，要开掘一系列的井筒及巷道通入煤或其他矿物质赋存区域。通常将有进风、回风作用的井筒称为进风井、回风井，将有进风、回风作用的巷道称为进风巷道、回风巷道。按采矿作业的长度范围，采矿工作面有长壁、短壁及柱式工作面之分，一般来说，长壁采矿工作面需要单独的进风巷道和回风巷道，而称风流从工作面进入回风巷道的拐角为回风隅角。由于煤或其他矿层贮存有瓦斯（主要成分为甲烷 CH_4）等爆炸性有毒气体，因此，在开采中对含有较高爆炸性有毒气体的矿层需要预先抽放，如煤矿。

2. 长壁采矿工作面通风系统类型

长壁采矿工作面的通风系统一般由工作面、工作面进风巷道、工作面回风巷道构成。根据风流在工作面的流动方向，可分为上行通风和下行通风，上行通风是指风流沿工作面倾斜向上运动，下行通风是指风流沿工作面倾斜向下运动。为了及时有效处理开采过程产生的爆炸性有毒气体，相关人员研究开发了不同类型的长壁采矿工作面通风系统。根据长壁采矿工作面进、回风巷道的布置方式和数量，长壁采矿工作面通风系统类型有 Y 型、W 型、U 型、Z 型、双 Z 型、H 型、J 型等。下面主要介绍 Y 型、W 型、U 型、Z 型通风系统。

（1）Y 型和 W 型通风系统。Y 型通风系统如图 5—11a 所示，是指在回风侧加入附加的新鲜风流，与工作面回风汇合后从采空区侧流出的通风系统。工作面采用 Y 型通风系统会使回风巷道风量加大，但回风隅角及回风巷道的爆炸性有毒气体不易超限，并可在上部进风巷道内抽放矿层的爆炸性有毒气体。

W 型通风系统的进、回风巷道都布置在煤体中，如图 5—11b 所示。当由中间及下部巷道进风，上部巷道回风时，上、下段工作面均为上行式通风，但上段工作面的风速高，对防尘不利，回风隅角爆炸性有毒气体可能会超限，所以，在爆炸性有毒气体涌出量很大时，常采用上、下平巷进风，中间巷道回风的 W 型通风系统，或者反之，采用由中间巷进风，上下平巷回风的通风系统以增加风量。

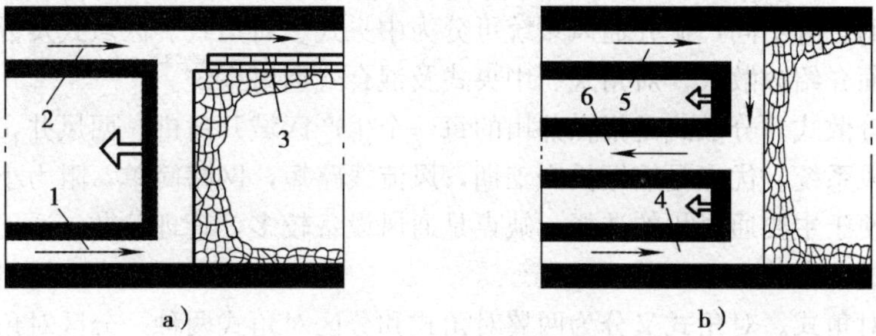

图 5—11　Y 型及 W 型通风系统

a）Y 型通风系统　b）W 型通风系统

1—主进风道　2—副进风道　3—沿空巷道　4—下部平巷　5—上部平巷　6—中间平巷

（2）U 型与 Z 型通风系统。这两种类型典型通风系统如图 5—12 所示，其工作面只有一条进风巷道和一条回风巷道。如图 5—12a 所示的 U 型通风系统在我国使用比较普遍。其优点是结构简单，巷道施工维修量小，工作面漏风小，风流稳定，易于管理等；缺点是工作面回风隅角处（也称上隅角）爆炸性有毒气体易超限，工作面进、回风巷道要提前开掘，维护工作量大。

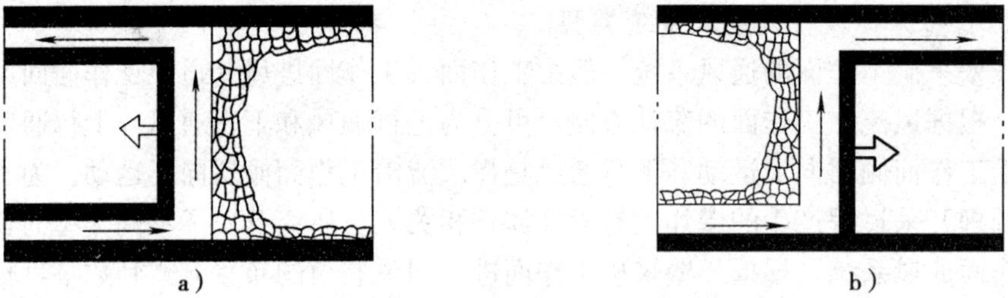

图 5—12　U 型与 Z 型通风系统
a）U 型通风系统　b）Z 型通风系统

如图 5—12b 所示的 Z 型通风系统进风侧沿采空区（指煤炭已采过并冒落的区域）可以抽放爆炸性有毒气体，采空区的爆炸性有毒气体易涌向工作面，特别是回风隅角，回风侧不能抽放爆炸性有毒气体。

3. 矿井通风系统类型及其选择

矿井通风，是指在地面安装一台或几台主要通风机向各作业地点供给新鲜空气、排出污浊空气，并使矿井范围内巷道和井筒的空气流动。按照通风的作用范围，矿井通风一般为全面与局部联合通风系统；按通风动力，矿井通风可分机械通风系统、自然通风系统、自然—机械联合通风系统；按通风机械设备工作方法，矿井通风可分为抽出式通风系统、压入式通风系统、混合式通风系统；按进、回风井在井田内的位置不同，矿井通风系统可分为中央式、对角式、区域式及混合式通风系统。下面介绍分散式、对角式、中央式及混合式通风系统。

（1）分散式。分散式是指在井田的每一个生产区域开凿进、回风井，分别构成独立的通风系统。优点是缩短投产工期，风流线路短，网路简单，阻力小，风流易于控制，便于主要通风机的选择。缺点是通风设备较多，管理分散。适用于井田面积大、储量丰富的大型矿井。

（2）对角式。对角式又分为两翼对角式和分区对角式两种。分区对角式的进风井位于井田走向的中央，在各采区开掘一个回风井，无总回风巷，如图 5—13a 所示，这种系统有多个独立通风路线，互不影响，便于风量调节，抗灾能力强，缺点是占用设备多、管理分散，适用于矿层埋藏浅或地表高低起伏较大的矿井。两翼对角式的进风井大致位于井田走向的中央，两个回风井位于井田边界的两翼（沿倾斜方向的浅部），称为两翼对角式，如图 5—13b 所示，风流在井下的流动线路是直向式，风流线路短，阻力小，内部漏风少，工业广场不受回风污染和通风机噪声的危害，缺点是井筒安全矿柱压矿较多、初期投资大，它适用于井田走向较长、产量较大的矿井。

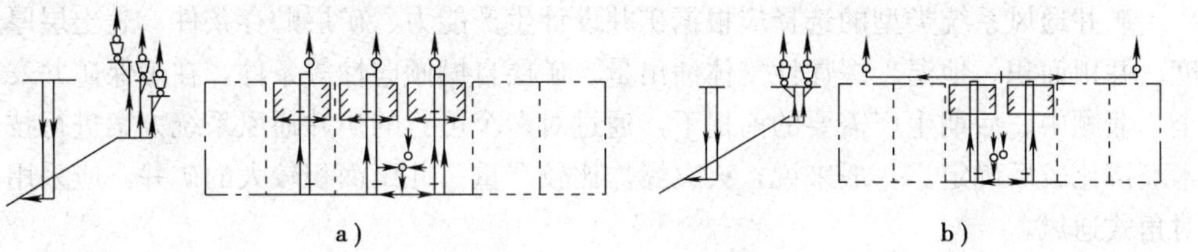

图 5—13　对角式通风系统

a）分区对角式　b）两翼对角式

（3）中央式。中央式的进、回风井均位于井田走向中央。根据进、回风井的相对位置，又分为中央并列式和中央边界式（中央分列式），如图 5—14 所示。

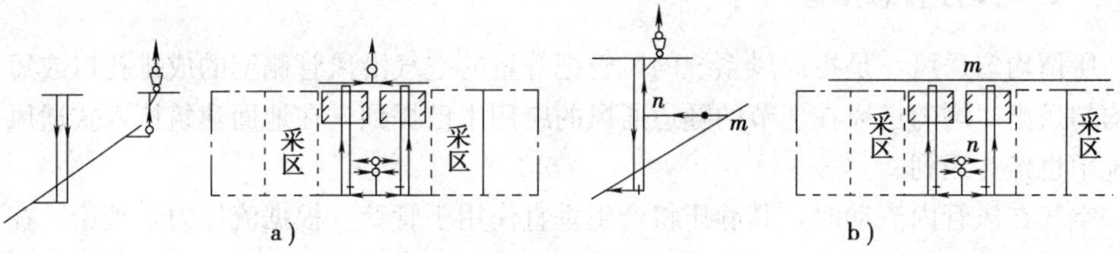

图 5—14　中央式通风系统

a）中央边界式　b）中央并列式

中央边界式（中央分列式）的进风井大致位于井田走向的中央，回风井大致位于井田浅部边界走向中央，在倾斜方向上两井相隔一段距离，回风井的井底高于进风井的井底，如图 5—14a 所示。主要优点是通风阻力较小，缺点是风流在井下的流动路线为折返式，风流路线较长，阻力大。适用于地层倾角较小、埋藏较浅、井田走向长度不大、爆炸气体与自然发火比较严重的矿井。

中央并列式的进风井和回风井大致并列在井田走向的中央，如图 5—14b 所示，地面建筑和供电集中，投产期限较短，初期投资少，矿井反风容易，便于管理。缺点是风流流动路线为折返式，风流线路长，阻力大，地面工业广场受主要通风机噪声的影响和回风风流的污染。适用于地层倾角大、埋藏深，井田地层走向长度小于 4 km，爆炸气体与自然发火都不严重的矿井，当冶金矿山矿脉走向不大长或受地形地质条件限制，在矿井两翼不宜开掘风井时使用。

（4）混合式。混合式由上述诸种方式混合组成。例如，中央分列与两翼对角混合式，中央并列与两翼对角混合式等。优点是通风能力大，布置较灵活，适应性强。缺点是通风设备较多，管理分散。适用于井田范围大、地质和地面地形复杂或产量大的矿井。

矿井通风系统类型的选择应根据矿井设计生产能力、矿层贮存条件、表土层厚度、井田面积、地温、爆炸性气体涌出量、矿层自燃倾向性等条件，在确保矿井安全，兼顾中、后期生产需要的前提下，通过对多个可行的矿井通风系统方案进行技术经济比较后确定。一般来说，火灾爆炸比较严重、井田面积较大的矿井，应采用对角式通风。

第五节　均匀送风与置换通风方式的原理

一、均匀送风原理

所谓均匀送风，是指通风系统的风管把等量的空气沿风管侧壁的成排孔口或短管均匀送出。均匀送风在上节的隧道通风的应用中已提到，在地面建筑压入式通风系统中也经常用到。

空气在风管内流动时，其静压将产生垂直作用于管壁。根据流体力学理论，在风管内流动的空气遇到管壁开孔时，其静压差产生的流速为：

$$v_{\mathrm{j}}=\sqrt{\frac{2h_{\mathrm{j}}}{\rho}} \tag{5—16}$$

根据动压的定义，容易变换得出空气在风管内的流速为：

$$v_{\mathrm{d}}=\sqrt{\frac{2h_{\mathrm{v}}}{\rho}} \tag{5—17}$$

式中　h_{j}——风管内空气的静压；

h_{v}——风管内空气的动压。

如图 5—15 所示为管壁开孔后空气出流示意图，现设孔口实际流速为 v，孔口出流与风管轴线间的夹角为 α，则它们与孔口面积 f_0、孔口在气流垂直方向上的投影面积 f、静压差产生的流速 v_{j} 有如下关系：

$$\sin\alpha=\frac{v_{\mathrm{j}}}{v}=\frac{f}{f_0}$$

于是，孔口出流流量为：

$$Q_0=\mu f v=\mu f_0 v_{\mathrm{j}}=\mu f_0\sqrt{\frac{2h_{\mathrm{j}}}{\rho}} \tag{5—18}$$

式中　μ——侧孔的流量系数。

从式（5—18）可以看出，要使各侧孔的送风量保持相等，必须保证各侧孔的 $\mu f_0\sqrt{h_j}$ 相等。要实现该条件，可以有下面两个途径：

1. 保持各孔的 $f_0\sqrt{h_j}$ 和 μ 均相等

（1）各侧孔流量系数 μ 相等，必须使出流角 $\alpha \geqslant 60°$。

侧孔的流量系数 μ 与孔口形状、出流角 α 及孔口的相对流量 Q' 有关，孔口的相对流量为：

$$Q'=\frac{Q_0}{Q} \tag{5—19}$$

式中　Q——侧孔前风道内的流量。

如图 5—16 所示为出流角 α 与侧孔的流量系数 μ 关系的实测研究数据，它表明，在 $\alpha \geqslant 60°$、$Q'=0.1\sim0.5$ 范围内，侧孔的流量系数 μ 可近似认为等于 0.6，而此时的 v_j 和 v_d 存在如下关系：

$$v_j/v_d \geqslant 1.73 \tag{5—19}$$

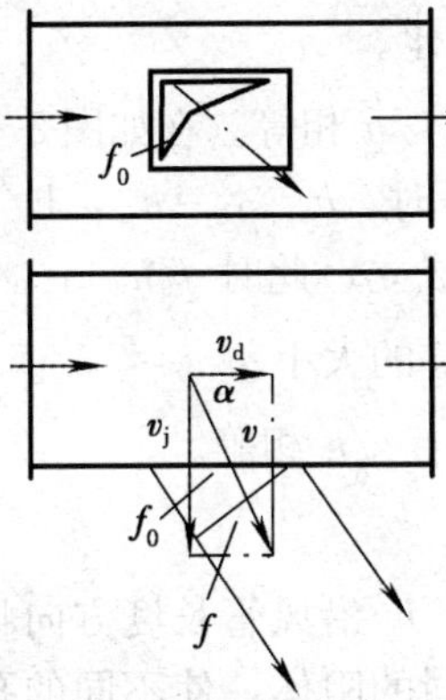

图 5—15　出风口空气出流图

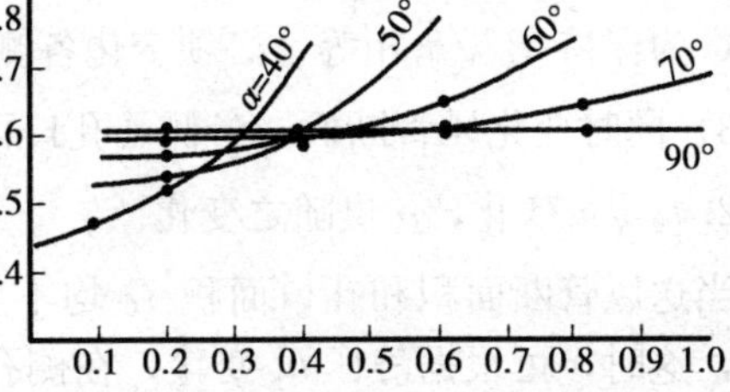

图 5—16　锐边孔口的 μ 值

因此，要保证各侧孔流量系数 μ 相等，应使出流角 $\alpha \geqslant 60°$，即 $v_j/v_d \geqslant 1.73$。所以，在实际工程中，有时为了使空气出流方向垂直管道侧壁，可在孔口处装置垂直于侧壁的挡板，或把孔口改成短管。

（2）保持各侧孔 $f_0\sqrt{h_j}$ 相等，可通过以下三种方法实现：

1）各侧孔孔口面积 f_0 相等，风管断面变化保持各侧孔静压 h_j 相等。设一送风风道，侧面上开有 n 个侧孔，如图 5—17 所示。在各侧孔孔口面积 f_0 相等情况下，截面 1—1 及 2—2 的能量方程为：

$$h_{j1}+h_{v1}=h_{j2}+h_{v2}+h_{1-2} \tag{5—20}$$

式中 h_{j1}、h_{j2}——分别表示 1—1 截面和 2—2 截面上的静压，单位为 Pa；

h_{v1}、h_{v2}——分别表示 1—1 截面和 2—2 截面上的动压，单位为 Pa；

h_{1-2}表示 1—1 截面至 2—2 截面的通风阻力，单位为 Pa。

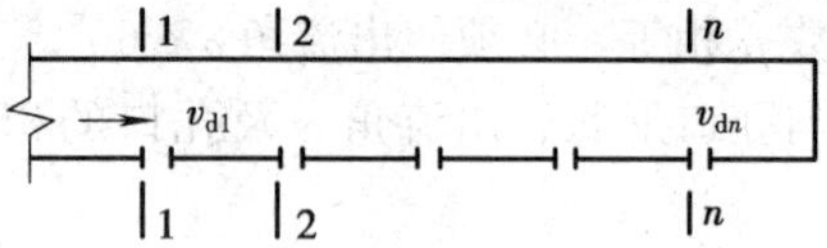

图 5—17　各侧孔面积和静压相等条件

由于要保持各侧孔处的静压相等，即 $h_{j1}=h_{j2}$，由式（5—20）可得：

$$h_{v1}-h_{v2}=h_{1-2} \tag{5—21}$$

同理，不难推得：

$$h_{v(i-1)}-h_{vi}=h_{(i-1)-i} \tag{5—22}$$

式（5—21）和式（5—22）表明，在设计均匀送风管道时，在各侧孔孔口面积 f_0 相等情况下，为保持各侧孔静压 h_j 相等，必须使所有两侧孔之间的动压差等于两侧孔间的通风阻力或压力损失，也即通风管道断面变化。

2）风管断面相等，各侧孔孔口面积 f_0 变化使得 $f_0\sqrt{h_j}$相等。在如图 5—17 所示的风道中，由于阻力不可能等于零，而风管断面相等时，$h_{v(i-1)}=h_{vi}$，1、2、… n 断面的静压逐渐减少，则必须 $h_{j(i-1)}>h_{ji}$才能使等式成立，此时 $f_0h_{j(i-1)}>f_0h_{ji}$，因此，为保持 $f_0\sqrt{h_j}$相等，必须变化各侧孔孔口面积 f_0 的大小。

3）同时变化风管断面、各侧孔孔口面积 f_0，使得 $f_0\sqrt{h_j}$相等。

2. $f_0\sqrt{h_j}$变化，μ 也随之变化。

当送风管断面积和孔口面积 f_0 均不变时，$f_0\sqrt{h_j}$、h_j 沿风管长度方向将产生变化，这时，可根据静压 h_j 变化，在侧孔口上设置不同的阻体，使不同的孔口具有不同的压力损失（即改变流量系数 μ），以满足各侧孔的 $\mu f_0\sqrt{h_j}$相等。

二、置换通风原理与特点

置换通风主要在地面建筑通风中使用，在北欧已普遍采用，它最早是用在工业厂房，用以解决室内的污染物控制问题。如图 5—18 所示为落地式置换通风在工业厂房的应用实例，置换通风器的出风以低流速向下沉降并在地面形成空气湖，在热源的浮力作用下新鲜空气向上流动，使热浊的污染空气上升至顶部并经排风口排出。下面分析置换通风原理与特点：

1. 置换通风的原理

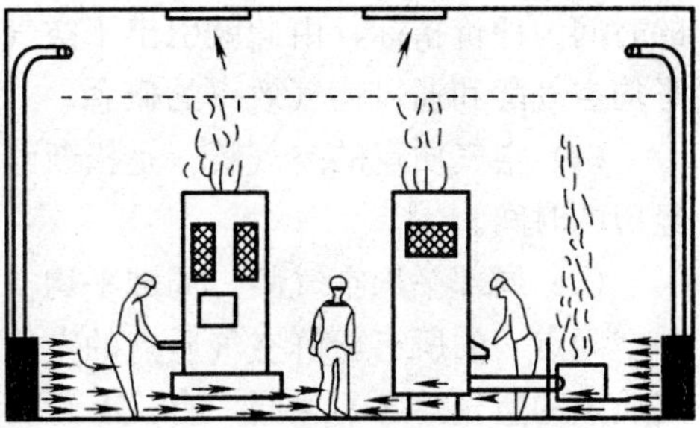

图 5—18　置换通风在工业厂房的应用实例示意

置换通风的工作原理如图 5—19 所示，主要利用空气密度差来形成室内由下而上的通风气流。置换通风器以较低的温度和速度从地板附近把空气送入室内后，因送新风的密度大于室内空气的密度，在重力作用下，送风下沉到地面并蔓延到全室，在地板上形成一薄薄的冷空气层（称之为空气湖）。而此时房间内的热源（人、电气设备等）在低温气流中会产生浮升气流（热烟羽），浮升气流会不断地卷吸室内的空气向上运动，空气湖中的新鲜空气受热源上升气流的卷吸作用、后续新风的推动作用及排风口的抽吸作用而缓缓上升，形成类似活塞流的向上单向流动，室内热浊的空气被后续的新鲜空气抬升到房间顶部并从设置在上部的排风口排出。在此过程中，在室内某一位置高度会出现浮升气流量与送风量相等的情况，即热分离层，如图 5—20 所示，使得浮升气流中的热量不再会扩散到下部的送风层内，在热分离层下部区域为单向流动区，并存在明显的垂直温度梯度和有害物浓度梯度，在热分离层上部气流为混合区，温度场和有害物浓度场则比较均匀，接近排风的温度和浓度。因此，只要保证热分离层高度位于人员工作区上方，就能保证人员处于相对清洁、新鲜的空气环境中，大大改善人员工作区的空气质量。

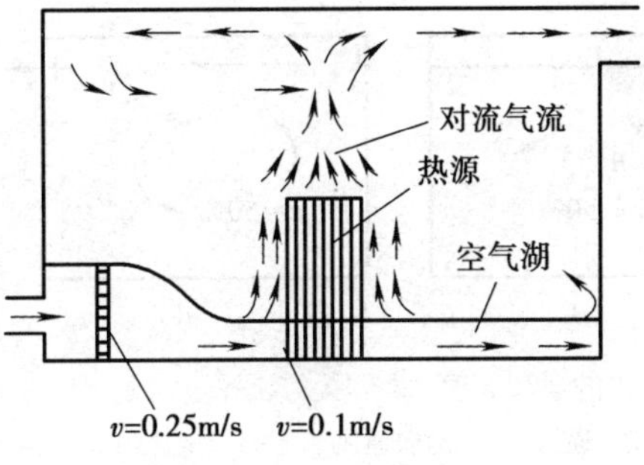

图 5—19　置换通风原理

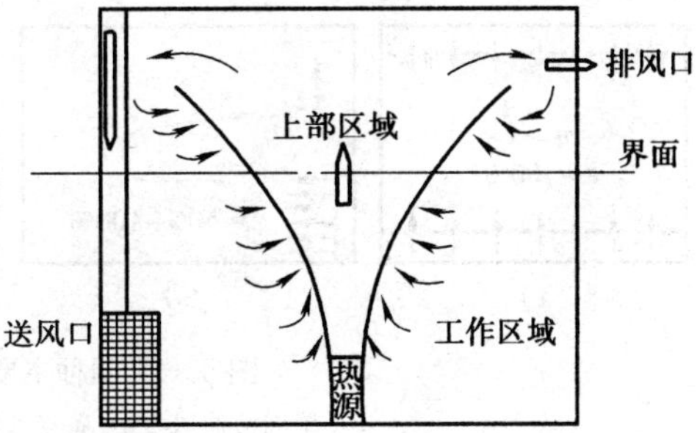

图 5—20 置换通风热力分离层

2. 置换通风相关概念

从置换通风角度，通风的效果即通风换气效率，不仅与换气次数有关，且在很大程度上受气流组织影响，而气流分布特性是用室内某点的空气或全部空气被更新的时间为评价指标，由此就引出了空气质点的空气龄、局部平均空气龄和整个房间平均空气龄和通风换气效率的概念。

(1) 空气质点的空气龄。是指新鲜空气质点自进入房间起至到达房间某一点所经历的时间。

(2) 局部平均空气龄。局部平均空气龄是指同时到达空间某一微小区域（即某一空间点）的所有新鲜空气质点的空气龄的平均值。因同时到达某点的所有新鲜空气质点的空气龄各不相同，有长有短，新鲜空气质点在室内运动过程中会不断吸收有害物，新鲜程度下降，且局部平均空气龄短的点，空气吸收有害物的机会也少，换气能力强，因此，可以用局部平均空气龄来定义换气效率。

(3) 整个房间平均空气龄。空气刚进入室内时，空气龄为零。所谓整个房间的平均空气龄，就是全室各点的局部平均空气龄的平均值。设置换室内现存空气的时间为 τ_y（即换气时间），考虑到工作区高度约为房间高度的一半，它应该是全室平均空气龄的 2 倍，即 $\tau_y=2\bar{\tau}$。空气通过房间所需的最短时间 τ_n 是房间体积 V 与单位换气量 Q 之比，也称为时间常数，即 $\tau_n=\dfrac{V}{Q}$。

(4) 换气效率。理论上最短的换气时间 τ_n 与实际所需单位换气量时间 τ_y 之比，称为换气效率 ε，即 $\varepsilon=\dfrac{\tau_n}{\tau_y}=\dfrac{\tau_n}{2\bar{\tau}}$，不难看出，换气效率 ε 是随换气时间 τ_y 的增加而下降的，只有对于如图 5—21a 所示的单向流通风，在理论条件下，$\tau_n=\tau_y$，$\varepsilon=100\%$；在其他的通风方式下，ε 均小于 100%。图 5—21 列出了四种不同通风方式下的 ε 和 η 值。

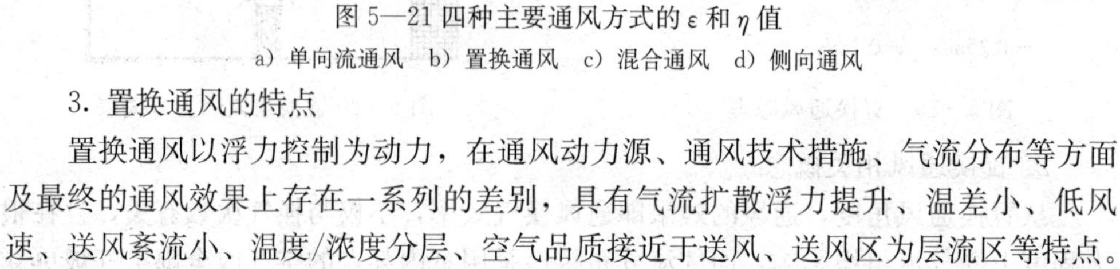

图 5—21 四种主要通风方式的 ε 和 η 值

a）单向流通风　b）置换通风　c）混合通风　d）侧向通风

3. 置换通风的特点

置换通风以浮力控制为动力，在通风动力源、通风技术措施、气流分布等方面及最终的通风效果上存在一系列的差别，具有气流扩散浮力提升、温差小、低风速、送风紊流小、温度/浓度分层、空气品质接近于送风、送风区为层流区等特点。

（1）定量区分通风房间不同位置的空气质量。室内空气品质用空气龄表示，它是可以度量和计算的，新鲜空气在室内的停留时间或空气龄是决定通风换气效率的主要因素，且工程效果也可以定量比较。

（2）存在热力分层，工作区域空气新鲜。置换通风使在其下部区域的空气单向向上流动，浮升气流中的热量、有害物不会扩散到下部的送风层内，故只要保证热分离层高度位于人员工作区上方，就能保证人员处于相对清洁、新鲜的空气环境中，大大改善人员工作区的空气质量。

（3）巧妙地将自然通风与机械通风结合，且节省通风机电耗。置换通风以低功率的置换通风机在较低的温度和接近层流的风速条件下，从地板附近把空气送入室内为机械通风，进入室内后，利用空气密度差在室内形成由下而上的气流为自然通风，是一种热力控制室内气流分布的机械通风换气方式，通风机电耗小。

（4）出现明显的垂直温度梯度和有害物浓度梯度。由于热源引起的上升气流使热气流浮向房间的顶部，热分离层下部区域为单向流动区，在热分离层上部为气流混合区，因此，房间在垂直方向上形成温度梯度和有害物浓度梯度，即置换通风房间底部温度低，上部温度高，室内温度梯度形成了“脚寒头暖”的局面，有害物浓度上部高，下部低，如图 5—22 所示。浓度梯度使在 1.1 m 以下的工作区其有害物浓度远低于上部的有害物浓度，可以确保工作区优良的空气质量，有利于人身安全与健康；温度梯度与人体的舒适性规律有悖，要求控制离地面 0.1 m（脚踝高度）至 1.1 m 之间的温差不能超过人体所容许的程度。

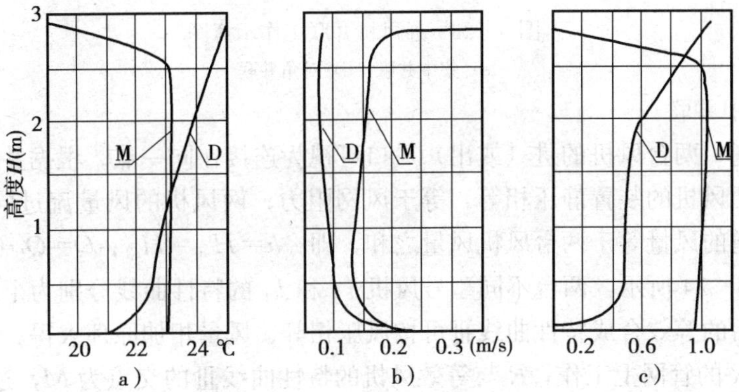

图 5—22 置换通风的温度、速度、浓度分布

a）温度分布　b）速度分布　c）浓度分布

M—混合通风室内分布曲线　D—置换通风室内分布曲线

(5) 混合通风是以消除整个空间负荷为目标。置换通风类似于自然通风，它以消除工作区域负荷为目标。

第六节　网络中通风机串并联工作分析

在矿山及其地面大型工程中常会见到复杂的通风系统，并在通风系统中使用多台通风机，因而就存在通风机在通风网络中的串并联工作。下面对网络中通风机的串并联工作进行分析。

一、通风机并联工作分析

如图 5—23 所示，两台风机的进风口直接或通过一段风道连接在一起工作称为通风机并联工作。通风机并联有集中并联和对角并联之分。图 5—23a 为集中并联，图 5—23b 为对角并联。

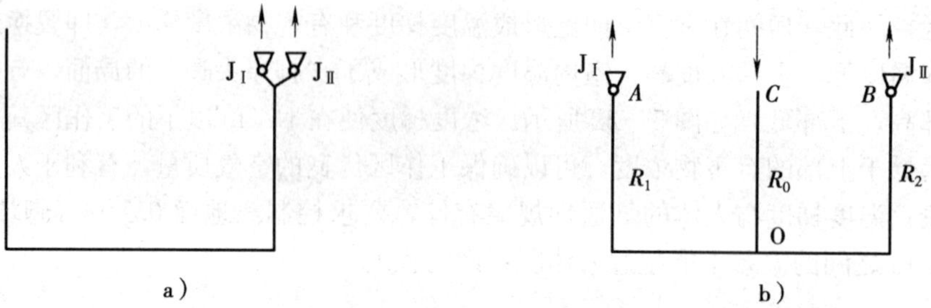

图 5—23　通风机并联工作示意图

a）集中并联　b）对角并联

1. 集中并联

理论上，两台风机的进（或出）风口可视为连接在同一点。根据并联通风网络的特性，两风机的装置静压相等，等于风网阻力；两风机的风量流过同一条风道，故通过风道的风量等于两台风机风量之和，即：$h=H_{s1}=H_{s2}$；$Q=Q_1+Q_2$。

如图 5—24 所示，两台不同型号风机 $J_Ⅰ$ 和 $J_Ⅱ$ 的特性曲线分别为Ⅰ、Ⅱ。两台风机并联后的等效合成特性曲线Ⅲ可按风压相等、风量相加原理求得。风机并联后在风阻为 R 的管网上工作，R 与等效风机的特性曲线Ⅲ的交点为 M，过 M 作纵坐标轴垂线，分别与曲线Ⅰ和Ⅱ相交于 m_1 和 m_2，此两点即是风机 $J_Ⅰ$ 和 $J_Ⅱ$ 的实际工况点。

2. 对角并联

如图 5—23b 所示为对角并联通风系统，两台不同型号风机 J_{I} 和 J_{II} 的特性曲线分别为Ⅰ、Ⅱ，各自单独工作的风路分别为 OA（风阻为 R_1）和 OB（风阻为 R_2），公共风路 OC（风阻为 R_0）。分析对角并联系统的工况点时，可先将两台风机假想移至 O 点（见图 5—25b），再按集中并联方法分析。假想移至 O 点的方法是，按等风量条件下把风机 J_{I} 的风压与风路 OA 的阻力相减的原则，求风机 J_{I} 为风路 OA 服务后的剩余特性曲线Ⅰ′，再按相同方法，把风机 J_{II} 的风压与风路 OB 的阻力相减得到风机 J_{II} 为风路 OB 服务后的剩余特性曲线Ⅱ′，这样就变成了等效风机 J'_{I} 和 J'_{II} 集中并联于 O 点为公共风路 OC 服务的通风系统。如图 5—25a 所示，按集中并联方法求得等效风机 J'_{I} 和 J'_{II} 工况点分别为 M'_{I} 和 M'_{II} 点，再过 M'_{I} 和 M'_{II} 点作 Q 轴垂线与曲线Ⅰ和Ⅱ相交于 M_{I} 和 M_{II}，此即为两台风机的实际工况点，其风量分别为 Q_1 和 Q_2。由图可见，每台风机的实际工况点 M_{I} 和 M_{II}，既取决于各自风路的风阻，又取决于公共风路的风阻。当公共段风阻一定时，某一分支的风阻增大，则该系统的工况点上移，另一系统风机的工况点下移；当各分支风路的风阻一定时，公共段风阻增大，两台风机的工况点上移，反之亦然。这说明两台风机的工况点是相互影响的。

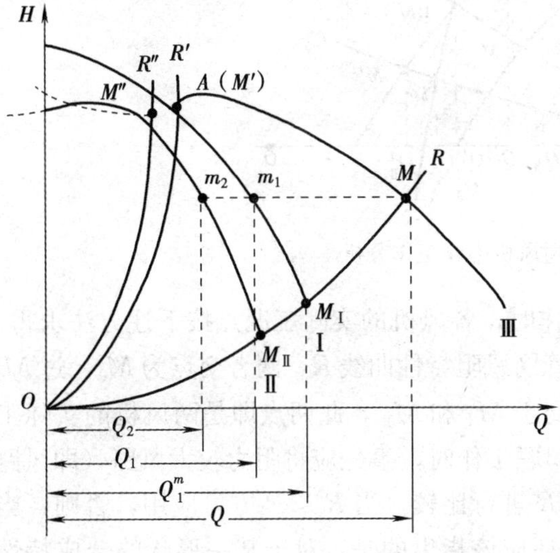

图 5—24　通风机集中并联分析

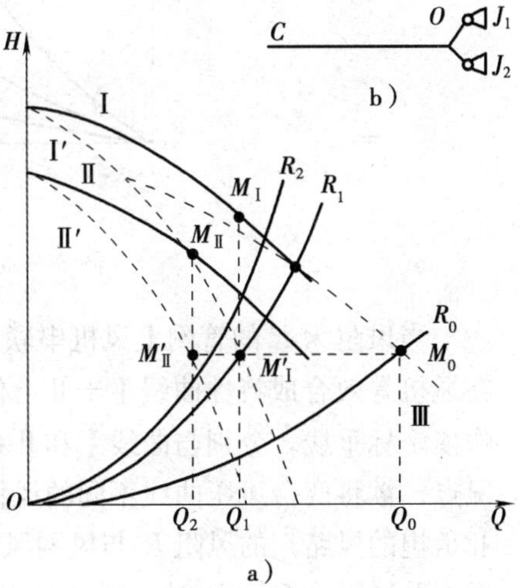

图 5—25　通风机对角并联分析

二、通风机串联工作分析

一台风机的进风口直接或通过一段风道联结到另一台风机的出风口上同时运

转，称为通风机串联工作。根据串联通风网络的特性，通风机串联工作的特点是，系统没有漏风时，通过风网的总风量等于每台风机的风量。两台风机的工作风压之和等于所克服的管网阻力。如图 5—26 所示，两台不同型号风机 J_{I} 和 J_{II} 的特性曲线分别为Ⅰ、Ⅱ。两台风机串联的等效合成曲线Ⅰ＋Ⅱ按风量相等、风压相加原则求得。即在两台风机的风量范围内，作若干条风量坐标的垂线（等风量线），在等风量线上将两台风机的风压相加，得该风量下串联等效风机的风压（点），将各等效风机的风压点连起来，即可得到风机串联工作时等效合成特性曲线Ⅰ＋Ⅱ。

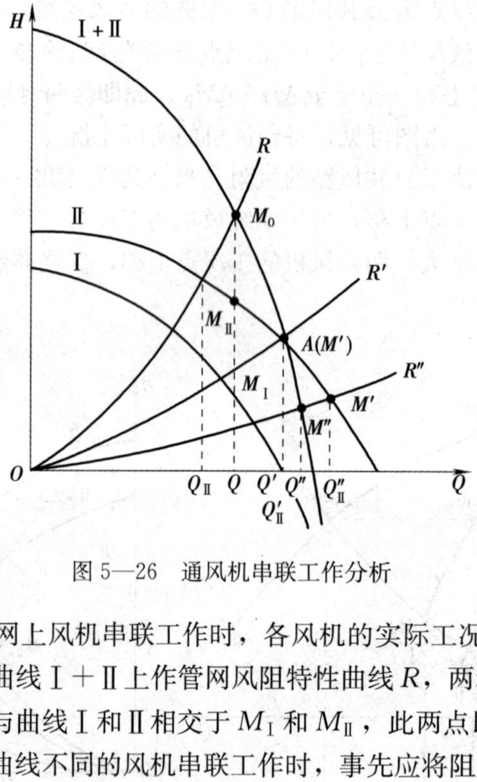

图 5—26　通风机串联工作分析

当风阻为 R 的管网上风机串联工作时，各风机的实际工况点按下述方法求得：在风机等效合成特性曲线Ⅰ＋Ⅱ上作管网风阻特性曲线 R，两者交点为 M_0，过 M_0 作横坐标垂线，分别与曲线Ⅰ和Ⅱ相交于 M_{I} 和 M_{II}，此两点即是两风机的实际工况点。欲将两台风压曲线不同的风机串联工作时，事先应将阻力较大风路（即风路Ⅱ负担的风路）的风阻 R' 与风网风阻 R 进行比较，当 $R'<R$ 方可应用，否则，当风网总风阻为 $R''<R'$ 时，则不可用。还应该指出的是，对于某一形状的合成特性曲线，串联增风量取决于风网风阻。因此，风机串联工作适用于风阻大而风量不足的风网；风压特性曲线相同的风机串联工作较好；串联合成特性曲线与工作风阻曲线相匹配，才会有较好的增风效果。串联工作的任务是增加风压，用于克服管网过大阻力，保证按需供风。

当风机与自然风压串联工作时，类似于两台风机串联工作，如图 5—27 所示。系统风阻曲线为 R，风机特性曲线为Ⅰ。自然风压特性曲线为Ⅱ，按风量相等风压相加原则，可得到正负自然风压与风机风压的合成特性曲线Ⅰ+Ⅱ和Ⅰ+Ⅱ′。风阻 R 与其交点分别为 M_1 和 M'_1，据此可得通风机的实际工况点为 M 和 M'。由此可见，当自然风压为正时，机械风压与自然风压共同作用克服系统通风阻力，使风量增加；当自然风压为负时，成为通风阻力。

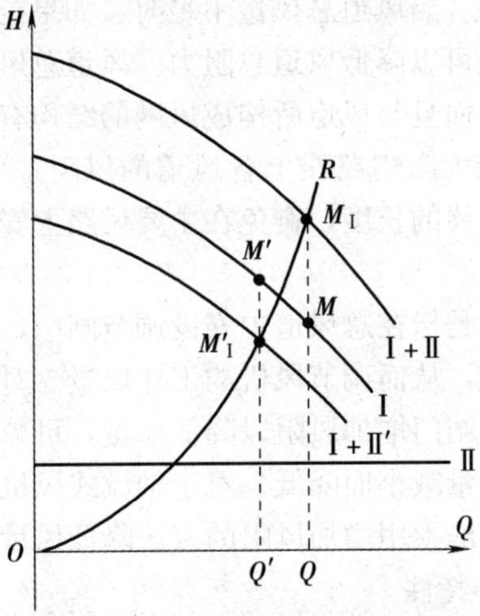

图 5—27　通风机与自然风压串联工作分析

第七节　通风系统风量调节

在通风网络中，风量的自然分配往往不能满足通风设计或作业地点的风量需求，因而需要对风量进行调节，尤其对于地下及隧道作业，随着生产的发展和变化，工作地点的推进和更替，通风风阻、网络结构及所需的风量均在不断变化，因此，要求及时进行风量调节。风量调节是移动性作业地点通风技术管理中一项经常性的工作，它对生产安全和节约通风能耗都有重大的影响。

通风风量调节的措施多种多样。从通风能量的角度看，可分为增能调节、耗能调节和节能调节。本节主要介绍这些不同的调节方法的原理与特点。

一、系统总风量调节

当系统风路总风量不足或过剩时，需调节总风量，采取的措施是改变主通风机的工作特性或改变风道风网的总风阻。

1. 改变通风系统总风阻大小

改变通风系统总风阻大小包括降低风路总风阻、闸门调节增大风阻。

（1）降低风路总风阻。当风道总风量不足时，如果能降低风道总风阻，则不仅可增大风道总风量，而且可以降低风道总阻力。风道总风阻不仅与风道最大阻力路线上的风路的风阻有关，而且与风道所构成风网的结构有关。因此，降低风道总风阻，一方面应降低风路最大阻力路线上各风道的风阻，另一方面应改善风网的结构，尽量缩短最大阻力路线的长度，避免在主要风路上安装调节风窗或减小阀门开启度等。

（2）闸门调节法。它是指在总风道中安设调节闸门，通过改变闸门的开度大小来改变风机的总工作风阻，从而调节风机的工作风量。对于离心式风机，当风量过剩时，用总风道中的调节闸门增加风阻以降低风量，可减少电耗。这是因为离心式风机的功率特性曲线随风量减小而降低。对于轴流式风机，由于其功率特性曲线随风量减小而上升，因此一般不用增加风阻的方法降低风量。

2. 改变主通风机工作特性

通风机是通风的主要动力源，安装使用后的工作特性主要与风机转速、轴流式风机叶片安装角度和离心式风机前导器叶片角度等有关，因此，如第三章第五节所述，通过利用传动装置调速或改变电动机转速的方法改变主通风机的叶轮转速、改变离心式风机前导器叶片角度和改变轴流式风机叶片安装角度等措施，可以改变通风机的风压—风量特性曲线，从而达到调节通风机所在系统总风量的目的。

二、局部风量调节

局部风量调节是指在通风系统内部的部分风道中进行的风量调节。调节方法有减阻法、增阻法及增能调节法。

1. 增阻调节法

增阻调节法是一种耗能调节法，它简便易行，是目前使用最普遍的局部调节风量的方法，它较多采用地下风道调节风窗或管道通风调节阀门等通风调节设施。

（1）增阻调节的作用原理。如图 5—28 所示，在并联风路Ⅰ分路中，O 点安装

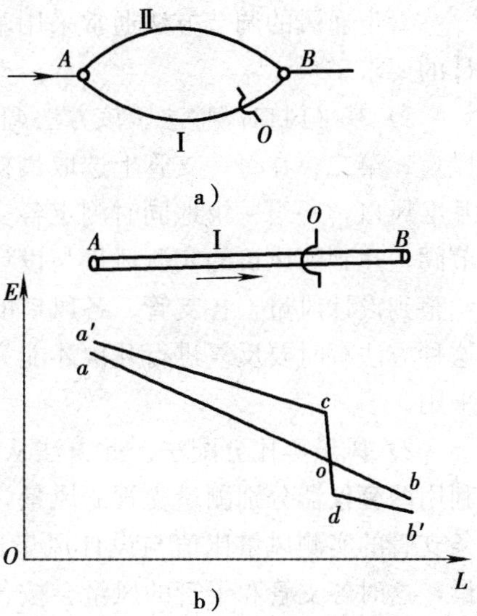

图 5—28　增阻调节的作用原理

地下风道调节风窗或管道通风调节阀门后，由于风路中增加了风阻，使其风量减少。风量变化引起本分支和相邻分支压力分布改变。在图 5—28b 中，*aob* 和 *a′codb′* 分别为安装调节风窗或调节阀门前、后的压力坡度线，对比两者可见：通风调节设施使上风侧风流压能增加，下风侧风流压力降低，*A* 点风流压力增加，*B* 点风流压力降低，其增加和降低的幅度取决于风窗的阻力和该分支在网路中所处的地位；因风量减小，通风调节设施前后风路上的压力坡度线变缓（因风量减小）。因此，增阻调节实质是改变调压风路上的压力分布，达到调节某风路风压的目的，其应用是以本风路风量可以减少为前提条件的。

（2）调节风窗或管道通风调节阀门的开口断面积的计算。

当 $S_c/S\leqslant 0.5$ 时：

$$S_c=\frac{QS}{0.65Q+0.84S\sqrt{h_c}}=\frac{S}{0.65+0.84S\sqrt{R_c}} \qquad (5—23)$$

当 $S_c/S>0.5$ 时：

$$S_c=\frac{QS}{Q+0.759S\sqrt{h_c}}=\frac{S}{1+0.759S\sqrt{R_c}} \qquad (5—24)$$

式中　S_c——调节风窗或管道通风调节阀门的开口断面积，m^2；

S——风路的断面积，m^2；

Q——通过的风量，m^3/s；

h_c——调节风窗阻力，Pa；

R_c——调节风窗的风阻，$N\cdot s^2/m^8$，在紊流粗糙区流动的通风系统 $R_c=h_c/Q^2$。

（3）增阻调节方法。地下风道调节方法通常是预先计算调节风窗开口断面积，然后调节风窗可滑移的窗板来改变窗口的面积，从而调节该处的局部阻力，以调节通风系统风道的风量。

管道通风的调节方法通常采用基准风口调整法和风量等比分配法调节风量至设计的要求。

1）基准风口调整法。该方法调节步骤如下：第一，用风速仪测出所有风口的风量；第二，在每一支管上选取最初实测风量和设计风量的比值为最小的风口作为基准风口，一组一组地同时测定各支管上基准风口和其他风口的风量，借助三通调节阀，达到两风口的实测风量与设计风量的比值近似相等；最后将总干管上的风量调整到设计风量，各支管、各风口的风量即会自动进行等比分配，达到设计风量。这种方法有时要反复进行几次才能完成。采用这种方法时不需要打测孔，因此经常采用。

2）风量等比分配法。此方法从系统的最不利管的风口开始，逐步调向通风机。利用两套仪器分别测量支管的风量，调节三通调节阀或支管调节阀的开启度，使两条支管的实测风量比值与设计风量比值相等，最后调整总风管的风量达到设计风量，这时各支管和干管的风量会按各自的比值进行分配，并符合设计的风量值。风量等比分配法比较准确，调试时间较省。但是要求每一管段上都要打测孔，有时还会因空间限制而难以做到，因而限制了它的应用。

（4）增阻调节注意事项。增阻调节法具有简单、方便、易行、见效快等优点，但增阻调节法会增加风路总风阻，减少总风量，当调节风窗及管道通风调节阀门的设置地点不当时会影响通风调节效果。因此应当注意：

1）在主干风路中增阻调节时必须考虑主通风机风量的变化，否则可能出现风量不能满足需要的情况。如图 5—29 所示的并联风网，J 为风机特性曲线，R_1～R_4 为阻力特性曲线，如在分支 1 中进行增阻调节，风机特性曲线 J 克服分支 3、4 的阻力后，其剩余（或称转移）特性曲线为 J'，对并联分支 1、2 工作。并联阻力特性曲线 R_{12} 与 J' 的交点为 M，风机实际工况点为 N，风机风量为 Q，1、2 分支分配的风量分别为 Q_1 和 Q_2。当 Q_2 不能满足需要时，增加分支 1 中的风阻至 R_1'，1、2 分支的并联阻力特性曲线为 R_{12}'，它与 J' 的交点为 M'，风机实际工况点为 N'，风机风量为 Q'，1、2 分支分配的风量分别为 Q_1' 和 Q_2'。由图可见，1 分支增阻后，风量减少 $\Delta Q_1 = Q_1 - Q_1'$，2 分支风量增加 $\Delta Q_2 = Q_2' - Q_2$，并且 $\Delta Q_2 < \Delta Q_1$；两者的差值等于风机风量在增阻调节前后的差值，即 $\Delta Q_1 - \Delta Q_2 = Q - Q'$。

2）调节风窗及管道通风调节阀门应设置在适宜地点，否则会影响通风调节效果。一是在有漏风源或漏风汇附近的风路上安设调节风窗时，应将其设在漏风源的上风侧或漏风汇的下风侧；二是若在有并联漏风的风路上设置调节风窗时，其位置不应选择在漏风源与漏风汇之间。如图 5—30 所示为进行采矿通风的局部风路，下

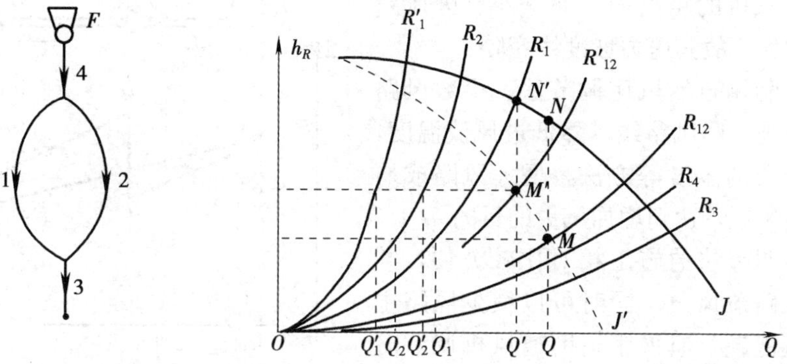

图 5—29　增阻调节对风机工况的影响

面风道为进风风道，上面为回风风道，D 点为漏风汇。为减少采空区漏风，可采取安设调节风窗方法。若欲在风路 EDF 上设置调节风窗时，应设在 DE 段风路上，而不应设在 FD 风路上。否则，会降低 D 点风压，增大采空区漏风压差；如图 5—30b 所示，在 ABC 风路上，B 点是漏风源，要在风路上设调节风窗时，应在设 AB 段，而不应该设在 BC 段，这样有利于降低 B 点压能。

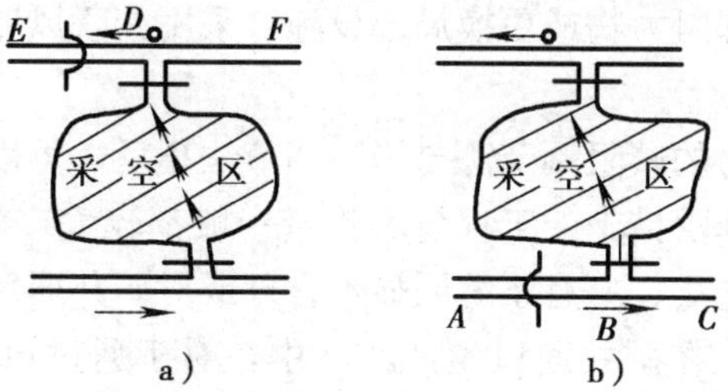

图 5—30　通风调节设施的位置变化

2. 增能调节法

增能调节法主要是采用辅助通风机等增加通风能量的方法，增加局部地点的风量，通常在系统复杂的通风系统采用。增能调节的措施主要有：

（1）辅助通风机调节法。它是指在需要增加风量的支路安设辅助通风机的方法，即在需要调压的风路上安装带风门的通风机，利用通风机产生的增风增压作用，改变风路上的压力分布，达到调整风压目的。

如图 5—31 所示为通风机调压前后空气压力坡度线，不难看出，风机的上风侧（AF 段）风流的空气压力降低，下风侧（JB 段）风流的压力增加，其降低和增加幅度随距风机的距离增大而减小；因风路上风量增加，故其压力坡度线变陡。

（2）利用自然风压调节法。少数风路通过改变进、回风路线，降低进风流温度，增加回风流的温度等方法，增大风路或局部的自然风压，达到增加风量的目的。

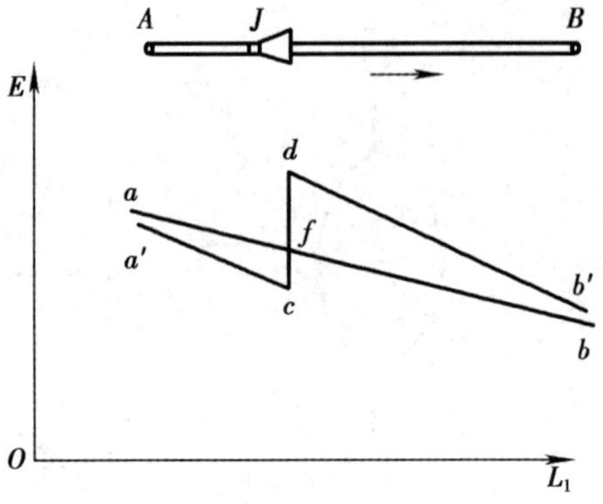

图 5—31　辅助通风机调节的作用原理

增能调节法的施工相对比较方便，并可增加风路总风量，同时可以减少风路主要通风机能耗。但采用辅助通风机调节时设备投资较大，辅助通风机的能耗较大，且辅助通风机的安全管理工作比较复杂，安全性较差。增能调节法在金属矿上使用较多。

3. 减阻调节法

减阻调节法是通过在风路中采取降阻措施，降低风路的通风阻力，从而增大与该风路处于同一通路中的风量，或减小与其并联通路上的风量。

减阻调节的措施主要有：扩大风道断面或增大阀门开启度；降低摩擦阻力系数；清除风道中的局部阻力物或更换局部设施；采用并联风路；缩短风流路线的总长度等。

减小通风系统阻力的减阻调节法与增阻调节法相反，可以降低风道总风阻，并增加风道总风量，但降阻措施的工程量和投资一般都较大，施工工期较长，所以，一般在通风系统结构老化、原有系统明显不合理或对矿井通风系统进行较大的改造等情况下采用。另外，在矿井通风生产实际中，对于通过风量大，风阻也大的风硐、回风石门、总回风道等地段，采取扩大断面、改变支护形式等减阻措施，往往效果明显。

本 章 小 结

本章主要介绍通风网络中风流的基本定律、简单通风网路特性、地面建筑与营运隧道通风系统类型及其选择、地层开掘施工局部通风与矿井通风系统类型及选择、均匀送风与置换通风方式的原理、网络中通风机串并联工作分析、通风系统风量调节等内容。通风网络中，风流的基本定律包括风量平衡定律、风压平衡定律、通风阻力定律。通风网路中，串联风路、并联风路及角联风路的风压、风量、风阻的关系与电路有相似之处。通风机串并联工作的风压、风量变化符合串联风路、并联风路特性。根据通风机械设备的工作方法、通风网路的布置方式，不同作业场所的通风系统类型划分有不同之处。均匀送风是以保证各侧孔的 $\mu f_0 \sqrt{h_j}$ 相等而采取不同措施的。置换通风以浮力控制为动力，巧妙地将自然通风与机械通风结合，可改善人员工作区的空气质量。通风风量调节主要分为增能调节、耗能调节和节能调节。

复习思考题

1. 简述风量平衡定律、风压平衡定律主要内容。

2. 试推导紊流粗糙区流动总阻力定律。

3. 串联风路、并联风路各具有哪些特性?

4. 紊流粗糙区流动的角联风网中如何判别角联分支的风向?

5. 建筑物空间的气流组织方式的选择应遵循哪些原则?

6. 根据进、回风道的数量及通风机提供风量的大小，通风系统分为哪几种?

7. 简述隧道通风中纵向式、全横向式的异同。

8. 比较隧道与地下巷道施工局部通风中，压入式和抽出式通风系统的优缺点。

9. 矿井通风系统类型及其适用条件如何?

10. 根据均匀送风管道的设计原理，说明下列三种结构形式为什么能达到均匀送风?在设计原理上有何不同?①风管断面尺寸改变，送风口面积保持不变;②风管断面尺寸不变，送风口面积改变;③风管断面尺寸和送风口面积都不变。

11. 与传统的混合通风相比，置换通风有什么优点?

12. 通风机串联或并联时其工况点会如何变化?

13. 简述在通风风路中进行增阻调节的作用原理及其管道通风的调节方法。

第六章 粉尘综合控制

本章学习目标：

1. 掌握粉尘的运动与分离理论基础。

2. 了解如何通过选择生产布局与生产工艺减少产尘，了解物料预先湿润黏结与湿式作业。

3. 掌握喷雾降尘、通风排尘与物理化学降尘的原理及方法。

4. 了解落尘清除、个体防护和粉尘爆炸的防止与隔绝的方法。

第一节 粉尘运动与分离理论基础

粉尘运动与分离理论，有人称为气溶胶力学。在通风除尘中，粉尘运动与分离的基本理论有重力分离、惯性碰撞分离、截留、布朗扩散、凝集和电力捕尘分离等理论，此外，还有热泳力、扩散泳力、辐射力等捕尘分离理论。下面对相关捕尘分离的理论基础作一介绍。

一、尘粒在连续介质中的运动阻力

一般尘粒在连续的流体介质中所受到的阻力 h_c 可用下式表示：

$$h_c = C_D A_P \frac{\rho_g v^2}{2} \tag{6—1}$$

球形尘粒在连续的流体介质中所受到的阻力可用下式表示：

$$h_c = \frac{1}{8} C_D \pi d_p^2 \rho_g v^2 \tag{6—2}$$

式中 h_c——尘粒受到的运动阻力，N；

A_P——尘粒垂直于运动方向上的最大断面积，m^2；

ρ_g——气体密度，kg/m^3；

v——微粒与气体之间的相对运动速度，m/s；

d_P——球形尘粒的直径，m；

C_D——阻力系数。

根据实验，阻力系数 C_D 与尘粒雷诺数 Re 有如下关系：

$$Re=\frac{\rho d_p v}{\mu} \tag{6—3}$$

$$C_D=\frac{\rho_g d_p v}{\mu}=\frac{\beta}{R_e{}^m} \tag{6—4}$$

式中，β、m 为实验参数，Re 值不同，m 和 β 也有不同的值。

（1）当 $Re\leqslant 1.0$ 时，相对运动为层流状态，C_D 与 Re 间近似呈线性关系，此时 $\beta=24$，$m=1$，球形颗粒所受到的阻力为：

$$h_c=3\pi\mu d_p v \tag{6—5}$$

该式即为层流区球形颗粒的阻力计算公式，也就是著名的斯托克斯阻力定律，通常把 $Re<1$ 的区域称为斯托克斯区域。在实际工程应用中，当 $Re<2$ 时，仍可近似采用。在除尘设备中，粉尘与气流的相对运动状态一般不超出斯托克斯区域，因而上式可作为分析除尘器内计算粉尘沉降速度的基本公式。

（2）当 $1<Re\leqslant 500$ 时，相对运动处于紊流过渡状态，也称为艾伦区，相应的 $\beta=18.5$，$m=0.6$，则：

$$C_D=\frac{18.5}{Re^{0.6}} \tag{6—6}$$

（3）当 $Re>500$ 时，相对运动处于紊流状态，为通常所说的牛顿区域，相应的 $\beta=$（0.38～0.50），通常取平均值 $\beta=0.44$，$m=0$，则尘粒的阻力计算式为：

$$h_c=0.055\pi d_p^2\rho_g v^2 \tag{6—7}$$

从式（6—5）和式（6—7）可以看到，在斯托克斯区域，阻力与相对速度 v 的一次方成正比；在牛顿区域，阻力与相对速度 v 的平方成正比。

当颗粒尺寸与气体分子平均自由程大小差不多时，颗粒开始脱离与气体分子接触，颗粒运动发生“滑动”现象。这时，相对于颗粒来说，气体不再具有连续流体介质的特性，流体阻力将减小，此时可将一个称为库宁汉系数 k_c 引入斯托克斯定律，即：

$$h_c=\frac{3\pi\mu d_p v}{k_c} \tag{6—8}$$

库宁汉系数 k_c 与气体的温度、压力和颗粒大小有关，温度越高、压力越低、粒径越小，k_c 值越大。常温常压下，斯特劳斯和戴维斯给出的库宁汉修正系数为：

$$k_c=1+\frac{2L_\lambda}{d_p}\left[1.257+0.4exp\left(-1.1\frac{d_p}{2L_\lambda}\right)\right] \tag{6—9}$$

$$L_\lambda=\frac{\mu}{0.499\rho_g}\left(\frac{\pi M}{8RT}\right)^{-0.5} \tag{6—10}$$

式中 M——气体分子的摩尔质量，kg；

R——气体常数，J/（kg·K）；

T——绝对温度，K；

L_λ——气体分子平均自由程，μm。

二、粉尘在静止空气中重力作用下的沉降

含尘气体中的粉尘在重力作用下自然沉降而分离。

当球形尘粒在静止的气体中开始运动时作加速沉降，受到的外力有重力 G、浮力 F_f 和气体阻力 h_c，其运动方程为：

$$G-F_f-h_c=\frac{1}{6}\pi d_p^3(\rho_p-\rho_g)g-\frac{1}{8}C_D\pi d_p^2\rho_g v^2=\frac{1}{6}\pi d_p^3\rho_p\frac{dv}{dt}$$

即：

$$\frac{dv}{dt}=\frac{(\rho_p-\rho_g)g}{\rho_p}-\frac{3C_D\rho_g v^2}{4d_p\rho_p} \tag{6—11}$$

式中 ρ_p——粉尘密度，kg/m³。

尘粒加速沉降时受到的阻力随运动速度增加而增大，直到等于重力，此后尘粒作匀速沉降运动，尘粒沉降的速度达到最大值 v_s，此时的速度一般称为重力沉降速度。

在微粒作匀速沉降运动时$\frac{dv}{dt}=0$，由此不难得到：

$$v_s=\left[\frac{4d_p g(\rho_p-\rho_g)}{3\rho_g C_D}\right]^{\frac{1}{2}} \tag{6—12}$$

由于通风除尘工程中的流动一般为斯托克斯区域，所以将斯托克斯区域的 C_D 代入式（6—12）得：

$$v_s=\frac{(\rho_p-\rho_g)gd_p^2}{18\mu} \tag{6—13}$$

若尘粒不是在静止空气中，而是在流速为 v_s 的上升气流中流动，此气流速度称为悬浮速度。悬浮速度与沉降速度大小相等，但物理意义不同。沉降速度是指尘粒在沉降时所能达到的最大速度，悬浮速度则是指使尘粒处于悬浮状态时气流速度

的最小值。

应当指出，上面分析的是单颗球形尘粒的自由沉降，沉降速度由重力、浮力和阻力相平衡的关系推导而得到。实际上影响微粒沉降的因素很多，其中重要的因素有：微粒的形状、微粒的凝并和变形、微粒间的互相作用、器壁影响、气流的对流作用。

三、粉尘的扩散及其在水平气流中的传播

任何一个尘源所产生的粉尘，都要以空气为媒介，经过扩散和传播过程进入人体，危害健康。

1. 粉尘的扩散

粉尘从静止状态进入运动状态并且悬浮在周围空气中的扩散过程，也称为“一次尘化”，或简称“尘化”。典型的尘化主要有以下几种：

(1) 诱导空气的尘化。即机动设备或块、粒状物体等在空气中运动时，能产生与物体一起运动的诱导空气，从而使粉尘扬起。如汽车行驶及物体运动时的涡流卷吸作用产生诱导空气使粉尘扬起；用砂轮抛光金属件时，其切向甩出的金属屑及砂尘也会产生诱导空气，使磨削下来的细粉尘随其扩散。

(2) 剪切、压缩造成的尘化。如铸造车间的振动落砂机，筛分物料用的振动筛工作时，由于上下往复振动，气流和粉尘之间产生剪切作用使疏松物料及其粉尘被间隙中的空气挤压出来。

(3) 上升热气流造成的尘化。如熔锅炉、电炉、加热炉以及金属浇铸等热产尘设备表面的空气被加热上升时，也会带出粉尘和有害气体。

(4) 综合作用时的尘化。如皮带运输机输送的物料从高处下落到低处时，由于气流和粉尘间的剪切作用，被物料挤压出来的高速气流会带着粉尘向四周飞溅。此外，物料在下落过程中，由于剪切和诱导空气作用，高速气流也会使部分粉尘飞扬。

粉尘在静止空气中的扩散符合费克（Fick）第一扩散定律，即：在各向同性的物质中，单位时间内通过单位面积的扩散物质的量（又称通量）与浓度梯度成正比，用公式表示为：

$$\Phi=-D_{KC}\frac{\partial c}{\partial x} \tag{6—14}$$

式中　Φ——通量，kg/（m^2·s）；

c——质量浓度，kg/m^3；

D_{KC}——扩散系数，m^2/s，不同粒径的扩散系数见表 6—1。

表 6—1　　　　尘粒扩散系数

粒径/μm	0.5	0.1	0.01	0.001
D_{KC}/（cm^2/s）	6.4×10^{-7}	6.5×10^{-6}	4.4×10^{-4}	4.1×10^{-2}

2. 粉尘在水平气流中的传播与运动

在水平运动气流中，粉尘沉降方向与气流运动方向垂直，作用于气流的推力对粉尘的悬浮没有直接作用，使粉尘悬浮的主要动力是垂直向上的作用力。因此，处于层流运动水平气流中一般不能促使粉尘悬浮。对于紊流运动水平气流，使粉尘悬浮的主要速度，是垂直气流运动方向的横向脉动速度。因此，要使粉尘在水平运动气流中传播与运动，至少应保证粉尘悬浮，保证运动气流为紊流，且应有足够的气流速度。

由此可见，控制粉尘周围的气流流动，对于控制粉尘的扩散与传播，改善作业场所的空气环境，具有重要作用。

四、粉尘在离心力作用下运动与分离

尘粒在离心力的作用下刚开始离心运动时，离心力与空气阻力的合力使尘粒作加速运动，方向为远离旋转中心的径向，与此同时，尘粒所受到的流体阻力也迅速增大，使作用合力逐渐减小，直至为零，而离心运动速度达到最大值并保持恒定，该离心运动速度称为离心沉降速度。

不难看出，粉尘在离心力的作用下，尘粒受到的离心力 F_r 与受到的气体阻力 h_c 相等，据此，球形尘粒在斯托克斯区域流动时有如下关系：

$$3\pi\mu d_p v_s=\frac{1}{6}\pi d_p^3\rho_p\frac{v_t^2}{r} \tag{6—15}$$

式中　v_s——离心沉降速度；

r——尘粒的旋转半径，m；

v_t——旋转半径为 r 处的切向速度，m/s。

所以

$$v_s=\frac{d_p^2\rho_p}{18\mu}\cdot\frac{v_t^2}{r} \tag{6—16}$$

由式（6—16）可知，径向沉降速度与粒径二次方成正比，与旋转半径成反比。

比较式（6—13）和式（6—16）可以看出，径向沉降速度是重力沉降速度的

v_t^2/rg 倍。因此，旋风除尘器的除尘效率总比应用重力分离的沉降室的效率高。

五、粉尘惯性碰撞、截留、布朗扩散、凝集捕集分离

惯性碰撞、截留、布朗扩散捕集分离机理如图 6—1 所示。

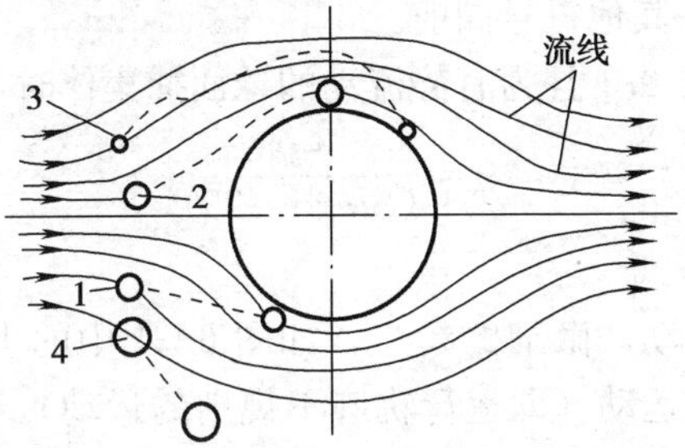

图 6—1 惯性碰撞、截留、扩散捕集分离机理示意图

1—惯性碰撞 2—截留 3—布朗扩散 4—重力

1. 截留捕集分离

当尘粒沿气体流线随着气流直接向液珠或固体捕集体运动时，气流流线离液珠或固体捕集体表面的距离在 1/2 尘粒半径 d_p 的范围以内以及在流线与被绕物体相交表面上的粉尘，如图 6—1 中的尘粒 2，将与液珠或固体捕集体接触并被捕集，这种作用称截留捕集分离。对截留捕尘起作用的是尘粒大小，而不是尘粒的惯性，并且与气流速度无关。如引入拦截参数 R'，且 $R'=\dfrac{d_p}{d_c}$，d_c 是捕集体的直径，则球形捕集体的有势绕流截留捕集分离效率 η_R 可为：

$$\eta_R = (1+R')^2-\frac{1}{1+R'} \tag{6—17}$$

2. 惯性碰撞捕集分离

当含尘气体绕流液珠如水滴或固体捕集体时，尘粒与气体分子相比具有较大的惯性力，因此，气流中的尘粒，如图 6—1 中的尘粒 1，会脱离弯曲的气体流线，按虚线继续向前运动，并与捕集体碰撞而被捕集沉降，这种作用称惯性碰撞捕集分离。

惯性碰撞捕集效率主要取决于斯托克斯数 Stk 和尘粒雷诺数 Re。研究结果表明，当 $Re>500$ 时，气流流线强烈弯曲，流动成为有势绕流，否则为黏性流。Stk 数又称惯性参数，表征了作用在尘粒上的惯性力与气体介质作用在尘粒上的流体阻力的比值，该数在数值上等于尘粒在无外力作用时，由初速度 v_0 降低到零所通过

的距离与所绕流的捕集体定性尺寸（如球或圆柱体直径）之比值。对于球形尘粒，斯托克斯数 Stk 为：

$$Stk=\frac{k_g d_p^2 \rho_p v_0}{18\mu d_c}$$

式中，k_g 为系数，其他符号同前。

据研究资料，$Stk \geqslant 0.1$ 且为有势流动的球面捕集体时，其惯性捕集效率 η_t 为：

$$\eta_t=\frac{Stk^2}{(Stk+0.25)^2} \tag{6—18}$$

3. 布朗扩散捕集分离

由于气体分子热运动，微细的粉尘，如图 6—1 中的尘粒 3，随气流运动的过程中常伴随有布朗扩散运动（即运行轨迹不规则的运动）。由于布朗扩散运动而使微细粉尘碰撞到捕集体上而被捕集的机理，称为布朗扩散捕集分离。尘粒越细小，布朗扩散越强烈，0.1 μm 的微细尘粒，在常温下每秒钟扩散距离达 17 μm，这比一般过滤器的纤维间距离大几倍至几十倍，因而使微粒有更多的机会运动到捕集体表面而沉积，即被捕集体捕集，因此，在分析 $d_p<2\ \mu m$ 的尘粒沉积时，通常要考虑这种机理。

现引入贝克来数 Pe 为：

$$Pe=v_0\frac{d_c}{D_{KC}} \tag{6—19}$$

式中　D_{KC}——扩散系数。

对于绕流单一圆球形捕集体，扩散效率 η 可以按下式计算：

$$\eta=\frac{8}{Pe}+2.23Re^{\frac{1}{8}}Pe^{\frac{5}{8}} \tag{6—20}$$

4. 凝集分离

粉尘的凝集分离是指微细粉尘通过不同途径互相接触（不一定是由于粉尘自身的黏性）而结合成较大颗粒的过程。可以有多种途径使微细粉尘产生凝集作用，如紊流凝集、动力凝集等。显然，凝集分离本身并不是一种除尘机理，但它可以使微小的粉尘凝聚增大，有利于采用各种除尘方法去除。

六、电场力作用下粉尘的运动与分离

粉尘尘粒荷电有两种形式：一种是尘粒在机械加工、筛分、输送或由气体冷凝成尘粒的过程中的带电现象，称自然荷电或称扩散荷电，自然荷电的电量一般很小；第二种则是含尘气流通过一个电场，电场电晕放电而使尘粒荷电，并在电场力作用下，向人为指定方向运动，称为电晕荷电。电晕荷电中，在外加电场的作用下，负离子力图沿电力线向电压梯度最大的方向运动，并在运动过程中与悬浮尘粒相遇，当一个离子移近尘粒时，尘粒内部的电荷就重新分配，导致两者之间产生吸引力，离子附着在颗粒上，从而使颗粒成为荷电粒子，之后，尘粒所带的电荷将产生斥力，使尘粒附近的电力线变形，从而减小荷电率，这时尘粒只从电场较小部分接受电荷。随着荷电过程进行，进入尘粒的电力线密度继续减小，以致使最终荷电粒子本身产生的电场和外加电场相平衡。

对于粉尘直径大于 1 μm 的尘粒，电场荷电量可用下式计算：

$$q_1 = 3\pi\varepsilon_0 E_0 d_p^2 \left(\frac{\varepsilon}{\varepsilon+2}\right) \tag{6—21}$$

式中　q_1——尘粒的饱和荷电量，C；

ε_0——自由空间介电常数，且 $\varepsilon_0 = 8.85\times10^{-12}$；

ε——尘粒的相对介电常数，即与真空条件下的介电常数之比；

E_0——电场强度，V/m。

荷电尘粒在电场内受到的静电力为：

$$f_J = q_1 E_0 \tag{6—22}$$

当尘粒所受的静电力和尘粒的运动阻力相等时，尘粒向人为方向做匀速运动，此时的运动速度就称为驱进速度，用 ω 表示。驱进速度计算公式为：

$$\omega = \frac{\varepsilon_0 \varepsilon E_0^2 d_p}{(\varepsilon+2)\ \mu} \tag{6—23}$$

假定粉尘粒径、浓度和气流分布均匀，气流为紊流状态，并忽略粉尘的荷电时间、电风及二次扬尘的影响，多依奇提出了理论捕集效率的计算公式为：

$$\eta = 1 - \exp\left(-\frac{S_a\omega}{Q}\right) \tag{6—24}$$

式中　S_a——集尘总面积，m^2；

Q——含尘气流量，m^3/s。

七、尘粒的泳力捕集分离

气体中的尘粒在电场、磁场、温度场、浓度场或光的作用下，会产生一定的物理效应，如电泳、热泳、扩散泳或光泳，它们也是形成尘粒运动和分离的因素，或用作测定的根据。这里简述热泳力和扩散泳力原理。

1. 扩散泳力捕集分离

扩散泳是因气体混合物存在浓度梯度造成的尘粒运动。气体介质中有浓度梯度存在时，某一方向的物质扩散速度明显大于其他方向上的扩散速度。此外，尘粒在扩散运动分子的碰撞下，也会出现与扩散方向相同的运动。尘粒扩散泳运动速度与扩散体系的组成与压强、扩散物质的性质、扩散物浓度、浓度梯度等因素有关。

2. 热泳力捕集分离

含尘气体如有温度梯度存在，尘粒就会受到由热侧指向冷侧的力作用。温度高的区域气体分子运动剧烈，单位时间内碰撞尘粒的次数增多；温度低的区域气体分子碰撞尘粒的次数较少。尘粒两侧气体分子碰撞次数和能量传递的差异，使微粒产生由高温区向低温区的运动，这种现象称为热泳或温差泳，而把气体分子推动尘粒从高温侧向低温侧移动的力（推力）称为热泳力。由于热泳力使得粉尘具有捕集分离的作用，称为热泳力捕集分离。

第二节　生产布局和工艺减少产尘

在生产中，不同的生产工艺产生的粉尘量是不同的。实践证明，合理的厂房位置和生产布局，选用不产生或少产生粉尘的工艺，采用无危害或危害性小的物料，是消除、减弱粉尘危害的根本途径之一。

一、选择合理的生产布局

大气运动会将一个地点的悬浮粉尘带至另外地点，生产布局对作业地点的产尘量有一定影响。所以，在选择厂房位置时，应考虑自然条件对企业生产的影响，以及企业和周边区域的相互影响，厂区总平面布置应注意功能分区的划分，满足基本卫生要求；在安排产尘工序位置时，要以防止或减少粉尘对其他工序生产环境造成污染为原则。

1. 厂址选择方面

要有良好的水文、地质、气象等自然条件，不应在居住区、学校、医院和其他人口密集的被保护区域内建设工厂；厂址应选在被保护对象全年最小频率风向的上风侧。在同一区域内有多个企业时，应避免彼此间的污染物产生交叉污染。

2. 厂区平面布置方面

产生粉尘的生产设施应布置在厂区全年最小频率风向的上风侧，且地势开阔、通风条件良好的地段，并应避免采用封闭式或半封闭式的布置形式；产生粉尘的车间与产生毒物的车间分开，并与其他车间及生活区之间设有一定的卫生防护绿化带。

3. 厂房平面结构方面

厂房的迎风面与夏季主导风向宜成60°～90°夹角，最小也不应小于45°；平面结构以“L”“U”“W”型为宜，开口部分应位于夏季主导风向的迎风面，而各翼的纵轴与主导风向成0～45°夹角；在考虑风向的同时，应尽量使厂房的纵向墙朝南北方向，以减少西晒。

4. 工艺布局方面

工艺设备和生产流程的布局应使主要工作地点和操作人员多的工段位于车间内通风良好、空气环境清洁的地方；一些工人多、工艺操作要求较高的工作场所，一般应布置在夏季主导风向上风侧；而产尘较多、污染严重的工段应布置在夏季主导风向的下风侧，这样可以改善整个生产流程的空气环境，使工人免受粉尘的危害；在布置工艺设备和安排工艺流程时，应该为通风除尘系统的合理布置提供必要的条件。

二、选择合理的生产工艺

各行各业都有通过采用新工艺、新设备、新材（原）料进行防尘的经验。下面介绍有关行业从工艺方面控制粉尘危害的几个典型措施：

1. 铸造行业

（1）造型工段。采用游离二氧化硅含量低的石灰石砂、橄榄石砂代替游离二氧化硅含量很高的石英砂，用双快水泥砂、冷固树脂自硬砂造型制芯，都达到了既简化工序又减轻粉尘危害的目的。对砂型表面的砂粒和浮灰，采用移动式或集中式真空吸尘装置吸除。

（2）熔化工段。用超高功率电弧炉，真空熔化、炉外精炼，用还原铁炼钢，惰性气体保护气氛熔化钢水等先进熔炼工艺，不但可以节能，而且缩短了熔炼时间，减少了烟尘散发量；熔炼设备采用低频感应电炉比冲天炉容易控制污染；采用电热、气体燃料或液体燃料来代替煤与焦炭这类固体燃料，就能大大减少粉尘量。

（3）清理工段。采用铸件落砂、除芯、表面清理和旧砂再生“四合一”抛丸落砂清理设备，能一次完成铸件落砂、除芯、表面清理和旧砂再生，将原来分散的扬尘点集中在一台密闭设备中，因而能减少粉尘的危害，改善劳动环境。

（4）砂准备及砂处理工段。采用配备有电力输送设备的密闭罐车输送各种粉料，用气力输送代替皮带机输送型砂和旧砂，能避免和减少储运装卸过程中粉尘的飞扬。

另外，在皮带机输送砂子时采取防皮带跑偏措施，在皮带上加导料槽、安装刮砂器，转载处采取密闭措施，避免和防止砂散落。

2. 陶瓷行业

(1) 采用湿法工艺。坯料、匣钵料、釉料的粉碎采用湿式工艺，即采用湿法轮碾、湿法球磨，可以有效防止粉尘的危害。如某陶瓷厂釉料生产由干碾改为水碾，粉尘浓度由 189 mg/m^3 降到 2 mg/m^3 以下；工业陶磨瓷，用水磨代替干式砂磨，粉尘浓度由 103.9～149.1 mg/m^3 降为 2.46 mg/m^3。

(2) 采用自动化或机械化工艺。如某厂采用计算机控制彩釉砖自动生产线，从原料加工、成型、烧成全部采用密闭、湿式除尘，车间粉尘浓度符合国家标准；使用链式干燥机，使半成品干燥实现机械化、连续化生产，改善了劳动条件，使工人避免了粉尘危害。

(3) 采用喷雾干燥新工艺。采用泥浆压力式喷雾干燥新工艺代替压滤、泥饼、烘干、干式打粉的旧工艺，既可将料浆干燥至成型所要求的水分，并可达到成型要求的粒度，过程简单、生产周期短，可连续自动化生产，设备产量大，操作人员少，劳动条件好，成本低。

(4) 采用湿法修坯。采用坯体在湿润的情况下修坯和海绵蘸水精修的方法，避免了干法修坯生产大量粉尘。

(5) 其他。如隧道窑在炉外窑车上装运，减轻了工人的劳动强度，也大大减少了粉尘的危害；采用含硅低的原料 Al_2O_3 代替含硅量高的物料。

3. 矿山及隧道施工行业

(1) 采用凿岩爆破工作量较小的采矿方法。如阶段自然崩落法、强制崩落法、深孔中段崩落法以及深孔留矿法等采矿方法，既可减少凿岩爆破工作量，又可减少产尘量。

(2) 采用产尘量较小的打眼放炮工艺。如用深孔凿岩取代浅孔凿岩；合理布置炮眼，控制矿岩块度，减少二次破碎工作量；采用非爆破方法进行二次破碎；露天大爆破时，采用合理的炮孔网度、微差爆破以及空气柱间隔装药等，均可使粉尘产生量显著减少。

(3) 采用产尘量较小的机械化破碎矿岩或煤的工艺。如采煤机选择合理的滚筒、截齿和截齿布置方式及数量，选择恰当的割煤方式，合理控制采煤机的截割速度和牵引速度等，增大落煤块度；机械化掘进作业中，选择合理的截凿类型、截凿锐度、截齿间距、截割速度、深度及安装角度。美国做过相关试验，采煤机割煤的截深由 0.8 cm 增至 2.1 cm 时，产尘量减少 50%，截割速度从 60 r/min 减小到 15 r/min时，空气中的呼吸性粉尘含量减少到 51%

(4) 采取减少喷射混凝土产尘的生产工艺。喷射混凝土是开掘矿井巷道、地下铁道、公路隧道的主要支护方式之一，喷射混凝土生产工艺的好坏会影响产尘量，实践证明，增加水灰比，选择具有较高黏附性的水泥含量，增大骨料粒径等，均可减少粉尘产生量。

第三节　物料预先湿润黏结与湿式作业

物料预先湿润黏结和湿式作业是一种简便、经济、有效的防尘技术措施，凡是在生产中允许加湿的作业场所应首先考虑采用，目前主要在矿山、隧道施工、电厂、工业厂房、道路建设行业采用。本节主要介绍使用清水的物料预先湿润黏结与湿式作业。

一、物料预先湿润黏结

物料预先湿润，是指在破碎、研磨、转载、运输等产尘工序前，预先对产尘的物料采用液体湿润，使产生的粉尘提前失去飞扬能力，预防悬浮粉尘的产生。在物料进入破碎、筛分和输送等工序之前，或者在物料的破碎、筛分和输送过程中，往物料中加水（或其他液体），湿润物料，可以抑制、减少和消除粉尘的散发，这是一种简便、经济、有效的防尘措施。下面主要介绍破碎物质或粉料和煤体的预先湿润。

1. 破碎物质或粉料预先湿润

破碎物质或粉料物料预先湿润在很大程度上受到工艺的限制，其预先湿润应在工艺允许的范围内进行，但工艺也应为预先湿润创造条件，以获得更好的防尘效果。预先湿润的加水量根据生产工艺要求及特点等因素确定，也可按下式计算：

$$W=G\ (d_{w2}-d_{w1}) \tag{6—25}$$

式中　W——加水量，kg；

G——需预先湿润的物料量，kg；

d_{w1}、d_{w2}——物料的最初和最终含水量，%。

物料的最终含水量应根据生产工艺最大允许含水量和除尘最佳含水量等因素决定。物料的最终含水量一般可按表 6—2 选取。

表 6—2　物料的最终含水量

物料名称	金属矿石	石灰石	白云石	煤	石英	富矿石	烧结混合物	铸造用砂	焦炭
d_{w2}（%）	4～6	3～6	4～6	8～12	4～6	8～10	8～10	4～6	8～12

用于物料湿润的喷嘴，一般采用简单的不易堵塞的丁字形多孔喷水管（见图 6—2）和砸扁了的鸭嘴形喷水管（见图 6—3）。丁字形喷水管适用于固定加水点之

用，喷水管的长度、孔的数量和直径可根据加水宽度和用水量决定；鸭嘴形喷水管可用软胶管连接，做移动湿润物料之用。

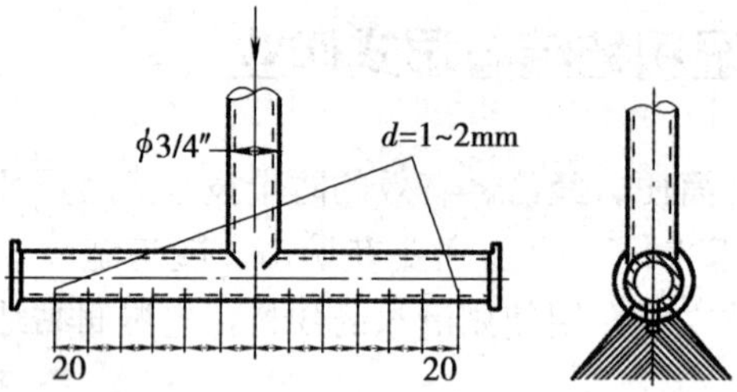

图 6—2 丁字形喷水管

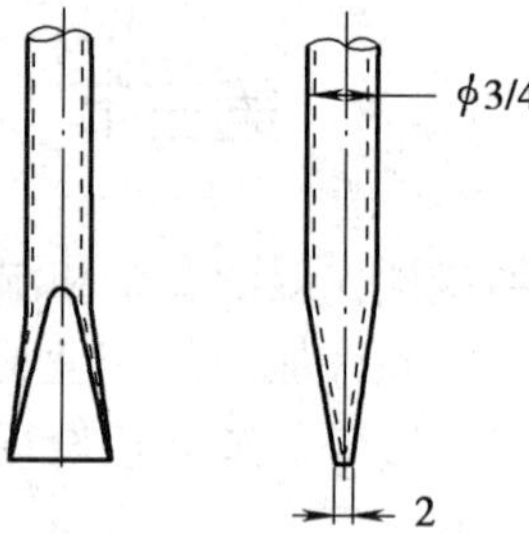

图 6—3 鸭嘴形喷水管

为了均匀湿润物料，应保证喷水管前水压不小于 2 MPa。加水点应设置在物料翻动和产生新的干燥物料表面的地点，如原料仓库的料堆、物料装卸料点、装运点、破碎机前后等。

2. 煤体预先湿润

在煤层开采过程中，预先用水通过钻孔和裂隙注入尚未开采的煤体，使水均匀分布在煤层空隙（裂隙、孔隙）中，以抑制煤尘的生成和飞扬，就叫做煤体预先湿润。按照液体进入煤体的方法，可分为煤体注水和煤体灌水。

（1）煤体预先湿润的降尘作用与影响因素

1）煤体预先湿润的降尘作用。煤体预先湿润后主要有以下降尘作用：一是水进入煤体的裂隙后，将其中的原生煤尘在煤体未破碎前预先湿润，使其失去飞扬性；二是水进入煤体各种裂隙和层理后，在极其微小的空隙内部都有注入的水，使整个煤体有效地被水包裹起来，煤体得到充分的湿润，抑制回采过程中伴生的大量煤尘；三是水进入煤体后可改变煤体的物理力学性质，使煤炭塑性增加，脆性减弱，煤炭被破碎时，许多脆性破碎变为塑性变形，降低了煤尘的产生量。

2）煤体预先湿润效果的影响因素。影响煤体预先湿润效果的主要有以下因素：煤的成因与变质程度，构造变动和采动因素对注水效果的影响，煤层的埋藏深度，注水参数如注水压力、注水速度、注水量和注水时间等。

（2）煤体注水。煤体注水是在煤层被掘进巷道切割后，通过打钻孔的办法用压力水湿润尚未开采的煤体，抑制和减少在开采过程中粉尘的发生。根据现场测定，煤体预先湿润的降尘效果一般在 50%～90%。

1）注水方式。根据供水压力的高低，分为高压注水（水压＞10 MPa）、中压注水（水压为 2.5～10 MPa）、低压注水（水压＜2.5 MPa）；根据水的加压方式，可分为静压注水和动压注水。静压注水是直接利用水的重力作用将比注水点高的水源的水注入煤体，动压注水是通过注水泵或风包加压将水源的水加压后注入煤体。根据煤层钻孔的位置、长度和方向不同，煤体注水又有长孔注水、短孔注水、深孔及中孔注水、巷道钻孔注水等方式。深孔或中孔注水、短孔注水是在采煤工作面垂直煤壁或与煤壁斜交处打钻孔注水。短孔注水的注水孔长度一般为 2～3.5 m，钻孔间距等于工作面日推进度；深孔注水长度一般为 12～25 m，钻孔间距 7～15 m，等于工作面一周推进度；中孔注水长度一般为 4～6 m，等于工作面 2～3 天推进度，钻孔间距等于注水孔长度。长孔注水是从采煤工作面的运输巷道或回风巷道，沿煤层倾斜方向平行于工作面打上向孔或下向孔注水，钻孔长度一般为 30～100 m，钻孔间距一般为 10～15 m。巷道钻孔注水是在上部邻近巷道中打岩石钻孔对下部煤层进行注水。

2）注水工艺。注水工艺通常包括钻孔、注水、封孔。短孔注水一般采用爆破采煤的打眼工具——煤电钻和可接长的麻花钻杆钻孔，长孔注水、深孔注水及巷道钻孔注水一般采用钻机钻孔。目前封孔方法主要有两种，一是水泥砂浆封孔，一是封孔器封孔。水泥砂浆封孔是指将一定比例的水泥和砂浆混合并送入钻孔孔口，填塞注水管与钻孔的间隙，待凝固后再注水。封孔器封孔是将封孔器与注水钢管连接起来送至封孔位置，水流从封孔器前端的喷嘴流出进入钻孔。封孔器分为水力膨胀式封孔器和摩擦式封孔器，水力膨胀式封孔器依靠注水的水流压力降使胶管膨胀封住钻孔，摩擦式封孔器通过旋转注水管使橡胶密封筒被压缩径向胀大而封住钻孔。注水过程中，静压注水比较简单，直接将注水管与矿井静压供水系统连接，并安设水表即可；在动压注水中，除封孔器外，所使用的设备还有水泵、封孔器、分流器及水表等。每个钻孔的注水时间与钻孔注水量成正比，与注水速度成反比，在实际注水中，常把在预定的湿润范围内的煤壁出现均匀“出汗”（渗出水珠）的现象，作为判断煤体是否全面湿润的辅助方法。

（3）煤体灌水。灌水预湿煤体主要用在分层开采中，当上分层采完后将水灌入采空区或巷道中，水依靠自重，通过煤体的裂隙，缓慢渗入下分层，使之预先湿润，以减少开采时煤尘的产生量。灌水方法大体分为倾斜分层超前钻孔采空区灌水、水平分层采空区灌水、采空区埋管灌水、工作面回风巷水窝灌水等。

二、湿式作业

湿式作业是指向破碎、研磨、筛分等产尘的生产作业点送水，以减少悬浮粉尘的产生。在各个行业的生产中，湿式作业得到广泛的应用，如物料的装卸、破碎、筛分、输送，石棉纺线，铸件清砂，工件表面加工，陶瓷器生产等均可采用湿式作业。下面简要介绍几种有代表性的湿式作业：

1. 石英砂湿法生产

石英砂湿法生产工艺是由破碎、筛分、脱水沉淀等工序所组成。大块石英石运至料场后，由皮带输送机送至储料斗，在皮带输送机上部装有喷水器，将石块上夹带的泥质杂质冲洗干净，然后石块经储料斗进入颚式破碎机进行粗破碎，破碎机上装有喷水管，喷水湿润石英石。破碎后的小块石英石经斗式提升机送入轮碾机进行细粉碎；在粉碎过程中加入一定量的水，使水与砂达到合理的质量比（水砂比）。实践表明，如使用双辊机湿法生产，当水砂比等于或大于 1∶2.5 时，作业点含尘浓度即能达到卫生标准。细粉碎后的石英砂，由斗式提升机经储料斗送至圆滚筛进行筛分，再经离心脱水机脱水后即可得到水分含量在 6%～12%之间的成品石英砂。某石英砂厂采用湿法生产工艺后，使职业点含尘浓度由原来每立方米空气中几百毫克降至 2 mg 以下，同时产量可提高 18%。

2. 石棉湿法纺织生产线

随着现代工业的发展，石棉纺织制品的需求量也日益增加。过去生产石棉纺织制品一直是沿用棉、毛的干法梳纺工艺，产生大量粉尘。石棉湿法纺线工艺流程为：原棉处理→水选除杂→浸泡→打浆→成膜→纺线→编织→成品。石棉湿法纺线是采用化学的方法将石棉绒均匀地分散入浆液中，并使之成胶体状，经过浸泡、打浆、成膜等工序后形成皱纹纸状的石棉薄膜，再将石棉薄膜纺成线，最后编织成各种石棉纺织制品。湿法纺线不但简化了工艺流程，从根本上消除了粉尘的危害，不需要通风防尘设备，节省通风能耗。这种工艺还可以充分利用短石棉纤维，不需要添加棉花。由于不加棉花，产品的耐热性能和强度都有所提高。

3. 水力清砂和磨液喷砂

水力清砂是指在铸造等工艺中，利用高压水泵和水枪将水高速喷射至铸件表面，清洗剥离黏附在铸件上的型砂，型砂与水一起经地沟流入砂水池，经脱水烘干后回收使用。磨液喷砂主要用在机器制造工业的清理或光饰在工件表面中。磨液由掺有“缓蚀脱脂剂”的清水和适当粒度的磨料（如石英砂、碳化硅等）按一定比例混合而成，工作时，利用磨液泵、水枪、喷嘴将磨液高速喷射在工件表面，然后返回储液箱循环使用。用磨液喷砂时，由于有一层液膜裹覆磨料，故能减少磨料的破碎和粉尘的产生。

4. 湿式钻孔

湿式钻孔是指采用湿式钻孔机具，将具有一定压力的水，送到钻孔机具的孔底，用水湿润和冲洗打眼过程产生的粉尘，使粉尘变成尘浆流出孔口，从而达到抑制粉尘飞扬、减少空气中粉尘的目的。在现场施工中，施工放炮炮眼的钻孔机具称为打眼机具。按湿式打眼机具的动力分，湿式打眼机具可分为湿式电钻和湿式风动打眼机具。按供水方式分，湿式打眼机具可分为中心式供水和侧式供水两种。中心供水湿式打眼机具的压力水沿着打眼机具轴线的水针，经钎杆中心孔、钎头水孔进入孔底；侧式供水湿式打眼机具的压力水不经打眼机具，而由钎尾的给水套进入钎杆，经钎杆中心孔至孔底。湿式打眼的降尘效果十分显著，降尘率达到90%以上，湿式打眼可使作业地点空气中的含尘浓度降低到10 mg/m^3 左右。

5. 水封爆破与水炮泥

(1) 水封爆破。水封爆破是指在打好炮眼以后，首先注入一定量的压力水，水沿矿物质节理、裂隙渗透，矿物质被湿润到一定的程度后，把炸药填入炮眼，然后插入封孔器，封孔后在具有一定压力的情况下进行爆破。水封爆破虽能降尘、消烟和消火，但是，当炮眼的水流失过多时，也会造成放空炮，所以对炮眼中水的流失应注意。

(2) 水炮泥。水炮泥就是将难燃、无毒、有一定强度的盛水塑料袋代替黏土炮泥填入炮眼内，起到爆破封孔的作用。水袋封口是关键，目前使用的自动封口塑料水袋如图6—4所示，装满水后，能将袋口自行封闭。爆破时袋破裂，水在高温高压下汽化，与尘粒凝结，达到降尘的目的。水炮泥的防尘原理与水封爆破实质上是一致的，水借助于炸药爆炸时产生的压力而被压入矿物层裂隙，且爆破的热量可使水汽化，其降尘效果更明显。另外，炸药爆炸时可产生大量的炮烟，炮烟中易溶于水的有害气体因遇水蒸气而减少，从而降低了有害气体的浓度。实测表明：使用水炮泥其降尘率可达80%，空气中的有害气体可减少37%～46%。此外，使用水炮泥还容易处理“瞎炮”。

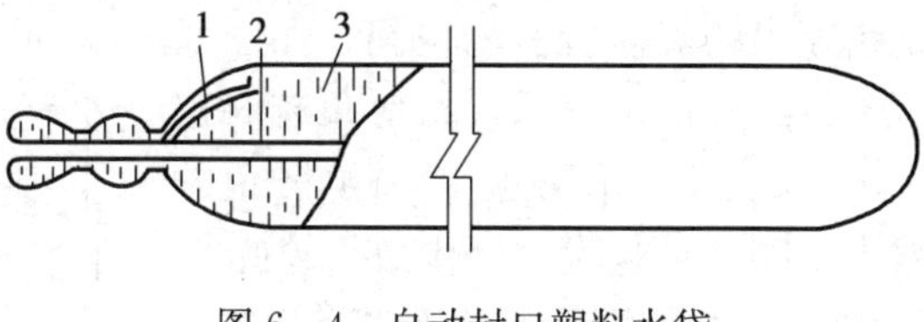

图6—4 自动封口塑料水袋

1—逆止阀注水后位置 2—逆止阀注水前位置 3—水

6. 湿式喷射混凝土

湿式喷射混凝土也称湿式喷浆，是指将一定配比的水泥、砂子、石子，用一定量的水预先拌和好（水灰比为0.4左右），然后将湿料缓缓地送入喷浆机料斗进行喷浆作业。由于在混合料中预加水搅拌，水泥水化作用充分，水泥被吸附在砂石表面结成大颗粒，使水泥失去浮游作用，大幅度抑制了粉尘的扩散。同时预湿的潮料比湿料（水灰比＞0.35）黏结性小，能保证物料顺利输送，因此，湿式喷浆对减弹、降尘有明显的效果。

第四节　喷雾降尘

喷雾降尘是指液体在一定的压力作用下，通过喷雾器的微孔喷出形成雾状水滴，并与空气中的浮游粉尘接触而捕捉沉降的方法。其降尘机理是：通过喷雾方式使液体形成液滴、液膜、气泡等形式的液体捕集体，并与尘粒接触，使液体捕集体和粉尘之间产生惯性碰撞、截留、布朗扩散、凝集、静电及重力沉降等作用，将粉尘从含尘气流中分离出来。

喷雾降尘是目前广泛应用的一种防尘措施之一，与其他防尘措施相比，它具有结构简单、使用方便、耗水量少、降尘效率高、费用低等优点。缺点是喷雾降尘将增加作业场所空气的湿度，影响作业场所环境。

一、影响喷雾降尘效果的主要因素

1. 粉尘的湿润性与密度

湿润性好的粉尘，碰撞、截留、扩散效率高；湿润性差的粉尘与液体接触碰撞时，能产生反弹现象，其碰撞、截留、扩散效率低，除尘效率低。因此，对于难湿润的粉尘，应向液体添加湿润剂来降低表面张力，以提高降尘效率。粉尘密度越大，碰撞效率也越高，粉尘越易沉降，降尘效率也越高。

2. 喷雾作用范围与质量

喷雾作用范围是指喷出的雾体所占的空间，如图 6—5 所示，它分别用作用长度 $L+B$、有效射程 B 和扩散角 α 表示，扩散角有时也称条件雾化角。雾体作用长度、有效射程和扩散角越大，喷雾作用范围越大，降尘量越大，降尘效果越好。

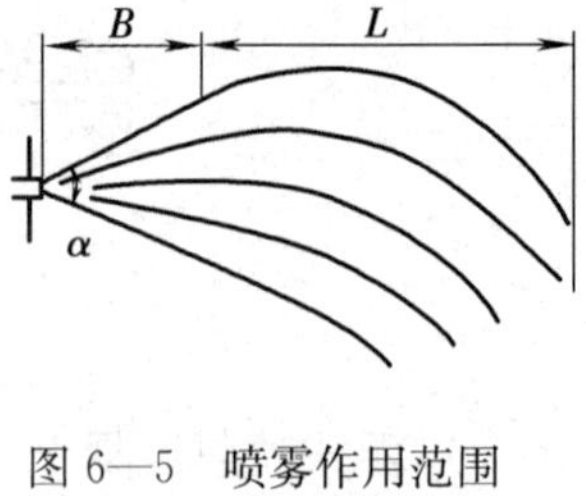

图 6—5　喷雾作用范围
B—有效射程　$L+B$—作用长度
α—扩散角

喷雾质量主要指雾滴粒径、雾滴密度及雾滴分布情况。液滴粒径是影响捕尘效率的重要因素，在水量相同情况下，液滴越细，液滴数量就多，比表面积加大，接触尘粒机会就多，产生碰撞、截留、扩散及凝聚效率也高。但液滴直径过小，液滴容易随气流一起运动，减小了粉尘与液体捕集体的相对速度，降低了碰撞效率，且在沉降过程中，容易蒸发，例如15 μm直径的液滴，在静止的干空气中蒸发时间为75 s，这一时间内的沉降距离为0.5 m，因此，对于不同粒径的粉尘，有一捕获的最宜液滴粒径范围，一般认为，尘粒直径越小，最宜液滴粒径也应越小。有实验资料认为，液滴直径为尘粒直径的50～150倍为宜；也有研究表明，粒度在10～200 μm范围内降尘效果较好，最佳降尘粒度为40～50 μm。雾滴密度越大，与粉尘接触机会越多，降尘效果越好，但太大将导致耗水量加大，并影响作业环境和生产要求，一般来说，在有效射程内雾滴平均密度以10^6～10^8粒/m^3为宜。而雾滴分布越均匀对降尘效果越有利，反之越差。

3. 液体供给相关参数

液体供给相关参数包括压力、流量、水质、黏度等，与喷雾作用范围和质量密切相关。液体提供压力越大，雾体衰减慢，同一位置的雾滴运动速度、单位体积的雾滴数量越大，雾体分布越好，雾体运动涡流强度越大，雾滴直径越小，雾滴荷电越强，雾体作用长度、有效射程和扩散角越大，喷雾质量越好。水质包括水中悬浮物含量、悬浮物粒径和pH值。水质差，悬浮物含量多，悬浮物粒径大，容易造成喷嘴堵塞，降低喷雾作用范围与质量；pH值太大或太小将影响作业环境、腐蚀喷嘴。因此，正常作业条件下，悬浮物含量不得超过150 mg/L，悬浮物粒径不得超过0.3 mm，pH值应在6～9之间，否则，应进行相关水处理，如安设过滤装置、沉淀池等。液滴粒径相同的情况下，供水流量越大，液滴数量就多，接触尘粒机会就多，产生碰撞、截留、扩散及凝聚效率高，除尘效率也高。液体黏度越大，越不易产生细小颗粒液滴，除尘效率越差。

4. 喷雾器型式与安装方式

目前用于降尘的喷雾器型式较多，产生的雾体作用长度、有效射程和扩散角不同，其雾滴粒径、雾滴密度及雾滴分布不同，降尘效果也不相同。比如，采用空气参与雾化作用的量越多的喷雾器，其雾滴粒径越细，雾滴密度越大，雾滴分布越均匀，喷雾质量越好，降尘效果越显著。

压力水从喷孔喷出后，随着离喷孔距离的增加，雾滴运动速度、单位体积的雾滴数量及雾体分布呈衰减态势；距离越远，雾粒越分散，雾滴运动速度和单位体积的雾滴数量越少，降尘效果越差，但雾体距喷雾出口太近，喷雾作用范围小，因此，喷雾器与产尘点的距离应根据现场实际确定。一般来说，直接喷向产尘点喷雾降尘的合理距离为1.5～2.5 m。

5. 粉尘与液体捕集体的相对速度

其相对速度越大，互相冲击的能量越大，碰撞、凝聚效率就越高，有利于克服液体表面张力而被湿润捕获。

二、喷雾器型式与选择

喷雾器也称喷雾装置，降尘用的喷雾器型式较多，下面介绍几种常用分类方法：

1. 按喷雾体形状及水流方式分

按喷雾体形状分，喷雾器可分为线束型喷嘴、空心锥体喷嘴、实心锥体喷嘴、扇形喷嘴（见图 6—6a）。按水流方式分，可分为直流喷嘴和旋流喷嘴。

直流喷嘴仅有喷孔，喷嘴内外没有能使水流旋转的部件，压力水直接通过喷嘴喷出，其喷雾体形状为线束形或扁平扇形，所以，线束型喷嘴和扇形喷嘴属于直流喷嘴。旋流喷嘴内外设有能使水流旋转的部件，压力水直接通过喷嘴旋转喷出，其喷雾体形状为空心锥体或实心锥体，故空心锥体和实心锥体喷嘴属于旋流喷嘴。根据压力水旋转的方法，旋流喷嘴又可分为轴向内旋流喷嘴、切向内旋流喷嘴、轴向外旋流喷嘴。轴向内旋流喷嘴为轴向进出水，喷孔内装螺旋型或涡轮型或 X 形等导水芯使压力水旋转。如图 6—6b 所示为喷孔内装螺旋形导水芯喷嘴，在喷嘴内部设置一个带有 2 个或 3 个螺旋槽的芯，压力水在喷嘴内部沿螺旋槽流动，在喷嘴前汇集、相互作用产生横向速度，然后在压力作用下被喷射出来，形成雾化；如图 6—6c 所示是喷孔内装 X 形导水芯喷嘴，它是由喷嘴体 1、喷嘴芯 2 和芯体压盖 3 组成，采用双头导流折返形状，类似于 X 形状的旋流叶片，每个叶片上又开一个方形槽口，使两股水流相互作用，压力水进入喷嘴后沿喷嘴芯形成的倾斜流道流动，到边缘后旋转折返回来形成旋转流动。切向内旋流喷嘴通过切向或斜向进水轴向出水使压力水旋转，如图 6—6d 所示，喷嘴入口处开 1 个或 2 个斜切孔，让进入喷嘴的水流形成旋转运动，产生横向速度，使雾化射流以一定的扩散角度喷出。轴向外旋流喷嘴在喷孔外部增加外螺旋设施使压力水旋转，如图 6—6e 所示，压力水从喷孔喷出后，沿着外螺旋叶片运动，从而使喷雾水旋转。

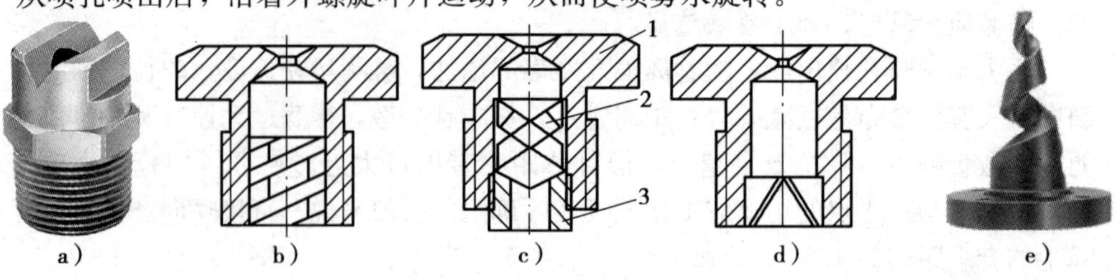

图 6—6　旋转喷嘴结构

a）螺旋导水芯喷嘴　b）X 形导水芯喷嘴　c）斜向进水喷嘴　d）扇形喷嘴　e）外螺旋喷嘴

2. 按喷雾器的材质和可耐水压分

按喷雾器的材质分，喷雾器可分为塑料喷嘴、尼龙喷嘴、单金属喷嘴、金属合金喷嘴、全陶瓷喷嘴、陶瓷嵌金属喷嘴等。按喷雾器的可耐水压分，可分为低压喷嘴、中压喷嘴、高压喷嘴。单金属喷嘴由普通钢材、不锈钢材、铜质材料等金属制作，成本高于塑料或尼龙喷嘴，低于其他喷嘴，适用于中压喷雾；塑料或尼龙喷嘴的材质为塑料或尼龙，这种喷嘴成本最低，但耐压程度低，一般只适用产尘量、水压低的喷雾；金属合金喷嘴的喷孔由钨、钛等稀有金属和普通金属合成的合金材料制成，耐压耐磨程度高，成本也最高，适用于产尘量、水压高的喷雾；全陶瓷喷嘴均由陶瓷材料制成，喷口耐压耐磨程度高，成本中等，但强度比金属低，有时用扳手拧喷嘴时会拧碎陶瓷喷嘴；陶瓷嵌金属喷嘴是指喷孔用陶瓷材料制作，喷嘴外壳等其他部分由单金属制作，且陶瓷喷孔嵌入喷嘴外壳中，这种喷嘴具有金属合金喷嘴的优点，且成本比金属合金喷嘴稍低，较多的应用于产尘量、水压高的喷雾中。

3. 按空气参与雾化作用的量分

按空气参与雾化的作用的量分，可分为单水喷雾器、水气双作用喷雾器两种。其中，水气双作用喷雾器又可分为自吸空气式喷雾器、压气水联动喷雾器。压气水联动喷雾器是将不同压力的压力水与压缩空气同时接入喷雾器中，压缩空气与压力水在喷孔内部提前破碎雾化水流并与其充分混合，然后再从喷孔喷出，从而提高雾化效果。

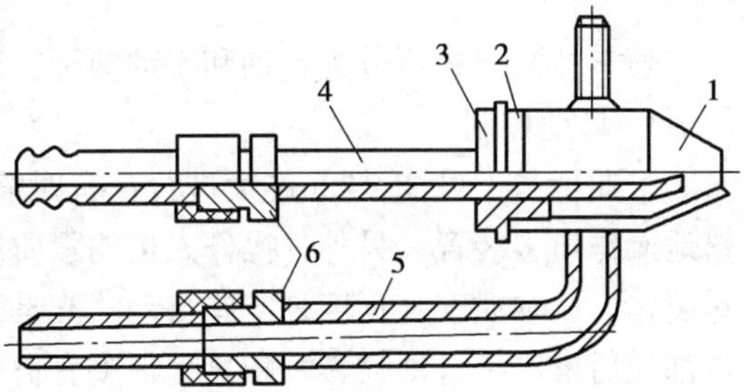

图 6—7　压力水联动喷雾器

1—风水混合室　2—胶皮垫　3—调节器　4—进风管　5—进水管　6—连接件

这种喷雾水的压气气压一般为 0.4～0.7 MPa，如图 6—7 所示。压气水联动喷雾器的使用水压低，雾化效果好，一般在爆破作业的放炮工序降尘中选用。自吸空气式喷雾器也称引射喷雾器，或称为文氏管喷雾器，这种喷雾器由喷嘴、吸气通道及外壳等组成，如图 6—8 所示为两种典型的自吸空气式喷雾器结构，其吸气通道一般由扩散管、喉管、入口渐缩段三个部分组成，其作用原理与喷射泵相似，它是利用压力水作喷射流体，作为该装置的吸气动力，使一定量的水从喷嘴高速连续喷出，通过吸气通道的喉管段时，流体速度达到最高，气压降至最低，在吸气通道后部造成低压区，这样，在负压作用下，吸气通道后端附近的空气通过入风口渐缩段流到喉管部分，使其和喷雾水滴混合一起，进一步破碎水滴，并与喷雾水滴一起从扩散段喷出，从而达到二次雾化、引射风流的目的，吸气通道各个部件尺寸的变化将引起文氏管喷雾器的吸气能力、雾化效果的变化。

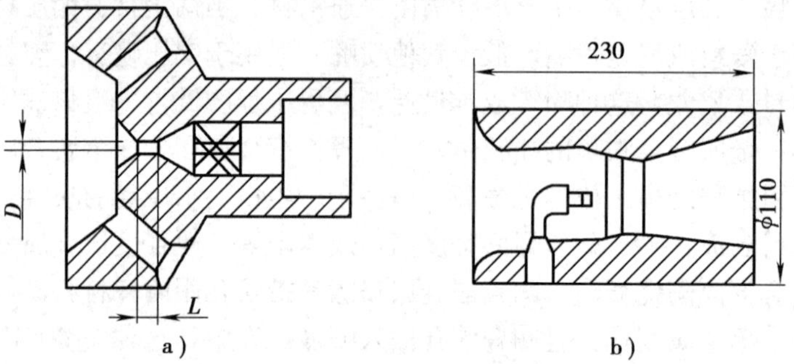

图 6—8　自吸空气式喷雾器

三、喷雾控制方式

喷雾控制方式可分为自动和手动两种。

1. 自动控制

工业生产不可能 24 h 连续进行，有时需要喷雾，有时则需停止，因而需要频繁地操作喷雾装置。另外，操作人员的素质高低不一，有时产尘后不能及时开启喷雾装置，从本质安全角度，实施自动喷雾是非常必要的。到目前为止，很多作业地点都先后推广了自动喷雾，积累了很多有益的经验。根据工作原理，喷雾自动控制有电子电器式、机械式、液压传动式等多种形式。

（1）电子电器式自动控制。这种自动控制装置主要由传感器、含有控制放大电路的控制箱及电磁阀组成。它将产尘作业的信号通过传感器转变成电信号，再通过控制放大电路控制箱传给电磁阀的开关，电磁阀由紧密组合的电磁线圈、电磁铁、阀芯及供水通路等组成，喷雾降尘用的电磁阀一般为常闭或常开型二通电磁阀，常闭型电磁阀通电时电磁线圈产生电磁力把阀芯从阀座上提起从而打开阀门形成喷雾，不通电时磁力消失，弹簧回弹使得喷雾停止，常开型电磁阀则相反。目前使用的传感器有红外线传感器、可见光传感器、声传感器、冲击波传感器、接触式传感器、电磁传感器、物料量及含湿量传感器等。其中，红外线、可见光传感器一般在拦截含尘空气为主的隧道及地下巷道的风流净化喷雾中使用，人体通过时将遮挡预先设置的红外线，红外线传感器根据红外线来传递信号关闭喷雾，可见光传感器一般通过光敏元件来传递信号关闭喷雾。接触式传感器通过与相关物品的机械接触产生传递信号，其内部一般有微动开关、干簧管、霍尔元件等，接触式传感器与外界被测物质接触时，被测物质的机械运动推动传感器的活动杆，活动杆可直接推动微动开关，也可推动磁钢接近干簧管及霍尔元件，从而产生电信号，触发稳态电路传给电磁阀开关；声传感器、冲击波传感器一般用在爆破作业中，根据爆破时发出的声音和冲击波的不同传递不同的电信号；物料量及含湿量传感器是根据运输的物料量及含湿量来发出不同的电信号的，主要用在破碎物质的运输中；电磁传感器通过与相关物品接触磁信号的变化产生并传递信号。

（2）机械式自动控制。它是通过将机械传动机构和手动阀门连接而实现自动喷雾。图 6—9 为机械式皮带输送机转载自动喷雾装置示意图，主要由球阀及其固定装置、阀杆、喷雾头、进出水管路等组成。阀杆在Ⅰ、Ⅱ位置分别为关闭、开启状态，球阀的开关与阀杆连为一体，复位弹簧一端与阀杆连接，另一端固定在机架上或其他固定处，喷嘴安装在转载点上方，输送机停止或没有物料运输时，阀杆在位置Ⅰ，输送机有物料运输时，物料运输撞击阀杆到位置Ⅱ，这时球阀被打开，开始喷雾降尘；输送带上没有物料运输时，阀杆在自重力和复位弹簧拉力的作用下又回到位置Ⅰ，球阀关闭，停止喷雾。这种装置还能根据物料运输量多少来自动调节喷雾水量。

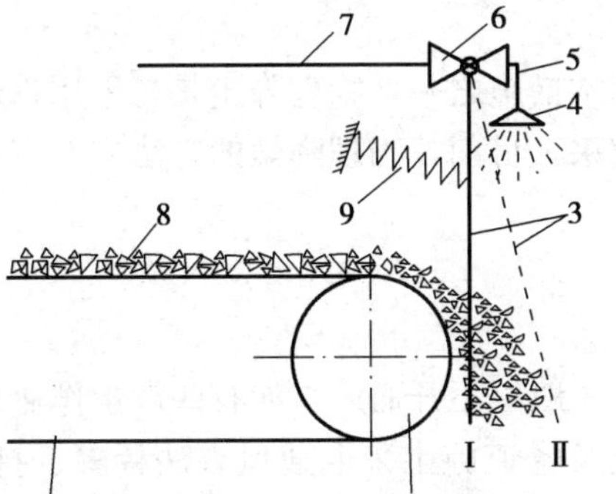

图 6—9　机械式皮带输送机转载自动喷雾装置示意图

1—卸载滚筒　2—输送带　3—阀杆　4—喷嘴

5—出水管　6—球阀　7—进水管　8—物料　9—复位弹簧

Ⅰ—球阀关闭状态　Ⅱ—球阀打开状态

（3）液压传动式自动控制。它主要通过液压传动机构来控制喷雾的开关，其核心部件为液压—水联动阀，该联动阀内一般有阀芯、液压单向阀、液控油路、水路、与液压传动机构连接口和与喷雾供水连接口等。这种自动控制主要在有液压传动系统的产尘作业点喷雾降尘中使用。如综合机械化采煤工作面移架、放顶产尘点，液压支架移架、放顶时，其中一路液压乳化油经过联动阀的一个接口进入联动阀的液控油路，推动控制喷雾水的阀芯打开喷雾；液压支架移架、放顶结束时，另一路液压乳化油经过联动阀的另一个接口进入联动阀的液控油路，推动控制喷雾水的阀芯关闭喷雾。

2. 手动控制

手动控制是指人工操作手动阀门来实现喷雾。用于手动喷雾的手动阀门主要有小型闸阀和球阀。球阀内有一个圆球形旋塞体，旋塞体内有圆形通孔或通道，圆形通孔或通道与管壁垂直时，旋塞体的进出口全部呈现球面，阀门关闭；圆形通孔或通道与管壁夹角小于 90°时，阀门打开。小型闸阀相当于旋钮式水龙头，由阀座、闸板、螺杆及旋盘等组成，它通过旋盘及螺杆使得闸板活动，从而达到开关的目的。球阀具有结构简单、流阻小、密封可靠、动作灵活快捷、维修及操作方便等优点，是较好的手动阀门，缺点是价格相对较贵；小型闸阀的闸板不留在流路上，压力损失小。而普通闸阀操作时易使阀体、阀杆及旋盘损坏，关闭密封不太可靠。

第五节　通风排尘与物理降尘

通风排尘是防尘基本措施之一，物理降尘是指采用物理的方法来减少浮游粉尘的产生，以提高降尘效果。目前，物理降尘的方法主要有荷电喷雾降尘、磁水降尘和高压静电控尘。

一、通风排尘

要做好粉尘防治，一般离不开通风。如有些产尘作业点采取抽出式通风除尘系统排走粉尘，地下作业及隧道施工采取通风方法稀释、排走粉尘及其他有害气体等。影响通风排尘的主要因素有排尘风速、粉尘密度、粒度、湿润程度等，下面主要介绍最低和最优排尘风速。

1. 最低排尘风速

最低排尘风速一般是指促使对人体最有害的呼吸性粉尘保持悬浮状态并随风流流动的最低风速。由本章第一节可知，对于垂直向上的风流，只要风流速度大于粉尘的悬浮速度，粉尘即能随风流向上运动，对于水平运动的风道，使粉尘悬浮的主要速度，是垂直风道方向的紊流脉动速度。故垂直向上风流的最低排尘风速可按本章第一节介绍的沉降速度或悬浮速度公式计算确定，而要使粉尘在水平运动气流中运动，必须保证运动气流为紊流，且应有足够的气流速度，即：

$$\sqrt{v'^2} > v_s \tag{6—26}$$

式中　$\sqrt{v'^2}$——风速横向脉动速度均方根值；

v_s——尘粒静止空气中的沉降速度。

紊流横向脉动速度的均方根值，可按如下经验式计算：

$$\sqrt{v'^2} = 3.29\frac{v}{a}\sqrt{\frac{\alpha}{r_1}} \cdot \left[1 + 1.72\left(\frac{R}{R_0}\right)^{10}\right] \tag{6—27}$$

式中　v——风道平均风速，m/s；

R——计算位置距风道轴线的距离，m；

R_0——圆形风道半径，对于非圆形断面 $R_0 = \frac{2S}{U}$，m；

r_1——表示横向脉动速度与纵向脉动速度的相关系数，为 0.2～0.5；

a——试验常数，表示紊流的横向脉动速度与纵向脉动速度的比例关系，取 1～2；

α——风道的摩擦阻力系数，$N \cdot s^2/m^4$。

从式（6—27）可以看出，按轴心处计算出的脉动速度如大于某一粒径粉尘的沉降速度，则该粉尘即能在全断面处于悬浮状态，此时应满足：

$$3.29\frac{v}{a}\sqrt{\frac{\alpha}{r_1}} > v_s \tag{6—28}$$

即：

$$v > \frac{v_s}{3.29} \cdot a \cdot \sqrt{\frac{r_1}{\alpha}} \tag{6—29}$$

这就是为使水平风道粉尘保持悬浮状态所要求的风速条件，依上式计算的风速即为最低排尘风速。

有人在实验室和矿井巷道中进行过专门试验，结果认为：风道平均风速为 0.15 m/s 时，能使 5～6 μm 的赤铁矿尘在无支护巷道中保持悬浮状态，并使粉尘浓度在断面内分布均匀随风运动。

2. 最优排尘风速

实验和研究表明，当风速增加到一定数值时，粉尘浓度可降低到一个最低数值，风速再增高时，粉尘浓度将随之再次增高，因此称保持最低粉尘浓度的风速为最优排尘风速。最优排尘风速受多种因素影响，如一般干燥风道中风速为 1.2～2 m/s，而在潮湿风道，粉尘不易被吹扬起来，最优排尘风速可提高到 5～6 m/s，在产尘最大的地方，适当提高排尘风速，可以加强稀释作用。

二、荷电喷雾降尘

该技术在选矿厂石灰石粗破碎车间应用后，降尘效果比清水喷雾提高15%；在转载矿石的链头卸料机卸载点应用后，全尘、呼吸性粉尘降尘效率分别比清水喷雾提高18.1%和58.8%；在煤炭运输及放煤口应用后，全尘降尘效率比清水喷雾提高44.97%～48.36%，呼吸性粉尘降尘效率比清水喷雾提高了50.94%～69.08%。

1. 降尘机理

悬浮粉尘大部分带有电荷，如水雾上有与粉尘极性相反的电荷，则带水雾粒不但对相反极性电荷的尘粒具有静电引力，而且水雾带电使粉尘颗粒上产生符号相反的感应镜像电荷，水雾对不带电荷尘粒具有镜像力，这样，水雾对尘粒的捕集效率及凝聚力显著增强，并导致尘粒增重而沉降，从而提高降尘效果。影响荷电液滴捕尘效率的最主要因素是液滴与粉尘的荷电量，液滴与粉尘的荷电量越大，荷电液滴与粉尘之间的静电力就越大，则捕集效率就越高，影响荷电液滴捕尘效率的其他因素与清水喷雾降尘相似。

2. 水雾荷电方法

使水雾荷电的方法主要有：

（1）感应荷电。感应荷电是外加电压直接加在感应圈上，而喷嘴设在感应圈的中心，这样，当水雾通过高压感应圈与接地喷嘴之间的电场时，电场中有大量的运动离子，从而使由喷嘴喷出的水雾带上与感应环相反极性的电荷。此法控制水雾荷电量及荷电极性比较容易，可以在不太高的电压下获得较高的水雾荷质比，也是一种有效的荷电方式。

感应荷电下，水雾带电量为：

$$Q_h = U \cdot C_v \tag{6—30}$$

式中　U——感应电压，V；

C_v——电容，与感应环半径、中间雾滴区半径有关，F。

从式（6—30）可以看出，雾粒获得荷电量的大小取决于感应环上施加的电压、感应环半径、中间雾滴区半径等因素。

（2）电晕荷电。电晕荷电是让水雾通过电晕场荷电的方法。电晕过程发生于电极和接地极之间，电极之间的空间中形成高浓度的气体离子，水滴通过这个空间时，将在百分之几秒的时间内因碰撞俘获气体离子而荷电。电晕荷电下，水雾荷电量可用下式表示：

$$Q_h = 4\pi r^2 \varepsilon_0 E \frac{3\varepsilon_s}{\varepsilon_s + 2} \cdot \frac{t}{t+\tau} \tag{6—31}$$

式中　Q_h——水雾荷电量，C；

ε_0——空气介电常数，C/(V·m)；

ε_s——雾滴相对介电常数，C/(V·m)；

E——雾滴所处位置的场强，V/m；

r——雾滴半径，m；

t——雾滴在电场中停留的时间，s；

τ——荷电时间常数，s。

由式（6—31）可知，雾滴半径以平方的形式出现在公式中，因此，雾滴半径是影响雾滴荷电量的主要因素。在相同电压下，通常负电晕电极产生较高的电晕电流，且击穿电压也高得多。因此，工业气体净化通常采用稳定性强、能够得到较高操作电压和电流的负电晕极。

(3) 喷射荷电。喷射荷电是让水高速通过某种非金属材料制成的喷嘴，水与喷嘴摩擦过程中带上电荷，其荷电量与带电极性受喷嘴材料、喷水量、水压等因素影响。此法的带电性和荷电量较难控制，荷电也不够充分。

三、磁水降尘

磁化水是指经过磁化器处理的水，使水的物理化学性质发生暂时的变化，该暂时改变水性质的过程称为磁化过程，其变化的大小与磁化器磁场强度、水中含有的杂质性质、水在磁化器内的流动速度等因素有关。

1. 降尘机理

水分子中有五对电子，一对电子（内部）位于氧核附近，其余四对电子在氧核与每一个氢原子核间各有一对；另外两对是孤对电子，在四面体上方朝向氢原子的相反方向，正是由于这两对孤对电子的存在，使分子间产生了氢键联系。由于氢键的存在又赋予水以特殊而易变的结构，在磁场力、压力、温度等因素的作用下，导致水的结构发生变化，使氢键产生弯曲，O—H 化学键夹角也发生变化。水经磁化处理后，受磁场作用，水分子缔合体分解，水的导电率和黏度降低，使较大的水分子集团链中的氢键发生弯曲和局部断裂，水分子缔合体分解成单分子水、双分子水或较小的缔合水分子，复杂的长键状变成短键，水分子之间的电性吸引力减小，具有较强的活性，这样，既降低了水的表面张力，使其与粉尘表面上的相互吸引力增加，更容易在粉尘表面上吸附，增加了粉尘的润湿性，又可使水的晶构变短，使水珠变细，有利于提高水的雾化程度，从而提高了降尘效果。

2. 采取磁水降尘应考虑的主要因素

（1）对水的磁化方式。按产生磁场的方式，磁水器一般有永磁式及电磁式两种。永磁式不需要外加能源，结构简单，但磁场强度较低，也不易调节，且其使用的铁磁性物容易发生温度升高而引起退磁现象；电磁式通过激磁电流产生磁场，磁场强度可调，但构造较复杂，且存在安全问题。采用电磁式磁水器时，如通过磁化铁磁性物质间接对水进行磁化，要注意磁化方向，也要注意磁化方向随温度的变化。另外，由于铁磁性物质具有磁化强度的各向异性，且有些各向异性常数随温度升高而下降，有些甚至当温度升高至一定值时改变符号，有些则随温度升高而先降后升，采用时应注意。

（2）水流方向、流速及磁感应强度。将水以一定速度通过一个或多个磁路间隙，水流方向与磁场垂直或平行（透镜式磁场）均可得到磁化水，故设计时一般取水流方向与磁场垂直或平行。由于许多离子的抗磁性强于水，所以最好使磁化水体中的离子在水体中分散均匀，磁化水流速应保持紊流状态（最佳流速可通过实验获得），其管壁也应有一定的粗糙度；磁感应强度与水的物理化学性能改变并非呈线性关系，需通过实验确定最佳的磁感应强度。

3. 应用效果

据报道，在采煤机喷雾降尘应用后，磁水降尘装置全尘降尘率比清水喷雾提高32%～58%，呼吸性粉尘降尘率提高了25%～46.59%。RMJ型内外磁共振式永磁磁水处理装置在运输转载点应用后，磁化水渗透压比清水喷雾高100 MPa，电导率由 0.95×10^5 下降到 $(0.72\sim0.78)\times10^3$，水的永久硬度由18.76下降到16.97～17.50，磁水降尘率比清水降尘提高20%～35.7%。

四、高压静电控尘

高压静电控尘是指利用高压静电控制产生的悬浮粉尘，把扬起的粉尘就地控制在尘源附近。它把静电除尘的基本原理和尘源控制方法结合起来，既可以用于开放性尘源，也可用于封闭性尘源，主要用于振动筛、破碎机、运输机转载点、皮毛刮软机、皮毛裁制工作地点等尘源的控制。

高压静电控制封闭性尘源的原理，如图6—10所示，它由电源控制器、高压发生器和高压电场三部分组成。交流电经高压发生器升压整流后，通过电缆线向电线输送直流负高压。这样，电晕线与尘源及密闭罩之间就形成了一个高压静电场。在静电场中，电晕线周围的空气被电离，产生大量正负离子，正离子向阴极（即电晕线）方向运动，负离子向阳极（即尘源以及密封罩内侧板）方向运动，负离子在向阳极运动过程中，使电场中的粉尘荷电，在电场力的作用下，荷电粉尘向阳极运动，从而达到抑制粉尘的目的。对于高压静电控制开放性尘源，其原理与控制封闭性尘源基本相同，所不同的是，高压静电场仅由电晕线与尘源组成，尘源为阳极。

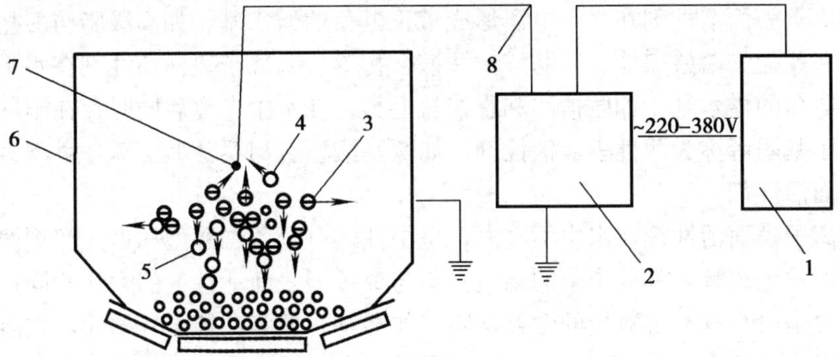

图 6—10　高压静电控尘原理

1—电源控制器　2—高压发生器　3—负离子　4—正离子

5—粉尘　6—密封罩　7—电晕线　8—电缆线

第六节　化学减尘降尘

化学减尘降尘是指采用化学的方法来减少浮游粉尘的产生，以及提高降尘效果。到目前为止，化学减尘降尘的方法主要有化学抑尘剂保湿黏结抑尘、湿润剂减尘降尘、泡沫降尘。

一、表面活性剂

能显著降低溶剂（一般为水）表面张力和液—液界面张力的物质称为表面活性剂，是化学减尘降尘的核心物质。表面活性剂具有亲水、亲油的性质，能起乳化、分散、增溶、洗涤、润湿、发泡、消泡、保湿、润滑、杀菌、柔软、拒水、抗静电、防腐蚀等一系列作用。从结构看，所有的表面活性剂分子都是由极性的亲水基和非极性的憎水基两部分组成的。亲水基使分子引入水，而憎水基使分子离开水，即引入油，因此它们是两亲分子。表面活性剂分子的亲油基一般是由碳氢原子团（即烃基）构成的，而亲水基种类繁多。所以，表面活性剂在性质上的差异，除与碳氢基团的大小和形状有关外，还与亲水基团的不同有关。亲水基团在种类上和结构上的改变，远比亲油基团的改变对表面活性剂的影响大。因此，表面活性剂一般以亲水基团的结构为依据来分类，通常分为离子型、非离子型以及特殊类型表面活性剂。

离子型表面活性剂包括阴离子表面活性剂、阳离子表面活性剂和两性表面活性剂。阳离子表面活性剂在水中电离形成带正电荷的憎水基，如高级脂肪酸盐、磺酸盐、硫酸醋盐、磷酸醋盐、脂肪酸—肽缩合物等；阴离子表面活性剂在水中电离形成带负电荷的憎水基，如胺盐型和季铵盐型类；在水中电离后同时存在阳离子基团和阴离子基团者称为两性表面活性剂，如氨基酸型、甜菜碱型、咪哇啉型、氧化胺两性表面活性剂。

非离子表面活性剂在水中不电离，呈中性，有聚乙二醇型和多元醇型两类。溶于水时不发生离解，其分子中的亲油基团与离子型表面活性剂的大致相同，其亲水基团主要是由具有一定数量的含氧基团（如羟基和聚氧乙烯链）构成，在溶液中由于不是以离子状态存在，稳定性高，不易受强电解质存在的影响，也不易受酸、碱的影响，与其他类型表面活性剂能混合使用，相容性好，在各种溶剂中均有良好的溶解性，在固体表面上不发生强烈吸附。非离子表面活性剂大多为液态和浆状态，它在水中的溶解度随温度升高而降低。

特殊类型表面活性剂主要包括：氟表面活性剂、硅表面活性剂、氨基酸系表面活性剂、生物表面活性剂和高分子表面活性剂等。其中，氟表面活性剂主要是指碳氢链憎水基上的氢完全为氟原子所取代的表面活性剂，硅表面活性剂是以硅氧烷链为憎水基，以聚氧乙烯链、羧基、酮基或其他极性基团为亲水基构成的表面活性剂，氨基酸系表面活性剂是氨基酸与憎水物质发生反应生成的表面活性物质，高分子表面活性剂是指分子量在数千以上并具有表面活性的物质。

二、化学抑尘剂保湿黏结粉尘

化学抑尘剂主要由表面活性剂和其他材料组成，化学抑尘剂保湿黏结粉尘主要在处理地面道路运输、地下巷道的落尘或粉料中应用，它是指将化学抑尘剂和水的混合物喷洒覆盖于原生粉尘或落尘上，使原生粉尘或落尘保湿黏结，从而防止这些粉尘在外力作用下飞扬。按其主要作用原理，用于保湿黏结落尘的化学抑尘剂主要是黏结型抑尘剂、固结型抑尘剂和吸湿保湿型抑尘剂。

1. 黏结型和固结型抑尘剂

黏结型和固结型抑尘剂是将一些无机固结材料或有机黏性材料的水溶液喷洒到

落尘中黏结、固结落尘，防治落尘二次飞扬。黏结型和固结型抑尘剂可广泛应用于建筑工地、土路面、堤坝、矿井巷道、散体堆放场等领域的落尘黏结。固结型抑尘剂的主要化学成分通常有石灰、粉煤灰、泥土、黏土、石膏、高岭土等无机固结材料；可作为黏结型抑尘剂的材料一般有原油重油、橄榄油废渣、石油渣油、生物油渣、木质素衍生物、煤渣油、沥青、石蜡、石蜡油、减压渣油、植物废油等有机黏性材料或加工成这些有机黏性材料的乳化物。这里主要介绍黏尘效果较好、来源较广、成本较低的乳化渣油和乳化沥青。

(1) 乳化渣油。它主要是由渣油、水、乳化剂等组分组成，成本最低。它主要通过以下五个方面的作用来黏结粉尘：一是乳液渣油与尘粒接触时，形成以范德华力为主的物理吸附和以化学键为主的化学吸附，促使了乳化液与地表尘粒之间的黏结；二是乳化渣油喷洒到物质表面后，分散介质的一部分油珠由于布朗运动在尘粒表面形成一层油膜，抑制水分的蒸发，使粉尘保持湿润；三是乳化液中游离的少量表面活性剂分子的憎水基在水和尘粒之间架起"通桥"，冲破尘粒表面吸附的空气膜，促进了水对粉尘的湿润凝结作用，且乳化液喷洒后，原来油—水界面上的乳化剂分子的憎水基伸向尘粒表面，使得粉尘湿润较容易；四是乳化液中的表面活性剂在尘粒表面形成定向排列的吸附膜，抑制其基底水分蒸发；五是乳化渣油可以透入细小孔隙，待水分蒸发或渗透后，油相以薄膜形式包裹着并黏结尘粒。

(2) 乳化沥青。它主要是由沥青、水、乳化剂、稳定剂等组分组成。其中，沥青是乳化沥青的基本组分，约占55%～70%；水为第二大组分，水起到润湿、溶解、黏附其他物质及缓和化学反应的作用；乳化剂可使各不相溶的两相（沥青和水）形成一相（沥青）均匀分散于另一相（水）中的稳定分散系；稳定剂可分为两类，一类是无机稳定剂，如氯化钙、氯化镁、氯化铵和氯化铬等，另一类是有机稳定剂如聚乙烯醇、聚丙烯酰胺、羧甲基纤维素钠、MF废液等，其作用是使乳化沥青具有良好的储存和施工过程稳定性。

2. 吸湿保湿型抑尘剂

吸湿保湿型抑尘剂是利用一些吸水、保水能力较强的化学材料的特性，将这些固态或液态材料喷洒到需要抑制原生粉尘或落尘飞扬的场所，使得原生粉尘或落尘保持较高的含水率而黏结，从而防止飞扬。常用的吸湿保湿型抑尘剂可分为高聚物超强吸水树脂抑尘剂和无机盐类吸湿保湿型抑尘剂两大类。

目前的高聚物超强吸水树脂可分为三大系列，即淀粉系（如淀粉接枝丙烯腈等）、纤维素系（如纤维素接枝丙烯酸盐、纤维素羧甲基化环氧氯丙烷等）、合成聚合物系（如聚丙烯酸盐、聚丙烯酰胺、聚乙烯醇—丙烯酸接枝共聚物等）。它主要通过以下三方面作用来实现化学减尘：一是该材料喷洒到尘粒表面后，借助于布朗运动使溶液逐渐向尘粒靠近，并依靠范德华力使尘粒黏结；二是该材料吸水后，形成坚固的三维网状结构，与水是溶胀关系，各链节相互吸引，形成内聚力，水分蒸发或脱水缓慢，且该材料含有极性基且有强的亲水性，有较强的失水再生能力，脱水后可重新吸收空气中的水蒸气使尘粒的含水量增加，使尘粒长时间保持湿润黏结；三是这些不溶于水的大分子长链与尘粒形成一个强大的三维空间网，使尘粒获得某些抗拉强度和抗压强度，从而防止了粉尘飞扬。

可作为无机盐类吸湿保湿型抑尘剂的材料主要有卤化物（如 $CaCl_2$、$MgCl_2$、$AlCl_3$）、活性氧化铝、水玻璃、碳酸氢铵、偏铝酸钠及其复合物等，这些材料比纯水的吸湿保湿效果要好，但脱水后不能重新吸水，吸湿保湿性能低于高聚物超强吸水树脂，有的无机盐材料在现场使用有异味，故应用越来越少。为提高这些材料的吸湿保湿性能或除去相关异味，目前有关学者对这些材料进行了复配研究，如固体卤化物添加氧化钙、氯化钙和水玻璃溶液中添加十二烷基苯磺酸钠、助渗剂与氮化钙和水玻璃复合等，一定程度地提高了吸湿保湿性能。

三、湿润剂减尘降尘

润湿作用是一种界面现象，它是指凝聚态物体表面上的一种流体被另一种与其不相混溶的流体取代的过程，常见的润湿现象是固体表面被液体覆盖的过程。湿润剂一般由表面活性剂和相关助剂复配而成，作为增加湿润作用的表面活性剂一般为阴离子表面活性剂，如高级脂肪酸盐、磺酸盐、硫酸醋盐、磷酸醋盐、脂肪酸—肽缩合物等，助剂是为了提高湿润效果而添加的，常用的助剂有 Na_2SO_4、NaCl 等无机盐类。目前很多种湿润剂被研制开发，并用于煤体及破碎物料预先湿润黏结、湿式作业、喷雾等减尘降尘措施，如 CHJ－1 型、J－85 型、R1－89 型、DS－1 型、快渗 T、黏尘棒等。

1. 湿润剂减尘降尘机理

以阴离子表面活性剂和 Na_2SO_4、NaCl 等无机盐类助剂的湿润剂为例，其作用机理是：一方面，湿润剂的表面活性剂是由极性的亲水基和非极性的憎水基（或称亲油基）两部分组成的化合物，表面活性剂分子的亲油基一般是由碳氢原子团，即烃基构成的。湿润剂溶于水时，其分子完全被水分子包围，亲水基一端使分子引入水，而憎水基一端被排斥使分子离开水伸向空气或油。于是表面活性剂的分子会在水溶液表面形成紧密的定向排列，即界面吸附层，由于存在界面吸附层，使得水的表层分子与空气的接触状态发生变化，接触面积大大缩小，水的表面张力降低；另一方面，固体或粉尘的表面由疏水和亲水两种晶格组成，表面活性剂离子进入固体或粉尘表面空位，与已吸附的离子成对，如固体或粉尘的正离子与阴离子表面活性剂相吸引，阴离子表面活性剂的疏水基进入固体或粉尘空位，使固体或粉尘的疏水性晶格转化为亲水状态，这样，增加了固体或粉尘对水的湿润性能，提高减尘降尘效果。

2. 实际应用中湿润剂的添加方法

实际应用中，湿润剂一般要连续添加，其方法有下列几种：

（1）液气射流计量混合泵。如图 6—11 所示，湿润剂溶液被液气射流泵所造成的负压所吸入，并与水流混合加于供水管路中，添加浓度由吸液管 6 上的调节阀进行调节。为使液气射流泵具有较高的效能，其几何尺寸要合理。

（2）添加调配器。如图 6—12 所示，其原理是在湿润剂溶液箱的上部通入压气（气压大于水压），承压湿润剂溶液从箱内供液管 8 的入口进入供液导管，经三通 10 添加于供水管路。调节阀门 6，用来调节添加湿润剂溶液的流量与供水流量相配合而达到所需的添加浓度。这种方法结构简单，操作方便，无供水压力损失，但必须以压气作动力。

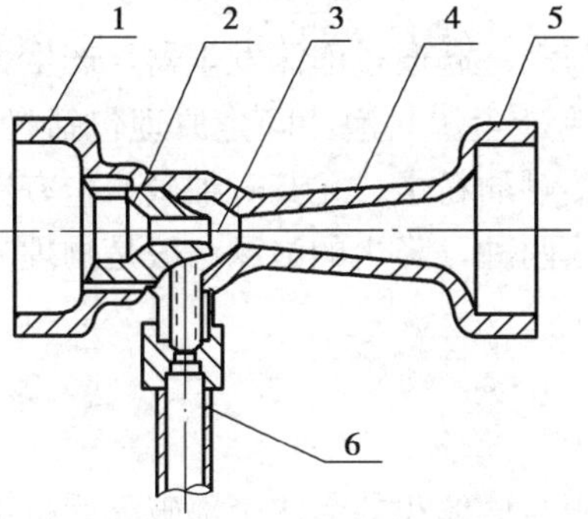

图 6—11　液气射流混合泵

1—进水端　2—喷嘴　3—调节阀
4—扩散段　5—出液端　6—吸液管

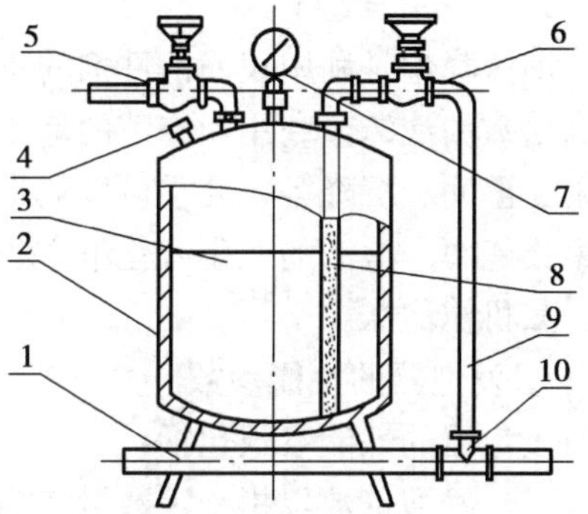

图 6—12　压气添加调配器

1—供水针　2—溶液箱　3—溶液　4—加液口
5—供气阀　6—调节阀门　7—压力表
8—箱内供液管　9—加液管　10—三通

（3）利用孔板减压调节器进行添加。孔板减压调节器的孔板前后压力不等，湿润剂溶液在孔板前端高压水作用下被压入孔板后端的低压水流中，从而达到添加目的。

（4）定量泵。通过定量泵把液态湿润剂压入供水管路，通过调节泵的流量与供水管流量配合达到所需浓度。

（5）其他。在动压注水中，可利用注水泵吸入管的负压来吸入湿润剂溶液箱中溶液，经调节阀调节流量，即可获得所需的添加浓度。对固态的湿润剂，为达到连续添加的目的，可将固态物加工成棒状，通过水流冲刷溶解达到连续添加的目的。

3. 湿润剂减尘降尘的应用

近 30 多年来，湿润剂相继在物料预先湿润减尘、湿式作业、喷雾降尘等方面得到了应用，取得了良好的效果。据研究应用表明，添加黏尘棒可使注清水的煤层水分增加 75.7%，降尘率比清水喷雾提高 20%～30%；添加湿润剂进行喷雾降尘，呼吸性粉尘降尘率提高 40%；添加 CHJ－1 型湿润剂可使湿式打眼降尘效果提高 42.5%；添加 J 型湿润剂可使喷射混凝土的粉尘含量比清水喷雾提高 50%～60%；在水炮泥中添加湿润剂可使得爆破作业降尘效果比清水喷雾提高 35%。

四、泡沫降尘

目前，人们对作业场所的泡沫降尘技术进行了大量试验研究，结果表明，降尘效果比清水喷雾可提高 60%以上。

1. 泡沫降尘原理

泡沫降尘是利用表面活性剂的特点，使其与水一起通过泡沫发尘器，产生大量的高倍数的泡沫，利用无空隙的泡沫体覆盖和遮断尘源。泡沫降尘原理包括拦截、黏附、湿润、沉降等，几乎可以捕集全部与其接触的粉尘，尤其对细微粉尘有更强的聚集能力。泡沫的产生有化学方法和物理方法两种，降尘的泡沫一般是物理方法的，属机械泡沫。

2. 发泡器的性能参数

发泡器的性能参数包括：

（1）发泡倍数，指一定数量泡沫的自由体积与该体积的泡沫全部破灭后析出的溶液的体积比。

（2）发泡量，指发泡器每分钟发生泡沫的自由体积。

（3）析出时间，指随着泡沫消失而析出一定质量的溶液所需要的时间；析出时间越长，泡沫越稳定。

（4）成泡率，指实际成泡量与理论成泡量之比。

（5）气泡比，指供给泡沫发生器的风量与发泡量之比值，又称风泡比。

3. 泡沫药剂主要成分

泡沫除尘效率主要取决于泡沫药剂的成分。泡沫药剂一般有起泡剂、湿润剂、稳定剂、增溶剂等成分。

（1）起泡剂和湿润剂。在泡沫降尘中，由于发泡剂的分子结构不同、相同条件下发泡倍数也不一样。起泡剂性能的强弱，直接影响泡沫发生量的多少和降尘效率，一般降尘中应用的起泡剂发泡倍数为 10～400 倍。湿润剂用于泡沫降尘时的比例较小，其降尘作用如前所述。

（2）稳定剂。稳定剂（或称稳泡剂）是指在发泡剂中能起稳定泡沫作用的某种助剂。泡沫的稳定性取决于泡沫药剂配方、发泡方式和泡沫赋存的外界因素，破泡时间的长短取决于排液快慢和液膜强度，而液膜强度的大小受泡沫液的表面张力、溶液黏度、分子的大小及分子间作用力强弱等因素的影响。一般来说，溶液的表面张力低，易生成泡沫，稳定时间长，溶液的表面黏度大，所生成的泡沫稳定时间也长。

（3）增溶剂。表面活性剂在水溶液中形成胶束后具有能使不溶或微溶于水的有机物的溶解度显著增大的能力称为增溶，能产生增溶作用的表面活性剂叫增溶剂，被增溶的有机物称为被增溶物。影响增溶作用的主要因素是增溶剂和被增溶物的分子结构和性质、温度、有机添加物、电解质等。因此，泡沫药剂配方中增溶剂是必不可少的成分。

第七节　落尘清除与个体防护

工业生产中产生的粉尘是很多的，由于目前的其他防尘技术和防尘管理方法尚未能将所有的粉尘全部根除，因此，落尘清除与个体防护也是综合防尘的重要环节。

一、清除落尘

清除落尘方法包括冲洗落尘、人工清扫落尘、真空吸尘等。

1. 冲洗落尘

冲洗落尘是指用一定的压力水将沉积在产尘作业点及其下风侧的地面或有限空间四周的粉尘冲洗到有一定坡度排水沟中，然后通过排水沟将粉尘集中到指定地点处理。

冲洗落尘清除效果好，既简单又经济，因此，我国隧道、地下铁道、地下巷道、露天矿山及地面厂房的很多地点均采用此法清除沉积粉尘。为了做好冲洗落尘，应注意以下几点：

（1）供水方法有两种，一种是供水管路系统供水，另一种是洒水车供水，具体采取哪一种，应根据技术可行、经济合理的原则确定。

(2) 在厂房水冲洗中，地面和各层平台均应考虑防水，并有不少于1%的坡度至排水沟，各层平台上的孔洞要设防水台。

(3) 采用供水管路系统供水时，冲洗供水管路的设置要保证能将水冲洗到所有能产生或沉积粉尘的地点，冲洗供水管路也可与消防供水系统合用。供水管路一般由硬质管路和软质管路组成，硬质供水管路应每隔一定的距离设置一个与供水软管连接的三通阀门，其间隔应根据产尘积尘量的大小确定。

(4) 对禁止水湿的设备应设置外罩，所有金属构件均应涂刷防锈漆。北方地区应设采暖设备，建筑物外围结构内表面温度应保持在0℃以上。

(5) 冲洗供水压力应不低于2 MPa，用水量可按每冲洗1 m^2 面积耗水6 L计算。

(6) 冲洗周期根据现场的产尘、积尘强度等具体情况确定，保证及时清除积尘。

2. 人工清扫落尘

人工清扫落尘是指人工用一般的打扫工具把沉积的粉尘清扫集中起来，然后运到指定地点。这种方法不需要配备相关设备，投资少，但清扫工作本身会扬起部分粉尘，积尘范围大时要消耗大量的人力，因此，在现代化作业地点已较少大面积采用此法，只有在生产和工艺条件限制既不宜采用水冲洗，又不宜采用真空吸尘的地点，才进行人工清扫。

为了做好清扫落尘，厂房设计应注意以下几点：

(1) 对接触粉尘和加工粉尘设备的设计应尽可能紧凑，减小死空间，以便清扫积尘。

(2) 车间墙的内表面应光滑，建筑构件中的接合点应仔细抹平和涂刷光滑，不应存留可沉积和堆积粉尘的空穴。

(3) 在可能从设备中泄出粉尘的车间中，不应存在可能在其上沉积粉尘的突出建筑结构，如由于生产要求而必须采用这类建筑物构件时，突出部分与水平面的倾角不应大于60°。

(4) 装粉状物料的筒仓和料仓，宜用钢筋混凝土或金属制成，仓壁和出料斗的内壁应光滑，并装设专门装置以防止粉状物料堵塞和结拱。筒仓和料仓的结构应采用溜管，以保证能完全卸出物料，墙与堰之间的夹角应圆滑。

3. 真空吸尘

真空清扫就是依靠通风机或真空泵的吸力，用吸嘴将积尘（连同运载粉尘的气体）吸进吸尘装置，经除尘器净化后排至室外大气或回到车间空气中。它主要用于地面厂房积尘清除。

真空清扫吸尘装置主要有移动式和集中式两种。集中式适用于清扫面积较大、积尘量大的地面厂房，它运行可靠，只需少数人员操作。如图 6—13 所示的是集中式真空清扫吸尘装置，容许多个吸嘴同时吸尘。移动式真空清扫机是一种整体设备，它由吸嘴、软管、除尘器、高压离心式鼓风机或真空泵等部分组成。适用于积尘量不大的场合，使用起来比较灵活。主要用来清扫地面、墙壁、操作平台、地坑、沟槽、灰斗、料仓和机器下方许多难以清扫的角落，并能效地吸除散落的金属或非金属碎块、碎屑和各种粉尘。

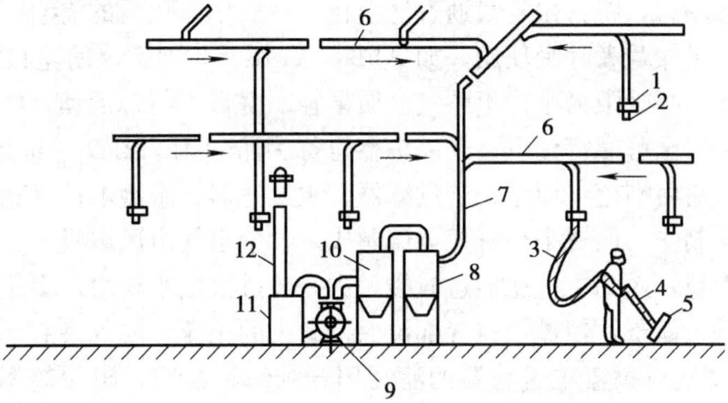

图 6—13　集中式真空清扫洗尘装置

1—堵头　2—管接头　3—软管　4—吸嘴把手　5—吸嘴　6—引出管

7—干管　8—旋风除尘器　9—水环式真空泵　10—袋式除尘器　11—集水箱　12—排风管

二、个体防护

个体防护是指通过佩戴防尘面具以阻止或减少人体吸入粉尘。防尘面具的作用是将含尘空气中的粉尘通过过滤材料过滤，使人体吸入清洁的空气，防止空气中的粉尘进入呼吸系统，从而避免接尘人员受到粉尘的危害。目前的防尘面具可分为过滤式及隔离式两种。

1. 过滤式防尘面具

过滤式防尘面具是使生产环境中的含尘空气经过过滤器，利用其净化作用阻留粉尘，过滤后的洁净空气供工人呼吸。它适用于作业环境中氧气含量大于 18%、粉尘毒害性及产尘量不大的作业场所，一般不能在罐、槽等狭小、密闭容器中使用。这类防尘面具的特点是轻便、有效、易携带。过滤式防尘面具又可分为自吸式和动力送风式两种，自吸式是依靠人体呼吸器官吸气过滤；动力送风式是利用微型风机抽吸含尘空气，例如送风口罩、送风头盔等。

（1）自吸过滤式防尘口罩。可分为复式口罩和简易口罩两种形式。复式防尘口罩的结构比较复杂，一般由主体件、过滤盒、呼吸气阀等部件组成。如图 6—14 所示是武安 301 型自吸过滤式复式防尘口罩。简易式防尘口罩没有过滤盒、吸气阀，其中绝大多数也没有呼气阀。有的直接用过滤材料做口罩。它们结构简单，质量轻，呼吸阻力小，携带方便，但防尘效果不如复式口罩。

（2）动力送风过滤式防尘面具。这类防尘面具是由电源、微型电动机和风机、过滤器及管路等部件，其形式可分为送风口罩和送风头盔两种。送风口罩是借助于小型通风机的动力，将含尘空气通过滤净化，然后把净化后的清洁空气经过蛇形管送到口罩内，供佩戴者呼吸使用，如 AFK、YMK－3 型送风防尘口罩，具有阻尘率高、泄漏低、呼吸阻力小、不憋气、质量轻、携带方便、活动自如、成本低、易于维修和使用安全可靠等优点。送风头盔也称为防尘帽。图 6—15 是 BWS 型送风头盔示意图。它由帽盔、面罩、预过滤器、主过滤器、微型电动机和电源构成。帽盔用工程塑料制作，面罩采用有机玻璃制成。含尘空气由风扇吸入，先经过预过滤器除去较粗尘粒，送到主过滤器过滤袋，进一步过滤微小粉尘。净化后的清洁空气沿头盔空腔进入面罩，使鼻、口等部位保持微小的正压。空气最后从面罩的空隙处排出。BWS 型送风头盔主过滤器的滤袋用纤维织物制作，阻尘效率不低于 95%，并能除去 0.5 μm 以上的微细粉尘。它具有净化适用范围广、质量轻、风量大、佩带者感觉舒适等特点。

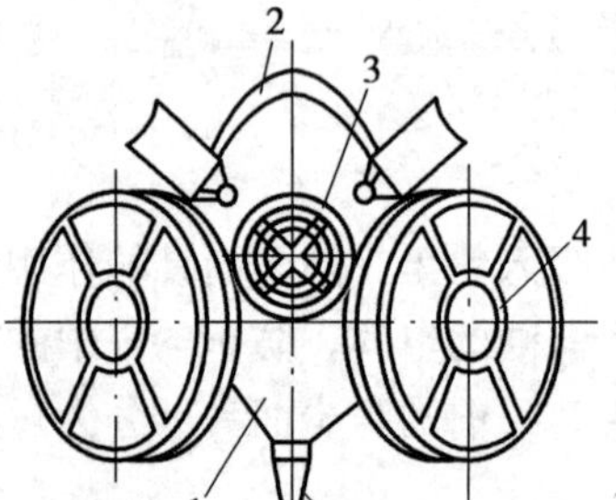

图 6—14　复式防尘口罩

1—主体件　2—密封脸形的坐圈　3—呼吸气阀
4—过滤盒　5—带有逆止浮球的出气嘴

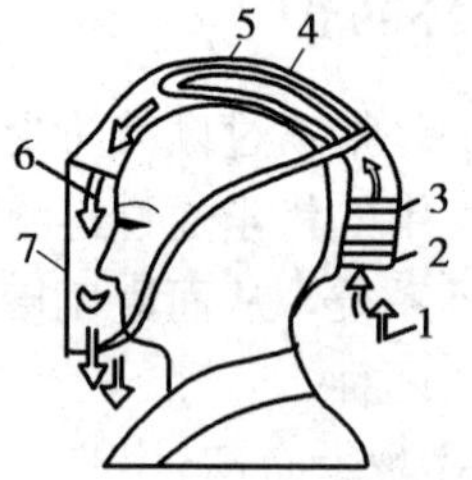

图 6—15　送风头盔

1—含尘空气　2—预过滤器　3—微型电动机和风扇
4—头盔　5—主过滤器　6—清洁空气　7—面罩

2. 隔离式防尘面具

这类防尘面具的功能是使戴用者呼吸系统与工作环境隔离，由装置本身供气或从清洁环境中引入纯净空气维持人体的正常呼吸。适用于而氧气含量小于18%、或粉尘毒害性大、产尘量大的作业场所。其优点是佩戴者与含尘空气隔离，呼吸舒畅。缺点是佩戴者拖有进气皮管，工人操作不便，活动范围受到限制等。

第八节 粉尘爆炸的防止与隔绝

一、防止粉尘爆炸的技术措施

由第一章可知，要防止粉尘爆炸的技术措施就是要破坏粉尘爆炸必须同时具备的条件之一或二，可采取的措施包括：添加惰化气体或粉体，防止落尘再次飞扬，采取各种减少粉尘产生和降尘措施，防止粉尘浓度超限，消除引火源。下面主要介绍消除引火源、添加惰化气体或粉体技术措施。

1. 消除引火源

引起粉尘爆炸的引火源有多种多样，就其种类来说，有明火、摩擦和撞击火花、电火花等。

（1）消除明火。作业场所里的明火一般可分为两类：一是生产明火，即生产过程中正常使用或产生的明火，如焊接、切割、锅炉、加热炉、烟囱中的火星或火焰；二是非生产明火，如燃着的烟头、火柴等生产过程不必要或不应该产生的明火。为防止明火成为引火源，一些常用的措施有：①在工艺过程中，加热易燃液体时应采用热水、水蒸气或密闭的电路，以及其他的安全的加热设备，如必须采用明火加热，设备应密封，炉灶单独布置在一个房间内；②对设备、容器、管道等进行明火修理或使用喷灯等作业前，应严格执行动火制度，在修理动火前应进行动火分析；③在有火灾和爆炸危险的场所，禁止吸烟和携带火柴、打火机等火种，并在明显处张贴警告标志；④在有火灾和爆炸危险的场内不得使用蜡烛、火柴或普通灯具等明火照明，应采用封闭式或防爆型电气照明。

（2）消除电火花火源。电火花包括流电火花、静电火花、雷电火花、高频感应火花等。电火花是很常见的火源，生产中应采取消除电火花措施，如在有爆炸性粉尘危险的生产中，确保电线接头符合相关规定，采用防爆隔爆电气设备；在机器内部不应装有能形成点火源的电气装置；采取防静电措施等。

（3）消除摩擦和撞击火花。摩擦和撞击成为引火源的情形很多，如机器上转动部分的摩擦，铁器的互相撞击或铁制工具打击混凝土地面，物料高速喷出与器壁摩擦，金属零件、铁钉等落入粉碎机、提升机、反应器等设备内，机器上的轴承箱缺油，引起机件摩擦发热等。在有粉尘爆炸危险的生产场所，应采取措施避免摩擦、撞击火花的出现，如机件的运转部分应该用不发生火花的材料制作；轴承应与充满粉尘的内部隔离，并保证可靠的固定轴，防止纵向位移；机器的轴承等转动部分，应该有良好的润滑，并经常清除附着的可燃污垢；敲打工具必须避免使用铁制工具，而要用铜或铝等的合金制造，或用镀铜的钢板等不发火材料制造。

（4）消除其他火源。生产场所还有火灾、气体爆炸、爆破等其他火源，均应消除。

2. 添加惰化气体或粉体

添加惰化气体的作用主要是隔绝空气和降低空气中氧含量，使其降到极限氧浓度以下，以使粉尘爆炸不可能发生；添加惰化粉体的作用，主要是增加爆炸性粉尘的灰分，阻挡粉尘爆炸形成过程的热辐射，破坏链反应，防止粉尘爆炸。

常用的惰性气体有 N_2、CO_2、水蒸气、卤代烃等；可作为惰化粉体的材料有石灰岩粉、泥岩粉等。当作业场所充满高浓度的有爆炸危险的粉尘时，可向这一地区放送大量惰性气体使可燃有机粉尘惰化。

二、控制粉尘爆炸扩大的技术措施

粉尘爆炸的显著特点是可连续爆炸，且其破坏力更强，因此，采取控制粉尘爆炸扩大的技术措施，减少爆炸产生的危害，有着非常重要的意义。这里主要介绍地下空间和管道容器的控制粉尘爆炸扩大的技术措施。

1. 地下空间控制粉尘爆炸扩大的技术措施

地下空间控制粉尘爆炸扩大的技术措施主要有：安设水棚、安设岩粉棚、撒布岩粉、安设自动隔爆装置等措施。

（1）岩粉棚。岩粉棚由安装在某些地下空间（如巷道）上部的若干块岩粉台板组成，台板的间距稍大于板宽，每块台板上放置一定数量的惰性岩粉，当发生粉尘爆炸事故时，火焰前的冲击波将台板摺倒，岩粉即弥漫于巷道中，火焰到达时，岩粉从燃烧的煤尘中吸收热量，使火焰传播速度迅速下降，直至熄灭。

（2）水棚。水棚包括水槽棚和水袋棚两种。水槽是由改性聚氯乙烯制成的倒梯形、半透明的槽体，槽体质硬、易碎。地下一旦发生爆炸，暴风将水槽击碎或崩翻，水雾形成一道屏障，起到阻隔、熄灭爆炸火焰，防止爆炸传播的作用。水袋棚原理与水槽棚相似，所不同的是，水袋棚采用专门的挂钩吊挂，爆炸冲击波冲击后使得挂钩脱钩后水袋脱落而形成水雾，它是一种经济可行的辅助隔爆措施，水袋作为盛水容器的材料，必须能经受水的长期浸泡，材质不腐烂和机械强度不下降，且有阻燃性和抗静电性。水槽棚一般为主要隔爆棚，水袋棚作为辅助隔爆棚。

（3）撒布岩粉。它是指定期在地下某些空间中撒布惰性岩粉，增加沉积爆炸性粉尘的灰分，抑制爆炸性粉尘爆炸的传播。惰性岩粉一般为石灰岩粉和泥岩粉。对惰性岩粉的要求是：可燃物含量不超过5%，游离 SiO_2 含量不超过10%；不含有害有毒物质，吸湿性差；粒径均小于0.3 mm，且其中至少有70%的粒径小于0.075 mm。

（4）安设自动隔爆装置。自动隔爆装置利用各种传感器瞬间测量爆炸产生的各物理参量，并通过指令机构演算器选择恰当时间发出动作信号，让隔爆装置强制喷洒固体、气体或液体等消火剂，以及时扑灭爆炸火焰，阻隔爆炸蔓延。

2. 控制管道容器粉尘爆炸扩大的技术措施

控制管道容器粉尘爆炸扩大的技术措施包括从工艺及设备设计上控制粉尘爆炸扩大、安设爆破片以及安设阻火装置等。

（1）从工艺及设备设计上控制粉尘爆炸扩大。从工艺及设备设计上控制粉尘爆炸扩大的措施有：设备的强度应能承受设备内部爆炸所产生的最大压力；对内部能形成爆炸源的设备，如磨粉机、粉碎机、提升机、输送机等，为了降低爆炸威力，应尽可能减小产生爆炸浓度的空间；尽可能不采用地下仓库结构；多采用分离式建筑结构，粉尘爆炸危险性大的工序实行隔离操作；减少中间连接接头和通道；房顶尽量采用钢架结构，少用砖、水泥结构；除尘器应尽可能设置在建筑物外部。

（2）安设爆破片。爆破片又称防爆膜、泄压膜，是一种断裂型的安全泄压装置。它的一个重要作用就是当设备发生化学性爆炸时，保护设备免遭破坏。其工作原理是根据爆炸过程的特点，在设备或容器的适当部位设置一定大小面积的脆性材料，构成薄弱环节。当爆炸刚发生时，这些薄弱环节在较小的爆炸压力作用下，首先遭受破坏，立即将大量气体和热量释放出去，爆炸压力也就很难再继续升高，从而保护设备或容器的主体免遭更大损失，使在场的生产人员不致遭受致命的伤害。爆破片的安全可靠性取决定爆破片的厚度、泄压面积和膜片材料的选择。

（3）安设阻火装置。阻火装置的作用是防止火焰窜入设备、容器与管道内，或阻止火焰在设备和管道内扩展。其工作原理是在含尘气体进出口两侧之间设置阻火介质，当任一侧着火时，火焰的传播被阻而不会烧向另一侧。常用的阻火装置有安全水封、阻火器。

安全水封以水作为阻火介质，一般安装在压力低于0.2 MPa表压的气体管线与生产设备之间，常用的安全水封有开敞式和封闭式两种，如图 6—16 和图 6—17 所示。

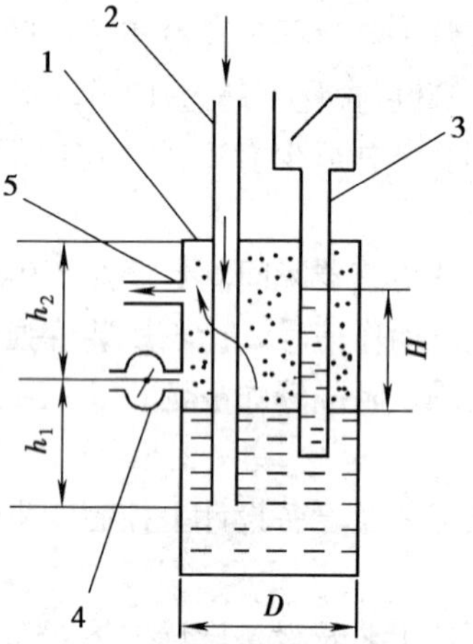

图 6—16　开敞式安全水封示意图

1—罐体　2—进气管　3—安全管
4—水位截门　5—出气管

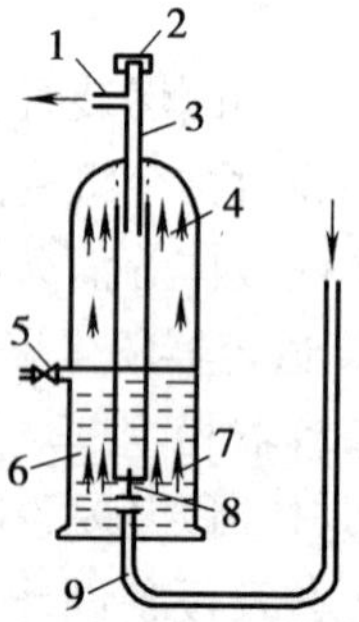

图 6—17　封闭式安全水封

1—出气管　2—防爆膜　3—分水管　4—分水板
5—水位阀　6—罐体　7—分气板　8—进气管

阻火器的工作原理是，按照热损失的观点，随着管子直径的减小，热损失将逐渐增大，燃烧温度和火焰传播速度相应降低，当管径小到某一极限时，管壁的热损失大于反应热，从而使火焰熄灭。阻火器中起阻火作用的是阻火构件，它具有足够小的缝隙，当火焰进入阻火器时，便被阻火构件切断，而阻止火焰扩展到另一侧。根据阻火构件的不同，阻火器可分为：筛网式阻火器、缝隙式阻火器、粒状材料填料式阻火器和金属陶瓷阻火器等。筛网式阻火器的阻火构件是安装在筒体内的一叠筛网，筛网的孔隙很小；缝隙式阻火器的阻火构件是由一层波纹金属带和一层平金属带紧贴在一起卷绕而成，在两层金属带之间形成许多垂直的小窄缝，可燃混合物可自由通过，而火焰却受到阻止无法通过；填料式阻火器的阻火构件是由填料放置在格板上组成，填料之间保持一定的缝隙；金属陶瓷阻火器是用一块多孔性金属陶瓷板作为阻火构件的。典型的筛网式阻火器、粒状材料填料式阻火器结构如图 6—18 和图 6—19 所示。阻火器一般安装在易引起燃烧爆炸的高热设备、燃烧室、高温氧化炉、输送可燃气体或液体或蒸气的管线之间，以及可燃气、易燃液体蒸气的排气管上。

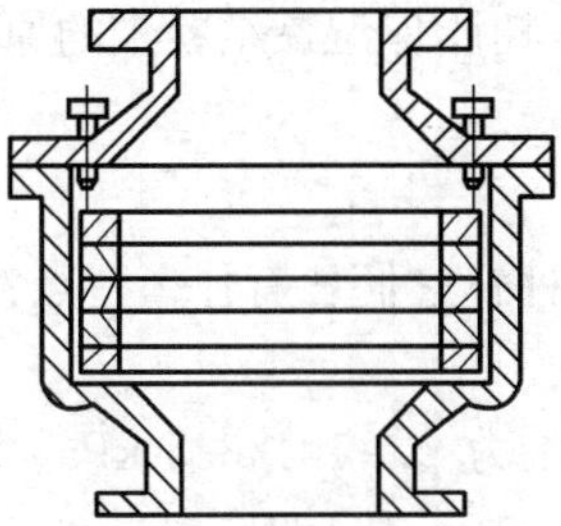

图 6—18　筛网式阻火器

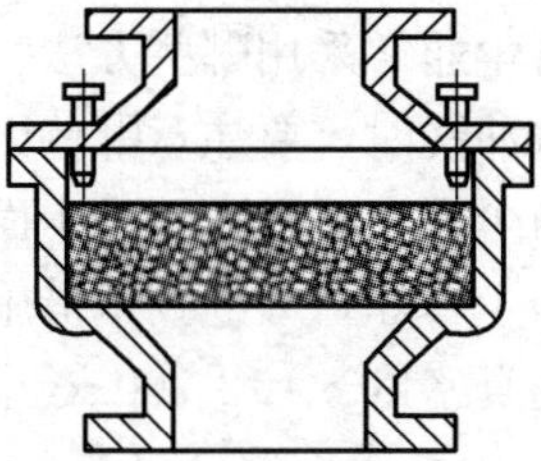

图 6—19　粒状材料填料式阻火器

本 章 小 结

本章在介绍粉尘的运动与分离理论基础上，主要介绍如何选择合理的生产布局和工艺减少产尘，以及湿式抑尘、喷雾降尘、物理化学降尘、清理落尘、通风排尘、个体防护和粉尘爆炸的防止与阻断等综合粉尘控制措施。合理的厂房位置和生产布局，选用不产生或少产生粉尘的工艺，是消除、减弱粉尘危害的根本途径之一。物料预先湿润黏结、湿式作业和喷雾降尘是一种简便、经济、有效的防尘技术措施，凡是在生产中允许加湿的作业场所应首先考虑采用。物理化学降尘可用来提高降尘效果，物理降尘的方法主要有预荷电喷雾降尘、磁水降尘和高压静电控尘等，化学减尘降尘的方法主要有湿润剂减尘降尘、泡沫降尘、化学抑尘剂保湿黏尘抑尘。通风排尘、落尘清除、个体防护及粉尘爆炸的防止与阻断是综合防尘的重要环节，影响通风排尘的主要因素为排尘风速、粉尘密度、粒度、湿润程度等。

复习思考题

1. 粒子雷诺数 Re 变化时，粉尘在空气中受到的阻力计算有何变化？
2. 沉降速度和悬浮速度的物理意义有何不同？各有什么用处？
3. 如何从生产布局及生产工艺方面减少粉尘的产生？
4. 什么是物料的预先湿润？简述煤体预先湿润的防尘机理。
5. 试述石英砂湿法生产的工艺过程。
6. 喷雾控制的方式主要有哪些？
7. 试述影响喷雾降尘效率的主要因素。
8. 试述荷电喷雾与磁水降尘的机理。

9. 试述湿润剂的抑尘机理及其高聚物超强吸水树脂保湿黏结粉尘的原理。

10. 清理落尘通常采用哪些方法？

11. 厂房水冲洗时，要注意哪些因素？

12. 防止粉尘侵入呼吸道的防尘面具分为哪几种？它们各有什么特点？

13. 控制粉尘爆炸扩大的技术措施有哪些？

14. 型砂的真密度 $\rho_p=2\ 700\ kg/m^3$，在大气压力 $p=101.325\ kPa$、温度 $t=20℃$的静止空气中自由沉降，计算粒径 $d_p=2$，6，12，15，25，60 μm 时尘粒的所受的阻力及沉降速度。

15. 计算粒径不同的三种飞灰颗粒在空气中的重力沉降速度，以及每种颗粒在 30 s 内的沉降高度。假定飞灰颗粒为球形，颗粒直径分别为 0.4、40、4 000 μm，空气温度为 387.5 K，压力为 101 325 Pa，飞灰真密度为 2 310 kg/m^3。

16. 直径为 200 μm、真密度为 1 850 kg/m^3 的球形颗粒置于水平筛上，用温度 293 K 和压力为 101 325 Pa 的空气由筛下部垂直向上吹筛上的颗粒，试确定：①恰好能吹起颗粒时的空气速度；②在此条件下的颗粒雷诺数。

17. 某种粉尘的真密度为 2 700 kg/m^3，气体介质（近如空气）温度为 433 K，压力为 101 325 Pa，试计算粒径为 10 和 500 μm 的尘粒在离心力作用下的末端沉降速度。已知离心力中颗粒的旋转半径为 200 mm，该处的气流切向速度为 16 m/s。

第七章 除尘装置

本章学习目标：

1. 掌握除尘装置的分类、性能指标与选择。

2. 掌握机械式除尘装置、湿式除尘装置、过滤式除尘装置、电除尘装置的原理与方法。

3. 了解复合除尘装置及其他型式的除尘装置。

第一节 除尘装置的分类与性能指标

一、除尘装置的分类

1. 按工作原理分类

按除尘装置分离粉尘的工作原理来分，除尘装置可分为机械式除尘装置、湿式除尘装置、过滤式除尘装置、电除尘装置、复合除尘装置及其他型式的除尘装置等几种，复合除尘装置与其他型式的除尘装置属于新型除尘装置。机械式除尘装置是利用质量力（重力、惯性力和离心力等）的作用使粉尘与气流分离沉降的装置，包括重力沉降室、惯性除尘装置和旋风除尘装置等；湿式除尘装置也称湿式洗涤装置，它是利用液滴或液膜洗涤含尘气流使粉尘与气流分离沉降的装置，既可用于气体除尘，也可用于气体吸收；过滤式除尘装置是使含尘气流通过织物或多孔的填料层进行过滤分离的装置，包括袋式除尘装置、颗粒层（床）除尘装置等；电除尘装置是利用高压电场使尘粒荷电，在库仑力作用下使粉尘与气流分离沉降的装置；复合除尘装置是指复合运用上述两种或两种以上机理的除尘装置，如旋风颗粒层除尘装置、湿式旋风除尘装置、旋风静电除尘装置等；其他型式的除尘装置是指除前四种除尘装置以外的其他除尘装置。

2. 按除尘效率分类

按除尘装置除尘效率的高低来分，可分为低效、中效和高效除尘装置三种。如重力沉降室和惯性除尘装置属于低效除尘装置，一般只用于多级除尘系统中的初级除尘；电除尘装置、袋式除尘装置和文丘里除尘装置是目前国内外应用较广的三种高效除尘装置；旋风除尘装置和其他湿式除尘装置一般属于中效除尘装置。

二、除尘装置的性能指标

除尘装置的性能指标主要包括处理含尘气体量、除尘效率、通风阻力及某类除尘器的特有指标等。

1. 处理含尘气体量和漏风率

处理含尘气体量可简称为风量，是衡量除尘装置处理气体能力的指标，一般用气体的体积流量来表示。考虑到受装置漏气等因素的影响，一般用除尘装置的进出口气体流量的平均值来表示除尘装置的气体处理量，公式如下：

$$Q=\frac{Q_1+Q_2}{2} \tag{7—1}$$

式中 Q_1——除尘装置入口气体标准状态下的体积流量，m^3/s；

Q_2——除尘装置出口气体标准状态下的体积流量，m^3/s；

Q——除尘装置处理气体标准状态下的体积流量，m^3/s。

除尘装置的漏风率是用来表示除尘装置严密程度的指标，用δ表示，计算公式如下：

$$\delta=\frac{Q_1-Q_2}{Q_1}\times100\% \tag{7—2}$$

式中符号含义同上。

2. 除尘效率

除尘效率是表征除尘装置性能的重要技术指标，包括除尘总效率、穿透率和除尘分级效率。

(1) 除尘总效率。除尘总效率是指在同一时间内除尘装置捕集的粉尘数量占进入除尘装置的粉尘数量的比值，用η表示：

$$\eta=\frac{G_3}{G_1}=\frac{G_1-G_2}{G_1}=\left(1-\frac{G_2}{G_1}\right)\times100\% \tag{7—3}$$

式中　G_1——粉尘进入量，mg/s；

G_2——粉尘流出量，mg/s；

G_3——除尘装置捕集的粉尘量，mg/s。

若设入口气体含尘浓度为 c_1（单位为：g/m^3），出口气体含尘浓度为 c_2（单位为：g/m^3），则因 $G_1=Q_1c_1$，$G_2=Q_2c_2$，因此有：

$$\eta=\left(1-\frac{Q_2c_2}{Q_1c_1}\right)\times100\% \tag{7—4}$$

如除尘装置不漏风，即 $Q_1=Q_2$，则有：

$$\eta=\left(1-\frac{c_2}{c_1}\right)\times100\% \tag{7—5}$$

当两台除尘装置串联使用时，若 η_1 和 η_2 分别表示第一级除尘装置和第二级除尘装置的除尘效率，则除尘系统的总效率为：

$$\eta=\eta_1+\eta_2(1-\eta_1)=1-(1-\eta_1)(1-\eta_2) \tag{7—6}$$

当几台除尘装置一起串联使用时，总效率为：

$$\eta=1-(1-\eta_1)(1-\eta_2)\cdots(1-\eta_n) \tag{7—7}$$

（2）穿透率。穿透率也称通过率，它是指在同一时间内，穿过除尘装置的粉尘质量与进入除尘装置的粉尘质量之比，可用 P_r 表示。

$$P_r=\frac{G_2}{G_1}\times100\%=(1-\eta)\times100\% \tag{7—8}$$

（3）分级效率。分级效率指某一粒径范围内粉尘的除尘效率，可用 η_d 表示。

$$\eta_d=\frac{G_3g_{d_3}}{G_1g_{d_1}}=\frac{Q_1g_{d_1}c_1-Q_2G_{d_2}c_2}{G_1g_{d_1}}\times100\% \tag{7—9}$$

式中　g_{d_1}、g_{d_3}——除尘装置入口中某一粒径范围内粉尘的质量分数和除尘装置捕集的粉尘的质量分数。

如果除尘装置不漏风，$Q_1=Q_2$，则式（7—9）可以简化为：

$$\eta_d=\frac{g_{d_1}c_1-g_{d_2}c_2}{g_{d_1}c_1}\times100\% \tag{7—10}$$

对某一除尘装置，如果已知入口含尘气体中粉尘的粒径分布 g_{d_i} 和它的分级效率 η_{d_i}，则可由下式计算出除尘装置的除尘总效率 η。

$$\eta=\sum_{i=1}^{n}g_{d_i}\eta_{d_i} \tag{7—11}$$

式中　g_{d_i}——除尘装置入口中某一粒径范围内粉尘的质量分数，%；

η_{d_i}——某一粒径范围内粉尘的分级效率。

［例 7—1］　对某除尘装置进行现场测定，测得除尘装置入口气体和出口气体中含尘浓度分别为 4×10^3 g/m^3 和 500 g/m^3，除尘装置不漏风，除尘装置入口粉尘和出口粉尘的粒径分布见表 7—1。

表 7—1　　除尘装置入口粉尘和出口粉尘的粒径分布

粉尘的粒径/μm	0～5	5～10	10～20	20～40	>40
除尘装置入口（质量分数/%）	20	10	15	20	35
除尘装置出口（质量分数/%）	78	14	7.4	0.6	0

试计算该除尘装置的 5～10 μm 粒径范围内的分级效率和除尘总效率。

解：(1) 计算除尘装置的分级效率

$$\eta_{5\sim10}=1-\frac{g_{d_2}c_2}{g_{d_1}c_1}=1-\frac{14\times500}{10\times4\ 000}=82.5\%$$

(2) 计算除尘装置的除尘总效率 η

$$\eta=\left(1-\frac{c_2}{c_1}\right)\times100\%=\left(1-\frac{500}{4\ 000}\right)=87.5\%$$

3. 除尘装置的通风阻力

除尘装置的通风阻力是其主要技术指标之一，它反映了除尘装置运行时的能耗。除尘装置的压力损失越大，动力消耗也越大，除尘装置的设备费用和运行费用也就越高。通常，除尘装置的压力损失即通风阻力一般控制在 2 000 Pa 以下。从通风阻力的产生角度来看，除尘装置的通风阻力为摩擦阻力与局部阻力之和，在实际通风工程中，除尘装置的摩擦阻力可忽略不计，其除尘装置的通风阻力即为除尘装置的局部阻力；从能量损失角度来看，根据单位体积实际流体的能量方程可知，除尘装置的通风阻力 h_R 为：

$$h_R=p_1-p_2+\left(\frac{v_1^2\rho_1-v_2^2\rho_2}{2}\right)+g\ (Z_1\rho_1-Z_2\rho_2) \tag{7—12}$$

式中　v_1、v_2——除尘装置入口、出口的风速，m/s；

p_1、p_2——除尘装置入口、出口的绝对静压，Pa；

ρ_1、ρ_2——除尘装置入口、出口的含尘空气密度，kg/m^3；

Z_1、Z_2——除尘装置入口、出口相对于某一基准面的高度，m。

式 (7—12) 表明，除尘装置的通风阻力为除尘装置入出口的静压差、动压差和位压差之和。如除尘装置入出口不存在高度差，则除尘装置的通风阻力为除尘装置入出口的静压差、动压差之和，也就是除尘装置入出口的全压差；如除尘装置入出口断面相等，且不存在高度差，则除尘装置的通风阻力为除尘装置入出口的静压差。在实际通风除尘工程中，通风防尘设计时按式（2—42）计算，ξ 可取相关资料数据；除尘装置的通风阻力测定按式（7—12）计算。

第二节　机械式除尘装置

利用重力、惯性力及离心力等作用，将粉尘与气体分离开来的设备，称为机械式除尘装置，其主要类型有重力除尘装置、惯性除尘装置及旋风除尘装置三种。这类除尘装置的构造简单，投资少，动力消耗低，造价比较低，维护管理方便，具有耐高温、耐腐蚀性，适用于含湿量大的烟气，因而广泛应用于工业生产中。但一般来说，这类除尘装置对大粒径粉尘具有较高的分离效率，而对于小粒径尘粒的捕获率则相对较低，因而这类除尘装置常在去除大颗粒粉尘及除尘效率要求不高的场合下使用，有时也作为多级收尘系统的前置预收尘装置。

一、重力除尘装置

重力除尘装置又叫重力沉降室，它是利用尘粒与气体的密度的不同，通过重力作用使尘粒从气流中自然沉降分离的除尘设备。当含尘气流从管道进入比管道横截面积大得多的沉降室的时候，由于横截面积的扩大，气体的流速就大大降低，在流速降低的一段时间内，较大的尘粒因受重力作用，在沉降室内有足够的时间沉降下来，并进入灰斗中，净化气体从沉降室的另一端排出。

1. 重力除尘装置的类型

根据含尘气流在除尘装置内的运动状态的不同，重力除尘装置可分为水平气流沉降室和垂直气流沉降室两种。

水平气流重力沉降室如图 7—1 所示，气体流速降低后，在重力和风力的共同

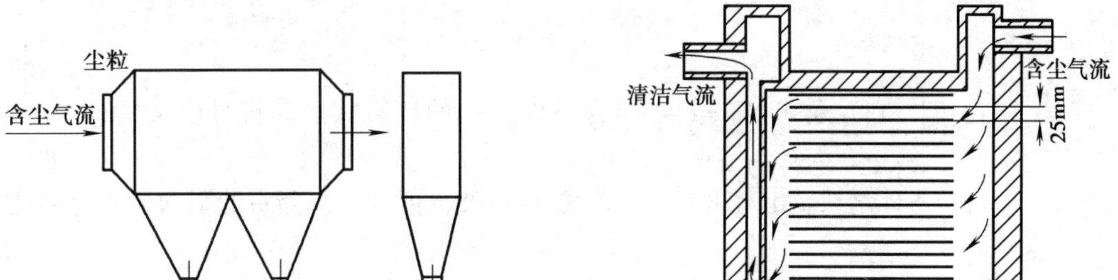

图 7—1　水平气流重力沉降室

a）单层水平重力沉降室　b）多层水平重力沉降室

作用下，大颗粒粉尘沿重力方向沉降到灰斗中，细小粉尘和空气气流在除尘装置呈近水平方向运动后从沉降室的另一端排出。根据水平沉降室的内部结构的不同，水平重力沉降室又分为单层水平重力沉降室和多层水平重力沉降室两种，分别如图 7—1a 和 7—1b 所示。垂直气流重力沉降室如图 7—2 所示，气体流经沉降室后风速降低，在重力和风力的共同作用下，大颗粒粉尘沿重力方向沉降到灰斗中，细小粉尘和空气气流在除尘装置继续向上或人为预先设置运动方向后从沉降室的另一端排出。这种除尘装置一般安装在烟囱顶部，多用于小型冲天炉或锅炉的除尘。

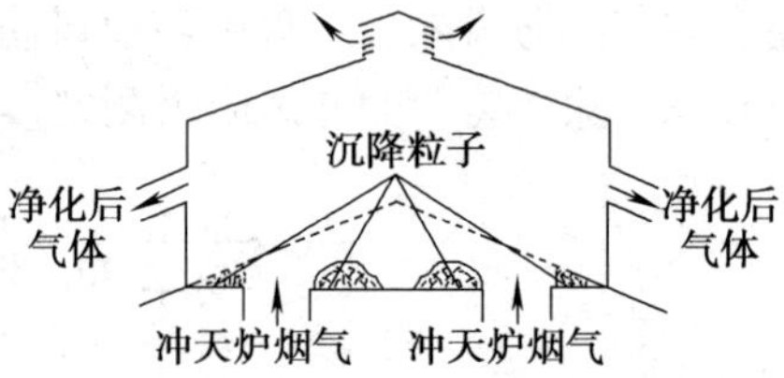

图 7—2　垂直气流重力沉降室

2. 重力除尘装置的沉降条件与设计计算

（1）水平气流重力沉降室的沉降条件与设计计算。在水平气流重力沉降室中，如气流为紊流，则其条件之一为，水平气流重力沉降室的横向脉动速度 v' 均应小于粉尘沉降速度 v_s，即 $v'<v_s$；其条件之二为，尘粒从沉降室顶部沉降到底部所需要的时间 τ_s 小于气流通过沉降室的时间 τ，即 $\tau>\tau_s$。

对于条件之一，由式（6—27）、式（6—28）和气体汽速 $v<v_s$ 可知，沉降室最大横向脉动速度 v_m' 为：

$$v_m'=8.95\frac{v}{a}\sqrt{\frac{\alpha}{r_1}}<v_s$$

即：

$$v>\frac{v_s}{8.95}\cdot a\cdot\sqrt{\frac{r_1}{\alpha}} \tag{7—13}$$

在实际计算时，可取 $a=1.5$，$r_1=0.5$，代入式（7—13）：

$$v>0.85\frac{v_s}{\sqrt{\alpha}} \tag{7—14}$$

式（7—13）及式（7—14）即为条件之一的计算式，其符号含义同式（6—27）。

对于条件之二，由式（6—27）、式（6—28）可知，沉降室的平均横向脉动速度 v'_{av} 为：

$$v'_{av}=3.82\frac{v}{a}\sqrt{\frac{\alpha}{r_1}} \tag{7—15}$$

此时可近似认为水平气流重力沉降室内的尘粒一方面以沉降速度（$v_s-v'_{av}$）

下降，另一方面则以气体流速 v 在沉降室内向前运动，由于气流通过沉降室的时间 τ 和尘粒从沉降室顶部沉降到底部所需要的时间 τ_s 分别为：

$$\tau=\frac{L}{v};\qquad \tau_s=\frac{H}{v_s-v'_{av}}$$

式中　H——沉降室高度，m；

L——沉降室长度，m。

根据 $\tau>\tau_s$，有：

$$L\geqslant\frac{vH}{v_s-v'_{av}} \tag{7—16}$$

如设沉降室高度为 H，处理风量为 Q，则设计沉降室的宽度 B 为：

$$B=\frac{Q}{vHL} \tag{7—17}$$

式（7—16）即为水平气流重力沉降室沉降条件之二，也就是沉降室设计时应满足沉降室的长度条件。

（2）垂直气流重力沉降室的沉降条件与设计计算。对于垂直气流重力沉降室，要使尘粒不被气流带走，则必须使粉尘沉降速度 v_s 大于气体流速 v，则对于直径为 d 的圆筒形垂直气流重力沉降室，设计的重力除尘装置沉降条件为：

$$d\geqslant\sqrt{\frac{4Q}{v_s\pi}} \tag{7—18}$$

重力沉降室结构简单，投资少，压力损失小（为 5～100 Pa），维护管理方便，适用于净化尘粒密度大、颗粒粗的含尘气体，特别是磨损性很强的粉尘。它能有效地捕集粒径在 50 μm 以上的尘粒，但不宜捕集粒径在 20 μm 以下的尘粒。由于其体积庞大，除尘效率低，一般仅为 40%～70%，所以常用于一级处理或预处理。

二、惯性除尘装置

惯性除尘装置是通过采取改变气流方向的设施，使得含尘气流急剧地改变方向，借助其中粉尘粒子的惯性作用，使其与气流分离并被捕集的一种装置。

如图 7—3 所示是惯性除尘装置的分离机理示意图。当含尘气流冲击到 B_1 面时，惯性大的粗尘粒（d_1）首先被分离下来。被气流带走的尘粒（d_2，且 $d_2<d_1$）由于 B_2 面使气流方向转变，借助离心力作用也被分离下来。若设该点气流的旋转半径为 R_2，切向速度为 v_t，则尘粒 d_2 所受离心力与 $d_2^2\cdot\frac{v_t^2}{R_2}$ 成正比。回旋气流的曲率半径 R_2 越小，越能分离并捕集细小的粒子。显然，惯性除尘装置的除尘是惯

性力、离心力和重力共同作用的结果。

惯性除尘装置分为冲击式和回转式两种。冲击式惯性除尘装置一般是在气流流动的通道内增设挡板构成的，当含尘气流流经挡板时，尘粒借助惯性力作用撞击在挡板上，失去动能的尘粒在重力的作用下沿挡板下落，进入灰斗中。挡板可以是单级的，也可以是多级的，如图 7—4 所示。回转式惯性除尘装置是使含尘气体多次改变运动方向并在转向的过程中把粉尘分离出来的装置，包括弯管型、百叶窗型等类型，如图 7—5 所示。

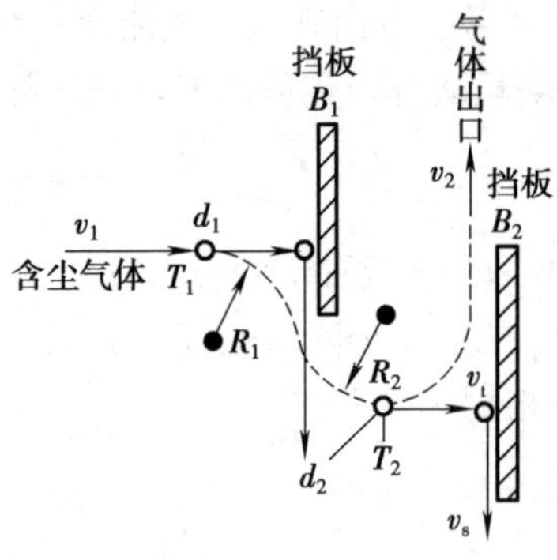

图 7—3　惯性除尘装置的分离机理示意图

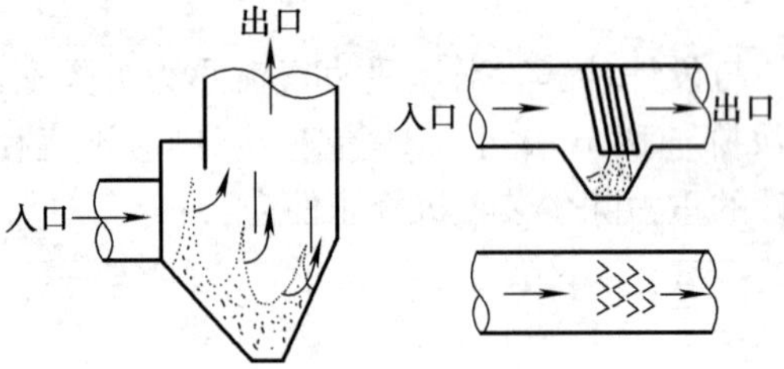

a)　b)

图 7—4　冲击式惯性除尘装置

a) 单级型　b) 多级型

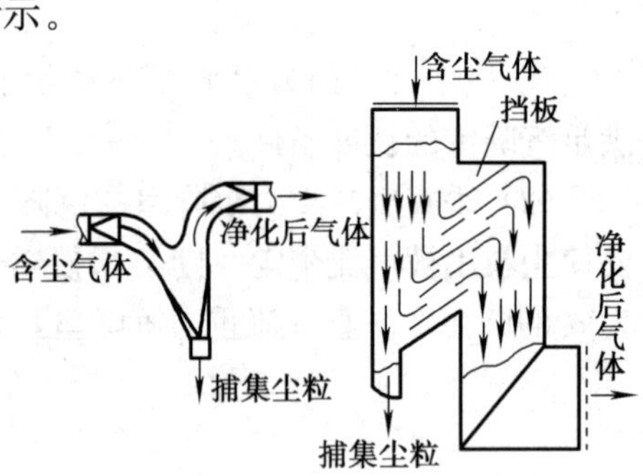

a)　b)

图 7—5　回转式惯性除尘装置

a) 弯管型　b) 百叶窗型

一般来说，惯性除尘装置的气流速度越高，气流方向转变角度越大，转变次数越多，净化效率越高，压力损失（或称阻力）也就越大。惯性除尘装置用于净化密度和粒径较大的金属或矿物性粉尘具有较高的除尘效率。对于黏结性粉尘和纤维性粉尘，则因易堵塞而不宜采用。由于惯性除尘装置的净化效率不高，故一般只用于多级除尘中的第一级除尘，用于捕集 10～20 μm 以上的粗尘粒。压力损失依型式而定，一般为 100～1 000 Pa。

三、旋风除尘装置

旋风除尘装置是利用设备结构形状及流体自身动力，促使含尘气流高速旋转产生离心力，实现气体与粉尘分离的一种中效除尘设备。旋风除尘装置的结构简单，投资少，体积小，维护管理方便，具有耐高温、耐腐蚀性，但对粒径在 5 μm 以下的尘粒去除率较低，适宜要求除尘效率较低的地方或预处理，如 1～20 t/h 的锅炉烟气的处理。

1. 旋风除尘装置的工作原理

旋风除尘装置一般由筒体、锥体、排气管及集尘室等组成。根据含尘气流入口方式的不同，可分为切向旋向旋流反转式与轴流式两种。图 7—6 所示为切向旋流反转式旋风除尘装置的结构示意图及含尘气流在除尘装置中的运动轨迹。含尘气体由除尘装置的入口高速切向进入旋风除尘装置，气流由直线运动变成沿筒壁向下的螺旋形旋转运动，通常称此气流为外旋流。外旋流向下到达锥体部分时，因圆锥形收缩而向除尘装置中心靠近。根据旋转矩不变的原理，其切向速度不断提高，外旋流到达锥体底部后，转而向上，并以同样旋转方向沿轴心向上旋转（这股向上旋转的气流称为内旋流），最后经排出管排出。气流做旋转运动时，部分较大的尘粒先与装置壁接触，失去惯性力，而在重力及旋转流体的带动下贴壁面向下滑落，最后从锥底排灰管排出旋风筒，其余较小颗粒在离心力作用下克服汇流阻力，在筒体及锥体部分继续分离。分离后的粉尘在重力及旋转气流带动下螺旋下行，进入锥体后集于卸灰口附近，进入集尘室，部分未被分离的细粒由汇流带入逸流区，并随上升气流逸出排气管。

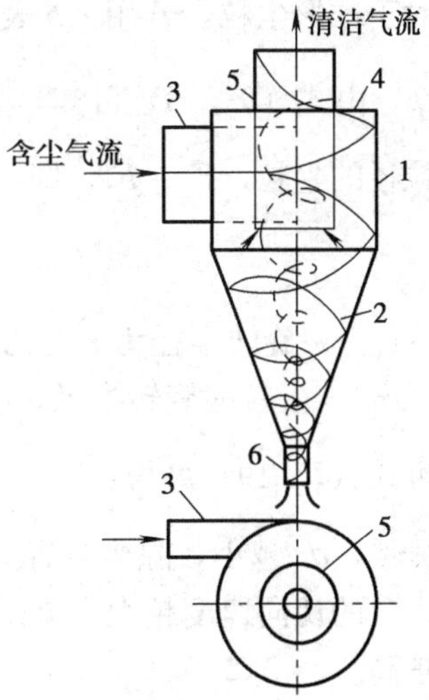

图 7—6　切向旋流反转式旋风除尘装置的结构示意图及含尘气流在除尘装置中的运动轨迹

1—圆筒体　2—圆锥体　3—进气管　4—顶盖　5—排气管　6—排灰管

当含尘气体进入旋风除尘装置形成外旋流时，处于气流中的尘粒既会受到尘粒运动的离心力的作用，又会受到因风流能量差造成的气流向心力作用。在其他条件一定的情况下，粉尘所受的离心力的大小与粒径等因素有关，粒径越大，粉尘获得的离心力越大，因此，必定有一个临界粒径，当粉尘的粒径大于临界粒径时，粉尘受到的离心力大于向心力，尘粒被推至外壁面而被分离去除；相反，当粉尘的粒径小于临界粒径时，粉尘受到的离心力小于所受到的因风流能量差造成的向心力，尘粒被推入上升的内漩涡中，随着气体排出除尘装置；对于粒径等于临界粒径的尘粒，由于所受的离心力等于所受的向心力，它将在内、外漩涡的交界面上旋转。在各种随机因素的影响下，或被分离排除或被推入内漩涡随气体带出，其几率为

50％。把能够被旋风除尘装置除掉 50％的尘粒粒径称为分割粒径，用 d_c 表示。目前，对 d_c 的计算公式从不同角度分析得出了不同结果，下面从受力均衡角度分析球形尘粒的计算公式。

对于球形尘粒，若用 Δp 表示风流全压差，则其所受的向心力可近似为：$F_c=\frac{\pi d_p^2}{4}\Delta p$。由式（6—15）可知，尘粒所受的离心力为：$F_r=\frac{\pi d_p^3\rho_p v_t^2}{6r}$。对于粒径等于临界粒径的尘粒，$F_c=F_r$，即：

$$\frac{\pi d_c^2}{4}\Delta p=\frac{\pi d_c^3\rho_p v_t^2}{6r} \tag{7—19}$$

式中 v_t——旋转半径为 r 处的切向速度，m/s；

r——尘粒的旋转半径，m。

由式（7—19）可得：

$$d_c=\frac{3r\Delta p}{2\rho_p v_t^2} \tag{7—20}$$

显然，d_c 越小，除尘装置的除尘效率越高。在一般情况下，尘粒的密度越大，气体入口的切向速度越大，排出管直径越小，除尘装置的分割粒径越小，除尘效率也就越高。

在确定分割粒径的基础上，可以用下面的实验式近似计算旋风除尘装置的分级效率。

$$\eta_d=1-\exp\left[-0.163\left(\frac{d_p}{d_c}\right)\right] \tag{7—21}$$

应当指出，尘粒在旋风除尘装置内的分离过程是非常复杂的。因此，根据某些假设条件得出的理论公式还不能进行比较精确的计算。目前，旋风除尘装置的效率一般通过实验确定。

2. 旋风除尘装置的结构

（1）结构类型。旋风除尘装置的结构类型较多，主要按下述方法进行分类。

1）按入口气体流动形态来分，可分为切流反转式旋风除尘装置和轴流式旋风除尘装置两大类。切流反转式一般又分为直进式和蜗壳式，直进式又分为螺丝顶式和狭缝式，其入口进气管外壁与筒体相切，蜗壳式的入口进气管内壁与筒体相切，外壁采用渐开线的形式，如图 7—7 所示。

轴流式旋风除尘装置的含尘气流从轴向进入，利用导流叶片使气流在除尘装置内不断旋转而进行除尘。其特点是处理流量大，但分离效率较切流反转式除尘装置低。根据流体运动方式来分，该类除尘装置又可分为轴流反转式（见图 7—8a）及轴流直进式（见图 7—8b）两种。

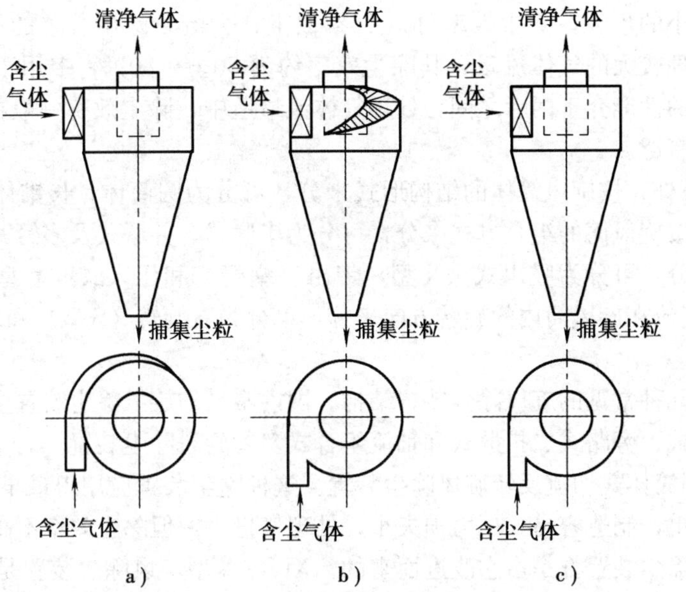

图 7—7　切流反转式旋风除尘装置的类型

a）蜗壳式　b）螺丝顶式　c）狭缝式

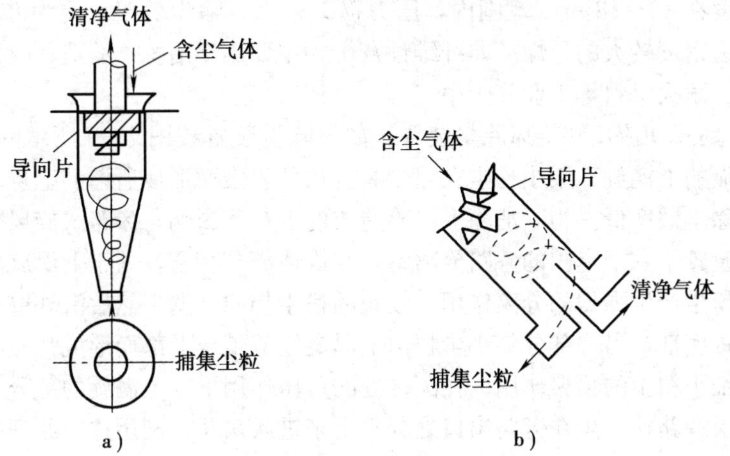

图 7—8　轴流式旋风除尘装置的类型

a）反转式　b）直进式

2）按性能来分可分为通用除尘装置、高效除尘装置和大流量除尘装置三大类。其中，高效除尘装置的筒体直径一般较小，筒体和锥体高度相对较高，主要用于分离粒径较小的尘粒，除尘效率可达95%以上；大流量除尘装置的筒体直径较大，可用于处理较大的气体流量，其除尘效率约为50%～80%，多用于预收尘；通用除尘装置的性能介于两者之间，处理气体流量适中，除尘效率一般在80%～95%，使用较为广泛。

3）另外，按旋风筒体的结构形式来分，可分为圆筒体、长锥体、旁通式及扩散式等；按旋风筒的组合方式来分，可分为串联式、并联式及多管式；按出口形式的不同来分，可分为吸出式（X型，带出口蜗壳）和压入式（Y型，不带出口蜗壳）；按气流在旋风筒内的旋转方向来分，可分为右旋转（S型）和左旋转（N型）等。

（2）几种常见的旋风除尘装置结构。国内常见的旋风除尘装置主要是切流反转的圆筒体式、旁路式、扩散式和轴流组合式多管旋风除尘装置。

1）圆筒体式切流反转旋风除尘装置。这种除尘装置应用得最早（见图7—6），其结构简单，制造容易，压力损失小，处理气量大，但除尘效率不高，其他各种类型的旋风除尘装置都是由它改进而来的。XLT/A型旋风除尘装置是普通型旋风除尘装置的改进型，其结构特点是：具有螺旋下倾顶盖的直接式进口，螺旋下倾角为15°，筒体和锥体均较长，有单筒、双筒、三筒、四筒、六筒等多种组合。含尘气体入口速度在10～18 m/s范围内，压力损失较大，除尘效率大约为80%～90%，适用于除去密度较大的干燥的非纤维性灰尘，主要用于冶炼、铸造、喷沙、建筑材料、水泥、耐火材料等工业除尘中。

2）旁路式切流反转旋风除尘装置。如果除尘装置按图7—9所示的形式布置，会形成明显的上涡旋，细小粉尘在除尘装置顶部积聚而形成所谓的上灰环，经排出管排走，除尘效率低。为了消除上涡旋造成的上灰环影响，旁路式旋风除尘装置的圆筒体上设置了一个专门的旁路分离室，与锥体部分相通。处于上涡旋和外涡旋分界面上的粉尘产生强烈的分离作用，较粗的粉尘趋向外壁，然后沿外壁由下涡旋带至除尘装置底部，另一部分细小尘粒由上涡旋气流带至上部而形成强烈的灰环，并随之造成细小粉尘的集聚作用。在圆锥处的负压作用下，上涡旋的部分气流夹带粉尘一起进入旁路，灰尘在旁路出口处分离出来进入灰斗，利用这一原理制成了多种形式的旁路式旋风除尘装置。必须指出，旁路的设置不是随意的，要经过实验研究，确定其合理的尺寸。使用时要十分注意旁路的积灰问题，严格防止旁路的堵塞，对于黏性大的粉尘，旁路易被堵塞，应避免采用。

3）扩散式切流反转旋风除尘装置。这种旋风除尘装置如图7—10所示，其结构特点是：在装置体下部安装有倒圆锥和圆锥形反射屏（又称挡灰盘）。在扩散式切流反转旋风除尘装置中，含尘气流进入除尘装置后，从上而下做旋转运动，在到达锥体下部反射屏时，已净化的气体在反射屏的作用下，大部分气流折转形成上旋气流，从排出管排出，紧靠装置壁的少量含尘气流由反射屏和倒锥体之间的环隙进入灰斗。进入灰斗后的含尘气体由于流道面积大、速度降低，粉尘得以分离，净化后的气流由反射屏中心透气孔向上排出，与上升的主气流汇合后经排气管排出。由于反射屏的作用，防止了返回气流重新卷起粉尘，提高了除尘效率。扩散式旋风除尘装置对入口粉尘负荷有良好的适应性，进口气流速度为 10～20 m/s，压力损失为 900～1 200 Pa，除尘效率在 90%左右。

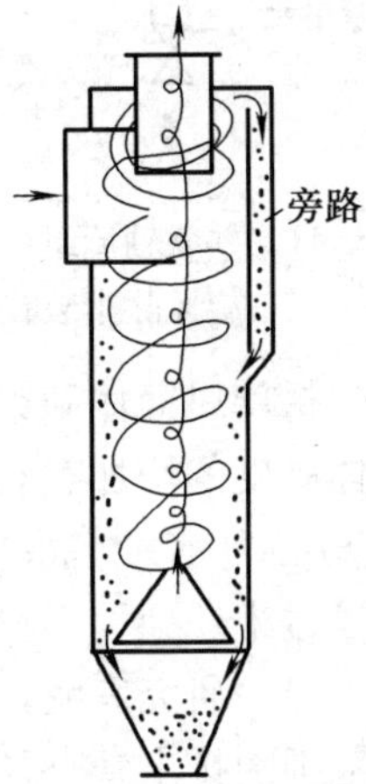

图 7—9　旁路式切流反转旋风除尘装置

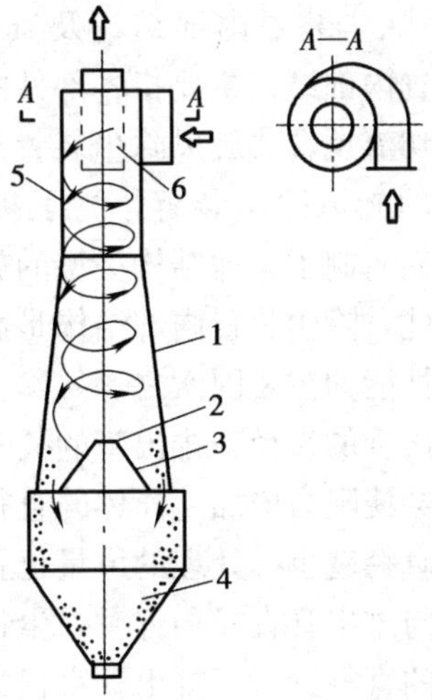

图 7—10　扩散式切流反转旋风除尘装置

4）轴流组合式多管旋风除尘装置。按照每个旋风除尘装置连接方式的不同来分，轴流组合式多管旋风除尘装置又分为串联式多管旋风除尘装置和并联式多管旋风除尘装置，常见的是并联式，而串联式使用并不多见。为了分离不同粒径的粉尘，提高除尘效率，可将多个除尘效率不同的旋风除尘装置串联起来使用，这种组合方式称为串联式多管旋风除尘装置组合形式，第一级锥体较短，用于分离较大粒径的粉尘；第二级以后的锥体逐渐加长，用于分离较小粒径的粉尘。当处理气体量较大时，可将多个旋风除尘装置并联起来使用，这种组合方式称为并联式多管旋风除尘装置组合形式，如图 7—11 所示是并联轴流组合式多管旋风除尘装置示意图。其壳体中设有旋风管单元，含尘气体经入口处进入壳体内，通过分离板进入旋风管单元，分离后的气体通过出口管排出，分离出来的尘粒通过排尘装置排出。多管旋风除尘装置具有效率高、处理气量大、有利于布置和风道连接方便等特点，但是，对轴流组合式多管旋风单元制造、安装的质量要求较高。

3. 旋风除尘装置的选型与设计

(1) 影响旋风除尘装置性能的主要因素。影响旋风除尘装置性能参数的因素很多，归纳起来主要有除尘装置内部结构及其比例尺寸、气流参数、粉尘基本参数及其二次效应等。

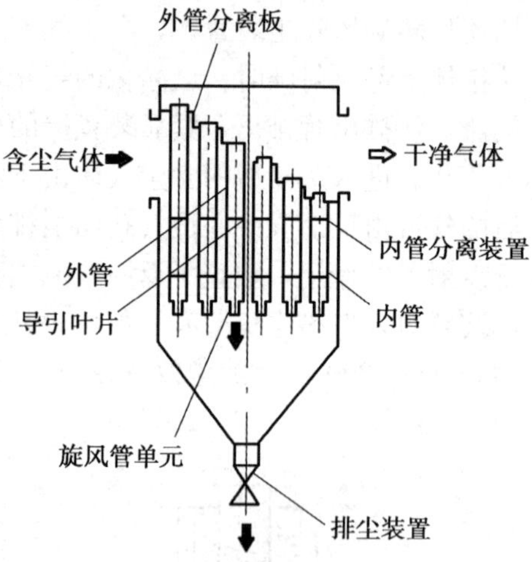

图 7—11 并联轴流组合式多管旋风除尘装置示意图

1) 除尘装置内部结构及其比例尺寸。除尘装置内部结构主要指各部件的型式，如圆筒体切流反转式旋风除尘装置是最早研制并应用的旋风除尘装置，为了提高除尘性能，人们研制了其他结构类型的旋风除尘装置，因此，除尘装置内部结构是影响旋风除尘装置性能的主要因素之一。除尘装置内部比例尺寸包括旋风筒体和锥体高度、筒体与排出管的直径、排出管的插入深度等。筒体和锥体高度的增加有利于尘粒的分离，但会使阻力增加；筒体的直径越小，尘粒受到的离心力越大，除尘效率越高，但筒体直径越小，处理的风量也就越少，并且筒体直径过小还会引起粉尘堵塞，筒体直径与排出管直径相近时，尘粒容易逃逸，使效率下降。研究表明，内、外涡旋交界面的直径近似于排出管直径的 0.6 倍，内涡旋的范围随排出管直径的减小而减小，因此，减小排出管直径有利于提高除尘效率，但同时会加大出口阻力；排气管的插入深度加深，效率提高，但阻力增大；插入深度减小，效率降低，阻力减小。这是因为短浅的排气管容易形成短路现象，造成一部分尘粒来不及分离便从排气管排出。

2) 气流参数。气流参数主要包括气流入口风速、温度及其黏度。旋风除尘装置入口风速过小，分离效率较低，会造成入口管积尘和堵塞；入口风速过大，阻力相应较大，同时已分离粉尘的返混、反弹等现象加剧，分离效率也会下降。在实用中，小型除尘装置多用较低的风速，大型除尘装置则用较高的风速。在气流温度与黏度方面，气流温度的上升则意味着气流密度的下降及黏度的上升。试验表明，这种由于气流密度的下降造成的阻力损失的降低比由于气流黏度的上升造成的阻力损失的提高的影响要大得多。此外，由于气流密度的下降，气体承载粉尘颗粒的能力也将有所下降，导致分离效率下降，这在风速较低的情况下尤其如此。

3）粉尘基本参数。粉尘基本参数主要包括粉尘粒径、密度及其浓度。粉尘粒径与密度越大，产生的离心力越大，粉尘越容易被捕集；反之，则越难被捕集。一般说来，旋风除尘装置的适宜捕集范围是粒径大于 5 μm 的粉尘颗粒。含尘浓度（或流体固气比）对阻力损失影响究竟如何，目前学术界意见并不统一。一般认为，含尘浓度提高，阻力反而下降。

4）二次效应。根据旋风除尘装置临界分离粒径的概念可知，大于或小于临界分离粒径的粉尘颗粒应当百分之百地被捕集或百分之百地逸出除尘装置。但事实并非如此，试验表明，既有部分大于临界分离粒径的颗粒会逸出排气管，也有部分小于临界分离粒径的颗粒会被捕集下来，这在流体粉尘浓度较大及气流湿度较高的含尘气流下尤其显著。造成这种情况的主要原因是：

①已分离物料的返混及二次飞扬，包括入口风速过高时的较大颗粒在筒壁反弹进入内旋流、已分离颗粒在气流折返区被折返气流带入内旋流、锥底漏风时直接将下卸颗粒带入内旋流等。

②颗粒间的凝聚及较大颗粒在分离过程中对较小颗粒的夹裹，使得部分小于临界分离粒径的颗粒能够被捕集下来。

（2）旋风除尘装置的类型选择。对旋风除尘装置进行选型时，一般采用计算法或经验法。计算法的大致选型步骤是：

1）由入口含尘浓度和出口含尘浓度（或排放标准）计算出要求达到的除尘效率。

2）结合流体性质及安装场所等选定旋风除尘装置的结构型式。

3）根据所选除尘装置的分级效率和粉尘的颗粒分散度，计算所选除尘装置能够达到的除尘效率。

4）计算运行条件下的阻力损失。

经验法的选型步骤大致为：

1）计算所要求的除尘效率。

2）选定除尘装置的结构型式。

3）根据所选除尘装置的试验曲线确定入口风速。

4）根据处理气量和入口风速计算出所需除尘装置的进口面积。

5）设宽度为 b，高度为 a，面积为 A，筒体直径为 D，旋风除尘装置类型系数 $K=A/D^2=ab/D^2$，由旋风除尘装置的类型系数求出除尘装置的筒体直径，然后便可从手册中查到所需除尘装置的型号规格。

（3）旋风除尘装置的主要尺寸及参数取值范围。旋风除尘装置的主要尺寸及参数取值范围主要包括进口风速、旋风筒体与排出管的直径、排出管的插入深度、旋风筒体和锥体高度等的取值范围。

1）进口风速。从式（7—21）可以看出，旋风除尘装置的分割粒径 d_c 是随进口速度 v_t 的增大而减小的，d_c 越小，除尘效率越高，但是进口速度也有一定的范围，工程上一般取 10～25 m/s。其取值越高，越能除掉较小粒径的尘粒，从而提高除尘装置的除尘效率。

2）筒体直径。旋风除尘装置的筒体直径越小，粉尘所受的离心力越大，其除尘效率也就越高。但筒径过小，易引起堵塞及已分离粉尘的二次飞扬等问题。工程上使用的旋风筒直径一般不小于 150 mm。为保证除尘效率不致降低过多，筒径一般不宜大于 1 000 mm。若处理量大，则应考虑采用并联组合式或多管式旋风除尘装置。

3）入口尺寸。旋风除尘装置入口断面多为矩形，类型系数 K 的一般取值范围是 0.07～0.30。对小型除尘装置而言，K 值可取较小值，以降低阻力损失，提高除尘效率，但除尘装置的体积相应要增大；对大型除尘装置而言，由于一般多用于预除尘，从减小除尘装置体积考虑，K 值则应取较大值。入口高度与宽度比 a/b 之值一般为 1～4。

4）排气管直径。排气管直径是影响除尘装置阻力损失的最显著因子，对分离效率而言是次显著因子。增大排气管直径，可大幅降低阻力损失，但也会降低其除尘效率。一般排气管直径与旋风筒直径之比在 0.4～0.7。

5）排气管插入深度。排气管插入深度是影响除尘装置分离效率的最显著因子，对阻力损失而言则是不显著因子。排气管插入深度过短，入口粉尘会直接逸流；插入深度过长，径向汇流又会增大，同样对分离效率不利。一般认为，排气管插入深度以略低于入口下沿较为适当。

6）筒体和锥体的高度。实践证明，筒体和锥体的总高度一般以不超过筒体直径的 5 倍为宜。在锥体部分断面缩小，尘粒到达外壁的距离也就逐渐减小，气流切向速度就会不断增大，这对尘粒的分离都是十分有利的。

7）圆锥角。圆锥角一般取 20°～30°为宜。圆锥角过小，锥体高度就会过大；而圆锥角过大会对卸料不利，锥体内壁磨损也会增加。

（4）除尘装置底部卸灰机构的选择。锥底部分是旋风除尘装置压力最低的地方，杜绝锥底漏风是保证旋风筒分离效率的重要措施。旋风除尘装置一般都装有卸灰机构，其作用是保证已分离粉尘的顺利下卸及除尘装置运行中卸灰时锥底的气密性。

底部卸灰机构有固定灰斗、翻板式卸灰阀、回转式卸灰阀和螺旋式卸灰机四种。回转式卸灰阀是依靠旋转的刚性分格轮来实现除尘装置的卸灰和密封的，如图7—12b所示，刚性分格轮由电动机带动旋转，粉尘充满由刮板组成的扇形空间后连续排出，电动机的适宜转速由卸灰量的大小来确定。其主要缺点是刮板密封胶条易磨损，造成锥底漏风，故工作时应注意控制电动机的转速，保持卸灰阀上部具有一定的灰封高度。翻板式卸灰阀是利用加在平衡杆上的重锤及作用在翻板上的灰柱质量形成的力矩平衡关系来进行密封及卸灰的。当灰柱形成的力矩大于重锤及压差形成的力矩时，翻板阀打开，粉尘下卸。反之，翻板阀处于密封状态。灰柱高度可根据调节重锤的力矩来实现，以适应不同压差的情况。如图7—12a所示为双翻板式卸灰阀，由于工作时上下层翻板交替动作，故较单层翻板阀具有更好的密封性能。螺旋式卸灰机主要由螺旋叶轮、输灰槽及电动驱动装置等组成，如图7—12c所示，多用于排灰量较大的除尘装置。工作中输灰槽中应保持一定量的粉尘，以防止漏风。卸灰量用调节电动机的转速来控制，可连续排灰也可间断排灰。该卸灰机密封性能较好，但磨损较大。

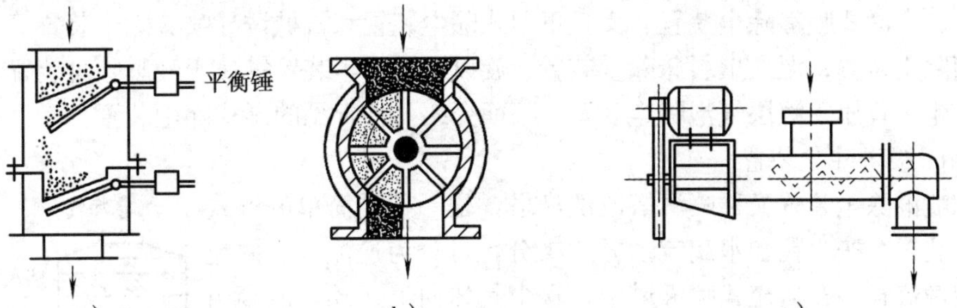

图7—12　卸灰机构

a）双翻板式卸灰阀　b）回转式卸灰阀　c）螺旋式卸灰机

一般来说，选择除尘装置底部的卸灰机构时，对于除尘量不大的除尘装置，可在下部选择固定灰斗，定期排放；当收尘量较大、要求连续排灰时，可选择翻板式卸灰阀、回转式卸灰阀或螺旋式卸灰机进行排灰。

第三节　湿式除尘装置

湿式除尘装置是通过液体捕集体与含尘气体接触的方式将粉尘从含尘气流中分离出来的装置，也称洗涤式除尘装置。湿式除尘装置的除尘原理及影响除尘效率的主要因素与湿式降尘基本相同。湿式除尘装置既能除尘，也能脱除气态污染物（气体吸收，如火电厂烟气脱硫除尘一体化等），同时还能起到气体降温的作用，且具有设备投资少、构造简单、一般没有可动部件、除尘净化效率高等特点，较为适用于非纤维性、不与水发生化学反应、不发生黏结现象的各类粉尘，尤其适宜净化高温、易燃、易爆及有害气体。其缺点包括：容易受酸碱性气体腐蚀，管道设备必须防腐；需要处理污水和污泥，粉尘回收困难；冬季会产生冷凝水，在寒冷地区要考虑设备防冻等问题；疏水性粉尘除尘效率低，往往需要添加净化剂来改善除尘效率。

一、湿式除尘装置的结构型式及除尘性能

湿式除尘装置的结构型式较多。根据液体捕集体的产生方式来分，可将湿式除尘装置分为喷淋除尘装置、旋风水膜除尘装置、自激式湿式除尘装置、泡沫除尘装置、填料床除尘装置、文丘里除尘装置及机械诱导喷雾除尘装置。根据气液分散形式来分，可分为液滴除尘装置、液膜除尘装置和液层气泡除尘装置。重力喷雾除尘装置、自激式喷雾除尘装置、文丘里湿式除尘装置和机械诱导喷雾除尘装置等属于液滴除尘装置；湿式填料床除尘装置、旋风水膜除尘装置等属于液膜除尘装置；泡沫除尘装置属于液层气泡除尘装置。下面介绍几种常见的湿式除尘装置。

1. 喷淋除尘装置

喷淋除尘装置又称喷淋塔或洗涤塔，是一种最简单的湿式除尘装置。按尘粒和水滴流动方式来分，可分为逆流式、并流式和横流式。在逆流式喷雾塔中，含尘气体向上运动，液滴由喷嘴喷出向下运动，如图 7—13 所示，液体从塔顶经雾化喷嘴喷出后，向塔底自由沉降；含尘气体从塔底进入，流向塔顶，气液两相逆向流动，在塔内接触，通过惯性碰撞、拦截、扩散等作用，使较大的尘粒被液滴捕集，干净气体从塔顶排出。喷淋塔的除尘效率取决于液滴大小、尘粒的空气动力学直径、液气比以及气体性质。如假设所有液滴均具有相同直径，且进入喷淋范围后立刻以终端沉降速度沉降，液滴在整个过气断面上分布均匀，则立式逆流喷淋塔靠惯性碰撞捕集粉尘的效率可用下式表示：

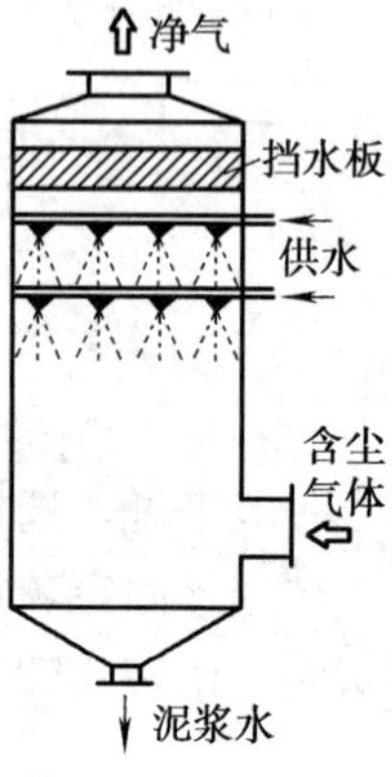

图 7—13　喷淋塔

$$\eta=1-\exp\left[-\frac{3Q_1 v_t z\eta_d}{2Q_g d_D\ (v_t-v_g)}\right] \qquad (7—22)$$

式中　v_t——液滴终端沉降速度，m/s；

v_g——空塔断面气速，m/s；

z——气液接触的总塔高度，m；

η_d——单个液滴的碰撞效率；

d_D——液滴粒径，m；

Q_l、Q_g——分别为液体和气体的流量，m^3/s。

喷淋塔的压力损失较小，一般在 250 Pa 以下，对于粒径为 10 μm 的尘粒的捕集效率较低，多用于净化粒径大于 50 μm 的尘粒。捕集粉尘的最佳液滴直径约为 800 μm，喷水压力一般为 1.5～8 MPa，水流速度与气流速度之比大致为 0.015～0.075，气体入口速度范围一般为 0.6～1.2 m/s。喷淋除尘装置具有结构简单、阻力小、操作方便等特点，但耗水量大，设备庞大，占地面积大，除尘效率低。

2. 冲击式除尘装置

冲击式除尘装置是在其内储有一定量的水，将具有一定动能的含尘气体直接冲击到液体，激起大量水滴和水雾，使尘粒从气流中分离出来的一种除尘设备。属于这种除尘装置的有结构简单的水浴除尘装置和结构较复杂的自激式除尘装置两种。

（1）水浴除尘装置。水浴除尘装置的结构很简单，如图 7—14 所示，由挡水板、进排气管、进排水管、喷头和溢流管等组成。其除尘过程是：连续进气管的喷头掩埋在装置内的水室里，含尘气流经喷头高速喷出，冲击水面并急剧改变方向，气流中的大尘粒因惯性与水碰撞而被捕集，即冲击作用阶段；粒径较小的尘粒随气流穿过水层，激发出大量泡沫和水花，进一步使尘粒被捕集，即泡沫作用阶段；气流穿过泡沫层进入筒体内，受到激起的水花和雾滴的淋浴，使得粉尘得到了进一步净化，即淋浴作用阶段。这种除尘装置的除尘性能与喷头喷射的气流速度、喷头在水室的掩埋深度、U/Q（喷头与水面接触的周长 U 与气流量 Q 之比值）等因素有关。在一般情况下，随着喷射速度、掩埋深度和比值 U/Q 的增大，除尘效率提高，压力损失也就增大。当气流冲击速度一定时，除尘效率和阻力随喷头的插入深度增加而增加；当喷头的插入深度一定时，除尘效率和阻力随冲击速度的增加而增加。但是，当冲击速度和插入深度到达一定值后，如再增加，其除尘效率几乎不变化，而阻力却继续增加，所以插入深度不宜过大，一般为 20～30 mm。水浴除尘装置阻力一般为 400～700 Pa，一般用砖或钢筋混凝土现场构筑，其优点是结构简单，缺点是泥浆处理较为困难，一般适合于中小型工厂。

（2）自激式除尘装置。自激式除尘装置可分为立式和卧式两种。典型的立式自激式除尘装置由 S 形精净化室、自动供水系统、挡水板、溢流箱、进气管、排气管、泥浆机械耙等组成，如图 7—15 所示。其除尘过程为：含尘气体进入装置内转弯向下冲击水面，粗尘粒由于惯性作用落入水中，被水捕获；细尘粒随气流以18～35 m/s 的速度进入两叶片间的 S 形精净化室，由于高速气流冲击水面激起的水滴的碰撞及离心力的作用，使细尘粒被捕获。净化后的气体通过气液分离室和挡水板，去除水而后排出，被捕集的粗、细尘粒在水中由于重力作用，沉积于装置内底部而形成泥浆，再由机械耙将泥浆耙出。除尘装置内的水位由溢流箱控制，在溢流箱盖上设有水位控制装置，以保证除尘装置的水位恒定，从而保证除尘装置的效率的稳定。如果除尘装置较小，可以用简单的浮漂来控制水位。自激式除尘装置的性能与水位、处理风量等因素有关，水位高则除尘效率就高，但阻力也相应增加；水位低则除尘效率就低，阻力也低。根据试验可知，以溢流堰高出上叶片下沿 50 mm 为最佳。单位长度叶片的处理风量大于 6 000 m^3/ h 时，除尘效率基本不变，而阻力则显著增加。一般来讲，单位长度叶片的处理风量以 5 000～6 000 m^3/h 为宜，设计时可取 5 800 m^3/h。

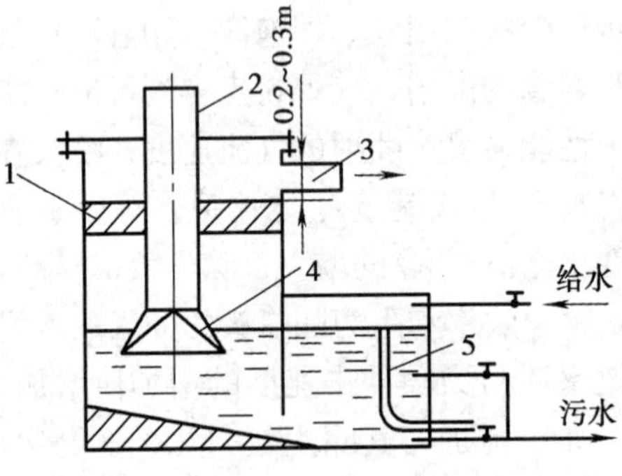

图 7—14　水浴除尘装置的结构示意图

1—挡水板　2—进气管　3—排气管

4—喷嘴　5—溢流管

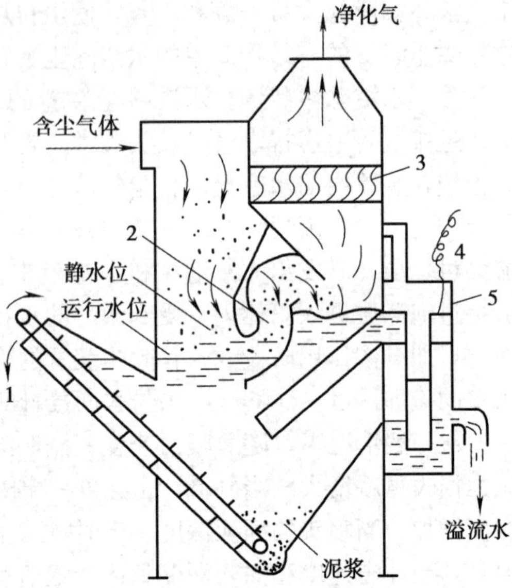

图 7—15　自激式除尘装置的结构示意图

1—泥浆出口　2—S 形通道　3—挡水板

4—水位控制器　5—溢流箱

3. 湿式旋风除尘装置

常用的湿式旋风除尘装置有旋风水膜除尘装置和中心喷雾旋风除尘装置两种。

（1）旋风水膜除尘装置。旋风水膜除尘装置一般可分为立式旋风水膜除尘装置和卧式旋风水膜除尘装置两大类。如图 7—16 所示为卧式旋风水膜除尘装置的结构示意图，它由外筒、内筒、螺旋形导流体、集水槽及排水装置等组成，含尘气体沿切线方向进入除尘装置，气体在内外筒形成的螺旋通道内做旋转运动，在离心力的作用下粉尘被甩向筒壁。当气流以高速冲击到水箱内的水面上时，一方面尘粒因惯性作用落于水中，另一方面气流冲击水面激起的水滴与尘粒碰撞，也会将一部分尘粒捕获。由于这种卧式旋风水膜除尘装置综合了旋风、冲击水浴和水膜三种除尘形式，除尘效率一般在 90%以上，最高可达 98%。影响卧式旋风水膜除尘装置性能的主要因素是风速和集水槽的水位，水位过高，阻力增加；反之，则使除尘效率下降，槽内水位至内筒底之间距离一般以 100～150 mm 为宜。立式旋风水膜除尘装置的构造如图 7—17 所示，在圆筒体上部设置切向喷嘴，水雾喷向器壁，含尘气体由筒体下部切向导入，形成旋转上升的气流，气流中的尘粒在离心力作用下甩向器壁，从而被液滴和器壁的水膜所捕集，最终沿器壁流向下端集水槽，净化后的气体由顶部排出。立式旋风水膜除尘装置的气体入口速度一般控制在 15～22 m/s，一般筒体高度应大于筒径的 5 倍，除尘效率一般在 90%～95%，气流压力损失为 500～750 Pa。

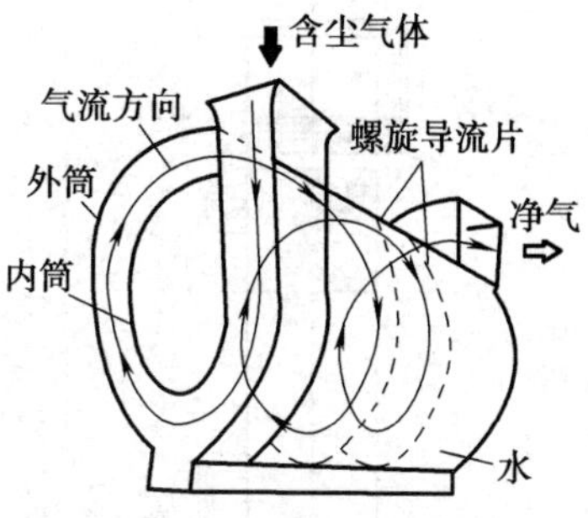

图 7—16　卧式旋风水膜除尘装置的结构示意图

（2）喷雾旋风除尘装置。如图 7—18 所示是中心喷雾旋风除尘装置的结构示意图。含尘气流由除尘装置下部以切线方向进入，水通过轴向安装的多头喷嘴喷入，尘粒在离心力的作用下被甩向器壁，水由喷雾多孔管喷出后形成水雾，利用水滴与尘粒的碰撞作用和器壁水膜对尘粒的黏附作用而除去尘粒。这种装置的入口风速通常在 15 m/s 以上，断面风速一般为 1.2～24 m/s，压力损失为 500～2 000 Pa，耗水量为 0.4～1.3 L/m^3。

湿式旋风除尘装置的除尘效率一般可以达到 90%以上，压力损失为 250～1 000 Pa，特别适用于气流量大和含尘浓度高的烟气除尘。

4. 文丘里湿式除尘装置

文丘里湿式除尘装置是一种高效湿式洗涤器，可分为喷雾式文丘里除尘装置和射流自吸式文丘里除尘装置两种。两种类型的区别在于，一是前者由机械式通风机供风，后者利用水气射流通风器的原理，通过压力水的喷射自行吸风；二是前者喷嘴以喷雾为主，后者喷嘴的作用则以射流吸风为主。

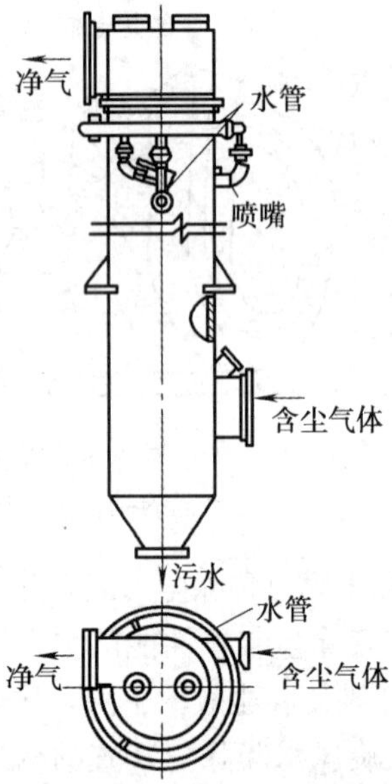

图 7—17　立式旋风水膜除尘装置的构造

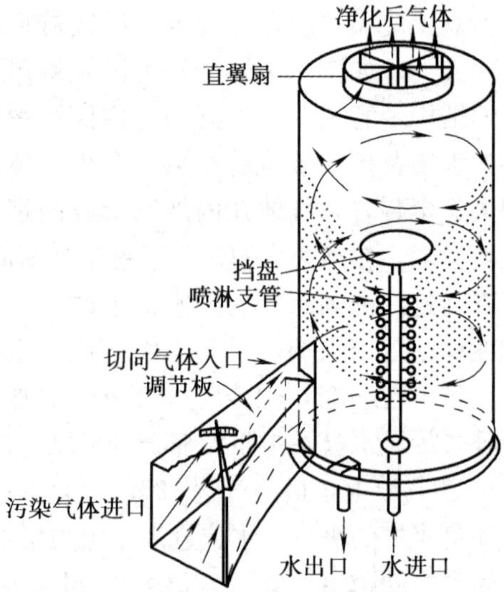

图 7—18　中心喷雾旋风除尘装置的结构示意图

如图 7—19 所示为喷雾式文丘里湿式除尘装置的结构示意图，它由喷雾器、文丘里管本体及脱水器三部分组成。文丘里管本体由渐缩管、喉管和渐扩管组成，文丘里管含尘气流由进气管进入渐缩管后，流速逐渐增大，气流的压力逐渐转变为动能；进入喉管时，流速达到最大值，静压下降到最低值，以后在渐扩管中则进行着相反的过程，流速渐小，压力回升。如图 7—20 所示为文丘里管的结构尺寸示意图。其除尘过程如下：水由喉管周边均匀分布的若干小孔进入，然后被高速的含尘气流撞击成雾状液滴，气体中尘粒与液滴凝聚成较大颗粒，并随气流进入旋风分离器中与气体分离。因此，可将文丘里湿式除尘装置的除尘过程分为雾化、凝聚和分离除尘三个阶段，前两个阶段在文丘里管内进行，后一个阶段在除雾器内进行。

文丘里管中气流速度一般为 16～22 m/s，收缩管的收缩角 α_1 常取 23°～25°，喉管直径 D_r 按喉管气流速度 v_r 确定，其截面积与进口管截面积之比的典型值为 1∶4，v_r 的选择要考虑到粉尘、气体和洗涤液的物理化学性质、对洗涤器的除尘效率和阻力的要求等因素。喉管长度 L_0 一般取喉管直径的 0.8～1.5 倍，常取 200～500 mm。渐扩管的扩散角 d_2 一般为 5°～7°，出口管的直径 D_2 按与其相连的除雾器要求的气速确定，渐缩管和渐扩管的长度 L_1 及 L_2 由下式计算：

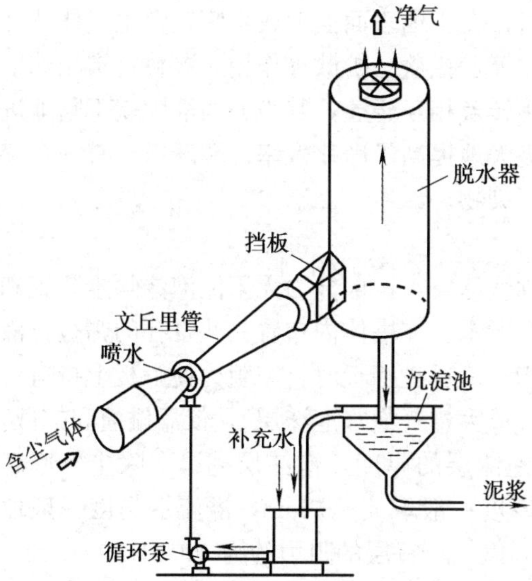

图 7—19　喷雾式文丘里湿式除尘装置的结构示意图

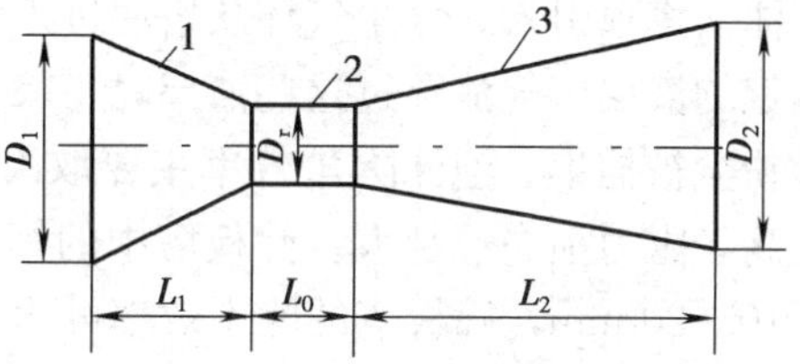

图 7—20　文丘里管的结构尺寸示意图

1—渐缩管　2—喉管　3—渐扩管

$$L_1=\frac{D_1-D_r}{2}\cot\frac{\alpha_1}{2}\quad L_2=\frac{D_2-D_r}{2}\cot\frac{\alpha_2}{2}\qquad(7—23)$$

对于射流自吸式文丘里除尘装置，它是利用第三章介绍的水气射流通风器喷射的气水混合物来除尘的，其除尘原理与喷雾式文丘里除尘装置相同，目前已用于矿山采矿作业的吸尘除尘。由于文丘里湿式除尘装置对细粉尘有很高的除尘效率，且对高温气体有良好的降温效果，因此，常用于高温烟气的降温和除尘，如炼铁高炉、炼钢电炉烟气以及有色冶炼和化工生产中的各种炉窑烟气的净化。文丘里洗涤器结构简单，体积小，布置灵活，投资费用低，缺点是压力损失大。

5. 填料式除尘装置

填料式除尘装置一般分为固定床和流动床两种类型，由于固定床填料塔净化粉尘时很容易堵塞，所以工程上一般较少使用。流动床填料式除尘装置又称湍球塔，其结构如图 7—21 所示，在上下两块栅板间填充若干小球，在上

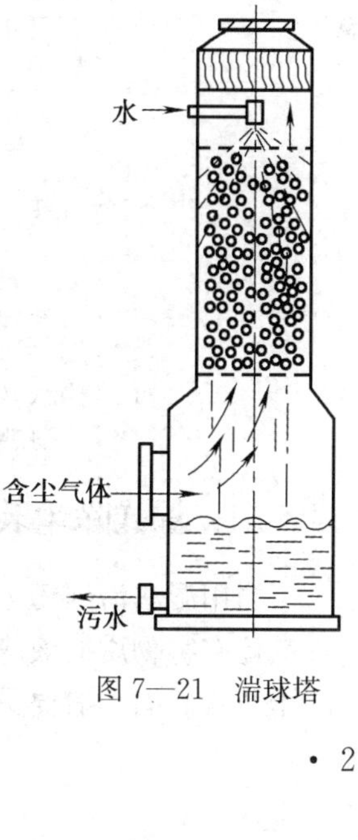

图 7—21　湍球塔

栅板的上方布置喷头，雾状水流经填料时，在小球表面上形成水膜，含尘气体从塔的下部进入，将小球吹成流态化，依靠碰撞、拦截、扩散等作用，颗粒物被小球上的水膜捕获。由于小球在不断的湍动、旋转及相互碰撞，其表面的液膜就不断地进行更新，从而强化了气液两相的接触，极大地提高了净化效率。湍球塔还有一个突出的优点，就是能同时有效地净化气态污染物。

6. 泡沫除尘装置

泡沫除尘装置又称泡沫洗涤器，简称泡沫塔，一般分为无溢流泡沫除尘装置和有溢流泡沫除尘装置两大类，如图 7—22 所示。在塔体内布置一些带孔的筛板，液体从塔顶引入，含尘气体从塔底进入，当气流通过筛板时，因阻力使筛板上持有一定的液层，气流穿过这些液层时，就会形成大量气泡（泡沫层），依靠碰撞和扩散，粉尘被捕集。泡沫除尘效率主要取决于泡沫层的厚度，泡沫层越厚，除尘效率越高，阻力损失也越大。筛板塔中的筛板厚度一般取 4～6 mm，溢流堰高度一般取 10～30 mm，筛板塔的除尘效率可达 90%以上，每层的阻力约为 400 Pa。

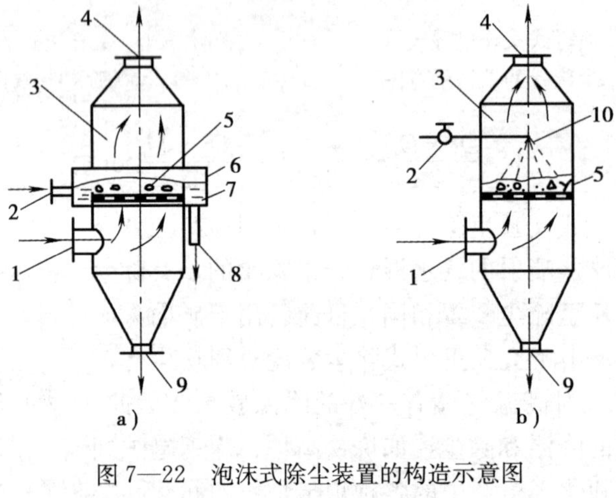

图 7—22　泡沫式除尘装置的构造示意图

a) 有溢流泡沫除尘装置　b) 无溢流泡沫除尘装置

1—烟气入口　2—洗涤液入口　3—泡沫洗涤器　4—净化气出口　5—筛板

6—水堰　7—溢流槽　8—溢流水管　9—污泥排出口　10—喷嘴

二、湿式除尘装置的脱水

当用湿法治理粉尘和其他有害气体时，从处理设备排除的气体常常夹带有粉尘和其他有害物质的液滴。为了防止液滴带出湿式除尘装置而影响其他空间，在湿式除尘装置后面一般要进行脱水处理，即设计安装脱水装置，把液滴从气流中分离出来。湿式除尘装置带出的液滴直径一般为 50～500 μm，其量约为循环液的 1%。由于液滴的直径比较大，因此，较易去除。

目前常用的脱水装置有重力式脱水器、惯性式脱水器、旋风式脱水器、过滤式脱水器四种。重力式脱水器的结构比较简单，它依靠液滴的重力使之从气流中分离出来，其只能分离粗大液滴，且要求气流的上升速度不超过 0.3 m/s。惯性式脱水器、旋风式脱水器与惯性除尘装置、旋风除尘装置的结构基本相同，惯性式脱水器能分离 150 μm 以上的液滴，气流通过惯性式脱水器的风速应控制在 2～3 m/s 之间，小于 2 m/s 时碰撞效率降低，大于 3 m/s 时气流会把液滴带走。过滤式脱水器是在出口处设置多层尼龙丝或铜丝网，其分离效果较好，对于直径 100 μm 以上的液滴，其分离效率可高达 99%。应当指出，在选择脱水器时，除了考虑脱水效率外，还应考虑通风阻力的大小。

第四节　电除尘装置

电除尘装置是利用静电力（库仑力）实现粒子（固体或液体粒子）与气流分离沉降的一种除尘装置。电除尘装置利用静电力直接作用在粒子上，因此，分离尘粒所消耗的能量较小，压力损失也较小。由于作用在粒子上的静电力相对较大，所以即使是亚微米级的粒子，也能有效地捕集。

电除尘装置主要有以下优点：可捕集微细粉尘及雾状液滴，粉尘粒径大于 1 μm 时，除尘效率可达 99%，除尘性能好；气体处理量大；可在 350～400℃的高温下工作，适用范围广；压力损失低，能耗低，运行费用少。电除尘装置的缺点是：投资大，设备复杂，占地面积大，对操作、运行、维护管理都有较高的要求。另外，对粉尘的比电阻也有要求。目前，电除尘装置主要用于处理气量大、对排放浓度要求较严格、又有一定维护管理水平的大企业，如燃煤发电厂、建材、冶金等行业。

一、电除尘装置的工作原理

如图 7—23 所示为管式电除尘装置示意图，接地的金属圆管叫集尘电极，为正极；与高压直流电源相接的细金属线叫放电电极（又称电晕电极），为负极。放电电极置于圆管的中心，靠下端的吊锤拉紧，含尘气体从除尘装置下部的进气管进入，净化后的清洁气体从上部排气管排出。

电除尘的基本工作原理主要包括电晕放电、粉尘荷电、粉尘沉积和清灰四个基本过程。如图 7—24 所示为电除尘装置的除尘过程示意图。

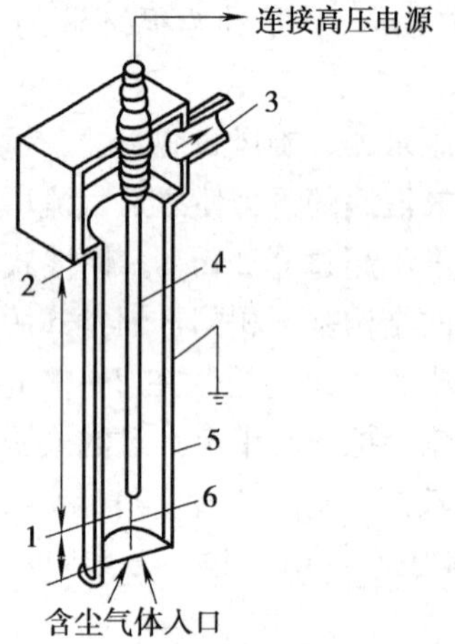

图 7—23　管式电除尘装置示意图

1—放电区　2—收尘区　3—洁净气体出口

4—不放电的高压电极　5—收尘极　6—放电极

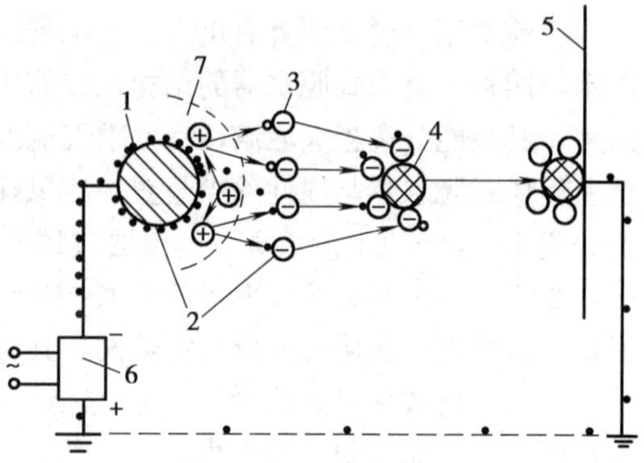

图 7—24　电除尘装置的除尘过程示意图

1—电晕极　2—电子　3—离子　4—粒子

5—集尘极　6—供电装置　7—电晕区

1. 电晕放电

电除尘装置内设有高压电场，电极间的空气离子在电场的作用下向电极移动，形成电流。开始时，空气中的自由离子少，电流较小。当电压升高到一定数值后，电晕极附近的离子就获得了较高的能量和速度，它们撞击空气中性分子时，中性分子会电离成正、负离子，这种现象称为空气电离。空气电离后，由于连锁反应，在极间运动的离子数大大增加，表现为极间电流（电晕电流）急剧增大。当电晕极周围的空气全部电离后，形成了电晕区，此时在电晕极周围可以看见一圈蓝色的光环，这个光环称为电晕放电。如果在电晕极上加的是负电压，则产生的是负电晕；反之，则产生正电晕。

2. 粉尘荷电

在放电电极附近的电晕区内，正离子立即被电晕极表面吸引而失去电荷；自由电子和负离子则因受电场力的驱使和扩散作用，向集尘电极移动，于是在两极之间的绝大部分空间内部都存在着自由电子和负离子，含尘气流通过这部分空间时，粉尘与自由电子、负离子碰撞而结合在一起，实现粉尘荷电。

3. 粉尘沉积

电晕区的范围一般很小，电晕区以外的空间称为电晕外区。电晕区内的空气电离之后，正离子很快向负极（电晕极）移动，只有负离子才会进入电晕外区，向阳极（集尘极）移动。含尘气流通过电除尘装置时，由于只有少量的尘粒在电晕区通过，获得正电荷，沉积在电晕极上，大多数尘粒在电晕外区通过，获得负电荷，在电场力的驱动下向集尘极运动，到达极板失去电荷后最后沉积在集尘极上。

4. 清灰

当集尘极表面的灰尘沉积到一定厚度后，会导致火花电压降低，电晕电流减小；而电晕极上附有少量的粉尘，也会影响电晕电流的大小和均匀性。为了防止粉尘重新进入气流，保持集尘极和电晕极表面的清洁，隔一段时间应及时清灰。

二、电除尘装置的种类

电除尘装置的种类很多，根据电除尘装置的结构特点来分，主要有以下几种分类方式：

按粒子荷电段和分离段的空间布置不同，可分为单区式电除尘装置和双区式电除尘装置两种。电除尘的四个过程都在同一空间区域内完成的叫做单区式电除尘装置。而荷电和除尘分设在两个空间区域内的称为双区式电除尘装置。目前单区式电除尘装置应用最广。

按集尘极的形式不同，可分为管式电除尘装置和板式电除尘装置。管式电除尘装置的集尘极一般为多根并列的金属圆管，适用于气体量较小的情况，一般采用湿式清灰；板式电除尘装置的集尘极由轧制成各种断面形状的平行钢板制作，极板之间布置电晕线，清灰方便，制作、安装都比较容易，布置较为灵活。板式电除尘装置的规格以除尘装置横断面积表示，可以从几平方米到几百平方米。

按气流流动方向的不同，可分为卧式电除尘装置和立式电除尘装置。前者气流方向平行于地面，占地面积大，但操作方便，因此，在工业废气除尘中，卧式的板式电除尘装置应用最广。后者气流方向垂直于地面，通常由下而上，管式电除尘装置都是立式的，一些板式电除尘装置也采用立式的，这种电除尘装置占地面积小，但捕集的细粒易产生再次飞扬。

按清灰方式不同，可分为干式电除尘装置和湿式电除尘装置。湿式电除尘装置通过喷雾或溢流水等方式，使集尘极表面形成一层水膜，将沉积到极板上的尘粒带走。湿式清灰可避免二次扬尘，达到很高的除尘效率，运行也较稳定，但操作温度低，且存在含尘污水和污泥的处理，一般只是在气体含尘浓度较低、要求除尘效率较高时才采用。干式电除尘装置采用机械、电磁、压缩空气等振打清灰，处理温度可高达 350～450℃，有利于回收具有较高价值的颗粒物，但振打清灰时存在粉尘二次飞扬等问题，板式除尘装置大多采用干式清灰。

三、电除尘装置的主要部件

电除尘装置的型式多种多样，但从其结构来看，一般包括以下几个主要部分：电晕电极、集尘极、电晕电极和集尘极的清灰装置、气流分布装置、壳体、输灰装置及供电装置等，电晕电极、集尘极、清灰装置、气流分布装置和灰斗一般称为除尘装置的主体部分，其他的则称为附属部分。

1. 电晕电极

电晕电极是使气体产生电晕放电的电极，包括电晕线、电晕框架、电晕框悬吊架、悬吊杆和支撑绝缘套管等，电晕线的固定方式有重锤悬吊式和管框绷线式两种。电晕电极应具有起晕电压低、击穿电压高、电晕电流大等性能，还需具有较高的机械强度和耐腐蚀性能。电晕电极的形式很多，目前常用的有直径 3 mm 左右的圆形线、星形线、锯齿线和芒刺线等，其中，芒刺线又可分为三角形芒刺、角钢芒刺、波形芒刺、扁钢芒刺、锯形芒刺、条形芒刺等，如图 7—25 所示。最简单的是圆形导线，工业电除尘装置中一般使用直径为 2～3 mm 的镍铬线作为电晕电极。圆形导线的直径越小，起晕电压越低，放电强度越高，但机械强度也较低，振打时容易损坏。星形电晕极是用 ϕ(4～6) mm 的普通钢材经冷拉而成的，它利用 4 个尖角边放电，放电性能好，机械强度高，采用框架方式固定，适用于含尘浓度较低的场合。

芒刺形和锯齿形电晕电极属于尖端放电，放电强度高，在正常情况下比星形电晕极产生的电晕电流大一倍，起晕电压比其他的形式低。此外，由于芒刺或锯齿尖端放电产生的电子流和离子流特别集中，在尖端伸出方向增强了电风，这对减弱和防止因烟气含尘浓度高时出现的电晕闭塞现象是有利的。因此，芒刺形电晕极和锯齿形电晕极适合于含尘浓度高的场合。

2. 集尘极

根据集尘极结构的不同，可分为管式和板式两大类。

小型管式电除尘装置的集尘极为直径约 15 cm、长 3 m 左右的管，大型的直径可加大到 40 cm、长 6 m。每个除尘装置所含集尘管数目少则几个，多则可达 100 个以上。

板式电除尘装置的集尘极垂直安装，电晕极置于相邻的两板之间。集尘极长一般为 10～20 m、高 10～15 m，板间距 0.2～0.4 m，处理气量为 1 000 m^3/s 以上，效率高达 99.5%的大型电除尘装置含有上百对极板。板式电除尘装置又可分为：

（1）平板型，包括网状、棒筛式电极等。

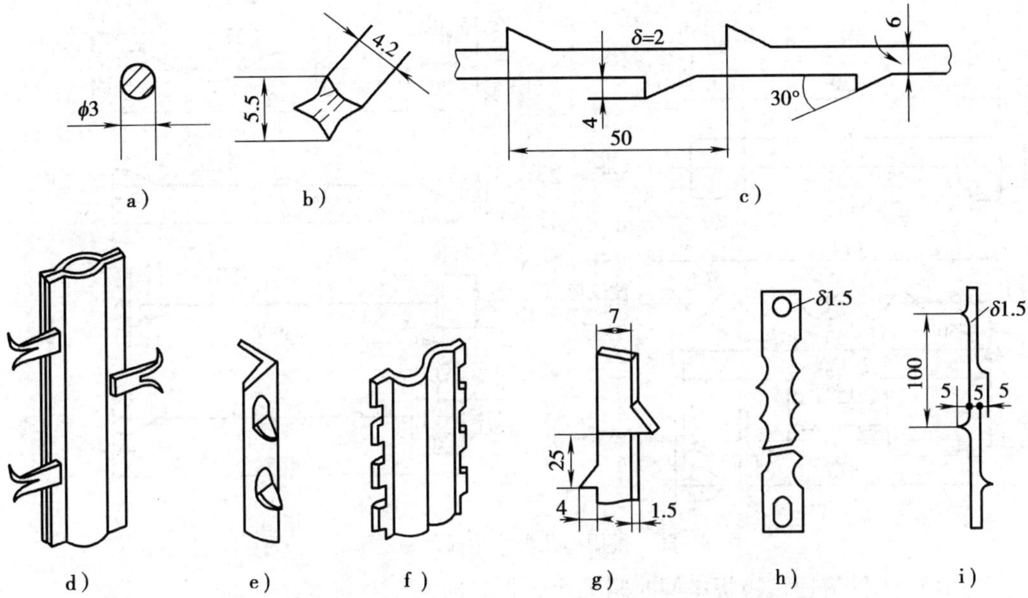

图 7—25　电晕电极的形式

a）圆形线　b）星形线　c）锯齿线　d）三角形芒刺　e）角钢芒刺

f）波形芒刺　g）扁钢芒刺　h）锯形芒刺　i）条形芒刺

（2）箱式，包括鱼鳞板和袋式（郁金香式）电极等。

（3）型板式，包括 Z 形、C 形、CW 形、波纹形等，如图 7—26 所示。平板型电极一般多用在特殊的场合，例如，电极上积灰难以抖落，要求集尘极经受振打力很大时，或气体温度很高，要求集尘极不易变形时等。平板型电极由于气流直接冲刷电极表面，会使沉积粉尘返回气流，使除尘效率下降，因此，一般要求气流速度低于 0.8 m/s。箱式电极由于结构复杂，耗钢量大，易被积尘堵塞，所以已很少采用。型板式电极是用厚 1.2～2 mm 的钢板冷轧加工成一定形状的型板。极板两面通常设有沟槽和挡板，既能增大极板刚度，又能在板面附近的边界层中形成涡流区，以利于粒子沉降，减少二次扬尘。

集尘极的结构形式直接影响着除尘性能，性能良好的集尘极应满足下述基本要求：

（1）振打时二次扬尘少。

（2）单位集尘面积消耗金属量低。

（3）极板高度较大时，应有一定的刚性，不易变形。

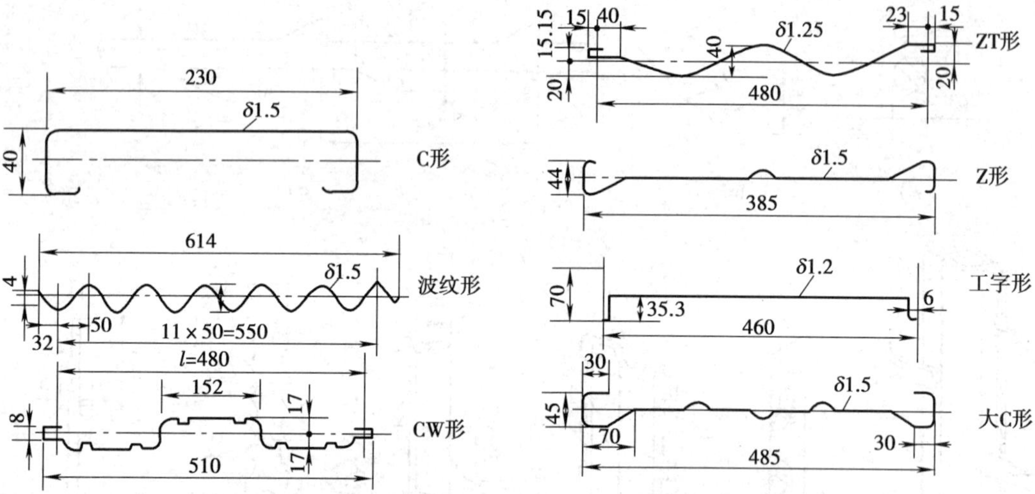

图 7—26 常用的几种集尘极型板的形式

(4) 气流通过极板空间时阻力小，振打时易于清灰等。

3. 气流分布装置

气流分布的均匀程度与除尘装置进口的管道形式及气流分布装置有密切关系。在电除尘装置安装位置不受限制时，气流应设计成水平进口，即气流由水平方向通过扩散形变径管进入除尘装置，然后经 1～2 块平行的气流分布板后进入除尘装置的电场。在除尘装置出口渐缩管前也常常设一块分布板。被净化后的气体从电场出来后，经此分布板和与出口管相连接的渐缩管，然后离开除尘装置。气流分布板一般为多孔薄板，孔形为圆孔或方孔，也可以采用百叶窗式孔板。电除尘装置正式运行前，必须进行测试调整，检查气流分布是否均匀，其具体标准是：任何一点的流速不得超过该断面平均流速的±40%；任何一个测定断面上 85%以上测点的流速与平均流速不得相差±25%。如果不符合要求，必须重新调整。

4. 电极清灰装置

电除尘装置清灰的主要方式有湿式清灰和干式清灰两种。采用湿式清灰时，用喷雾或溢流水冲洗极板的方法使集尘极表面形成一层水膜，将沉积到极板上的尘粒冲走，其主要优点是二次扬尘少、不会产生反电晕、水滴凝聚在小尘粒上便于捕集，同时可净化部分有害气体（如 SO_2、HF 等）。主要问题是极板腐蚀和污泥处理。干式清灰有机械振打、压缩空气吹击、电磁振打及电容振打等方式，目前应用最广的是挠臂锤振打电极框架的机械清灰方式。机械振打清灰的效果，主要取决于振打强度和振打频率（振打方式）。振打强度的大小决定于很多因素，如电除尘装置容量大小、极板安装方式、振打方向、粉尘性质、温度等。振打强度一般用极板面法向产生的加速度表示，单位用重力加速度 g(9.8 m/s^2）的倍数表示。一般要求极板上各点的振打强度不小于（50～200)g。振打方式分连续振打和间断振打两种，选用何种振打方式一般视具体条件而定，如粉尘的黏性和浓度等。电晕电极上的沉积粉尘一般较少，但对电晕放电的影响很大。若粉尘在电晕线上结疤，不但使除尘效率降低，甚至能使除尘装置完全停止运行。因此，一般采取连续振打的清灰方式，使电晕极沉积的粉尘很快被振打干净。

5. 供电装置

电除尘装置的供电装置分为高压供电装置和低压供电装置两种。高压供电装置用于提供尘粒荷电和捕集所需要的电晕电流，主要包括升压变压器、高压整流器和控制装置。其工作原理是：电网输入的交流正弦电压通过 I—C 恒流变换器转换为交流正弦电流，经升压、整流后成为恒流高压直流电流源，给电除尘装置电场供电。输入到整流变压器一次侧的交流电压称为一次电压，输入到整流变压器一次侧的交流电流称为一次电流；整流变压器输出的直流电压称为二次电压，整流变压器输出的直流电流称为二次电流。低压控制配电柜分别向电除尘装置、旋风除尘装置、通风机及输灰系统的高、低压电气设备供电，以便于管理。高压供电设备的输出峰值电压为 70～100 kV，电流为 100～2 000 mA。目前广泛应用晶闸管高压硅整流设备，这类装置含有多重信号反馈回路，可将电压、电流限制在一定水平上，设备运行稳定，能有效控制火花率。

6. 除尘装置外壳

电除尘装置外壳的材料，一般根据气体性质和操作温度来选择。常用材料有普通钢板、不锈钢板、铅板（捕集硫酸雾）、钢筋混凝土及砖等。除尘装置外壳必须严密，以减少漏风。漏风将使进入除尘装置的风量增加，风机负荷加大，电场内风速过高，除尘效率下降。特别是处理高温湿烟气时，冷空气漏入会使烟气温度降至露点以下，导致除尘装置内构件沾染灰尘和腐蚀。电除尘装置的漏风率应控制在3％以下。

四、影响除尘性能的因素

除含尘气体处理量、除尘效率和阻力外，驱进速度是电除尘装置特有的性能指标。影响除尘性能的主要因素有粉尘特性与浓度、气体特性、火花放电频率、结构因素和操作因素等。

1. 粉尘特性与浓度

粉尘特性主要包括粉尘的粒径分散度、真密度、堆积密度和比电阻等，其中最主要的是粉尘的比电阻。影响粉尘比电阻的因素很多，但主要是气体的温度和湿度。所以，对于比电阻值偏高的粉尘，往往可以通过改变烟气的温度和湿度的方式来调节，具体的方法是向烟气中喷水，这样可以同时达到增加烟气湿度和降低烟气温度的双重目的。为了降低烟气的比电阻，也可以向烟气中加入二氧化硫、氨气以及碳酸钠等化合物，以增加粉尘的导电性。

在除尘电场中，荷电粉尘形成的空间电荷会对电晕极产生屏蔽作用，从而抑制电晕放电。随着含尘浓度的提高，电晕电流逐渐减少，这种现象被称为电晕阻止效应。当含尘浓度增加到某一数值时，电晕电流基本为零，这种现象被称为电晕闭塞。此时，除尘装置失去除尘能力。为了避免产生电晕闭塞，进入电除尘装置的气体含尘浓度应小于20 g/m^3。当气体含尘浓度过高时，除了选用曲率大的芒刺型电晕电极外，还可以在电除尘装置前串接除尘效率较低的机械除尘装置，进行多级除尘。

2. 气体特性

气体特性主要包括气体温度、压力、湿度、断面气流速度和断面气流分布等。

（1）断面气流速度。从电除尘装置的工作原理不难得知，除尘装置断面的气流速度越低，粉尘荷电的机会越多，除尘效率也就越高。例如，当锅炉烟气的流速低于0.5 m/s时，除尘效率接近100%；烟气流速高于1.6 m/s时，除尘效率只有85%左右。可见，随着气流速度的增大，除尘效率也有大幅度地下降。从理论上讲，低流速有利于提高除尘效率，但气流速度过低的话，不仅经济上不合理，而且管道易积灰。在实际生产中，断面上的气流速度一般为0.6～1.5 m/s。

（2）断面气流分布。断面气流速度分布均匀与否，对除尘效率影响很大。如果断面气流速度分布不均匀，在流速较低的区域就会存在局部气流停滞，造成集尘极局部积灰严重，使运行电压变低；在流速较高的区域又易造成二次扬尘。因此，断面气流速度的差异越大，除尘效率越低。为了避免在入、出口风道中积尘，应将风道内的气流速度控制在15～20 m/s。为了解决除尘装置内气流分布的问题，一般采取在除尘装置的入口或在出入口同时设置气流分布装置的方式。

（3）气体的温度和湿度。含尘气体的温度对除尘效率的影响主要表现为对粉尘比电阻的影响。在低温区，由于粉尘表面的吸附物和水蒸气的影响，粉尘的比电阻较小；随着温度的升高，吸附物和水蒸气的作用减弱，使粉尘的比电阻增加；在高温区，主要是粉尘本身的电阻起作用。因而随着温度的升高，粉尘的比电阻降低。

当温度低于露点时，气体的湿度会严重地影响除尘装置的除尘效率，主要是因捕集到的粉尘结块黏结在降尘极和电晕极上，难于振落，因而使除尘效率下降。当温度高于露点时，随着湿度的增加，不仅可以使击穿电压增高，而且可以使部分尘粒的比电阻降低，从而使除尘效率有所提高。

3. 火花放电频率

为了获得最佳的除尘效率，通常用控制电晕极和集尘极之间火花频率的方法，做到既维持较高的运行电压，又避免火花放电转变为弧光放电。这时的火花频率被称为最佳火花频率，其值因粉尘的性质和浓度、气体的成分、温度和湿度的不同而不同，一般取 30～150 次/min。

4. 结构因素和操作因素

操作因素主要包括伏安特性、漏风率、二次飞扬、电晕线肥大、清灰等。在电除尘装置运行过程中，电晕电流与电压之间的关系称为伏安特性，它是很多变量的函数，其中最主要的是电晕极和除尘极的几何形状、烟气成分、温度、压力和粉尘性质等。电场的平均电压和平均电晕电流的乘积即电晕功率，它是投入到电除尘装置的有效功率，电晕功率越大，除尘效率也就越高。随着集尘极和电晕极上堆积粉尘厚度的不断增加，电除尘装置在工作过程中的运行电压会逐渐下降，使除尘效率降低，故必须通过清灰装置使粉尘剥落下来，以保持较高的除尘效率。

结构因素主要包括电晕线的几何形状、直径、数量和线间距；收尘极的形式、极板断面形状、极间距、极板面积、电场数、电场长度；供电方式、振打方式（方向、强度、周期）、气流分布装置、外壳严密程度、灰斗形式和出灰口锁风装置等。

五、电除尘装置的设计

1. 电除尘装置的设计计算

电除尘装置的设计计算常采用经验方法。下面以板式电除尘装置为例，说明其计算设计，一般步骤为：

（1）确定电场断面积及其形状。

（2）确定集尘极、电晕极的间距和排数。

（3）计算集尘极的总面积。

（4）计算电场长度。

（5）确定电晕极使用电压。

（6）确定耗电功率。

（7）结构设计，如外壳设计、分布管设计、附属设备设计等。

电场断面面积计算式为：

$$A_e=\frac{Q}{v_{cd}} \tag{7—24}$$

式中 A_e——电场断面面积，m^2；

Q——处理气体流量，m^3/s；

v_{cd}——除尘装置断面的气流速度，m/s。

集尘极面积计算式为：

$$A=\frac{Q}{v_d}=\ln\left(\frac{1}{1-\eta}\right) \tag{7—25}$$

式中 A——集尘极面积，m^2；

Q——处理气体流量，m^3/s；

v_d——微粒有效驱进速度，m/s；

η——除尘效率。

集尘室的通道个数的计算式为：

$$n=\frac{A}{bh_J} \tag{7—26}$$

式中 h_J——集尘极高度，m；

b——集尘极间距，m；

n——集尘室的通道个数；

Q——处理气体流量，m^3/s。

电场长度计算式为：

$$L_D=\frac{A}{2nh_J} \tag{7—27}$$

式中 L_D——集尘极沿气流方向的长度，m；

h_J——电场高度，m。

工作电流 I 可由集尘极面积 A 与电流密度 I_d 的乘积计算，即：

$$I=A\times I_d \tag{7—28}$$

根据实际需要，工作电压 U 的计算式为：

$$U=250b \tag{7—29}$$

2. 电除尘装置的选型设计

电除尘装置的选型设计主要按以下步骤进行：

（1）收集有关资料，如粉尘比电阻及其随运行条件的变化情况等。

（2）确定粉尘的有效驱进速度，应根据影响有效驱进速度的基本因素粒径、捕集效率、粒子比电阻、电晕功率及二次扬尘情况等综合考虑确定。

（3）确定所要求的除尘效率，可按烟气含尘浓度和允许出口排放浓度考虑，同时考虑技术、经济、环保三方面的综合影响。

（4）确定集尘极板面积，由集尘极板面积即可查阅相关资料，进行电除尘装置的选型。

（5）验算电场风速，若在 0.7～1.3 m/s 之内，说明选型合理，若不在此范围内，则还需重新计算选型。

[例 7—2]　设计一静电除尘装置用来处理石膏粉尘。若处理风量为 162 000 m^3/h，入口含尘浓度为 3.2×10^{-3} kg/m^3，要求出口含尘浓度降至 1.6×10^{-5} kg/m^3，试计算该除尘装置极板面积、电场断面积、通道数和电场长度。

解：查资料知石膏粉尘的有效驱进速度为 0.18 m/s（平均值）。

处理风量为：
$$Q=\frac{16\ 200}{3\ 600}=45\ (m^3/s)$$

除尘效率为：
$$\eta=\left(1-\frac{c_2}{c_1}\right)\times100\%=1-\frac{1.6\times10^{-5}}{3.2\times10^{-3}}\times100\%=99.5\%$$

取电场风速 $v=1.0$ m/s，则电场断面面积为：$A_e=\dfrac{Q}{v}=\dfrac{45}{1.0}=45\ (m^2)$

集尘极面积为：
$$A=\frac{Q}{v_d}\ln\left(\frac{1}{1-\eta}\right)=\frac{45}{0.18}\ln\left(\frac{1}{1-0.995}\right)=1\ 325\ (m^2)$$

取通道宽度 $b=0.3$ m、高 $h=6$ m，则通道数为：$n=\dfrac{A_e}{bh}=\dfrac{45}{0.3\times6}=25$

电场长度为：
$$L=\frac{A}{2nh}=\frac{1\ 325}{2\times25\times6}\approx4.42\ (m)$$

第五节　过滤式除尘装置

过滤式除尘装置是使含尘气流通过过滤材料（简称滤料）将粉尘过滤分离捕集的装置。按照过滤材料的形状及其性质来分，可分为袋式除尘装置、颗粒层除尘装置和陶瓷微管除尘装置三类。其中，袋式除尘装置利用纤维编织物制成滤袋作为过滤材料，颗粒层除尘装置采用砂、砾、焦炭等颗粒物作为过滤介质，陶瓷微管除尘装置以陶瓷微管为过滤材料。

在过滤式除尘装置中，除含尘气体处理量、除尘效率和阻力外，过滤风速是其特有的性能指标，所谓过滤风速是指气体通过滤料层的平均速度，单位为 cm/s 或 m/min。

一、袋式除尘装置

袋式除尘装置的除尘效率高，结构不太复杂，可以回收有用粉料。但袋式除尘装置的投资比较高，允许使用的温度比较低，操作时气体的温度需高于露点温度，否则不仅会增加除尘装置的阻力，甚至会由于湿尘黏附在滤袋表面而使除尘装置不能正常工作。当尘粒浓度超过尘粒爆炸下限时，也不能使用袋式过滤器，且袋式除尘装置不适宜用来除去含有油雾、凝结水和粉尘黏性大的含尘气体，一般也不耐高温。袋式除尘装置占地面积较大，更换滤袋和检修都不太方便。

1. 除尘原理与过程

图 7—27 所示是简易袋式除尘装置示意图，当含尘气流通过滤料孔隙时，粉尘被阻留下来，清洁气流穿过滤袋之后由除尘装置的排气筒排出。袋式除尘装置捕集粉尘时，主要是靠粉尘通过滤袋时产生的筛分、惯性碰撞、截留、布朗扩散、静电、重力等效应来捕集的。其中，当粉尘粒径大于滤袋纤维间隙或粉尘层孔隙时，粉尘颗粒将会被阻留在滤袋表面，该效应被称为筛分效应。袋式除尘装置捕集尘粒的过程一般可分为两个阶段。最初是含尘气流通过清洁滤袋，这时主要靠滤袋纤维捕集尘粒并“架桥”。由于清洁滤料本身的网孔较大，一般为 20～50 μm，表面起绒的滤料为 5～10 μm，因此，清洁滤袋的除尘效率较低，大部分微细粉尘会随着气流从滤袋的网孔中通过，只有粗大的尘粒被阻留，并在网孔中产生“架桥”现象，如图 7—28 所示。其后，随着含尘气体不断通过滤袋的纤维间隙，纤维间粉尘

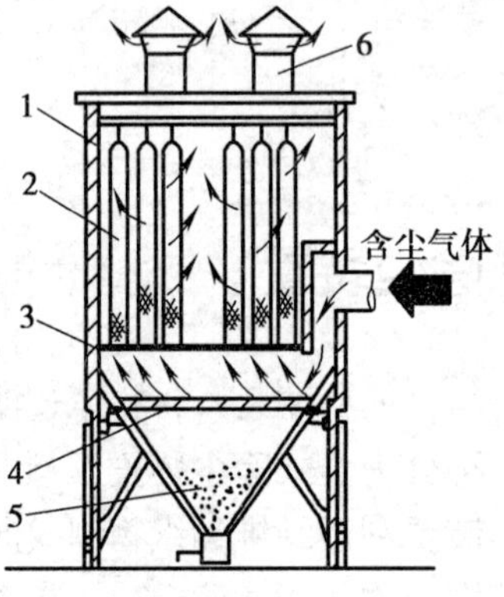

图 7—27 简易袋式除尘装置示意图

1—外壳 2—滤袋 3—花板
4—拉筋 5—灰斗 6—排气筒

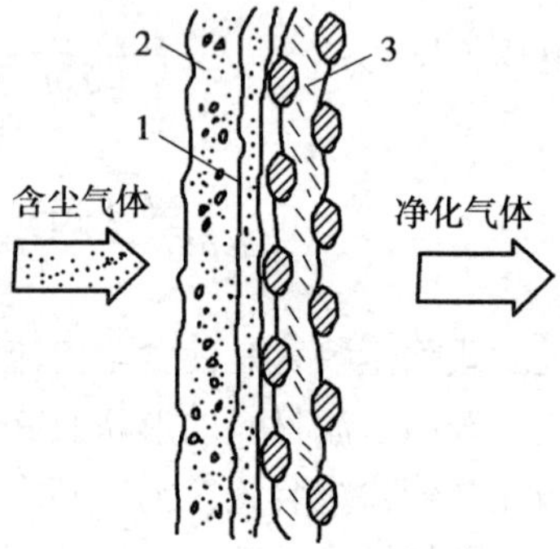

图 7—28 滤袋过滤除尘原理图

1—初层 2—集尘层 3—滤布

“架桥”现象不断加强，在一段时间后，滤袋表面积聚一层粉尘，称为粉尘初层。在此后的除尘过程中，粉尘初层便成了主要捕集尘粒层，而滤布只不过起着支撑骨架的作用，随着粉尘在滤布上的积累，除尘效率和阻力都会相应增加。当滤袋两侧的压力差很大时，会把已附在滤料层上的细粉尘挤过去，使除尘效率明显下降，同时除尘装置阻力过大，会使除尘装置系统的风量显著下降，以致影响生产系统的排风，因此，除尘装置阻力达到一定值后，要及时进行清灰，而清灰时不能破坏粉尘初层，以免降低除尘效率。

2. 滤料

(1) 滤料种类与特性。滤料种类很多，常用滤料按材质来分，可分为天然纤维滤料、合成纤维滤料、无机纤维滤料及毛毡滤料四种。几种常用滤料的主要性能见表 7—2。

表 7—2　几种常用滤料的主要性能

滤料名称	耐温性能（℃）		吸湿度（%）	耐酸性	耐碱性	强度
	长期	最高				
棉织品	75～85	95	8	不好	稍好	1
羊毛	80～90	100	10～15	稍好	不好	0.4
尼龙	75～85	95	4.0～4.5	稍好	好	2.5
奥纶	125～135	150	6	好	不好	1.6
涤纶	140	160	6.5	好	不好	1.6
玻璃纤维（用硅酮树脂处理）	250	—	0	好	不好	1
芳香族聚酰胺纤维（诺梅克斯）	220	260	4.5～5.0	不好	好	2.5
聚四氟乙烯纤维	220～250	—	0	非常好	非常好	2.5

1) 天然纤维滤料的特性。它包括棉织、毛织及棉毛混织品几种，其特点是：透气性好，阻力小，处理气体量大，过滤效率较高，易清灰，一般适用于没有腐蚀性、操作温度在 80～90℃以下的含尘气体。

2) 合成纤维滤料的特性。目前有聚酰胺纤维（尼龙）、聚酯纤维（涤纶 729、涤纶 208）、聚苯硫醚（PPS）纤维、聚丙烯腈纤维（奥纶）、聚乙烯醇纤维（维尼纶）、聚酰亚胺纤维（P84）、芳香族聚酰胺纤维（诺梅克斯）、聚四氟乙烯纤维（特氟纶）等合成纤维滤料，它们都具有强度高、抗折性能好、透气性好、收尘效果高等优点，适宜在低于 120℃废气温度的袋式除尘设备中使用。它们也具有如下不同特点：如尼龙织物最高使用温度为 80℃，其耐酸性能不如毛织物，但耐磨性很好，适用于过滤磨损性强的粉尘，如黏土、水泥熟料、石灰石尘等；奥纶的耐酸性好，耐磨性差，最高使用温度在 130℃左右，适用于有色金属冶炼中烟气的净化；涤纶具有较强的耐热、耐酸性能，耐磨性仅次于尼龙，能长期使用的温度为140℃。

3）无机纤维滤料。无机纤维主要是指陶瓷、玻璃纤维。目前使用最广泛的无机纤维滤料就是玻璃纤维滤料，包括普通玻璃纤维滤布、玻璃纤维膨体纱滤布、玻璃纤维针刺毯滤布和玻璃纤维覆膜过滤材料等。玻璃纤维类滤料具有耐高温（280℃）、耐腐蚀、表面光滑、不易结霜、不缩水等优点，较脆，织成滤袋后不柔软，经不起揉褶和摩擦，不宜用于机械振打清灰的除尘装置。它的过滤风速较低，除尘效率低于天然纤维滤料和合成纤维滤料，主要用于水泥、冶炼、炭黑、动力等部门的高温烟气净化。在玻璃纤维基布上覆合多微孔聚四氟乙烯薄膜制成的玻璃纤维覆膜过滤材料集中了玻璃纤维的高强低伸、耐高温、耐腐蚀等优点和聚四氟乙烯多微孔薄膜的表面光滑、憎水透气、化学稳定性好等优良特性，几乎能截留含尘气流中的全部粉尘，而且能在不增加运行阻力的情况下保证气流的最大流通量，是理想的过滤材料。

（2）滤料编织。滤料编织方法主要有平纹编织、斜纹编织、缎纹编织、针刺毡等，如图7—29所示。其中平纹滤布由经纬纱上下交错编织而成，滤布无方向性，结构紧密，除尘效率高，但透气性差，阻力高，难清灰；缎纹滤布由一根纬线和五根以上的经线交错编织而成，其特点是阻力损失小，透气性好，但除尘效率较低；斜纹滤布由两根以上的经线和纬线交错编织而成，滤布表面呈斜纹状，故称斜纹滤布，其除尘效率及阻力损失介于平纹滤布与缎纹滤布之间；针刺毡用针将底布或纤维以针刺法成型为毡，其特点是结构致密，阻力较大，容尘量小，但易于清灰。

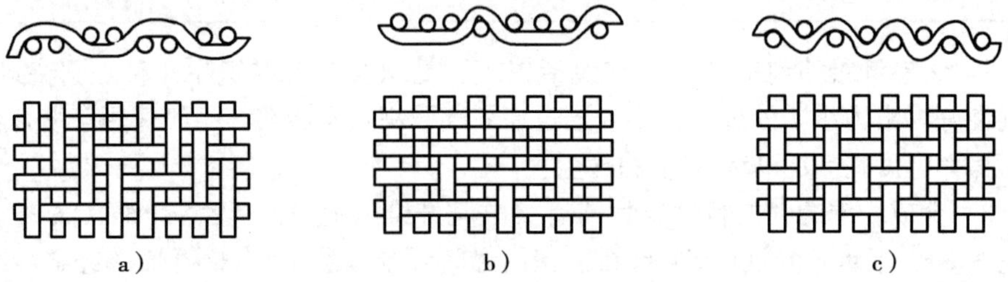

图7—29　纺织滤布的结构

a）平纹滤布　b）缎纹滤布　c）斜纹滤布

3. 常见袋式除尘装置的结构特点

袋式除尘装置主要由滤袋、壳体、灰斗和清灰机构等部分组成。袋式除尘装置的结构形式有很多种，按进风方式来分，有上进风式、下进风式两种，上进风式是指含尘气流入口位于袋室上部，气流与粉尘的沉降方向一致；下进风式是指含尘气流入口位于袋室下部，气流与粉尘的沉降方向相反。按过滤方式来分，有外滤式和内滤式两种，采用内滤式时，含尘气流先进入滤袋内部，粉尘被阻挡于滤袋内表面，净化气体通过滤袋逸向袋外，外滤式的粉尘阻留于滤袋外表面，净化气体由滤袋内部排出；按滤袋形状来分，可分为扁袋和圆袋两种，圆袋是指滤袋为圆筒形，扁袋是指滤袋为平板形（信封形）、梯形、楔形以及非圆筒形的其他形状，如图7—30所示。根据清灰方式的不同，袋式除尘装置通常可分为简易清灰、机械振动清灰、气流清灰以及联合清灰四种除尘装置，其中，气流清灰袋式除尘装置又分为气环反吹清灰袋式除尘装置、逆气流清灰袋式除尘装置和脉冲清灰袋式除尘装置三种，简易清灰除尘装置是通过关闭风机时滤袋的变形以及依靠粉尘层的自重进行的，有时还辅以人工的轻度拍打。下面介绍常用的机械振动清灰、回旋式反吹清灰、气环反吹清灰、逆气流清灰和脉冲清灰袋式除尘装置的结构特点。

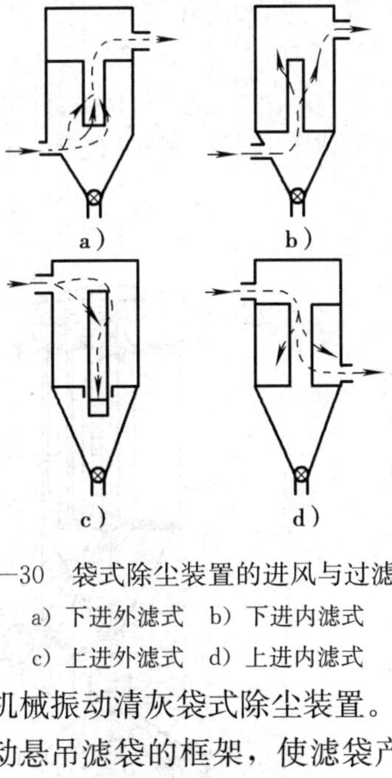

图7—30　袋式除尘装置的进风与过滤方式

a）下进外滤式　b）下进内滤式

c）上进外滤式　d）上进内滤式

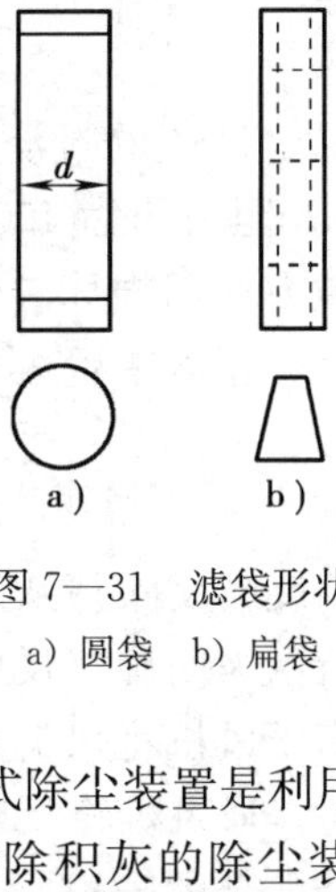

图7—31　滤袋形状

a）圆袋　b）扁袋

（1）机械振动清灰袋式除尘装置。机械振动清灰袋式除尘装置是利用机械装置振打或摇动悬吊滤袋的框架，使滤袋产生振动，从而清除积灰的除尘装置，如图7—32所示是用机械装置振打清灰的袋式除尘装置，含尘气体通过除尘装置底部的花板进入滤袋内部，当气体通过滤料时，粉尘颗粒沉积在滤袋内部，净化后的气体经风机排出，沉积在滤布上的粉尘通过机械振打机构，使滤袋产生振动而落入灰斗中。机械振动清灰的振动方式大致有三种，如图7—33所示。一是滤袋沿水平方向摆动，又可分为上部摆动和腰部摆动两种；二是滤袋沿垂直方向振动，可采用定期提升滤袋框架或利用偏心轮振打框架的方式进行；三是利用机械转动定期将滤袋扭转一定角度，使沉积于滤袋上的粉尘层破碎而落入灰斗中。

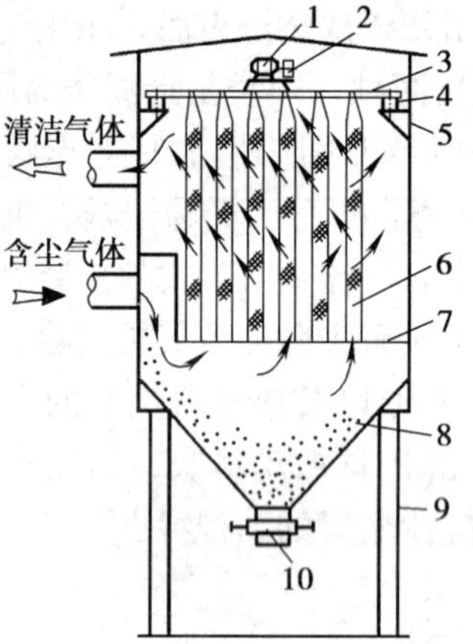

图 7—32 机械振动清灰袋式除尘装置

1—电动机 2—偏心块 3—振动架 4—橡皮垫 5—支架 6—滤袋 7—花板 8—灰斗 9—支柱 10—密封插板

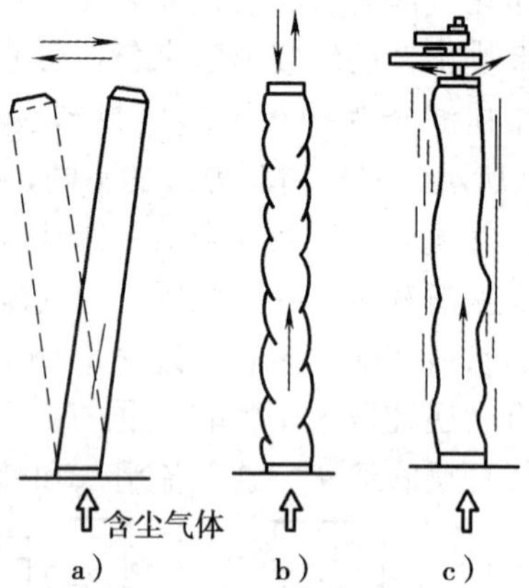

图 7—33 机械振动方式

a）水平方向 b）垂直方向 c）偏心轮扭转

这种除尘装置的过滤风速一般为 0.5～2.0 m/min，阻力约为 400～1 200 Pa，但滤袋因受机械力作用损坏较快，滤袋检修与更换工作量大，除尘装置入口气体中含尘浓度不宜超过 3～5 g/m³，适用于处理风量不大的场所。

（2）回旋式反吹清灰袋式除尘装置。如图 7—34 所示为回旋式反吹清灰袋式除尘装置，它由高压风机将风流压入滤袋内进行清灰，清灰时，通风机将反吹气流沿中心管送到设在滤袋上部的喷射管（回旋臂）中，气流由回旋臂垂直向下喷射，电动机带动回旋臂转动，所有的滤袋都得到了均匀反吹。每只滤袋的反吹时间约为 0.5 s，反吹时间间隔约为 15 min，反吹风量约为每只滤袋的过滤

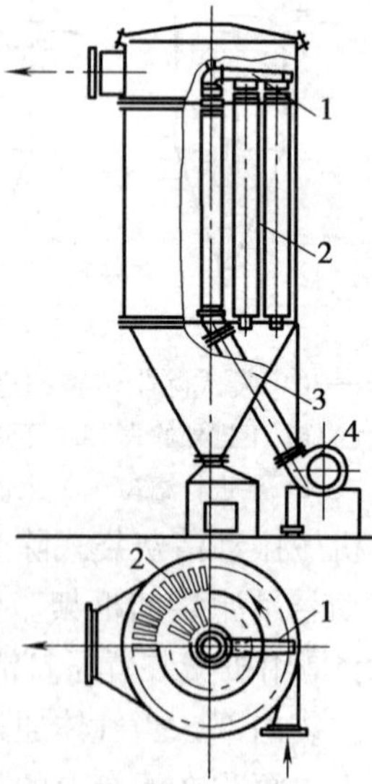

图 7—34 回旋式反吹清灰袋式除尘装置

1—悬臂 2—滤袋 3—灰斗 4—反吹风机

风量的 5 倍。反吹风压约为 2 500～3 660 Pa，过滤风速为 2～4 m/min，阻力约为 800～1 200 Pa。该除尘装置的特点是：清灰不需要压缩空气，设备比较简单，适用性强。

（3）气环反吹清灰袋式除尘装置。气环反吹清灰袋式除尘装置是以高速气流通过气环反吹滤袋的方法进行清灰的袋式除尘装置，图 7—35 所示为气环反吹清灰袋式除尘装置的结构简图。该装置工作时，含尘气体由进气口通过上部箱体进入滤袋，净化后的气体通过滤袋进入中部箱体，由下花板两侧的开口通过下部箱体经出气口排出。粉尘被截留在滤袋内表面，被气环管喷出的高压空气吹落在灰斗中，经排灰阀排出。气环箱通过反吹气管与气源相通，由传动装置带动，沿着滤袋做上下往复运动。该除尘装置过滤气速一般取 4～6 m/min，过高的反吹压力对除尘效率提高影响不大，反而会引起动力消耗显著增加，一般反吹压力选用 3 500～4 500 Pa，过滤阻力损失一般选用 760～1 270 Pa。

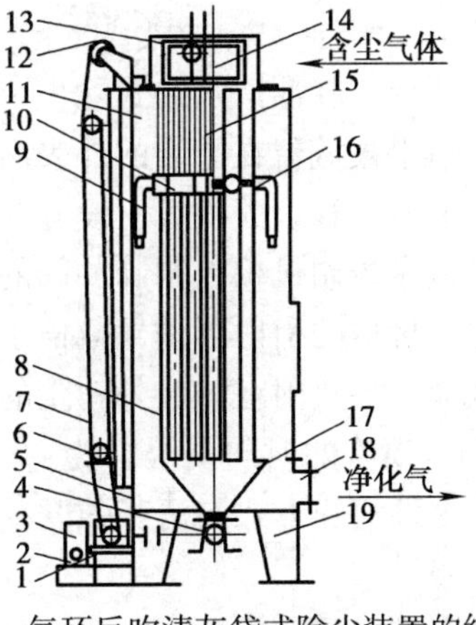

图 7—35　气环反吹清灰袋式除尘装置的结构简图

1—齿轮顶　2—减速器　3—传动装置　4—排灰阀　5—下部箱体　6—链轮　7—链条　8—滤袋　9—反吹气管　10—气环箱　11—中部箱体　12—滑轮组　13—上部箱体　14—进气口　15—钢绳　16—气环管　17—灰斗　18—出气口　19—支腿

（4）逆气流清灰袋式除尘装置。它利用与过滤风流方向相反的气流进行清灰，由于反方向气流的冲击和气流方向的改变，造成滤袋膨胀振动，从而导致粉尘层崩落。清灰的逆气流可以采用反吸或反吹的方式通过滤袋，它由系统的主风机或专设的反吸（吹）的风机提供，气流可来自室外或取自已经净化的气体。逆气流清灰方法的清灰强度小，过滤风速较小，常用分室停风清灰。逆气流清灰的袋式除尘装置（见图 7—36）通常分为 2～12 个室，滤袋总数可达 1 800 多只，处理风量达 105 m^3/h

以上。它是通过主风机负压的作用，对滤袋进行反吸清灰。反吸风量常取该室过滤风量的 1/4 到 1/2。反吸风压要大于滤袋阻力的两倍或大于 4 000 Pa。通常采用经过处理的玻璃纤维滤布或涤纶 729 滤布作为滤料，过滤风速为 0.6～1.0 m/min，阻力为 1 800～2 000 Pa。

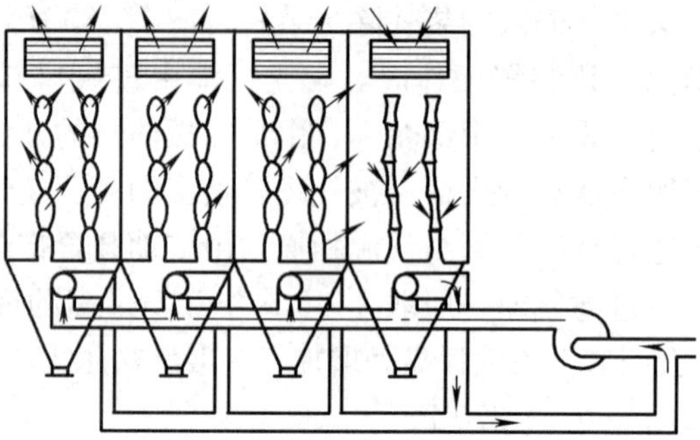

图 7—36　逆气流清灰袋式除尘装置

(5) 脉冲清灰袋式除尘装置。脉冲清灰袋式除尘装置如图 7—37 所示，含尘气体从下部进入并通过滤袋，粉尘被截留在滤袋的外表面，净化气体经文丘里管从上部排出。每排滤袋上方设一根喷吹管，喷吹管上设有与每个滤袋相对应的喷嘴，喷吹管前端装设脉冲阀，通过程序控制机构控制脉冲阀的启闭。脉冲阀开启时，压缩空气从喷嘴高速喷出，并通过袋口的引射器诱导数倍于喷射量的空气进入滤袋，使滤袋急剧膨胀，引起冲击振动，导致附在滤袋外粉尘的脱落。压缩空气的喷吹压力为 500～600 kPa，脉冲周期（喷吹的时间间隔）为 60 s 左右，脉冲宽度（喷吹一次的时间）为 0.1～0.2 s。这种清灰方式的清灰强度高，清灰效果好，允许通过的过滤风速高，除尘装置体积小。

4. 影响袋式除尘装置性能的因素

影响袋式除尘装置性能的主要因素有：过滤风速、通风阻力、过滤材料、清灰方式等。

(1) 过滤风速。若通过滤布的气体量为 Q（单位为：m^3/h），滤布的面积为 S（单位为：m^2），则过滤风速 v_F（单位为：m/min）为：

$$v_F=\frac{Q}{60S} \tag{7—30}$$

过滤风速对袋式除尘装置的性能有较大的影响，提高过滤速度可以减小过滤面积，提高滤料的处理能力，除尘装置体积及占地面积也将减小，但过滤风速过高会把滤袋上的粉尘压实，使阻力加大并使细微粉尘透过滤料而降低除尘效率，并会引

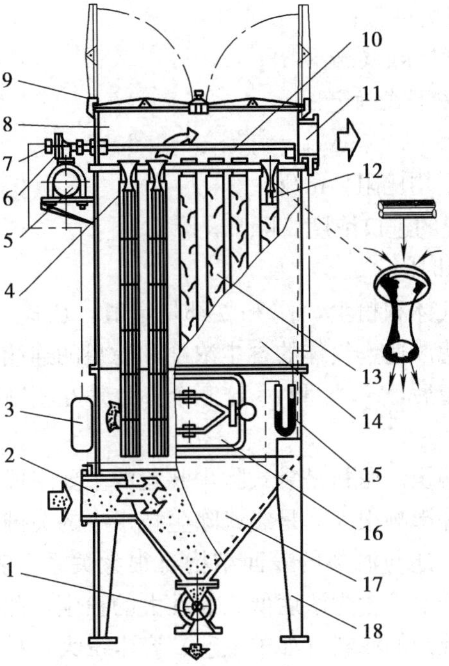

图 7—37　脉冲清灰袋式除尘装置

1—泄尘阀　2—进气口　3—脉冲控制仪　4—文丘里管　5—气包　6—脉冲阀
7—控制阀　8—上部箱体　9—盖板　10—喷吹管　11—排气口　12—滤袋框架
13—滤袋　14—中部箱体　15—U 型管　16—检查孔　17—集尘斗　18—支架

起频繁的清灰，缩短滤袋的使用寿命等。因此，选择过滤风速时要综合考虑各种因素的影响，一般选用范围为 0.2～6 m/min。

(2) 除尘装置内部的通风阻力。除尘装置内部的通风阻力由三部分组成，即：

$$h_D = \Delta h_c + \Delta h_f + \Delta h_{dl} \tag{7—31}$$

式中　h_D——除尘装置通风总阻力，Pa；

Δh_c——袋式除尘装置的结构阻力（正常过滤风速下，一般为 300～500 Pa），Pa；

Δh_f——清洁滤料的阻力，Pa；

Δh_{dl}——粉尘层的阻力，Pa。

袋式除尘装置的结构阻力 Δh_c 是指设备进、出口和内部流道内的挡板等造成的流动阻力，对一定结构的除尘装置，Δh_c 基本上是不变的。滤料阻力可按下式确定：

$$\Delta h_f = \xi_f v_F \mu / 60 \tag{7—32}$$

式中　ξ_f——滤料的阻力系数；

　　μ——气体黏度，kg/(cm·h)；

粉尘层的阻力可按下式确定：

$$\Delta h_{dl}=\alpha_m \mu c_1 \tau (v_F/60)^2 \tag{7—33}$$

式中　α_m——粉尘层平均比阻，m/kg；

　　c_1——除尘装置的进口浓度，kg/m³；

　　τ——连续过滤时间，s。

对于一定的处理气体和粉尘，α_m 和 μ 都是定值。从式（7—33）可以看出，粉尘层的阻力取决于过滤风速、气体的含尘浓度和滤袋的连续过滤时间。在袋式除尘装置允许的 Δh_{dl} 值确定后，c_1、τ 和 v_F 这三个参数是互相制约的，并可以取得最佳组合。

（3）过滤材料及编织。滤料是袋式除尘装置的主要组成部分，对除尘效率、阻力、造价和运行费用等影响很大，是袋式除尘技术中的关键。滤料的特性除了与纤维本身的性质有关外，还与滤料的表面结构有很大关系。表面光滑的滤料容尘量小，清灰方便，适用于清除含尘浓度低、黏性大的粉尘，此时采用的过滤速度不宜太高。表面起毛（有绒）的滤料（如羊毛毡）容尘量大，粉尘能深入滤料内部，可以采用较高的过滤速度，但清灰周期短，必须及时清灰。所以，选择滤料时必须考虑含尘气体的特性，如粉尘和气体的组成、温度、湿度、粒径等，性能良好的滤料应具有容尘量大、吸湿性小、效率高、阻力低、使用寿命长的特点，同时还应具备耐高温、耐磨、耐腐蚀、机械强度高等优点。

（4）滤布的积尘状态。如图 7—38 所示为同一种滤料在不同积尘状态下的分级效率曲线，可以看出，清洁滤料（新的或清洗后的）的滤尘效率最低，积尘后效率最高，振打清灰后效率有所降低。当滤布上的粉尘负荷（每单位滤布面积上的黏附粉尘量）增大时，除尘效率提高。从图 7—38 中还可以看出，对于粒径为 0.3 μm 左右的粉尘，滤料在不同的积尘状态下的过滤效率皆为最低。

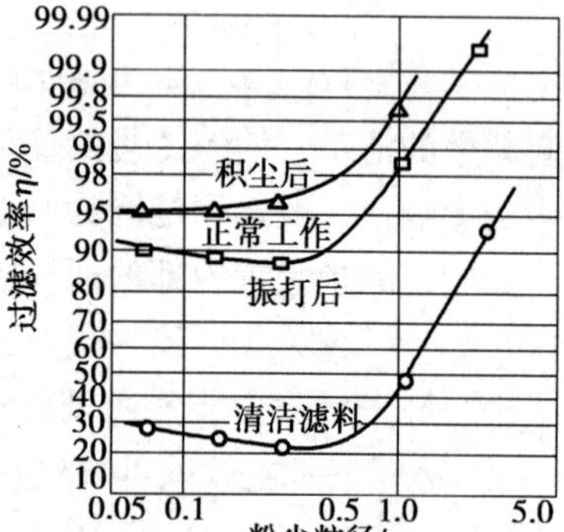

图 7—38　同一种滤料在不同积尘状态下的分级效率曲线

（5）清灰方式。清灰是袋式除尘装置运行中一个十分重要的环节，袋式除尘装置的除尘效率、通风阻力、过滤风速及滤袋使用寿命等均与清灰方式有关。如属于间歇式清灰方式的机械振动清灰和逆气流反吹清灰由于没有粉尘外溢现象，因此，除尘效率较高。属于连续清灰方式的气环反吹清灰和脉冲喷吹清灰，清灰时可以不切断气路，连续不断地对滤袋的一部分进行清灰，这种清灰方式压力损失稳定，适用于处理高浓度的含尘气体。

5. 袋式除尘装置的选型与设计

（1）选定除尘装置型式、滤料及清灰方式。先决定采用除尘装置的型式。例如，对于除尘效率要求高、厂房面积受限制、投资和设备订货皆有条件的情况，可以采用脉冲喷吹清灰袋式除尘装置，否则可采用定期人工拍打的简单袋式除尘装置或其他型式。其次要根据含尘气体的特性，选择合适的滤袋。如气体温度超过140℃，但低于260℃时，可选用玻璃纤维滤袋；对于纤维性粉尘，则选用光滑的滤料，如平绸、尼龙等；对于一般工业性粉尘，可采用涤纶布、棉绒布等。再根据除尘装置型式、滤料种类、气体含尘浓度、允许的压力损失等，初步确定清灰方式。

（2）计算过滤面积。总过滤面积 S（单位为：m^2）可按下式计算：

$$S=\frac{Q}{60v_F} \tag{7—34}$$

式中　Q——除尘装置的处理风量，m^3/h；

v_F——过滤风速，m/min。

过滤风速 v_F 应根据气体的含尘浓度、滤料种类及清灰方式等确定，在一般情况下，过滤风速取值为：简易清灰 $v_F=0.20\sim0.75$ m/min；机械振动清灰 $v_F=1.0\sim2.0$ m/min；逆气流反吹清灰 $v_F=0.5\sim2.0$ m/min；脉冲喷吹清灰 $v_F=2.0\sim4.0$ m/min。

（3）除尘装置设计。若选择定型产品，则根据处理烟气量和总过滤面积，即可选定除尘装置型号规格。若需自行设计时，其主要步骤为：

1）确定滤袋尺寸，包括直径 d 和高度 l。

2）按公式 $n=S/\pi dl$ 计算滤袋条数 n。

3）布置滤袋。在滤袋条数多时，应根据清灰方式及运行条件，将滤袋分成若干组，每组内相邻两滤袋之间的净距一般取 50～70 mm；如对于简易清灰的袋式除尘装置，考虑到人工清灰等，其间距一般为 600～800 mm。

4）设计清灰机构及壳体。

5）设计粉尘的输送回收及综合利用系统。

二、颗粒层除尘装置

颗粒层除尘装置是利用颗粒状物料（如硅石、砾石、焦炭等）作为过滤层的一种内滤式除尘装置。在除尘过程中，含尘气体中的粉尘粒子主要是在筛分、惯性碰撞、截留、扩散、重力沉降和静电力等多种作用下被分离出来的。颗粒层除尘装置过滤风速一般为 30～40 m/min，除尘装置总阻力约 1 000～1 200 Pa，颗粒滤料一般以含二氧化硅 99%以上的石英砂作为颗粒滤料，也有的使用无烟煤、矿渣、焦炭、河沙、卵石、金属屑、陶粒、玻璃珠、橡胶屑、塑料粒子等，颗粒粒径一般以 2～5 mm 为宜，其中小于 3 mm 粒径的颗粒应占 1/3 以上，床层厚度一般为 100～500 mm。其主要优点是：除尘效率高，一般可达 98%～99.9%；能够净化易燃易爆的含尘气体，并可同时除去二氧化硫等多种污染物；耐高温，抗磨损，耐腐蚀；过滤能力不受粉尘比电阻的影响，适用性广。所以，它主要应用于高温含尘气体的除尘。

颗粒层除尘装置的种类很多，按床层位置来分，可分为垂直床层颗粒层除尘装置与水平床层颗粒层除尘装置；按床层状态来分，可分为固定床颗粒层除尘装置、移动床颗粒层除尘装置和流化床颗粒层除尘装置；按床层数来分，可分为单层颗粒层除尘装置和多层颗粒层除尘装置；按清灰方式来分，可分为振动式反吹清灰颗粒层除尘装置、带梳耙反吹清灰颗粒层除尘装置及沸腾式反吹清灰颗粒层除尘装置等。下面介绍两种典型的颗粒层除尘装置。

1. 带梳耙反吹式颗粒层除尘装置

图 7—39 所示是单层梳耙反吹清灰旋风式颗粒层除尘装置。含尘气体由下部进入旋风筒，粗颗粒粉尘被分离出来，接着气体由中心管进入过滤室中，然后向下通过过滤层，气体得到最终净化。净化后的气体由干净气体室进入干净气体总管排

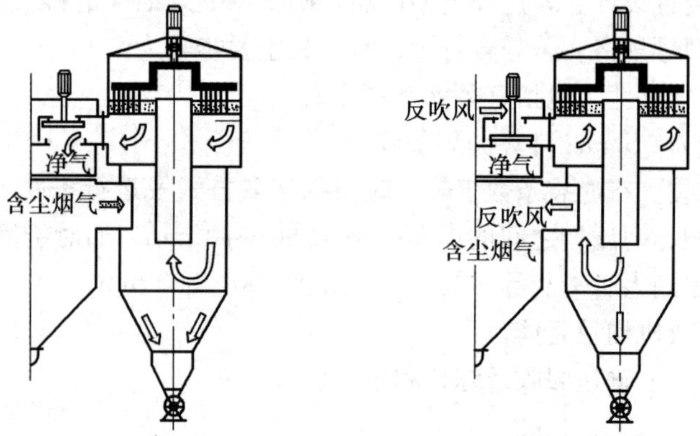

图 7—39　单层梳耙反吹清灰旋风式颗粒层除尘装置

a）正常过滤状况　b）清灰状况

出。清灰时，反吹气流经干净气体室反向通过过滤层，将颗粒上凝集的粉尘剥离下来，气流带着粉尘经由中心管进入旋风筒。粉尘在旋风筒中沉降，气流返回到含尘气流总管，进入与该除尘装置并联的其他除尘装置中进行进一步的净化。

2. 移动床颗粒层除尘装置

图 7—40 所示为典型的移动床颗粒层除尘装置的工作原理示意图。除尘装置工作时，含尘气流从输入管路进入具有大蜗壳的上旋风体内，在旋转离心力作用下，粗大的尘粒被分离出来落入集灰斗，而其余的微细粉尘随内旋气流切向进入颗粒滤床（即由内滤网筒 6、外滤网筒 5、颗粒滤料 4 所构成的过滤床层），借其综合的筛滤效应进一步得到净化。净化后的洁净气流沿颗粒床的内滤网筒旋转上升，最后经过出风道 22、出风连通道 23 和洁净气流出口管 1，再经风机排入大气。被污染了

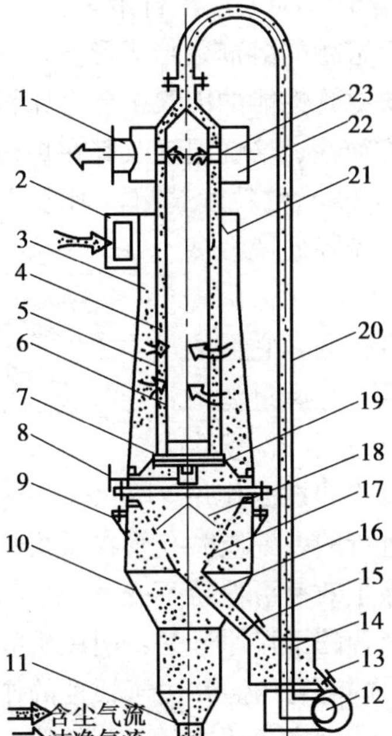

图 7—40 移动床颗粒层除尘装置的工作原理示意图

1—洁净气流出口管 2—含尘气流进口管 3—旋风体上体 4—颗粒滤料 5—颗粒床外滤网筒 6—颗粒床内滤网筒 7—调控阀固定盘 8—调控阀操纵机构 9—旋风体下体 10—集灰斗 11—集灰斗出口管 12—滤料输送装置 13—一储料箱出口阀 14—储料阀 15—溜道管出口阀 16—溜道口管 17—锥形筛 18—反射导流屏 19—调控阀活动盘 20—滤料输送管道 21—气流导向板 22—出风道 23—出风连通道

的颗粒滤料经过床下部的调控阀固定盘 7 与调控阀活动盘 19，按设定的移动速度缓慢落入滤料清灰装置锥形筛 17 与反射导流屏 18，除去收集到的微细粉尘。微细粉尘穿过倒锥形筛 17 落入集灰斗，而被清筛过的洁净滤料沿锥筛孔及与其相衔接的溜道流进储料阀 14，最后通过气力输送装置或小型斗式提升机将其再度灌装到颗粒床内，继续循环使用。这种除尘装置的特点有：颗粒料不放在筛网或孔板上，可避免筛网或孔板被堵塞的毛病，确保了除尘装置的正常运行；在过滤不间断的情况下，再生过滤介质（即颗粒滤料）；变层内清灰为床外清灰。

三、陶瓷微管过滤式除尘装置

陶瓷微管过滤式除尘装置的核心部分为陶瓷质微孔滤管。陶瓷质微孔滤管是采用电熔刚玉砂（Al_2O_3）、黏土（SiO_2）及石蜡等材料制成坯后在高温下煅烧而成的。电熔刚玉砂在高温下经熔融的溶剂黏结成形坯，其中的有机物溶剂燃烧挥发后就形成了微孔。影响刚玉质滤管性能的因素主要有原料的配比、原料的粒度、成型过程的操作条件、料浆的流动性、焙烧温度及其在炉内分布的均匀性等。当其他条件保持不变时，刚玉砂（Al_2O_3）的粒度越粗，则形成的微孔孔径就越大；黏土加得越多，则孔隙率就越小。陶瓷质微孔滤管断面的微细构造如图 7—41 所示。陶瓷质微孔滤管的管壁内有很多孔洞，它们之间由许多微小的通道相联系。开始过滤的时候，便在滤管的表面形成一层一次粉尘层。陶瓷微管过滤式除尘装置的过滤作用主要是依靠这层粉尘层来进行的。瓷质微孔管在反吹时形状保持不变，所形成的一次粉尘层免遭破坏，故其除尘效率可保持不变。

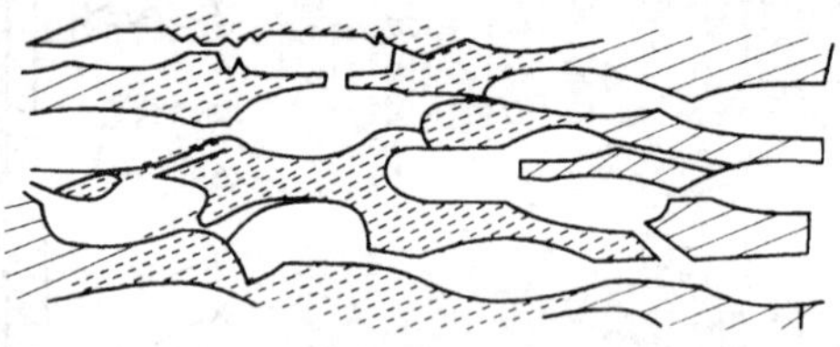

图 7—41　陶瓷质微孔滤管断面的微细构造

陶瓷微管过滤式除尘装置的工作原理是：引风机吸入的高温含尘气体由上而下进入数根串联（立向串联）的滤管内腔，由于惯性的作用，一部分较大颗粒的烟尘不会黏附在管壁上，而是直接进入灰斗中，下落的粉尘又削落了黏附于管壁上的粉尘，从而防止了粉尘层厚度的增加，减小了滤管的压力损失。其余微细烟尘由微孔管过滤后黏附在管壁上。经反向清灰后，黏附在管壁上的粉尘被清除下来，落至灰斗中。过滤后的洁净气体经通风机和烟囱排入大气中。

陶瓷质微孔管过滤式除尘装置具有耐高温、耐腐蚀、耐磨损、除尘效率高、使用寿命长及操作简单等优点，适用于工业炉窑高温烟尘的治理。这种除尘装置的过滤风速一般为 0.8～1.2 m/min，阻力损失约为（2.74～4.60）$\times 10^3$ Pa，入口烟尘浓度不大于 20 g/m^3，除尘效率大于 99.5%，可在低于 550℃的温度下使用，处理风量可达 6 500～200 000 m^3/h。

第六节　新型除尘装置

随着人们生活水平的提高和安全环保意识的增强，以及安全卫生标准的日益严格，对粉尘治理技术与装备的要求也越来越高，高效、新型的除尘技术日益成为人们研究的热点和趋势之一。经过科研人员的努力，目前已研制出多种新型除尘装置。下面主要介绍复合式除尘装置、高梯度磁分离除尘装置、电凝聚除尘装置、高频声波助燃除尘装置等新型除尘装置。

一、复合式除尘装置

所谓复合式除尘装置，是指将不同的除尘机理联合使用，使它们共同作用，以提高除尘效率。复合式除尘装置的型式较多，如静电旋风除尘装置、静电水雾洗涤器和静电文丘里管洗涤器、惯性冲击静电除尘装置、静电强化过滤式除尘装置等。如图 7—42 所示为惯性冲击静电除尘装置示意图，如图 7—43 所示为静电旋风除尘装置结构示意图，如图 7—44 所示为静电增强纤维逆气流清灰袋式除尘装置结构图。

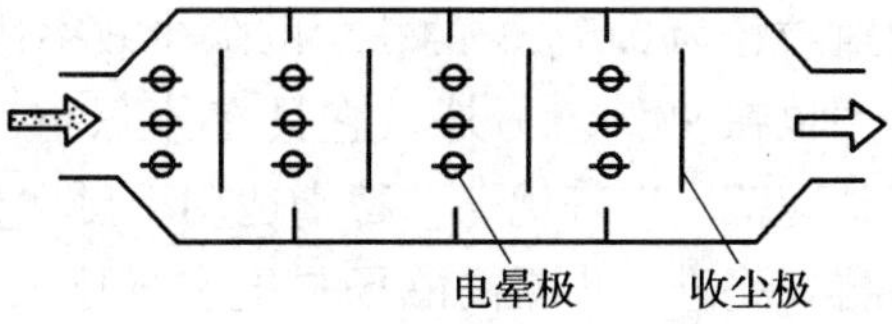

图 7—42　惯性冲击静电除尘装置示意图

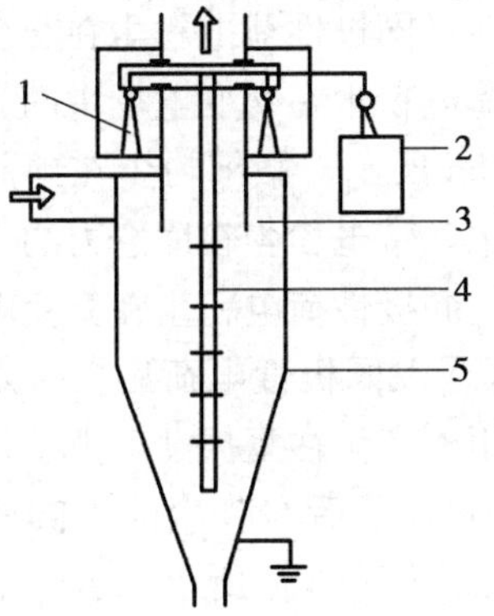

图 7—43　静电旋风除尘装置结构示意图

1—绝缘子　2—高压电源

3—出气管　4—放电极　5—收尘极

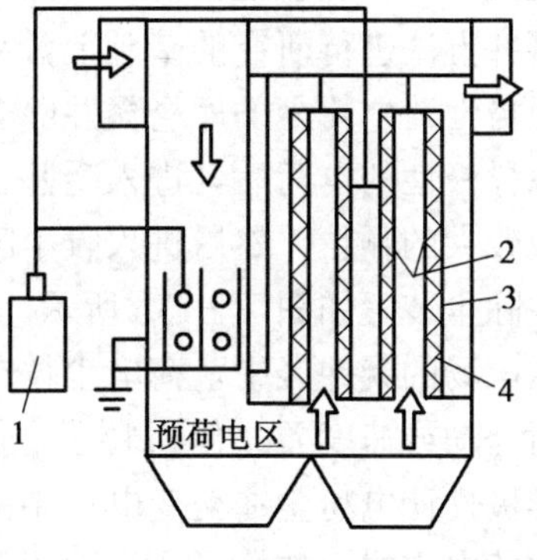

图 7—44　静电增强纤维逆气流清灰袋式除尘装置结构示意图

1—电源　2—骨架　3—滤料　4—金属网

二、高梯度磁分离除尘装置

高梯度磁分离除尘装置是一个松散地填装着高饱和不锈钢聚磁钢毛的容器，该容器安装在通常由螺旋管线圈产生的磁场中，当液体中的污染物对钢毛的磁力作用大于其重力、黏性阻力及惯性力等竞争力时，污染物被截留在钢毛上，分离过程可连续进行，直到通过该分离器的压力降过高或钢毛上过重的负荷降低了对污染物的去除效率为止。然后切断磁路，将钢毛捕集的污染物用干净的流体反冲洗下来，使分离器再生，从而达到从流体中除去污染物的目的。

高梯度磁分离除尘技术在处理磁性粉尘中的初步应用已经显示了巨大的优越性和广阔的应用前景，如氧气顶吹转炉烟尘治理中采用高梯度磁滤器，磁介质为钢毛，充填率为 5%～10%。磁感应强度为 2 000～8 000 Gs，气体流速为 7.3～8.2 m/s，过滤器厚为 5～10 cm，对粒径为 1 μm 以上的粉尘的除尘效率达 100%，对粒径为 0.5 μm 的粉尘的除尘效率达 99%，对粒径小于 0.25 μm 的粉尘的除尘效率也在 90%。另外，它具有体积小、效率高、结构简单、处理量大、维护容易、适应范围广等优点，特别适用于磁性粉尘的除尘。随着超导磁分离技术的发展和完善，将进一步提高磁场强度和梯度，可以更有效地分离弱磁性粉尘和微细颗粒粉尘，扩大分离范围，实现连续工作，大幅度提高粉尘处理量，从而使其应用更加完善。

三、电凝聚除尘装置

电凝聚除尘装置也称为电凝并除尘装置。人们在对同极性荷电粉尘在交变电场中的凝并方法进行研究的基础上，又进行了异极性荷电粉尘在交变电场中的凝并研究。异极性荷电粉尘的库仑凝并除尘装置如图 7—45a 所示，微细粉尘在预荷电区中荷以异极性的电荷后，进入凝并区中，在凝并区中，带电粉尘在库仑力的作用下聚集成较大的颗粒，然后进入收尘区中被捕集下来。同极性荷电粉尘在交变电场中的凝并除尘装置如图 7—45b 所示。粉尘在预荷电区荷以同极性电荷后，引入到加有高压电场的凝并区中，荷电尘粒在交变电场力作用下产生往复振动，由于粒子间的相对运动或速度差，使得粒子之间相互碰撞而凝并，最后在收尘区中被捕集下来。异极性荷电粉尘在交变电场中的凝并除尘装置如图 7—45c 所示，由于采用异极性预荷电方式，加快了异极性荷电粉尘在交变电场中的相对运动，有利于荷电粉尘的相互吸引、碰撞、凝并，从而提高了凝并速率。异极性荷电粉尘在交变电场中的凝并还可以采取双区式电极装置形式，如图 7—45d 所示。研究表明，用图 7—

45b 所示的电凝并除尘装置处理 0.06～12 μm 的飞灰，收尘效率与常规电除尘装置相比提高了 3%，即由 95.1%增加到 98.1%。

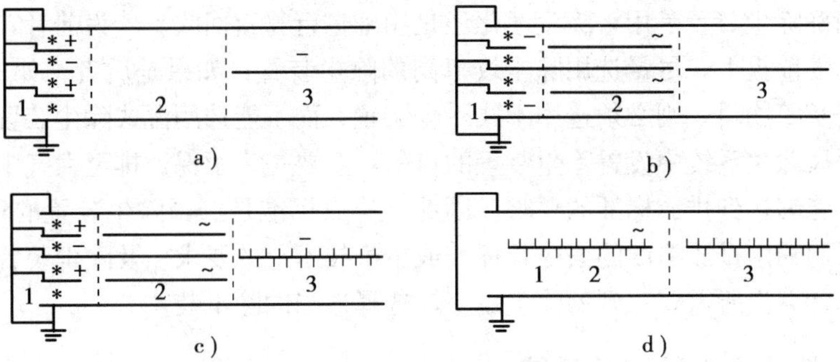

图 7—45　电凝并除尘装置的结构形式

a）异极性荷电粉尘的库仑凝并除尘装置

b）同极性荷电粉尘在多变电场中的凝并除尘装置

c）异极性荷电粉尘在交变电场中的凝并除尘装置

d）异极性荷电粉尘在交变电场中的双区式电极装置

1—预荷电区　2—凝并区　3—收尘区

四、高频声波助燃除尘装置

声波能促使粉尘互相碰撞，小颗粒碰撞成大颗粒，大颗粒粉尘在含尘气流上升或前进的过程中，依靠本身重力沉淀在锅炉内。高频声波实现了炉内除尘，故可减少省煤器、空气预热器的堵灰及磨损，也减少了除尘装置和引风机的磨损，从而延长了这些设备的使用寿命。对锅炉起除尘消烟作用的主要是声压，声压峰值越高，作用越强，其明显的声压值频率在 5 000～15 000 Hz。高频声波助燃除尘装置已成功应用于工业锅炉，并取得了良好的效果，今后有望进一步推广应用于煤粉炉以及工业炉窑中。该技术具有结构简单、安装方便、成本低、使用安全可靠等优点。

第七节　除尘装置的选择

选择除尘装置要考虑的因素很多，但在实际应用中，主要是要根据处理风量、粉尘浓度、排放标准、除尘装置的技术和经济性能、粉尘的性质、含尘气体的特性以及使用单位的情况等来进行选择，具体应注意以下方面。

一、明确用途，了解排放标准

要明确除尘装置是用来除尘净化还是用来进行物料回收。若为前者，则必须在经济核算的前提下，尽量选用除尘效率高的除尘装置；如果是后者，如回收面粉、水泥、石灰等物料，则必须选用干式除尘装置，而不能选用湿式除尘装置。

在通风除尘系统中设置除尘装置的目的，主要是为了保证排至大气中的气体的含尘浓度能够达到排放标准的要求。因此，排放标准是选择除尘装置的重要依据。要根据限制粉尘排放浓度的法令、标准或生产技术上的要求以及除尘装置入口的含尘浓度，计算出所需要达到的除尘效率，选择适当的除尘装置。

二、熟悉除尘装置的性能

除尘装置的性能包括技术性能和经济性能两方面。除尘装置的技术、经济性能主要表现在其除尘效率、压力损失、一次投资、运行维护费等方面，它是选择除尘装置的主要依据。因此，必须熟悉各类除尘装置的主要性能指标，见表 7—3。

表 7—3　　各种除尘装置的性能指标

除尘装置名称	适用的粒径范围（μm）	效率（%）	阻力（Pa）	设备费	运行费
重力沉降室	＞50	＜50	50～130	低	低
惯性除尘装置	20～50	50～70	300～800	低	低
旋风除尘装置	5～15	60～90	800～1 500	低	中
水浴除尘装置	1～10	80～95	600～1 200	低	较低
卧式旋风水膜除尘装置	⩾5	95～98	800～1 200	中	中
冲激式除尘装置	⩾5	95	1 000～1 600	中	较高
文丘里除尘装置	0.5～1	98～98	4 000～10 000	低	高
袋式除尘装置	0.5～1	95～99	1 000～1 500	较高	高
电除尘装置	0.5～1	90～98	50～130	高	较高

三、考虑气体含尘浓度和处理风量

处理含尘浓度高的气体时，应对含尘气体进行预净化，宜采用多级式除尘系统。例如，在电除尘装置或袋式除尘装置前应设置低阻力的初净化设备，去除粗大尘粒，可以提高袋式除尘装置的过滤风速，或防止电除尘装置的电晕闭塞等问题；降低除尘装置入口的含尘浓度，可以减少湿式除尘装置的泥浆处理量，节省投资及减轻劳动强度。

要根据所处理含尘气体流量的大小，选择处理能力与之相适应的除尘装置，以保证取得良好的除尘效果。另外，对于运行工况不太稳定的系统，要注意风量变化对除尘装置的效率和阻力的影响。例如，旋风除尘装置的效率和阻力是随风量的增加而增加的，电除尘装置的效率却是随风量的增加反而下降的。

四、考虑含尘气体性质

选择除尘装置时，必须考虑含尘气体的性质，如温度、湿度、可燃性、成分等。对于高温、高湿的气体，不宜采用袋式除尘装置，如果粉尘的粒径小、比电阻不适宜电除尘，又要求干法除尘时，可以考虑采用颗粒层除尘装置。如果处理的是可燃气体或爆炸性气体，电除尘装置是不适用的。如果含尘气体中有气态氟化物，就不能用玻璃纤维织物做高温过滤。如果气体中同时含有有害气体如 SO_2、NO_x 等，可以考虑采用湿式除尘装置，但是必须注意腐蚀问题。高湿可能会使惯性除尘装置堵塞，在过滤介质上结块，或使除尘装置腐蚀。湿式除尘装置不宜在使液体冻结、沸腾或蒸发太快的温度下使用。

五、考虑粉尘性质

黏性大的粉尘容易黏结在除尘装置表面，不宜采用干式除尘；比电阻过大或过小的粉尘，不宜采用静电除尘；水硬性（如水泥等）或疏水性（如石墨等）粉尘不宜采用湿式除尘。处理磨琢性粉尘时，旋风除尘装置内壁应衬垫耐磨材料，袋式除尘装置应选用耐磨的滤料。如果粉尘具有爆炸性，除尘装置必须有防止静电荷积聚的措施。对于密度较大的粉尘，可选用旋风沉降室或重力沉降室。对于磁性粉尘，可以采用高梯度磁力分离除尘装置除尘。对于一些粒径较小的烟气粉尘，可选用电除尘装置等进行除尘。对于工业锅炉的除尘，可选用高声波助燃除尘装置。对于工业炉窑高温烟尘的治理，可选用陶瓷质微孔管过滤式除尘装置。

除尘装置的效率高低与要处理粉尘的粒径有很大关系，不同的除尘装置对不同粒径的粉尘的除尘效率是完全不一样的，同一除尘装置对不同粒径的粉尘的除尘效率也是不一样的，如有的旋风除尘装置处理 40 μm 以上的粉尘时，效率接近 100%；处理 5 μm 以下的粉尘时，效率会下降到 40%左右。选择除尘装置时，必须要了解需处理粉尘的粒径分布和除尘装置的分级效率。表 7—4 是不同除尘装置的分级效率。实验用的标准粉尘为二氧化硅尘，密度 $\rho_c = 2\ 700\ kg/m^3$，粉尘的粒径分布范围为：0～5 μm 占 20%；5～10 μm 占 10%；10～20 μm 占 15%；20～44 μm 占 20%；>44 μm 占 35%。

表 7—4　不同除尘装置的分级效率

除尘装置名称	全效率/%	不同粒径下的分级效率/%				
		0～5 μm	5～10 μm	10～20 μm	20～44 μm	>44 μm
带挡板的沉降室	58.6	7.5	22	43	80	99
简单的旋风除尘装置	65.3	12	33	57	82	91
长锥体旋风除尘装置	84.2	40	79	92	99.5	100
电除尘装置	97.0	90	94.5	97	99.5	100
喷淋塔	94.5	72	96	98	100	100
文丘里除尘装置（Δh=7.5 kPa）	99.5	99	99.5	100	100	100
袋式除尘装置	99.7	99.5	100	100	100	100

六、符合实际情况

选择除尘装置时，还要考虑使用单位的资金、技术力量、场地条件等情况。对于缺乏资金、技术力量薄弱的企业，不适宜选用投资大、技术水平要求高的除尘装置；对于场地狭小的企业，就不能采用占用空间大的除尘装置，如静电除尘装置等；对于没有压缩空气源的工厂，宁可选用没有振打机构的简易袋式除尘装置，也不要轻易选用脉冲振动清灰袋式除尘装置；对于缺乏资金的小型工厂，采用水浴除尘装置要比采用其他的湿式除尘装置更为适合。如果工厂工艺本身设有泥浆废水处理系统，如选矿厂等，可以考虑采用湿法除尘，并把除尘系统的泥浆和废水纳入生产工艺系统中去。

本 章 小 结

本章主要介绍了除尘装置的分类、性能指标与选择，重点介绍了机械式除尘装置、湿式除尘装置、过滤式除尘装置、电除尘装置等基本除尘装置的除尘原理、结构型式、影响除尘效率的因素，适当介绍了复合除尘装置及其他型式的除尘装置。除尘装置的性能指标主要包括处理含尘气体量、除尘效率、阻力等。机械式除尘装置包括重力除尘装置、惯性除尘装置及旋风除尘装置。湿式除尘装置可分为喷淋除尘装置、冲击式除尘装置、湿式旋风除尘装置、文丘里湿式除尘装置、填料式除尘装置、泡沫除尘装置。电除尘装置的基本原理主要包括电晕放电、粉尘荷电、粉尘沉积和清灰四个基本过程。过滤式除尘装置可分为袋式除尘装置、颗粒层除尘装置和陶瓷微管过滤式除尘装置。新型除尘装置主要有复合式除尘装置、高梯度磁分离除尘装置、电凝聚除尘装置、高频声波助燃除尘装置等。

复习思考题

1. 什么叫除尘分级效率和总效率?

2. 试分析影响重力沉降室的除尘效率的因素。

3. 试根据离心式除尘器的工作原理推证：离心式除尘器中被捕集粉尘粒子的沉降速度比单纯重力沉降室中粉尘粒子的沉降速度大。

4. 简述影响旋风除尘装置除尘效率和阻力的主要因素。

5. 袋式除尘装置的性能主要受哪些因素的影响?

6. 试分析影响电除尘装置除尘效率的主要因素。

7. 简述驱进速度、有效驱进速度、过滤风速的物理意义。

8. 袋式除尘装置、电除尘装置的除尘过程与机理如何？其设计计算步骤如何?

9. 试分析各类除尘装置的优缺点。

10. 选择除尘装置时应注意哪些问题?

11. 对某旋风除尘装置进行现场测定，得到的数据为：除尘装置的入口含尘浓度为 3 000 mg/m^3，除尘装置的出口含尘浓度为 450 mg/m^3，除尘装置入口粉尘和出口粉尘的粒径分布列于表 7—5 中。

表 7—5　　除尘装置入口粉尘和出口粉尘的粒径分布

粒径/μm	0～5	5～10	10～20	20～40	>40
除尘装置入口（质量分数/%）	25	15	10	25	25
除尘装置出口（质量分数/%）	80	12	6	2	0

试计算该除尘装置的除尘总效率和分级效率。

12. 根据对某旋风除尘装置的现场测试得到：除尘装置入口的气流量为 10 000 m^3/h，含尘浓度为 4.2 g/m^3。除尘装置出口的气体流量为 12 000 m^3/h，含尘浓度为 340 g/m^3。试计算该除尘装置的处理气体流量、穿透率和除尘效率(分别按考虑漏风率和不考虑漏风率两种情况计算)。

13. 某种粉尘的真密度为 2 700 kg/m^3，气体介质（近如空气）温度为 433 K，压力为 101 325 Pa，试计算粒径为 10 μm 和 500 μm 的尘粒在离心力作用下的末端沉降速度。已知离心力中颗粒的旋转半径为 200 mm，该处的气流切向速度为 16 m/s。

14. 有一沉降室长 7.0 m，高 12 m，气体流速为 30 m/s，空气温度为 300 K，尘粒密度为 2.5 g/cm^3，空气黏度为 0.067 kg/(m・h)，求该沉降室能 100%捕集的最小粒径。如果将沉降室高度改为 8 m，长度保持不变，除尘装置的最小捕集粒径会不会发生改变，为什么?

15. 在气体压力为 1 atm，温度为 293 K 下运行的管式电除尘装置的圆筒形集尘装置直径为 0.3 m，长度 L=2.0 m，气体流量为 0.075 m^3/h。若集尘板附近的平均场强 E=100 kV/m，粒径为 1.0 μm 的粉尘荷电量 q=0.3×10^{-15}C，试计算该粉尘的驱进速度 ω 和电除尘效率。

16. 设计一静电除尘装置，若处理风量为 180 000 m^3/min，入口含尘浓度为 4 g/m^3，要求出口含尘浓度降至 0.2 g/m^3，试计算该除尘装置的极板面积、电场断面积和电场的长度。

17. 安装一个滤袋室，用以处理被污染的气体，试估算某些布袋破裂时粉尘的出口浓度。已知系统的操作条件如下：1 atm，288 K，入口处浓度为 9.15 g/m^3，布袋破裂前的出口浓度为 0.045 8 g/m^3，被污染的气体体积流量为 14 158 m^3/h，布袋数为 6 条，每室中的布袋数为 100 条，布袋直径为 15 cm，系统的压降为 1 500 Pa，破裂的布袋数为 2 条。

18. 某布袋除尘装置在恒定的气流速度下运行 30 min。此期间处理烟气量为 70.8 m^3，系统的最初压降和最终压降分别为 40 Pa 和 400 Pa，假如在最终压力下过滤器操作 1 h，试计算另外的气体处理量。

19. 除尘装置系统的处理烟气量为 10 000 m^3/h，初始含尘浓度为 6 g/m^3，拟采用逆气流反吹清灰布袋式除尘装置，选用涤纶绒布滤料，要求进入除尘装置的气体温度不超过 393 K，除尘装置压力损失不超过 1 200 Pa，烟气性质近似于空气。试确定：(1) 过滤速度；(2) 粉尘负荷；(3) 除尘装置的压力损失；(4) 最大清灰周期；(5) 滤袋面积；(6) 滤袋的尺寸（直径和长度）和滤袋条数。

第八章　通风设计

本章学习目标：

1. 了解工业通风设计的一般要求和一般步骤。
2. 掌握地面建筑全面通风量计算与均匀送风管道设计。
3. 掌握抽出式管道通风、地面建筑自然通风及防排烟通风设计。
4. 了解置换通风、矿井及地层开掘通风设计。

第一节　工业通风设计的一般要求和步骤

一、工业通风设计的一般要求

为了确保作业人员的身体健康与安全，取得良好的经济效益，对工业通风设计的一般要求是：

（1）将足够的新鲜空气有效地输送到工作场所，保证安全生产，创造良好的劳动条件。

（2）通风系统的基建投资省，营运费用低，综合经济效益好。

（3）通风系统设计简单，风流稳定、可靠，易于管理，具有抗灾能力。

（4）采用的设计方案技术上可行，经济上合理，便于作业环境及安全状况的监测、监控。

（5）发生事故时，风流易于控制，易于抢灾救险，便于人员撤退到安全地带。

二、工业通风设计的一般步骤

对于不同的场合、形式和具体设计步骤，工业通风系统也会有所区别，但一般的设计步骤基本相同，大致如下：

（1）根据设计任务书和提供的工艺、建筑等相关资料，明确设计要求。

（2）根据设计需要，收集工业通风设计的原始资料，如当地室外设计计算参数、工艺参数、工作班次、冷、热、电源情况，查阅相关设计规范等，必要时还要到现场或已有类似系统的地方进行实地考察。

（3）制定可行性方案，并通过对方案做技术、经济比较，从中选择出可靠、简单、经济的最佳方案。

（4）针对确定方案划分系统，计算各系统所需风量。

（5）进行系统风量、热平衡计算，确定送风参数，设计相应的送风系统，选择净化设备，并预选择风机。

（6）布置系统风管和设备。

（7）确定风管材料，进行系统水力计算，确定管径大小和风机型号。

（8）绘制施工图。

（9）编写设计施工说明书。

（10）进行工程概、预算。

对于初步设计或方案设计，上述步骤可以简化，用指标估算系统风量。用允许通风阻力或经济比摩阻法估算系统阻力，据此选择设备，绘制方案图，进行工程概算。

第二节　地面建筑全面通风量计算与均匀送风管道设计

一、地面建筑全面通风量计算

对地面建筑有害的因素主要包括爆炸毒害气体或蒸气、余热、余湿等，计算其全面通风量时，应分别根据稀释爆炸毒害气体或蒸气、余热、余湿等各自所需风量后，再取其最大值。

1. 稀释爆炸毒害气体或蒸气的需要风量

如工业厂房中只有一种爆炸毒害气体或蒸气，则稀释爆炸毒害气体或蒸气的所需风量 Q_{k_i} 可按如下公式计算：

$$Q_{k_i}=\frac{K_x \cdot L_d}{C-C_j} \tag{8—1}$$

式中　Q_{k_i}——需要风量，kg/s 或 m^3/s；

C——爆炸毒害气体或蒸气的安全容许浓度，%或 mg/m^3；

C_j——进风中的爆炸毒害气体或蒸气浓度，%或 mg/m^3；

L_d——生产过程中单位时间内产生的爆炸毒害气体或蒸气量，kg/s 或m^3/s；

K_x——考虑爆炸毒害气体或蒸气散发的不均匀性、分布状况及通风气流的组织等因素的安全系数。对于一般的通风房间，取 $K_x=3\sim10$；对于全面通风的生产车间，取 $K_x\geqslant6$；对于有精心设计的小型试验室，可以取 $K_x=1$。

如地面建筑物内有数种爆炸气体或溶剂（如苯及其同系物或醋酸类）的蒸气或刺激性气体（如三氧化二硫、三氧化硫或氟化氢及其盐类等）同时散发，全面通风量应按各种气体分别稀释至最高容许浓度所需的风量的总和计算；若在建筑物内同时散发数种其他有害气体时，全面通风量可按其中所需的最大风量计算。

2. 稀释余湿的需要风量

根据湿量平衡原理，消除余湿所需的全面通风量 Q_{k_i} 的计算式为：

$$Q_{k_i}=\frac{W}{d_k-d_j} \tag{8—2}$$

式中　Q_{k_i}——需要风量，kg/s；

W——工业厂房产生的余湿量，kg/s；

d_k——排出空气中的含湿量，%；

d_j——进入空气中的含湿量，%。

3. 稀释余热的需要风量

根据热平衡原理，消除余热所需的全面通风量 Q_{k_i} 的计算式为：

$$Q_{k_i}=\frac{L_r}{c(t_h-t_j)} \tag{8—3}$$

式中　Q_{k_i}——需要风量，kg/s；

L_r——工业厂房产生的余热量，kJ/s；

c——空气的质量热容，一般可取 $c=1.01$ kJ/(kg・℃)；

t_h——排出空气的温度，℃；

t_j——进入空气的温度，℃。

4. 按厂房换气次数的需要风量

所谓换气次数 n，是指按厂房换气次数的需要风量 Q_{k_i} 与通风房间体积 V_f 的比值（即 $n=\frac{Q_{k_i}}{V_f}$），若已知换气次数 n，可以按下式确定全面通风量：

$$Q_{k_i}=n\cdot V_f \tag{8—4}$$

应当指出，在实际计算时，如果无法具体确定产生的爆炸毒害气体或蒸气、余热、余湿量，全面通风量可按照类似房间的换气次数经验值确定。

[例 8—1]　某生产车间内同时散发着二甲苯气体和二氧化硫气体，其安全允许浓度分别为 100 mg/m³、10 mg/m³，单位时间内的散发量分别为 80 mg/s、30 mg/s，求所需新鲜的全面通风量。

解：由于该生产车间散发着刺激性气体，故按各种气体分别稀释至最高容许浓度所需的风量的总和计算，取安全系数 $K_x=7$，进风中的刺激性气体浓度 $C_j=0$，则有：

稀释二甲苯所需风量：$Q_{1k_i}=\frac{K_x\cdot L_d}{C-C_j}=\frac{7\times 80}{100-0}=5.6\ (m^3/s)$

稀释二氧化硫所需风量：$Q_{2k_i}=\frac{K_x\cdot L_d}{C-C_j}=\frac{7\times 30}{10-0}=21\ (m^3/s)$

所以全面通风量为刺激性气体各自所需通风量之和，即：

$$Q_{k_i}=Q_{1k_i}+Q_{2k_i}=5.6+21=26.6\ (m^3/s)$$

二、均匀送风管道的设计计算

由第五章叙述可知，实现均匀送风的途径有很多种。由于“$f_0\sqrt{p_j}$变化，μ 也随之变化”途径的复杂性，在工程设计中一般按照“保持 $f_0\sqrt{p_j}$和 μ 均相等”的途径。这里通过例子介绍“各侧孔流量系数 μ 均相等，各侧孔面积 f_0 相等，风管断面变化保持各侧孔静压 p_j 相等”途径的设计计算方法和步骤。下面以图 8—1 为例，介绍该途径的计算方法和步骤。

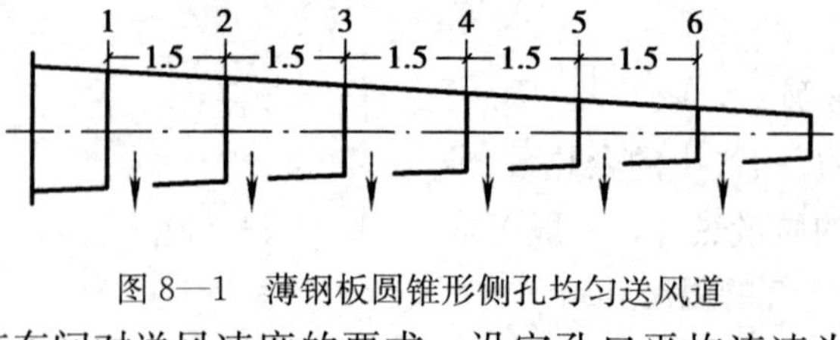

图 8—1　薄钢板圆锥形侧孔均匀送风道

(1) 根据生产车间对送风速度的要求，设定孔口平均流速为 v_0，从而计算出第一侧孔静压流速 v_j、侧孔面积和静压 p_s。从侧孔或条缝口流出时，孔口的流量

系数可近似取 $\mu=\frac{v_0}{v_j}=0.6$，侧孔静压流速按 $v_j=\frac{v_0}{\mu}$ 计算，侧孔面积可按式（5—16）计算，静压 p_s 的计算根据式（5—18）进行，一般可取空气密度为 1.2 kg/m³。

（2）按 $\frac{v_j}{v_d}\geqslant 1.73$ 的原则设定第一侧孔处风管断面的速度，求出第一侧孔前管道断面的速压、直径（或断面尺寸）、全压。

（3）计算管段 1～2 的摩擦阻力和局部阻力，再根据能量方程求出断面 2 处的全压、速压和直径。计算局部阻力或局部压力损失时，通常把侧孔送风的均匀送风管看做是支管长度为 0 的三通，当空气从侧孔送出时，产生两部分局部阻力，即直通部分的局部阻力和侧孔出流时的局部阻力。

直通部分的局部阻力系数可用下式计算：

$$\xi=0.35\times\left(\frac{Q_c}{Q_g}\right)^2 \tag{8—5}$$

式中　Q_c——侧孔流量，m³/s；

Q_g——侧孔处风管流量，m³/s。

侧孔部分的局部阻力系数 ξ 一般取 2.37。

（4）计算管段 2～3 的摩擦阻力和局部阻力，再根据能量方程求出断面 3 处的全压、速压和直径，并依此类推求得其余各断面直径 D_2，…，D_{n-1}，D_n。最后把各断面连接起来，成为一条锥形风管。

第一侧孔断面 1 处具有的全压，即为此均匀送风管道的总压力损失或称通风总阻力。

［例 8—2］　如图 8—1 所示的薄钢板圆锥形侧孔均匀送风道，总送风量为 36 m³/min，开设 6 个等面积的侧孔，孔间距为 1.5 m，试确定侧孔面积、各断面直径及风道总阻力损失。

解：（1）计算静压速度、侧孔面积和静压。设侧孔平均流速 $v_0=4.5$ m/s，孔口的流量系数 $\mu=0.6$，则有：

侧孔静压流速为：$v_j=\frac{v_0}{\mu}=\frac{4.5}{0.6}=7.5$ (m/s)

侧孔面积为：$f_0=\frac{Q_0}{n\mu v_j}=\frac{36/60}{6\times 0.6\times 7.5}=0.022$ (m²)

静压为：$p_s=\frac{1}{2}\rho v_j^2=\frac{1}{2}\times 1.2\times 7.5^2=33.75$ (Pa)

（2）计算断面 1 处的流速和断面直径。按 $\frac{v_j}{v_d}\geqslant 1.73$ 的原则，设定第一侧孔处

风管断面的速度 $v_{d1}=7.5/1.73=4.34$（m/s）；取 v_{d1} 为 4 m/s，断面 1 的动压为 $h_{v1}=\frac{1}{2}\rho v_{d1}^2=\frac{1}{2}\times1.2\times4^2=9.6$（Pa）；断面 1 的直径为 $D_1=\sqrt{\frac{36\times4}{60\times4\times3.14}}=0.437$（m）。

（3）计算管段 1～2 的阻力损失。由于总送风量为 36 m³/min，近似以 $D_1=0.44$ mm 作为其平均直径，查图 2—6 得 $h_b=0.42$ Pa/m，摩擦阻力为 $1.5\times0.42=0.63$（Pa）。

空气流过侧孔直通部分的局部阻力系数为：

$$\xi=0.35\times\left(\frac{Q_c}{Q_g}\right)^2=0.35\times\left(\frac{60}{360}\right)^2\approx0.01$$

管段 1～2 的总阻力 $h_{1-2}=0.63+0.01\times9.6=0.726$（Pa）

（4）计算断面 2 处的流速和断面尺寸。根据两侧孔间的动压降等于两侧孔间的阻力的原则，可得：

$$h_{v2}=h_{v1}-h_{1-2}=9.6-0.726=8.87\ \text{(Pa)}$$

断面 2 处的流速为：$v_{d2}=\sqrt{\frac{2\times8.87}{1.2}}=3.85$（m/s）；断面 2 处的直径 $D_2=\sqrt{\frac{30\times4}{60\times3.85\times3.14}}=0.41$（m）。

（5）按上述步骤计算其余各断面尺寸，计算结果见表 8—1。

表 8—1　均匀送风管道的计算表

断面编号	断面风量（m³/min）	动压（Pa）	流速（m/s）	管径（m）	管段编号	局部阻力系数	局部阻力（Pa）	比摩阻（Pa/m）	摩擦阻力（Pa）	总阻力（Pa）
1	36	9.6	4.34	0.437	1～2	0.01	0.096	0.42	0.63	0.726
2	30	8.87	3.85	0.41	2～3	0.014	0.124	0.42	0.63	0.754
3	24	8.12	3.68	0.372	3～4	0.022	0.179	0.43	0.645	0.824
4	18	7.3	3.49	0.331	4～5	0.039	0.284	0.42	0.63	0.914
5	12	6.39	3.26	0.28	5～6	0.088	0.562	0.4	0.6	1.162
6	6	5.23	2.95	0.208	—	—	—	—	—	—

（6）计算风道总阻力。因风道最末端的全压为零，因此，风道总阻力应为断面 1 处具有的全压，即：$h=33.75+9.6=43.35$（Pa）

第三节　抽出式管道通风系统设计

一、设计计算的一般步骤

抽出式局部通风系统的设计一般按如下步骤进行：

（1）根据需要吸风地点的实际情况，确定集气罩、空气净化装置（如除尘器）的形式，计算各用风地点需要的风量。

（2）提出多种通风系统类型，并按技术可行、经济合理的原则优选。

（3）布置、绘制通风系统的轴侧示意图，并对各管段编号，标注其相应的长度。管段长度按两构件间的中心线长度计算，不扣除构件（如三通、弯头）本身的长度。

（4）计算各管段的需要风量，选择风管内的空气流速。

（5）根据各管段的风量和所选的气流速度，确定各管段的断面尺寸，计算摩擦阻力和局部阻力。

（6）对并联管路必须进行阻力平衡，然后计算系统的总阻力。

（7）根据系统的总阻力和总风量选择通风机及电动机，绘制通风系统的正式轴侧图。

在设计时应确保管道符合统一规格，断面形状根据现场实际确定。风管断面尺寸确定之后，根据管内实际流速，按第二章所给方法计算风管阻力。阻力计算应从最不利的环路（即距风机最远的排风点）开始，即以最大阻力管路为主线进行计算。各管段的阻力为摩擦阻力和局部阻力之和。各并联管路之间的容许计算阻力差值，视系统使用要求而定。例如，除尘系统不大于 10%，一般通风系统不大于 15%。在各并联管路之间的阻力平衡达到上述要求时，所得的最不利环路的阻力即为系统的总阻力，若超过规定，则通风机风量、通风机静压分别按下式计算：

$$\text{通风机风量：} Q = K_1 Q_{fj} \tag{8—6}$$

$$\text{通风机静压：} H_s = K_p h \tag{8—7}$$

式中　Q_{fj}——通风系统的计算风量，m^3/h；

h——通风系统的计算阻力，Pa；

K_1——风量附加安全系数，一般送排风系统取 $K_1 = 1 \sim 1.1$；除尘系统取 $K_1 = 1.11 \sim 1.15$；气力运输系统取 $K_1 = 1.15$；

K_p——风压附加安全系数，一般送、排风系统取 $K_p = 1.1 \sim 1.15$，除尘系统取 $K_p = 1.15 \sim 1.2$。

二、空气流速的确定与阻力平衡方法

1. 空气流速的确定

风管内的空气流速对通风系统的经济性能有着重要的影响。风管内气流速度的数值必须通过经济技术综合比较后才能确定。根据实践总结和分析，风管内的流速可参考表8—2、表8—3和表8—4确定。

表8—2　　一般通风系统中常使用的空气流速　　m/s

风管部位	生产厂房机械通风		民用及辅助建筑物	
	钢板及塑料风管	砖及混凝土风道	自然通风	机械通风
干　管	6～14	4～12	0.5～1.0	5～8
支　管	2～3	2～6	0.5～0.7	2～5

表8—3　　通风除尘系统管道内的最低气流速度　　m/s

粉尘种类	垂直管	水平管	粉尘种类	垂直管	水平管
粉状的黏土和砂	11	13	铁和钢（屑）	19	23
耐火泥	14	17	灰土、沙尘	16	18
重矿物粉尘	14	16	锯屑、刨屑	12	14
轻矿物粉尘	12	14	大块干木屑	14	15
干型砂	11	13	干微尘	8	10
煤灰	10～12	13	染料粉尘	14～16	16～18
湿土（2%以下水分）	15	18	大块湿木屑	18	20
铁和钢（尘末）	13	15	谷物粉尘	10	12
棉絮	8	10	麻（短纤维粉尘、杂质）	8	19
水泥粉尘	12～13	16～18	碳化硅、刚玉尘	15	—

表8—4　　空调系统中的空气流速　　m/s

	低速风管						高速风管	
	推荐风速			最大风速			推荐风速	最大风速
	居住	公共	工业	居住	公共	工业	一般建筑	
新风入口	2.5	2.5	2.5	4.0	4.5	6	3	3
风机入口	3.5	4.0	5.0	4.5	5.0	7	8.5	16.5
风机出口	5～8	6.5～10	8～12	8.5	7.5～11	8.5～14	12.5	25
主风道	3.5～4.5	5～6.5	6～9	4～6	5.5～8	6.5～11	12.5	30
水平主风道	3.0	3.0～4.5	4～5	3.5～4.0	4.0～6.5	5～9	10	22.5
垂直支风道	2.5	3.0～3.5	4	3.25～4.0	4.0～6.0	5～8	10	22.5
送风口	1～2	1.5～3.5	3.0～4.0	2.0～3.0	3.0～5.0	3～5	4	—

2. 阻力平衡方法

主要通过以下三种途径进行阻力平衡：

(1) 增大风量。当两支管的阻力相差不大时（如在20%以内），可不改变支管管径，而将阻力小的那段支管的风量适当加大，以达到阻力平衡。增大后的风量按下式计算：

$$Q_1' = Q_1 \cdot \left(\frac{h_1}{h_1'}\right)^{0.5} \qquad (8—8)$$

式中 Q_1——调整前支管的风量，m^3/s；

Q_1'——调整后支管的风量，m^3/s。

h_1——调整前支管的气流阻力，Pa；

h_1'——要求达到的支管阻力，Pa。

采用此方法会引起后面支管的流量相应增大，阻力也随之增大，同时风机的风量和风压也会相应地增大。

(2) 调整支管管径。这种方法是通过改变支管管径来改变支管的阻力，以达到阻力平衡的。调整后的管径按下式计算：

$$D_1' = D_1 \cdot \left(\frac{h_1}{h_1'}\right)^{0.225} \qquad (8—9)$$

式中 D_1——调整前的管径，mm；

D_1'——调整后的管径，mm；

应当指出，采用本方法时，不宜改变三通的支管直径，可在三通支管上先增设一节渐扩（缩）管，以免引起三通局部阻力的变化。

(3) 阀门调节。通过改变阀门的开启度来调节管道阻力。必须指出，对一个支管的通风除尘系统进行实际调试是一项复杂的技术工作，必须进行反复调整、测试才能完成，以达到预期的流量分配。

三、注意事项

1. 管道的敷设

管道敷设应从系统总体布局出发，既要考虑系统的经济技术合理性，又要与总图、工艺、土建等有关专业密切配合，统一规划。力求简单、紧凑，缩短管线，减少占地空间，节省投资，不影响工艺操作、调节和维修。

(1) 管道敷设分明装和暗设两种，应尽量明装；管道应尽量集中成列、平行敷设，尽量沿墙或柱敷设；管道与梁、柱、墙、设备及管道之间一般应留有不小于

100～150 mm的间距；管道通过人行横道时，与地面净距不应小于2 m，横过公路时应不小于4.5 m，横过铁路时与轨面净距不得小于6 m；水平管道敷设应有斜向通风机方向不小于0.005°的坡度，并应在风管的最低点和风机底部装设水封泄液管。除尘系统的排出管道，排出口一般应高出屋脊1.0～1.5 m，并应考虑加固设施。

（2）分支管与水平主干管或倾斜主干管连接时，应从上面或侧面接入；三通管夹角一般为30°～45°；布置管网时要尽可能地减少转弯；弯管的曲率半径不应小于管道直径。

（3）在支管除尘器及风机出入口上应设置测孔。测孔应设在气流平稳的直管段上，尽可能远离弯头、三通等部件。大型的除尘系统可根据具体情况设置测量风量、风压、阻力、温度参数的仪表。

2. 通风机选择

选择通风机时，应注意以下问题：

（1）应根据系统所需风量、风压和选定的通风机类型，确定通风机型号，并选择合适的风机出口方向和传动方式。

（2）应根据输送的气体性质和具体用途，确定通风机的类型。例如，输送清洁空气，可选择一般通风换气用通风机；输送易燃气体或含尘气体，则应选用防爆通风机或排尘通风机；调节空气，要选用对防噪声要求较高的通风机；输送腐蚀性气体，应选用防腐通风机。

（3）选择通风机时，在满足所需风量、风压的前提下，应尽可能采用效率最高、价格相对便宜的通风机。

（4）通风机样本上的性能参数是在标准状态（大气压力为101.325 kPa，温度为20℃，相对湿度为50%）下得出的。当实际使用情况不是标准状态时，或现有通风机的转速改变时，通风机的实际性能就会发生变化。因此，在选择通风机时，应按相似定律对参数进行换算。

3. 管道的防腐与保温

管道系统的防腐主要采用防腐涂料和防腐材料。常用防腐材料有硬聚氯乙烯塑料、玻璃钢和其他复合、衬里材料。选用防腐方法时，应考虑材料来源、加工条件及施工能力，经经济技术比较后确定。当管道系统输送腐蚀性较大的气体介质时，可以选用防腐材料加工管道和设备。

输送潮湿空气通风系统或空气调节通风系统的管道应进行保温，管道壁面温度应高于气体露点温度10～20℃。保温层通常由涂刷有防腐漆或沥青的防护层、充填有保温材料的保温层、装有油毛毡或塑料布等材料的防潮层及其保护层组成，保温层结构在国家标准图集中均有规定，有特殊需要的则需另行设计计算。常用保护材料有铝皮和镀锌铁皮等金属板、铁丝网水泥、玻璃丝布、塑料布、胶合板、油毡玻璃纤维、高密度聚乙烯套管、铝箔玻璃布和铝箔牛皮纸等。保温材料的种类很多，常用的有岩棉、矿渣棉、石棉、珍珠岩、软木、聚苯乙烯泡沫塑料、超细玻璃棉、玻璃纤维保护板、聚氨酯泡沫塑料和蜂石板等以及它们的制品。矿渣棉及玻璃棉制品，用于管道保温时一般采用管壳形式；毡类常用于管件保温。保温层厚度经过经济技术比较后确定，即按照保温要求计算出经济厚度，再按其他要求进行校核。

4. 通风除尘系统的防爆

当输送空气中含有可燃性粉尘或气体，同时又具备爆炸的条件时，就会发生爆炸事故。为了防止爆炸事故发生，应采取下列防爆措施：

（1）排除或运输含爆炸性物质的空气混合物的通风设备及管道均应接地。三角胶带上的静电应采取有效方法导除。通风设备及风管不应采用容易积聚静电的绝缘材料制作。

（2）排出含有剧毒、易燃、易爆物质的排风管，其正压管段一般不应穿过其他房间。当穿过其他房间时，该管段上不应设法兰或闸门。用于净化爆炸性粉尘的干式除尘器和过滤器应布置在风机的吸入段。布袋除尘器的织物材料和构件，应选用阻燃材料制成。

（3）有爆炸危险的通风系统应选用防爆通风机，并采用直联或联轴器传动方式，应设防爆门且其泄压口应朝向室外或无人操作处。采用三角带传动时，为防止静电火花，应用接地电刷把静电引入地下。

（4）排除爆炸危险性气体、蒸气和粉尘的局部通风系统，风机应装设有较软的不产生火花的金属制机壳或叶轮，其风量应按在集气罩、风管及其连接通风设备内这些物质的浓度不超过爆炸极限的50%设计，否则应在进入通风机前进行净化。

（5）应防止可燃物在通风系统的局部地点积聚，风管中不应存在可能积留和黏着粉尘的不平处和粗糙处。风管的容积在10 m^3 以上时，每10 m^3 容积应设置泄爆口，每两个泄爆口之间的间距应不大于6 m。

四、设计举例

[例8—3]　有一通风除尘系统的管道布置、长度，集气罩的位置、吸风量如图8—2所示。风管用钢板制作，用来输送含有轻矿物粉尘的空气，气体温度为常温。该系统采用布袋式除尘器，除尘器阻力 h_c=1 200 Pa。试对该系统进行设计计算，并选择通风机。

解：本例的前三步为已知条件，可直接从第四步开始。

(1) 计算各管段的需要风量，选择风管内空气流速。考虑到除尘器及风管漏风，管段 6 及管段 7 的计算风量为 6 300×1.05＝6 615 m^3/h。根据表 8—3 可查得，输送含有轻矿物粉尘的空气时，风管内最小风速为：垂直风管12 m/s、水平风管 14 m/s。

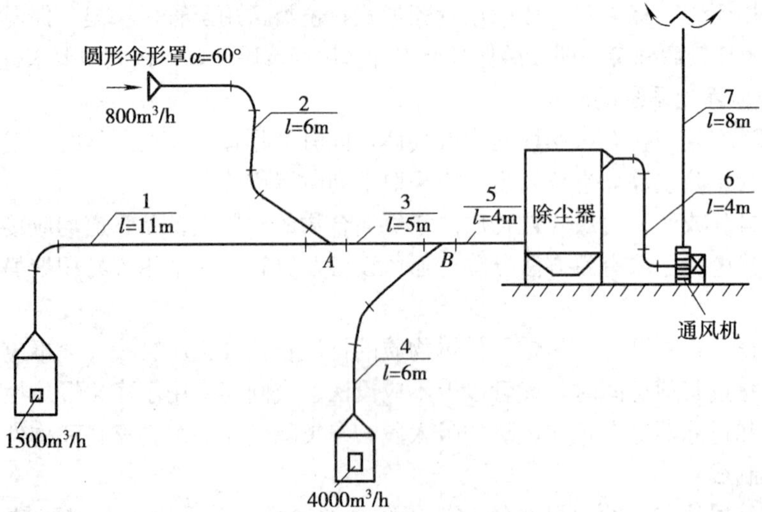

图 8—2　通风除尘系统的系统图

(2) 根据各管段的风量和所选的气流速度，确定各管段的断面尺寸，计算摩擦阻力和局部阻力。本系统选择 1—3—5—除尘器—6—通风机—7 为最大阻力管线。对于管段 1，根据 Q_1＝1 500 m^3/h＝0.42 m^3/s、v_1＝ 14 m/s，由图 8—2 查出管径和单位长度的摩擦阻力，所选管径应尽量符合通风管道的统一规格，即选 D_1＝200 mm、h_{b1}＝12.5 Pa/m。同理，计算确定管段 3、5、6、7、2、4 的管径及比摩阻，具体结果见表 8—5。

表 8—5　　管道系统设计计算表

管段编号	风量 (m^3/s)	长度 (m)	管径 (mm)	流速 (m/s)	局部阻力系数	局部阻力 (Pa)	比摩阻 (Pa/m)	摩擦阻力 (Pa)	管段总阻力 (Pa)	备注
1	0.42	11	200	14	1.37	161	12.5	137.5	298.5	—
3	0.64	5	240	14	−0.05	−6	12	60	54	—
5	1.75	5	380	12	0.61	71.7	5.5	27.5	99.2	—

续表

管段编号	风量 (m^3/s)	长度 (m)	管径 (mm)	流速 (m/s)	局部阻力系数	局部阻力 (Pa)	比摩阻 (Pa/m)	摩擦阻力 (Pa)	管段总阻力 (Pa)	备注
6	1.84	4	420	12	0.47	40.6	4.5	18	58.6	—
7	1.84	8	420	14	0.60	51.6	5.5	36	87.6	阻力不平衡
2	0.22	6	140	14	0.61	71.7	18	108	179.7	—
4	1.11	6	280	16	1.81	278	14	84	362	—
除尘器	—	—	—	—	—	—	—	—	1 200	—

(3) 计算各管段的沿程摩擦阻力和局部阻力。计算结果见表 8—5。

(4) 对并联管路进行阻力平衡。

1) 汇合点 A，$\frac{h_1-h_2}{h_1}=\frac{298.5-179.7}{298.5}=39.7\%>10\%$

为使管段 1、2 达到阻力平衡，改变管段 2 的管径，增大其阻力。根据式（8—9），可得：

$$D_2'=D_2\cdot\left(\frac{h_2}{h_2'}\right)^{0.225}=140\times\left(\frac{179.7}{298.5}\right)^{0.225}=124.8\text{（mm）}$$

根据通风管道统一规格，取 $D_2=130$ mm，其对应的阻力为：

$h_2'=179.7\times\left(\frac{140}{130}\right)^{0.225}=249.7$ Pa；$\frac{h_1-h_2'}{h_1}=\frac{298.5-249.7}{298.5}=16.3\%>10\%$

此时仍处于不平衡状态。如继续减小管径，取 $D_2=120$ mm，其对应的阻力为 355.8 Pa，同样处于不平衡状态。因此，决定取 $D_2=130$ mm，在运行时再辅以阀门调节，以消除不平衡状态。

2) 汇合点 B，$\frac{h_4-(h_1+h_3)}{h_4}=\frac{362-352.5}{362}=2.6\%<10\%$，符合要求。

(5) 计算系统的总阻力。$h_t=298.5+54+99.2+1\,200+58.6+87.6=1797.9$ (Pa)

(6) 选择通风机。

通风机风量：$Q=K_1Q_{fj}=1.15\times6\,615=7\,607\ (m^3/h)=2.11\ (m^3/s)$

通风机静压：$H_s=K_ph=1.16\times(598+1\,200)=2\,086$ (Pa)

根据通风机的风量和静压，选用 C4－68 NO.6.3 通风机，通风机转速为 1 600 r/min 带传动；配用 Y132S2－Z 型电动机，电动机功率为 $N=7.5$ kW。

第四节　地面建筑自然通风与置换通风设计

一、置换通风设计

1. 送排风温差的确定

当室内发热量已确定时，送排风温差是可以通过计算得到的。在置换通风房间内，当满足热舒适性要求条件时，送排风温差随着房间高度的增高而变大。欧洲国家根据多年的经验，确定了送排风温差与房间高度的关系，见表8—6。

表8—6　送排风温差与房间高度的关系

房间高度（m）	送排风温差（℃）	房间高度（m）	送排风温差（℃）
<3	5～8	6～9	10～12
3～6	8～10	>9	12～14

2. 送风温度的确定

送风温度由下式确定：

$$t_s = t_{1.1} - \Delta t_n \left(\frac{1-k_{zk}}{c_{zh}} - 1 \right) \tag{8—10}$$

式中　Δt_n——置换通风房间内的温度梯度，$\Delta t_n = t_{1.1} - t_{0.1}$；

$t_{0.1}$、$t_{1.1}$——分别为离地面0.1 m、1.1 m高度时的空气温度，℃；

c_{zh}——停留区温升系数，可根据房间用途确定，表8—7列出了各种房间的c_{zh}值；

k_{zk}——地面区升温系数，可根据房间用途及单位面积送风量确定，表8—8列出了各房间的k_{zk}值。

3. 送风量的确定

根据置换通风热力分层理论，界面上的烟羽流量q_p与送风流量q_s相等，即：

$$q_p = q_s \tag{8—11}$$

表8—7　各种房间停留区的温升系数

停留区温升系数	地表面部分的冷负荷比例（%）	房间用途
0.16	0～20	天花板附近照明场所、博物馆等
0.25	20～60	办公室

续表

停留区温升系数	地表面部分的冷负荷比例（%）	房间用途
0.33	60～100	置换诱导场所
0.4	60～100	高负荷办公室、冷却顶棚、会议室

表 8—8　　各种房间地面区的温升系数

地面升温系数	房间单位面积送风量 $[m^3/(m^2 \cdot h)]$	房间用途及送风情况
0.5	510	仅送最小新风量
0.33	1 520	使用诱导式置换通风器的房间
0.20	>25	会议室

当已知热源的数量与发热量时，可用下式求得烟羽流量：

$$q_p = \left(3\pi^2 \frac{g\beta Q_s}{\rho c_p}\right)^{\frac{1}{3}} \left(\frac{6}{5}\alpha\right)^{\frac{4}{3}} Z_s^{\frac{5}{2}} \tag{8—12}$$

式中　Q_s——热源热量，kJ；

β——温度膨胀系数；

α——烟羽对流卷吸系数（由实验确定）；

Z_s——分层高度，坐姿状态时分层高度 $Z_s = 1.1$ m，站姿状态时分层高度 $Z_s = 1.8$ m。

4. 置换通风末端装置的选择与布置

置换通风的风口安装形式分为落地安装、地坪安装和架空安装三种。落地安装是使用最为广泛的一种形式，在民用建筑中置换通风的风口一般均为落地安装（见图 8—3a）；当某高级办公大楼采用夹层地板时，也可装在夹层地面上（见图 8—3b）；在工业厂房中，由于地面上需运输机械设备及产品零件，置换通风的末端装置可架空布置（见图 8—3c），架空安装时，该末端装置的作用是引导出口空气下降到地面，再扩散到全室并形成空气湖。置换通风的风口形式通常有圆柱形、半圆柱形、1/4 圆柱形、扁平形及壁挂形等，外形如图 8—4 所示。其中，1/4 圆柱形可布置在墙角内，易与建筑相结合；半圆柱形及扁平形用于靠墙安装；圆柱形用于大风量的场合，并可布置在房间中央。

5. 注意事项

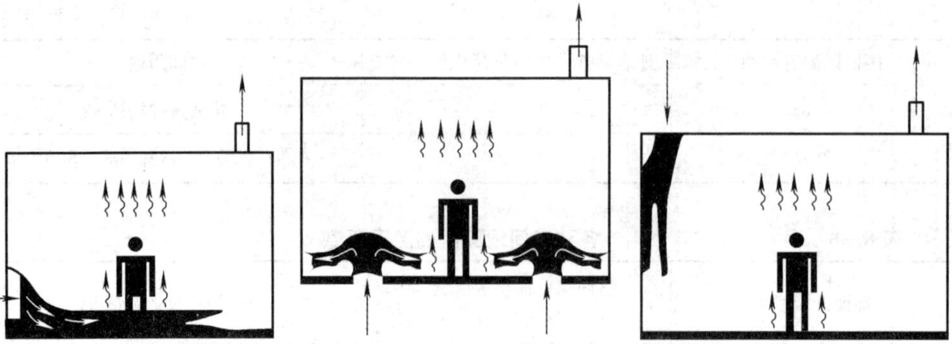

图 8—3　置换通风的送风口及排风口的布置

a）落地安装　b）地坪安装　c）架空安装

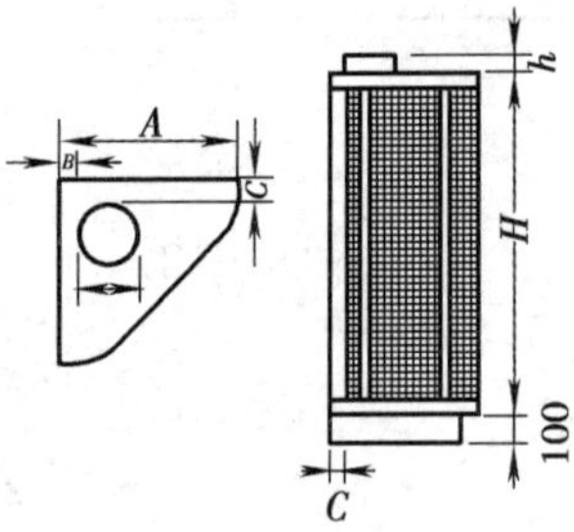

H(mm)	1200
A(mm)	460
B(mm)	60
C(mm)	80
ϕ(mm)	200
h(mm)	80

a）

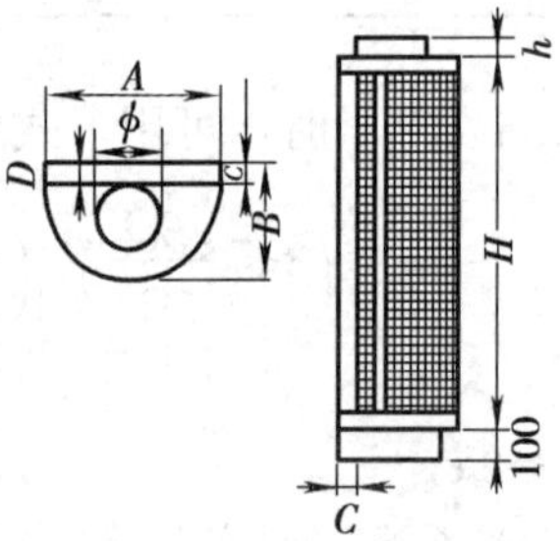

H(mm)	600	1200
A(mm)	360	580
B(mm)	260	370
C(mm)	80	80
D(mm)	30	50
ϕ(mm)	200	200
h(mm)	75	75

b）

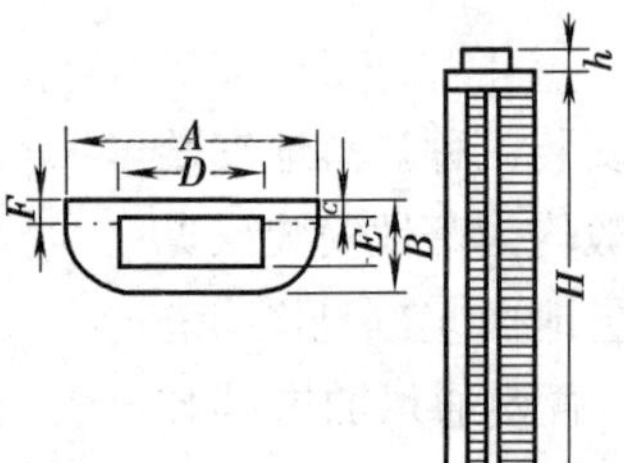

H(mm)	600	1200
A(mm)	450	790
B(mm)	180	190
C(mm)	50	40
D(mm)	330	600
E(mm)	60	100
F(mm)	40	80
h(mm)	40	40

c）

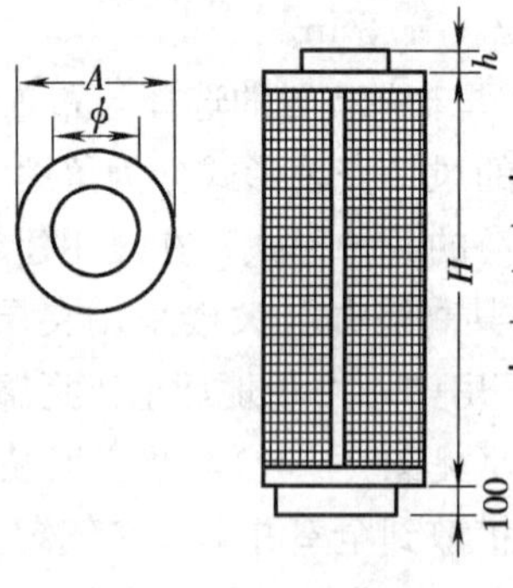

H(mm)	600	1200
A(mm)	320	500
ϕ(mm)	200	200
h(mm)	100	75

d）

图 8—4　置换通风风口形式

a）1/4 圆柱形置换通风口　b）半圆柱形置换通风口　c）平板形置换通风口　d）圆柱形置换通风口

(1) 当建筑物内有污染源与热源共存、房间高度不小于 2.4 m、冷负荷小于 120 W/m² 时，可采用置换通风方法。

(2) 置换通风的设计应达到下列条件：坐着时头部与足部温差 $\Delta t_{hf} \leqslant 2℃$；站着时头部与足部温差 $\Delta t_{hf} \leqslant 3℃$；置换通风房间内的温度梯度小于 2℃/m；吹风风险不满意率 $PD \leqslant 15\%$；舒适不满意率 $PPD \leqslant 15\%$。

(3) 采取置换通风时，一般根据送风量和风速确定置换通风器的数量。工业建筑的风速 v 可取 0.5 m/s，高级办公室的风速 v 可取 0.2 m/s，其他场所可取 v＝0.2～0.5 m/s。

(4) 置换通风器一般宜靠外墙或外窗布置，圆柱形置换通风器可布置在房间中部。置换通风器布置应与室内空间相协调，置换通风器附近不应有大的障碍物，当冷负荷高时，宜布置多个置换通风器。

二、自然通风设计

1. 概述

地面建筑自然通风设计包括设计计算和校核计算两种，设计计算是根据已确定的地面建筑形状尺寸、工艺条件和要求的工作区温度，计算必需的全面通风风量，确定进、回风窗孔位置和所需要的开启窗孔面积；校核计算是在工艺、建筑窗孔位置和面积确定的条件下，计算所能达到的最大自然通风量，校核工作区温度是否满足卫生标准的要求。地面建筑自然通风的计算方法较多，但由于大气运动的方向和速度的不确定性，一般主要考虑密度差引起的自然风压，且仅考虑夏季情况。

建筑物内自然通风设计步骤，先是计算建筑物内全面通风的需要风量，再确定窗孔的位置，最后计算排风窗孔的面积。地面建筑物内的温度分布和气流分布比较复杂，例如，工艺设备布置、设备散热量、热源上部的热射流、各种局部气流、热源分布都会影响热车间的温度分布和气流分布。所以，目前采用的自然通风计算方法都是在一定的简化条件下建立的，例如，认为通风流动过程是稳定的，同一水平上的各点静压相等，空气流动不受任何障碍物的阻挡等。根据第三章内容可知，自然风压与高差成正比，因此，在建筑物形状及尺寸已确定的情况下，尽可能增加进风窗和排风窗的高差。下面重点介绍消除建筑物内余热所需的全面通风风量和排风窗孔面积的计算。

2. 通风窗孔面积的计算

通风窗孔面积计算有两种方法。

(1) 局部设施法。该法仅以计算窗孔为研究对象，即先假定中和面（即压力为零的面）位置及某一窗孔的余压，再计算其余各窗孔的余压、内外压差。由于该法最初假定的余压值不同，最后计算得出的各窗孔面积分配是不同的。在密度差造成的自然风压作用下，进排风窗孔的面积分别为：

进风窗孔：
$$S_a=\frac{G_a}{\mu_a\sqrt{2/\Delta p_a/\rho_w}}=\frac{G_a}{\mu_a\sqrt{2h_1g\ (\rho_w-\rho_n)\ \rho_w}} \tag{8—13}$$

回风窗孔：
$$S_b=\frac{G_b}{\mu_b\sqrt{2/\Delta p_b/\rho_p}}=\frac{G_b}{\mu_b\sqrt{2h_2g\ (\rho_w-\rho_n)\ \rho_p}} \tag{8—14}$$

式中 Δp_a、Δp_b——窗孔 a、b 的内外压差；Pa；

G_a、G_b——窗孔 a、b 的流量，kg/s；

μ_a、μ_b——窗孔 a、b 的流量系数；

ρ_w——室外空气的密度，kg/m^3；

ρ_p——上部排风温度下的空气密度，kg/m^3；

ρ_n——室内平均温度下的空气密度，kg/m^3；

h_1、h_2——中和面至窗孔 a、b 的距离，m。

根据空气平衡方程，如果近似认为 $\mu_a=\mu_b$，$\rho_w=\rho_p$，式（8—13）和式（8—14）可简化为：

$$\left(\frac{S_a}{S_b}\right)^2=\frac{h_2}{h_1}\quad 或\quad \frac{S_a}{S_b}=\left(\frac{h_2}{h_1}\right)^{\frac{1}{2}} \tag{8—15}$$

从式（8—15）可以看出，进排风窗孔面积之比是随中和面位置的变化而变化的。中和面向上移（即增大 h_1、减小 h_2），排风窗孔面积增大，进风窗孔面积减小；中和面向下移，则相反。在热车间采用上部天窗进行排风，天窗的造价要比侧窗高，因此，中和面位置不宜选得太高。如果车间内同时设有机械通风，在空气量平衡方程式中应同时加以考虑。

（2）整体系统法。该法从自然通风整体系统出发进行计算，即在 n_1 个进风窗口、n_2 个回风窗口的自然通风系统中，如仅考虑密度差形成的自然风压，忽略空气流动摩擦阻力和大气运动（风压）形成的自然风压，则自然风压等于所有通风窗口的局部阻力之和，根据能量方程及局部阻力计算公式有：

$$Z\cdot g\ (\rho_{m1}-\rho_{m2})=\sum_{i=1}^{n_1}\xi_{Ji}\frac{\rho_J}{2}\left(\frac{Q}{S_{Ji}}\right)^2+\sum_{j=1}^{n_2}\xi_{hj}\frac{\rho_h}{2}\left(\frac{Q}{S_{hj}}\right)^2 \tag{8—16}$$

式中 ρ_{m1}、ρ_{m2}——分别为大气平均密度和建筑物内空气平均密度，kg/m^3；

ξ_{Ji}、ξ_{hj}——各进、回风窗孔的局部阻力系数；

S_{Ji}、S_{hj}——各进、回风窗孔的面积，m^2；

Q——所需自然通风量，m^3/s。

很显然，若已知各进、回风窗孔的高度和局部阻力系数以及进风窗孔的面积，已知大气和建筑物内空气的温度，且各回风窗孔面积相等，就可以根据式（8—16）计算出回风窗孔的面积。

3. 消除建筑物内余热所需的全面通风风量的计算

消除建筑物内余热所需的全面通风风量的计算，可按式（8—3）进行。在实际计算时，取建筑物的进风温度 t_j 等于夏季通风建筑物外温度 t_w。夏季通风建筑物外温度，应采用历年最热月份 14 时的夏季月平均温度的平均值；冬季通风建筑物外温度，应采用历年最冷月份平均温度的平均值。对于建筑物内回风温度 t_p 的计算，由于建筑物内的温度分布和气流分布均比较复杂，不同的研究者对此具有不同的理解，提出的建筑物内回风温度的计算方法也不尽相同。下面介绍两种计算方法，即温度梯度法和有效热量系数法。

（1）温度梯度法。采用该计算方法时，建筑物内上部窗孔的回风温度按下式确定：

$$t_p = t_n + \Delta t \cdot (B-2) \qquad (8—17)$$

式中 Δt——温度梯度，按表 8—9 确定，℃/m；

B——建筑物内上部回风窗离地面的高度，m；

t_n——建筑物内工作区的空气温度，按卫生标准规定的建筑物内外温差确定，℃。

表 8—9　　温度梯度 Δt 表

室内散热量（W/m³）	厂房高度（m）										
	5	6	7	8	9	10	11	12	13	14	15
12～23	1.0	0.9	0.8	0.7	0.6	0.5	0.4	0.4	0.4	0.3	0.2
24～47	1.2	1.2	0.9	0.8	0.7	0.6	0.5	0.5	0.5	0.4	0.4
48～70	1.5	1.5	1.2	1.1	0.9	0.8	0.8	0.8	0.8	0.8	0.5
71～93	—	1.5	1.5	1.3	1.2	1.2	1.2	1.2	1.1	1.0	0.9
94～116	—	—	—	1.5	1.5	1.5	1.5	1.5	1.5	1.4	1.3

应当指出，对于某些特定的建筑物，排风温度可按排风温度与夏季通风计算温度差的允许值确定；对于大多数建筑物，要保证（$t_n - t_w$）≤5℃，（$t_n - t_w$）应不超过 10～12℃。另外，温度梯度法是应用较早的一种计算方法，它假定在建筑物工

作区以上的空气温度上升值与高度成正比例，目前该方法主要用于建筑物高度不大于 15 m、室内散热较均匀且散热量不大于 116 W/m^3 的场合。

（2）有效热量系数法。如图 8—5 所示，在有强热源的建筑物内，若建筑物外温度为 t_w，建筑物入口后的空气温度为 t_n，建筑物出口前空气温度为 t_p，建筑物内工艺设备的总散热量为 D_r，其中直接散入工作区的那部分热量称为有效余热量，以 mD_r 表示，则根据整个建筑物的热平衡，可按下式确定消除建筑物内余热所需的全面进风量 Q_{z1} 为：

$$Q_{z1}=\frac{D_r}{c(t_p-t_w)\ \rho_n} \tag{8—18}$$

式中 Q_{z1}——全面进风量，m^3/s；

D_r——散热量，kJ；

c——空气的热容，一般可取 $c=1.01$ kJ/(kg,℃)；

t_p——建筑物出口前空气温度,℃；

t_w——建筑物外温度,℃；

ρ_n——建筑物内的空气平均密度，kg/m^3。

根据工作区的热平衡，可按下式确定消除工作区余热所需的全面进风量 Q_{z2}：

$$Q_{z2}=\frac{mD_r}{c(t_n-t_w)\rho_n} \tag{8—19}$$

式中 m——有效热量系数，有时称为温差比；

ρ_n——建筑物内的空气平均密度，kg/m^3。

t_w——建筑物外温度,℃；

t_n——建筑物入口后的空气温度,℃。

由于 $Q_{z1}=Q_{z2}$，由式（8—18）和式（8—19）得：

$$\frac{D_r}{c(t_p-t_w)\rho_n}=\frac{mD_r}{c(t_n-t_w)\rho_n} \tag{8—20}$$

所以：

$$t_p=t_w+\frac{t_n-t_w}{m} \tag{8—21}$$

在通常情况下，m 值按下式计算：

$$m=m_1\cdot m_2\cdot m_3 \tag{8—22}$$

式中 m_1——根据热源占地面积 f 与地板面积 S 之比值，按图 8—6 确定；

m_2——根据热源高度和表 8—10 确定的系数；

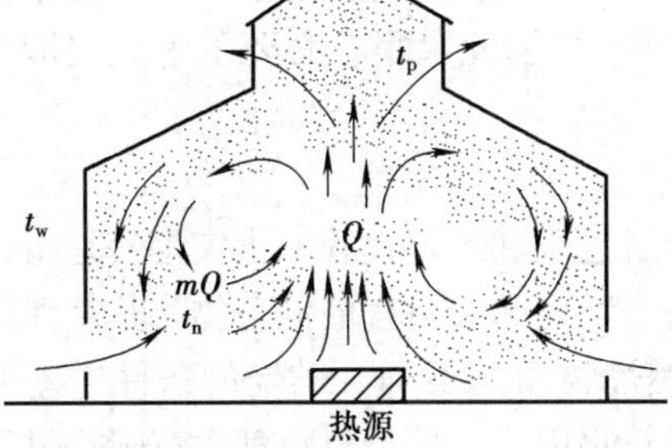

图 8—5　厂房内热源上部热射流

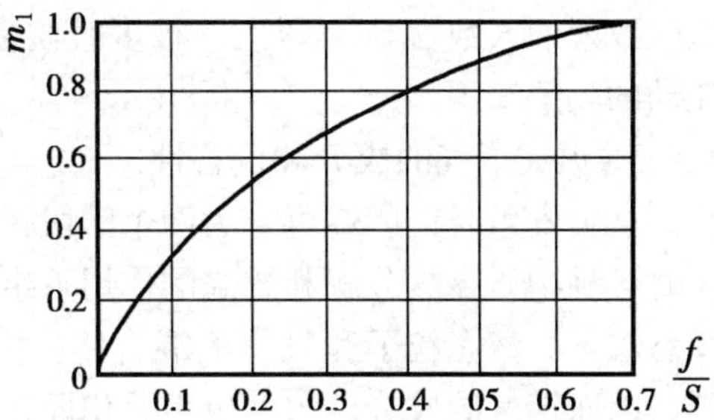

图 8—6　m_1 与 f/S 的关系

m_3——与热源的辐射热量 Q_f 和总散热量 Q 的比值有关的系数，按表 8—11 确定。

表 8—10　　m_2 值

热源高度/m	≤2	4	6	8	10	12	≥14
m_2	1.0	0.85	0.75	0.65	0.60	0.55	0.5

表 8—11　　m_3 值

Q_f/Q	≤0.4	0.5	0.55	0.60	0.65	0.7
m_3	1.0	1.07	1.12	1.18	1.30	1.45

第五节　防排烟通风原理与设计

防排烟通风设计的目的是建立一个防排烟系统，来控制火灾发生时烟气的流动，及时将其排出，在建筑物内创造无烟或烟气含量极低的疏散通道或安全区，以确保人员的安全疏散，并控制住火势蔓延，为救火人员创造条件。本节主要介绍火灾烟气流动的基本原理、控制火灾烟气流动的主要措施、机械排烟通风设计方法。

一、火灾烟气流动的基本原理

建筑物火灾是多发的，其不仅会导致巨大的经济损失和大量的人员伤亡，甚至对政治、文化也会造成巨大影响，造成无法弥补的损失。火灾过程大致可分为初起期、成长期、旺盛期和衰减期这四个阶段。火灾过程中的初起期和成长期是烟气产生的主要阶段，而烟气是造成人员伤亡的最大原因。有关统计资料表明，火灾中因烟气致死的人数占50%以上，很多时候多达70%。因此，很有必要了解火灾烟气流动的相关知识。

1. 火灾烟气的成分和危害性

火灾发生时，燃烧可分为两个阶段：热分解过程和燃烧过程。火灾烟气是指火灾时各种物质在热分解和燃烧的作用下生成的产物与剩余空气的混合物，是悬浮的固态粒子、液态粒子和气体的混合物。由于燃烧物质的不同、燃烧的条件千差万别，因而烟气的成分、浓度也不尽相同。但建筑物中绝大部分材料都含有碳、氢等元素，因此，燃烧的生成物主要是二氧化碳、一氧化碳及水蒸气，如燃烧时缺氧，则会产生大量的一氧化碳。另外，塑料等材料中含有氯，燃烧会产生氯气、氯化氢、光气等。很多织物中则含有氮，燃烧后会产生氰化氢、氨气等。

烟气的危害性包括：毒害性、遮光和刺激性、高温性、恐怖性。

(1) 毒害性。燃烧会消耗掉大量氧气，导致空气中缺氧。烟气中众多的有害气体、有毒气体，如一氧化碳、氯气、氯化氢等达到一定浓度后都会致人死亡。另外，烟气中悬浮的微粒也会对人造成危害。

(2) 遮光和刺激性。火灾烟气中的烟雾粒小，其对于可见光是不透明的，有遮挡屏蔽作用。当烟气弥漫时人的可视光受到烟雾粒子影响而大为减弱，使能见度大大降低，这就是烟气的减光性。同时，再加上烟气中某些气体有强烈的刺激性，如氯化氢、氨气、二氧化硫等，往往使人睁不开眼，导致人的能见距离缩短。能见距离关系到火灾发生时人员能否正确判断逃生路径，直接影响疏散、救援和救火的进行。

(3) 高温性。火灾初期时烟气温度能达到250℃，随后由于空气量不足，温度会有所下降，当燃烧至窗户爆裂或人为将窗户打开，则燃烧骤然加剧，短时间温度可达500℃。高温使火灾蔓延迅速，使金属材料强度降低，从而使建筑物倒塌。同时，高温还会使人烧伤、昏迷等。

(4) 恐怖性。当发生火灾时，特别是轰燃出现以后，火焰和烟气冲出门窗孔洞，浓烟滚滚，烈火熊熊，受灾人群奔走呼号，令人感到十分恐怖。而且火场还会引起连锁反应，使人们感到惊慌失措，秩序混乱，严重影响人们的迅速疏散，轻则影响人们的身心健康，重则导致更多的伤亡。

2. 促使建筑物烟气流动的主要因素

促使建筑物烟气流动的主要因素包括：烟囱效应、气体热膨胀、大气运动和通风空调系统等。

（1）烟囱效应。在高层建筑中，总是需要设置一些贯穿上下的竖直通道，如楼梯间、电梯间、各种管道竖井、垃圾通道和通风排气竖井等，根据自然通风原理，当建筑物发生火灾、内外存在温差时，这些竖直通道中将存在着一股上升或者下降气流，即烟囱效应。当气流上升时，称为正向烟囱效应，否则称为逆向烟囱效应。发生火灾时，烟气会在“烟囱效应”的作用下传播，烟气温度越高，烟囱效应越强。

（2）气体热膨胀。根据热力学原理，气体温度增加后，其体积将增大，如着火在密闭的空间内，气体热膨胀作用产生的压差将使烟气运动。烟气温度越高，空间密闭越好，气体热膨胀使得烟气流动越明显。

（3）大气运动。发生建筑物火灾后常有着火房间窗玻璃破碎的情况，由自然通风原理可知，若破碎的窗户处于建筑的背风侧，外部风作用的负压会将烟气从着火房间中抽出，这可以大大缓解烟气在建筑物内部的蔓延；而如果破碎的窗户处于建筑的迎风侧，外部风将驱动烟气在着火建筑物内迅速蔓延，甚至会蔓延到其他楼层，既威胁人们生命财产的安全，又影响消防运作。

（4）通风空调系统。在火灾起始阶段，通风空调系统能将烟气迅速传送到有人的地方，使人能够很快发现火情，及时报警和采取扑救措施。但随着火势的增长，空调控制系统也会将烟气传送到它所能够到达的任何地方，将加速烟气的蔓延。同时，它还可将大量新鲜空气输入到火区，促进火情发展，所以，若在建筑物中发现火情，应及时关闭空调控制系统。

二、控制火灾烟气流动的主要措施及防排烟设计主要步骤

1. 控制火灾烟气流动的主要措施

为了有效控制火灾的烟气流动，以利于安全疏散和救火，其主要措施有：

（1）防火分区和防烟分区。防火分区是把建筑物划分成若干防火单元，在两个防火分区之间，在水平方向应设防火墙、防火门和防火卷帘等进行隔断，在垂直方向以耐火楼板等进行防火分隔。防火分区在阻断火势的同时，当然也阻止了烟气扩散。防烟分区是指在设置排烟措施的过道、房间用隔墙或其他措施限制烟气流动的区域，它在防火分区内进行。《高层民用建筑设计防火规范》中规定，当房间高度$<$6 m时，防烟分区的建筑面积不宜超过 500 m^2。因此，对于面积超过 500 m^2 的房间，应分隔成几个防烟分区，分隔的方法除采用隔墙外，还可采用挡烟垂壁或从顶棚下突出不小于 0.5 m 的梁的方法。防烟分区的前提是设置排烟措施。只有设置了排烟措施，防烟分区才有意义。

（2）疏导排烟。利用自然或机械作为动力，将烟气排至室外，称之为排烟，其目的是排除着火区的烟气和热量，不使烟气流向非着火区，以利于人员疏散和进行扑救。排烟方法可分为自然排烟和抽出式机械通风排烟两种。

自然排烟是按照自然通风原理，利用室内热气流的浮力、热负压或室外风力的作用，将室内的烟气从与室外相邻的窗户、阳台、凹廊或专用排烟口排出，若已知窗孔面积，其自然排烟量可按式（8—14）换算。如图 8—7a 所示为利用外窗或专设的排烟口排烟示意图，如图 8—7b 所示为利用竖井排烟示意图。它不使用动力，简单经济，但排烟效果不稳定，受着火点位置、烟气温度、开启窗口的大小、风力、风向等诸多因素的影响。

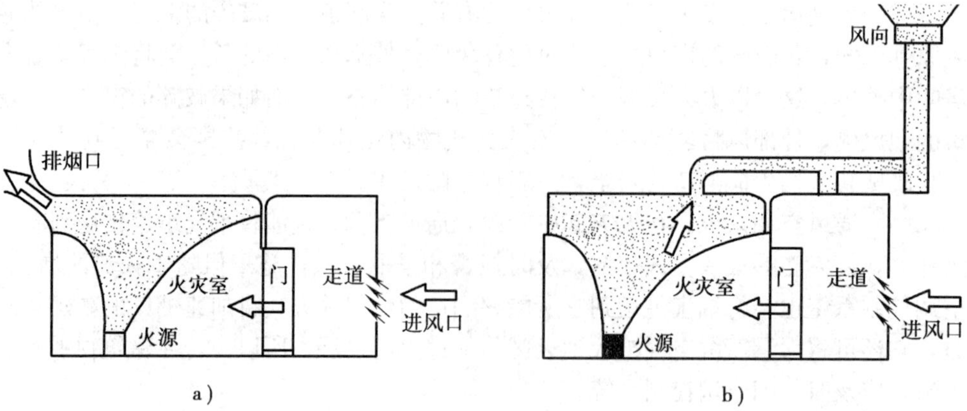

图 8—7　房间自然排烟系统的示意图

a）利用可开启的窗排烟　b）利用专用的竖井排烟

抽出式机械通风排烟利用通风机产生的负压抽出火灾烟气。其优点是：排烟效果好，稳定可靠。其缺点是：需设置专用的排烟口、排烟管道和排烟风机，且需专用电源，投资较大。这种方法的适用条件有三个方面：一是一类高层建筑和建筑高度超过 32 m 的二类高层建筑的相关部位；二是不具备自然排烟条件的防烟楼梯间及其前室、消防电梯前室或合用前室；三是建筑高度超过 100 m 的公共建筑中所设的避难层或避难区。

（3）压入式机械通风及密闭防烟。压入式机械通风是依靠通风机将室外空气产生一定压力后送到被保护部位，使该部位的室内压力高于火灾压力，形成压力差，从而防止烟气侵入被保护部位。对于面积较小，且其墙体、楼板耐火性能较好、密闭性好并采用防火门的房间，可以采取关闭房间使火灾房间与周围隔绝，让火情由于缺氧而熄灭的防烟方式，称为密闭防烟。

2. 防排烟通风设计的主要步骤

进行防排烟通风设计时，首先应分析建筑物类型、功能特性和防火要求，了解防火分区，研究确定防排烟方案和防烟分区。其主要步骤为：

（1）分析建筑方案，了解防火分区。

（2）确定防排烟对象场所。

（3）划分防烟分区，计算防烟区面积。

（4）研究确定防排烟通风方式，计算供风量。

（5）对于自然排烟，需要校核有效排烟窗孔面积；对于抽出式机械通风排烟，还需完成以下步骤：

1）计算排烟通风量。

2）设计布置排烟通风管道及排烟口。

3）计算通风阻力及阻力平衡。

4）选择排烟通风机和电动机。

5）绘制排烟通风管道系统图。

三、自然通风排烟设计要点

1. 自然排烟方式的适用地点

自然排烟方式的适用地点有：除建筑高度超过 50 m 的一类公共建筑和建筑高度超过 100 m 的居住建筑外，靠外墙的防烟楼梯间及其前室、消防电梯间前室和合用前室；面积超过 100 m^2 且经常有人停留或可燃物较多的地上房间；长度超过 20 m，但不超过 60 m 的内走道；经常有人停留或可燃物较多的地下室。

2. 不应采取自然排烟的场所

不应采取自然排烟的场所包括：净空高度超过 12 m 的中庭；长度超过60 m 的内走道；建筑高度超过 50 m 的一类公共建筑和建筑高度超过 100 m 的居住建筑的防烟楼梯间及其前室、消防电梯前室及合用前室。

3. 自然排烟的开窗面积

自然排烟的开窗面积可按式（8—14）计算，如符合表 8—12 要求，则按计算结果确定；若不符合表 8—12 的要求，则按表 8—12 规定的最低值确定。

4. 自然排烟口设置原则

（1）自然排烟口应设于房间净高的 1/2 以上位置，最好设置在距顶棚 800 mm 以内，有挡烟垂壁，排烟口最好高于挡烟垂壁的下沿。

表 8—12　　　　自然排烟部位及开窗面积要求

自然排烟部位	开窗面积（m^2）	自然排烟部位	开窗面积（m^2）
防烟楼梯间前室	≥2	需排烟的房间、走道	≥防烟面积的 2%
消防电梯间前室	≥2	净高小于 12 m 的中庭	≥地板面积的 5%
合用前室	≥3	防烟楼梯间	每五层开窗面积总和≥2

（2）内走道和房间的自然排烟口至该防烟分区最远点的水平距离应在 30 m 以内。

（3）内走道与房间的排烟窗应尽量设置有两个或两个以上不同朝向。

（4）排烟口部位宜尽量设置与建筑物形体一致的挡风措施。

四、抽出式机械通风排烟设计

1. 抽出式机械通风排烟系统

根据进、回风道的数量及通风机通风排烟量的大小，抽出式机械通风排烟分为集中式、分散式、分区集中式三种，每种形式的含义、优缺点已在第五章叙述。分区集中式通风排烟系统的分区原则是：每个分区通风排烟系统的排烟口数量不宜多于 30 个；房间和走道的排烟与防烟楼梯间、消防电梯前室以及合用前室的排烟系统分开；走道的机械排烟系统宜竖向设置，而房间的通风排烟系统宜按防烟分区设置；抽出式机械通风排烟系统与通风空调系统一般应分开设置，有条件利用通风空调系统排烟时，也可综合利用，但必须采取变速风机或并联风机等相应措施，当空调系统的通风量与通风排烟量大时，应分别设置通风机且火灾时能自动切换等。

2. 排烟风量的确定

排烟风量按建筑防烟分区面积进行计算，而建筑中庭的机械排烟量则按中庭体积进行计算。对于系统担负一个防烟分区排烟或净空高度大于 6 m、不划分防烟分区的房间排烟时，机械排烟量应按每平方米不小于 60 m^3/h 计算，且单台风机最小排烟量不应小于 7 200 m^3/h；当系统担负两个或两个以上防烟分区排烟时，机械排烟系统的排烟量应按最大防烟分区面积每平方米不小于 120 m^3/h 计算（对于每个防烟分区的排烟量，仍然按防烟分区面积每平方米面积不小于 60 m^3/h 计算）。中庭体积小于 17 000 m^3 时，排烟量按其体积的 6 次/h 换气计算；中庭体积大于 17 000 m^3 时，排烟量按其体积的 4 次/h 换气计算，但最小排烟量不应小于 10 200 m^3/h。车库的排烟量应按换气次数不小于 6 次/h 计算确定。

3. 机械通风排烟风道及排烟口的设置原则

（1）在排烟时，风道不应变形或脱落。当采用钢板风道时，风速不应大于 20 m/s；当采用内表面光滑的建筑风道时，风速不应大于 15 m/s。机械排烟系统的排烟口风速不宜大于 10 m/s。

（2）排烟口与疏散出口的水平距离应在 2 m 以上，排烟口至该防烟分区最远点的水平距离不应大于 30 m。在水平方向上，排烟口宜设置于防烟分区的居中位置。

（3）设在顶棚上的排烟口距可燃物件或可燃物的距离不应小于 1 m。每个防烟分区内必须设置排烟口，排烟口应设在顶棚上或靠近顶棚的墙面上，且与附近安全出口沿走道方向相邻边缘之间的最小水平距离不小于 1.5 m。

（4）单独设置的排烟口平时应处于关闭状态，其控制方式可采用自动或手动开启方式。手动开启装置的位置应便于操作，排烟口与排风口合并设置时，应在排风口或排风口所在支管设置具有防火功能的自动阀门，该阀门应与火灾自动报警系统联动；火灾时，着火防烟分区内的阀门仍应处于开启状态，其他防烟分区内的阀门应全部关闭。

（5）排烟通风机应在其机房入口处设有当烟气温度超过 280℃时能自动关闭的排烟防火阀，排烟通风机能在烟气温度为 280℃时连续工作 30 min。

（6）自然排烟口、排烟窗、送风口应由不燃材料制作。内走道和房间的自然排烟口至该防烟分区最远点的距离不应大于 30 m，自然进风口应设于房间净高的 1/2 以下位置，自然排烟口应设于房间净高的 1/2 以上位置，且距顶棚下 800 mm 以内。

（7）排烟系统应设置防火阀。防火阀按功能来分可分为排烟阀、排烟防火阀、防火调节阀和防烟防火调节阀等。排烟防火阀安装在排烟系统管道上，平时呈关闭状态，火灾时由电信号或手动开启，同时排烟风机启动，开始排烟，当管内烟气温度达到 280℃时排烟防火阀自动关闭，排烟风机同时停机。

（8）排烟风道应采用不燃材料保温，不应穿过防火分区，保温厚度不应小于 25 mm。垂直穿越各层的竖井风道应用耐火材料构成的专用或合用管道，或采用混凝土风道。与防火阀门连接的风道，在穿过防火楼板或防火墙时，风道厚度应采用不小于 1.5 mm 厚的钢板制成。

五、压入式机械通风防烟设计

1. 压入式防烟通风风量的计算

压入式防烟通风风量应由加压空间的需要风量、加压空间的漏风量和非正压部分的排风量三部分组成，其计算方法有压差法和风速法两种。

(1) 压差法。即当防烟区门关闭时保持一定压差所需风量的方法，排烟通风风量一般可按下式计算：

$$Q_s = K_y \cdot \mu \cdot S_l \cdot (2\Delta p/\rho)^n \tag{8—23}$$

式中 Q_s——保持压差所需的送风量，m^3/s；

μ——流量系数，取 0.6～0.7；

S_l——总漏风面积，m^2；

ρ——空气密度，kg/m^3；

n——指数，取 0.5～1，通常取 0.5；

Δp——加压区与非加压区的压差，Pa；

K_y——漏风系数，取 1.1～1.25。

(2) 风速法。即保证门洞开启时有一定的风速的方法，排烟通风风量可按下式计算：

$$Q_s = K_y v \sum S \tag{8—24}$$

式中 Q_s——维持开启门洞处一定的风速所需的送风量，m^3/s；

$\sum S$——所有门洞的面积，m^2；

v——门洞的平均风速，m/s，可取 0.7～2.2 m/s；

K_y——漏风系数，取 1.1～1.25。

2. 压入式防烟通风风压和风量的要求

(1) 压入式防烟通风风压应达到一定的要求，防烟楼梯间应为 40～50 Pa，前室、封闭避难层应为 25～30 Pa。

(2) 压入式防烟通风风量，也称加压送风量，其计算结果应与表 8—13、表 8—14、表 8—15 相比较，并取其中的大值。

(3) 压入式防烟通风风速的要求包括：内表面光滑的非金属风道不大于 15 m/s，金属管道一般控制在 14 m/s 左右，一般建筑风道控制在 12 m/s 左右。

表 8—13　防烟楼梯间（前室不送风）的加压送风量

系统负担层数	加压送风量（m^3/h）
<20 层	25 000～30 000
20～32 层	35 000～40 000

表 8—14　防烟楼梯间及其合用前室的分别加压送风量

系统负担层数	加压送风量（m^3/h）
＜20 层	25 000～30 000
20～32 层	35 000～40 000

表 8—15　消防电梯前室的加压送风量

系统负担层数	加压送风量（m^3/h）
＜20 层	25 000～30 000
20～32 层	35 000～40 000

3. 压入式防烟通风设计的相关问题

（1）压入式通风管不设防火阀，送风口平时关闭，并与加压通风机连锁，发生火灾后所有送风口均自动开启。

（2）对于超高层建筑，由于自然风压过大，可将楼梯井分区（高、低区或多区），在两个分区之间设置密闭门，以隔断“烟囱效应”。

（3）为使防烟楼梯间的压力保持均匀，应使楼梯间内的加压送风口均匀分布，一般可分隔 2～3 层设置一个压入式通风送风口。风口应采用自垂式百叶风口，或采用常开百叶式百叶风口；当采用后者时，通风机的压出管上应设置止回阀。

（4）为防止楼梯间内压力过高，应设卸压装置，如余压阀，通过设在楼梯间的静压传感器控制加压送风机的旁通风门调节送风量。

（5）封闭避难场所的通风量按避难层净面积每平方米不小于 30 m^3/h 计算。层数超过 32 层的高层建筑，其通风系统和风量应分段设计。

第六节　矿井及地层开掘通风设计

矿井通风设计是整个矿井设计的重要组成部分，是保证安全生产的重要环节。其主要内容是：确定矿井通风系统，矿井风量计算和风量分配，矿井通风阻力计算，选择通风设备，概算矿井通风费用。因此，必须周密考虑，精心设计，力求实现预期效果。

一、矿井通风系统的要求

（1）矿井通风系统应具有较强的抗灾能力，在确定矿井通风系统时，应根据矿井爆炸毒害气体涌出量、设计生产能力、矿层赋存条件、表土层厚度、井田面积、地温、矿物质自燃倾向性及兼顾中后期生产需要等条件，提出多个技术上可行的方案，通过优化或经济技术比较后确定最优方案。

（2）每个矿井和每一采区都必须布置回风巷道，实行分区通风。箕斗提升井或装有胶带输送机的井筒不应兼做回风井，如果兼做回风井使用，必须采取相应的措施，以满足安全生产的要求。进风井口应根据全年风向频率，布置在不受粉尘、煤尘、灰尘、有害气体和高温气体侵入的地方。

（3）在满足风量按需分配的前提下，多通风机通风系统中的各主要通风机的工作风压应接近，当各通风机之间的风压相差较大时，应减小共享风路的风压，使其不超过任何一个通风机风压的30％。

（4）井下爆破材料库必须有单独的新鲜风流，回风风流必须直接引入矿井的总回风巷或主要回风巷中；井下充电室必须用单独的新鲜风流通风，回风风流应引入回风巷。

（5）矿井必须装设两套具有同等能力的主要通风设备，其中一套做备用。进、出风井井口的高差在150 m以上，或进、出风井井口的标高相同，但井深在400 m以上时，宜计算矿井的自然风压。选择通风设备应满足第一开采水平各个时期工况的变化，并使通风设备长期高效率地运行。当工况变化较大时，根据矿井分期时间及节能情况，应分期选择电动机。通风机能力应留有一定的裕量，轴流式通风机在最大设计负压和风量时，叶轮运转角度应比允许范围小5°；离心式通风机的选型设计转速不宜大于允许最高转速的90％。

二、矿井需要风量计算

1. 采矿工作面需风量Q_{wi}的计算

采矿工作面的需风量应按下列因素分别计算，取其最大值。

（1）按稀释爆炸毒害气体的需要风量计算：

$$Q_{wi}=\frac{K_x\cdot L_d}{C-C_j} \tag{8—25}$$

式中符号含义同前，一般取$K_x=1.2\sim2.0$。

（2）按炸药量计算：

$$Q_{wi}=25A_{ki} \tag{8—26}$$

式中　25——使用1 kg炸药的需要供风量，m^3/min；

A_{ki}——作业地点一次爆破所用的最大炸药量，kg。

（3）按工作面进风流温度计算：

$$Q_{wi}=60v_yS_{wi} \tag{8—27}$$

式中　v_y——考虑温度的有效风速，m/s，可按表 8—16 选取；

S_{wi}——采矿工作面有效通风断面，m^2，如为采煤工作面，则取最大控顶和最小控顶时有效断面的平均值。

表 8—16　　采矿工作面空气温度与风速对应表

采矿工作面进风流气温（℃）	采矿工作面风速（m/s）
<15	0.3～0.5
15～18	0.5～0.8
18～20	0.8～1.0
20～23	1.0～1.5
23～26	1.5～1.8

（4）按工作人员数量计算：

$$Q_{hi}=4\times n_{wi} \tag{8—28}$$

式中　4——每人每分钟应供给的最低风量，m^3/min；

n_{wi}——作业地点同时工作的最多人数，人。

（5）按风速进行验算：

按最小风速验算，各作业地点最小风量为：

$$Q_{ki}=60v_{min}S_{ki} \tag{8—29}$$

式中　S_{ki}——作业地点巷道或隧道断面，m^2；

v_{min}——最低风速，一般取 0.25 m/s。

2. 硐室需风量 Q_{ri} 计算

所谓硐室，是指高度和宽度大于周围巷道或坑道并用来存放机电设备或爆破材料等的地下空间。各个独立通风硐室的供风量，应根据不同类型的硐室分别进行计算。

（1）爆破材料库：

$$Q_{ri}=4\times V/60 \tag{8—30}$$

式中　V——库房容积，m^3。但大型爆破材料库的库房容积不得小于 100 m^3，中小型爆破材料库的库房容积不得小于 60 m^3。

（2）机电硐室：

发热量大的机电硐室，按硐室中运行的机电设备发热量进行计算：

$$Q_{ri}=\frac{3\ 600\times\sum N\times\theta}{\rho\times c_p\times 60\times\Delta t}\tag{8—31}$$

式中 θ——机电硐室的发热系数，部分机电硐室的发热系数也可按表 8—17 选取；

c_p——空气的定压比热容，一般可取 1 kJ/(kJ·K)；

$\sum N$——机电硐室中运转的电动机（变压器）总功率，kW；

Δt——机电硐室进、回风流的温度差,℃。

表 8—17　　机电硐室发热系数（θ）表

机电硐室名称	发热系数
空气压缩机房	0.20～0.23
水泵房	0.01～0.03
变电所、绞车房	0.02～0.04

（3）充电硐室：

按其回风流中氢气浓度小于 0.05%计算：

$$Q_{ri}=200\times q_{rhi}\tag{8—32}$$

式中 q_{rhi}——充电硐室在充电时产生的氢气量，m^3/min。

3. 其他用风巷道的需风量计算

其他用风巷道的需风量应根据爆炸毒害气体涌出量和风速分别进行计算，采用其最大值，方法同上。

4. 矿井总风量计算

矿井总风量按采矿工作面、巷道施工（掘进）工作面、硐室及其他实际需要风量的总和再乘以配风不均匀系数 K_j 计算，一般可取 K_j 为 1.15～1.25，如风井不做提升用时取 1.1；箕斗井兼做回风用时取 1.15；回风井兼做升降人员时取 1.2。在实际矿井中，有时根据需要会配置备用采矿工作面，备用采矿工作面所需风量可按生产的采矿工作面的 50%计。

三、地下风道与隧道施工需要风量的计算

每个需要供风地点的需要风量应按下列因素分别计算，取其最大值。

（1）按局部通风机吸风量计算

$$Q_{hi}=\sum Q_{hfi}\times k_{hfi}\tag{8—33}$$

式中 $\sum Q_{hfi}$——作业地点同时运转的局部通风机额定风量的和，额定风量以局

部通风机出厂说明中风机最高效率时所需的风量为准；

k_{hfi}——防止局部通风机吸循环风的风量备用系数，一般取 1.2～1.3。

(2) 按使用稀释爆炸毒害气体、炸药量、工作人员数量计算，方法同采矿工作面。

(3) 按风速进行验算

按最小风速验算，各作业地点最小风量为：

$$Q_{ki}=60v_{min}S_{ki} \tag{8—34}$$

式中　S_{ki}——作业地点巷道或隧道断面的面积，s^2；

v_{min}——最低风速，含煤作业地点取 0.25 m/s，其他施工地点取 0.15 m/s。

四、矿井通风总阻力和通风机风压的计算

1. 矿井通风总阻力

矿井通风总阻力是指风流由进风井口起，到回风井口止，沿一条通路（风流路线）各个分支的摩擦阻力和局部阻力的总和，用 h_m 表示。对于有两台或多台主要通风机工作的矿井，矿井通风阻力应按每台主要通风机所服务的系统分别计算。矿井井巷的局部阻力，新建矿井（包括扩建矿井独立通风的扩建区）宜按井巷摩擦阻力的10%计算，扩建矿井宜按井巷摩擦阻力的15%计算。矿井通风的总阻力不应超过 2 940 Pa。

在主要通风机的服务年限内，随着采矿工作面及采区接替的变化，通风系统的总阻力也将随之变化，应沿着通风容易时期和困难时期的风流路线，依次计算各段的摩擦阻力 h_{fi}，然后分别累计得出容易时期和困难时期的总摩擦阻力 h_{fe} 和 h_{fd}，再乘以 1.1（扩建矿井乘以 1.15）后，得出两个时期的矿井总阻力 h_{me} 及 h_{md}。矿井通风系统总阻力最小时称为通风容易时期，矿井通风系统总阻力最大时称为通风困难时期。

通风困难时期总阻力：

$$h_{md}=(1.1\sim1.15)\,h_{fd} \tag{8—35}$$

通风容易时期总阻力：

$$h_{me}=(1.1\sim1.5)\,h_{fe} \tag{8—36}$$

2. 通风机风压

通风机全压 H_{td} 和矿井自然风压 H_N 共同作用克服矿井通风系统的总阻力 h_m、通风机附属装置的阻力 h_d 及扩散器出口动能损失 h_{vd}。当自然风压与通风机风压作

用相同时取“—”。自然风压与通风机负压作用反向时取“+”。根据提供的通风机性能曲线，由下式求出通风机风压：

$$H_{td}=h_m+h_d+h_{vd}\pm H_N \tag{8—37}$$

在通风容易时期，为使自然风压与通风机风压作用相同时，通风机有较高的效率，故从通风系统阻力中减去自然风压 H_N；在通风困难时期，为使自然风压与通风机风压作用反向，使通风机能力得到满足，故从通风系统阻力中加上自然风压 H_N。

对于抽出式通风矿井的轴流式通风机：

容易时期：

$$H_{sdmin}=h_m+h_d-H_N \tag{8—38}$$

困难时期：

$$H_{sdmax}=h_m+h_d+H_N \tag{8—39}$$

对于抽出式通风矿井的离心式通风机：

容易时期：

$$H_{tdmin}=h_m+h_d+h_{vd}-H_N \tag{8—40}$$

困难时期：

$$H_{tdmax}=h_m+h_d+h_{vd}+H_N \tag{8—41}$$

在上面的公式中，H_{tdmin}、H_{tdmax}分别为容易时期和困难时期的离心式通风机全压；H_{sdmin}、H_{sdmax}分别为容易时期和困难时期的轴流式通风机全压。

五、通风机的选择及其实际工况点计算

初选通风机根据计算的矿井通风容易时期通风机的风量 Q_{fr}、风压 H_{tdmin}（或 H_{sdmin}）和矿井通风困难时期通风机的风量 Q_{fn}、风压 H_{tdmax}（或 H_{sdmax}）在通风机特性曲线上确定。通风机的实际工况点应计算通风机的工作风阻，再在通风机特性曲线中做通风机工作风阻曲线，与风压曲线的交点即为实际工况点。通风机的工作风阻，可按下面的公式计算。

用静压特性曲线时：

$$困难时期：R_{sdmax}=\frac{H_{sdmax}}{Q_{fn}^2}；容易时期：R_{sdmin}=\frac{H_{sdmin}}{Q_{fr}^2} \tag{8—42}$$

用全压特性曲线时：

$$困难时期：R_{tdmax}=\frac{H_{tdmax}}{Q_{fn}^2}；容易时期：R_{tdmin}=\frac{H_{tdmin}}{Q_{fr}^2} \tag{8—43}$$

在上面的公式中，R_{tdmin}、R_{tdmax}分别为容易时期和困难时期的离心式通风机工作风阻；R_{sdmin}、R_{sdmax}分别为容易时期和困难时期的轴流式通风机工作风阻。

根据通风容易时期和困难时期，应分别计算所需通风机输入功率 N_{min}、N_{max}。

$$N_{max}=\frac{Q_f H_{sdmax}}{1\,000\eta_s};\ N_{min}=\frac{Q_f H_{sdmin}}{1\,000\eta_s} \tag{8—44}$$

或：

$$N_{max}=\frac{Q_f H_{tdmax}}{1\,000\eta_t};\ N_{min}=\frac{Q_f H_{tdmin}}{1\,000\eta_t} \tag{8—45}$$

式中　n_s、n_t——分别为通风机的全压效率和静压效率；

N_{min}、N_{max}——分别为矿井容易时期和困难时期通风机的输入功率，kW。

电动机功率在 400～500 kW 以上时，宜选用同步电动机。如通风容易时期功率小于困难时期功率的 60%时，应配套两台电动机，其功率分别为：

初期：

$$N_{emin}=\sqrt{N_{min}\cdot N_{max}}\cdot k_e/(\eta_e\eta_{tr}) \tag{8—46}$$

后期按式（8—45）计算。

如通风容易时期功率大于通风困难时期功率的 60%，可配套一台电动机，电动机的功率为：

$$N_e=N_{max}\cdot k_e/(\eta_e\eta_{tr}) \tag{8—47}$$

式中　k_e——电动机容量备用系数，k_e=1.1～1.2；

N_{min}、N_{max}——分别为通风机容易时期和困难时期所需输入功率，W；

η_e——电动机效率，η_e=0.9～0.94（大型电动机取较高值）；

η_{tr}——传动效率，电动机与通风机直联时 η_{tr}=1，带传动时 η_{tr}=0.95。

本 章 小 结

本章在介绍了工业通风设计的内容要求和一般步骤后，重点介绍了抽出式管道通风、地面建筑自然通风及防排烟通风设计的内容、方法、步骤、设计技术要领，也介绍了地面建筑全面通风量计算与均匀送风管道设计，并对置换通风、矿井及地层开掘通风设计作了适当叙述。

复习思考题

1. 在抽出式通风管道系统中，并联管道为什么必须进行阻力平衡？要使其达到平衡，应采取什么措施？

2. 简述通风管道常用的防腐涂料、防腐材料及其防爆措施。

3. 试述火灾烟气有哪些危害性。简述促使烟气流动的主要因素。

4. 什么是防火分区和防烟分区？两者的区别是什么？试述系统布置与两个分区的关系。

5. 防烟、排烟有哪几种形式？其适用范围如何？

6. 压差法和风速法计算加压送风量的思路有何不同？

7. 抽出式排烟通风系统中风机的风量、风压如何确定？

8. 某车间工艺设备散发的硫酸蒸气流量为 20 mg/s。已知夏季通风室外计算温度 $t_w=32℃$，车间余热量为 174 kW。要求车间内温度不超过 35℃，有害蒸气浓度不超过卫生标准，试计算该车间的全面通风量（取 $K=3$）

9. 某车间同时散发有害气体一氧化碳和二氧化硫，已知它们的发生量分别为：$X_{CO}=120$ mg/s，$X_{SO_2}=105$ mg/s。试计算该车间所需的全面通风量（取 $K=6$）。

10. 某房间容积为 170 m^3，采用自然通风，每小时换气两次。当室内无人时，房间空气中二氧化碳含量与室外相同（体积分数为 0.05%）。工作人员每小时呼出的二氧化碳量为 19.8 g/h。试确定在工作人员进入房间后的第一小时，在空气中二氧化碳含量不超过 0.1%的情况下，室内最多能容纳的人数。

11. 某单层厂房如图 8—8 所示，车间总余热量 $Q=600$ kJ/s，$m=0.3$，$\xi_1=\xi_2=0.78$，$\xi_3=0.4$，夏季室外通风计算温度 $t_w=30℃$，室内作业地带温度 $t_n=t_w+5℃$，无局部通风。请确定各窗孔面积（排风天窗面积为进风窗孔面积的一半）。

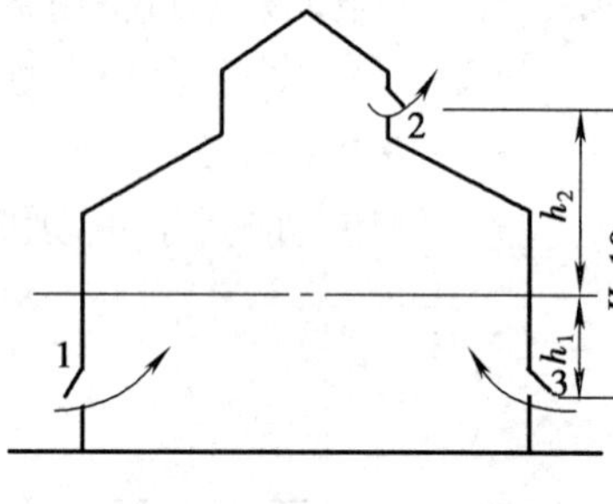

图 8—8　均匀送风管道

12. 有一矩形断面的均匀送风管道，总长 $l=12.5$ m，风量为 9 800 m^3/h，均匀送风管上有 8 个测孔，侧孔间距为 1.5 m。试确定此均匀送风管道的断面尺寸、阻力和侧孔的尺寸。

13. 某矿主要通风机为 4－72－11 NO. 16 离心风机，$n=800$ r/min，主要通风机的全压工作风阻 $R_1=1.962$ N·s^2/m^8，在冬季自然风压为 196.2 Pa，夏季自然风压为 98.1 Pa，求冬夏季主要通风机的实际工况点。

第九章 通风与粉尘测定

本章学习目标：

1. 了解空气温度与湿度测定仪器。
2. 掌握空气压力、风速测定仪器及其测定方法。
3. 掌握通风阻力、通风机性能的测定。
4. 了解粉尘主要物理参数的测定。
5. 掌握作业场所与管道内粉尘浓度的测定。

第一节 空气温度与湿度测定仪器

空气温度与湿度是通风测定所必不可缺的基本参数，空气温度与湿度测定仪器是通风测定的基础。

一、空气温度测定仪器

工业通风常用的空气温度测定仪器有水银温度计、电阻温度计、热电偶温度计和红外线温度计等。

1. 水银温度计

水银温度计以摄氏温标为基础，是一般场所最常用的温度计。水银具有热导率大、比热容小、热膨胀系数比较均匀、不容易附着在玻璃壁上等特点。水银温度计结构简单，价格便宜，具有较高的精确度，且使用方便，其缺点是容易损坏，且水银毒性较大。

2. 电阻温度计

电阻温度计一般由电阻、连接导线和显示仪表等组成，主要是根据电阻值随温度的变化而变化这一特性制成的，其测量范围为－260～600℃。电阻温度计可分为金属电阻温度计和半导体电阻温度计两种，金属电阻温度计主要用铂、金、铜、镍等纯金属以及铑铁、磷青铜合金制成，半导体电阻温度计主要用碳、锗等制成。

3. 热电偶温度计

用两种金属导线构成一封闭回路，如果两个节点的温度不同，则由于两种金属的电子逸出功不同，在节点处产生接触电势，以及由于同一种金属的温度不同，而产生一个温差电势（也称热电势）。如在回路中串接一个毫伏表，则可粗略显示该温差电势的量值。这一对金属导线的组合就构成了热电偶温度计，简称热电偶。实验表明，温差电势 E 与两个节点的温度差 Δt 之间存在着函数关系。如果其中一个节点的温度 t_1 恒定不变，则温差电势只与另一个节点的温度有关，即通过温差电势就可直接测出另一端的温度值，这便是热电偶温度计的测温原理，如图 9—1 所示。常用的热电偶为镍铬－镍铝，与之配用的温度指示仪表多用高温毫伏计。热电偶温度计具有以下特点：一是配以精密的电位差计，其灵敏度高，可达到 0.01 K；二是量程宽，其量程仅受其材料适用范围的限制；三是热电势－温度函数关系的重现性极好；四是测杆能根据需要制成任意长度，使用方便，因而在管道测试特别是在高温烟道测试中得到了广泛应用。

4. 红外线温度计

红外线温度计是一种非接触式测温仪表，其工作原理如图 9—2 所示。在图 9—2 中，R_b 是红外敏感元件，接收红外辐射能；R_c 是补偿元件；E_b 和 E_c 组成偏压电源。当 R_c 接收红外辐射能后，其阻值下降，电桥失去平衡，输出电压信号传到前置放大器放大，经处理和转换环节，由显示器显示，或送到报警电路进行报警。R_c 阻值下降的多少或输出电压信号的强弱由红外辐射能量决定，而接收的红外

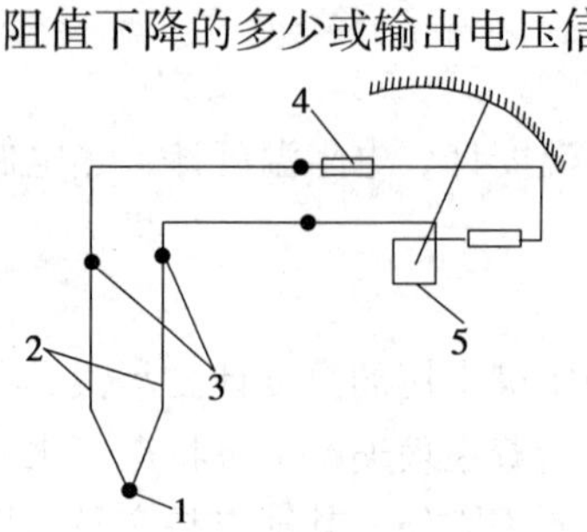

图 9—1　热电偶温度计的测温原理图

1—工作端　2—热电偶　3—自由端

4—调整电阻　5—高温毫伏计

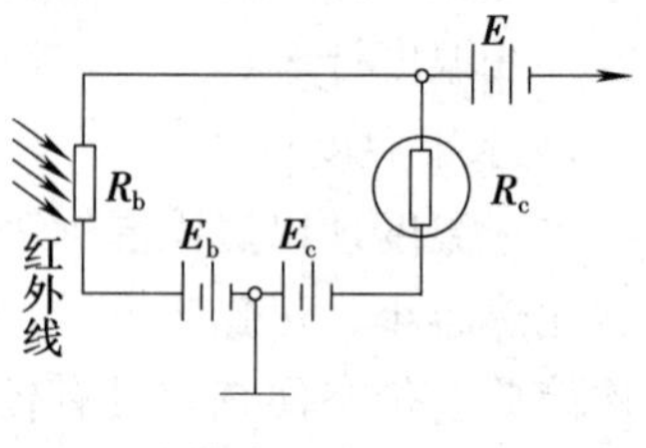

图 9—2　红外线温度计的工作原理图

辐射能量多少与被测点温度高低有关，仪器显示的数据就直接反映被测点温度值及其变化状态。

二、空气湿度测定仪表

根据测量湿度的原理来分，目前的空气湿度测定仪表主要有如下几类：

1. 干湿球湿度计

干湿球湿度计是最基本而又最古老的湿度计，一般含有两个水银温度计，其中一个水银温度计直接露置于空气中，用来测定空气温度，称为干球温度计；而另一个水银温度计的球体部分则包着微湿的棉布或纱布，称为湿球温度计。由于湿球表面水分蒸发要吸热，因而湿球温度计的温度低于干球温度计的示数，根据干、湿温度计读数的差值（Δt）和湿球温度计读数（t），由附录 1 即可查出空气的相对湿度（φ）。例如，设干球温度计所示的温度是 22℃，湿球温度计所指示的温度是 16℃，两球的温度差是 6℃，则可在本书附录 1 查得相对湿度是 54%。

干湿球湿度计分为普通型干湿球湿度计和吸气型干湿球湿度计两种。普通型干湿球湿度计比较简单，一般可在湿度较小、通风良好的场合使用。其仅由一个干球温度计和一个湿球温度计组成，靠水分的自然蒸发来测定湿球的温度。吸气型干湿球湿度计又称通风干湿表，其结构相对来说比较复杂，主要用在湿度较大的地下空间等场合，如图 9—3 所示为弹簧力式通风干湿表的结构示意图，水银温度计为干球温度计 1，水银温度计的水银球上裹有一层湿棉纱布 3，2 为湿球温度计；水银温度计的外面均罩着内外表面光亮的双层金属保护管 4 和 5，以免受热辐射的影响；吸风器 6 内有发条和风扇，风扇在发条作用下工作，以在风管 7 中产生稳定的气流，使温度计水银球处于同一风速下，用来测定流动状态下的空气温度。使用时，先湿润纱布，然后上紧发条，使小风扇转动，空气由双层金属保护管 4 和 5 吸入，经中间管从上部排出。

2. 伸缩式湿度计

根据测定感湿元件的种类来分，伸缩式湿度计可分为尼龙丝湿度计和毛发湿度计两大类。尼龙丝湿度计以尼龙丝为感湿元件，利用其线性尺寸的变化与气体湿度之间的关系来确定气体的湿度。毛发湿度计以毛发作为感湿元件，利用脱脂毛发的线性尺寸随环境气体含水量变化而变化的原理制成。如图 9—4 所示为典型的毛发湿度计的结构示意图，可用酒精等将毛发上的油脂洗净，以毛发十根为一束装置在容器中。利用杠杆原理，扩大它的伸缩度，指针就会直接在刻度板上指示出湿度。这种毛发湿度计的放大倍率也可调整，由于其放大倍率等于指针长度与毛发下固定点到指针转动轴心的距离之比，因此，只要改变后者，移动固定毛发的套筒即可调整放大倍率。

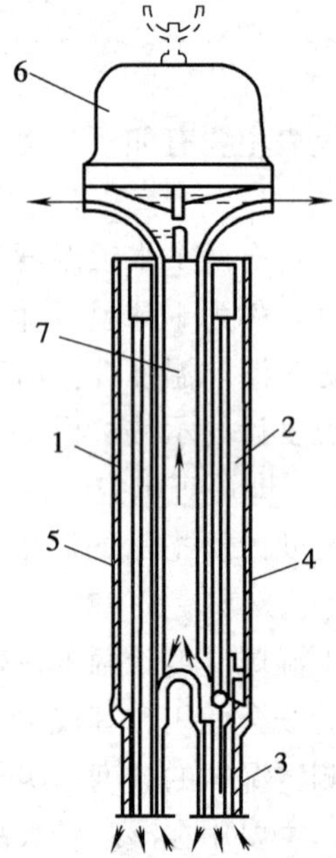

图 9—3 弹簧力式通风干湿表的结构示意图

1—干球温度计 2—湿球温度计 3—棉纱布
4、5—双层金属保护管 6—吸风器 7—风管

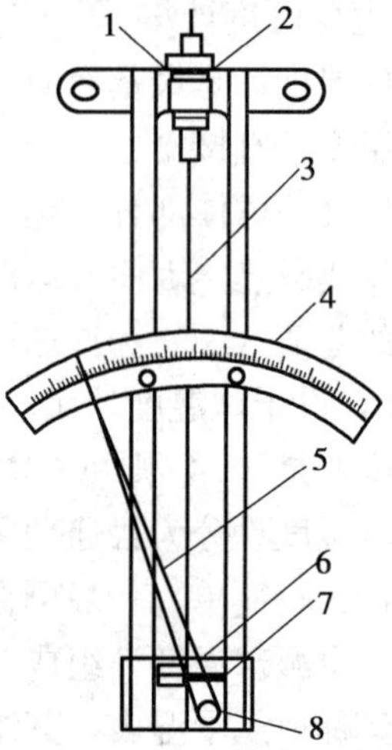

图 9—4 毛发湿度计的结构示意图

1—紧固螺母 2—调节螺母 3—毛发 4—刻度尺
5—指针 6—弧块 7—重锤 8—转轴

3. 电子式湿度计与电子式湿度传感器

电子式湿度计与电子式湿度传感器利用一些物质的电特性与周围气体湿度之间的关系来确定空气湿度，可分为电阻式、电容式、电解电阻式、电阻与电容组件式、热敏电阻式等湿度计。其中，电阻式湿度计利用固体电解质、高分子有机物、半导体陶瓷等吸湿性能较好的物质吸附水汽后，以其电阻率变化的原理来测定相对湿度；电容式湿度计利用高分子有机物质、陶瓷、等离子体复合膜及玻璃陶瓷等物质吸附水汽后，以其电介系数、电容量变化的原理来测定相对湿度；热敏电阻式湿度计用来测定绝对湿度，它将热敏电阻的一端封入干燥空气中，另一端暴露在大气中。

4. 露点湿度计

露点湿度计将测定露点装置略加改良，制成测定湿度的仪器。当一定体积的湿空气在恒定的总压力下均匀降温，直到空气中的水汽达到饱和状态时，该状态时的温度叫做露点。在冷却的过程中，气体和水汽两者的分压力保持不变。如果空气的温度是 T_a，露珠生成的温度为 T_b，则湿空气的相对湿度可以通过下式算出：

$$\varphi=\frac{p_b}{p_a}\times 100\% \tag{9—1}$$

式中　p_a、p_b——空气在 T_a、T_b 时的饱和水汽压。

在露点湿度计中，乙醚盛于表面极光滑的金属盒里，盒盖上开有 3 个小孔。测定时，可用打气筒向金属盒内打气，使乙醚迅速蒸发，同时吸收周围空气里的热量而使周围空气的温度降低到一定程度，金属盒附近空气里的水汽达到饱和，于是盒面上就出现了一层很薄的细露珠，记下当时的温度 T_1，这一温度已较露点略低；以后停止打气，使金属盒的温度回升，直到金属盒表面上的露珠完全消失，再记下温度 T_2，这一温度已较露点略高。T_1 和 T_2 的平均温度就是露点。

5. 其他形式的湿度计

其他形式的湿度计主要包括吸收式湿度计、电磁波湿度计（传感器）等。吸收式湿度计利用硅胶、五氧化二磷、氯化钙等干燥剂吸收含湿气体中的水蒸气至完全干燥，然后测出水分来直接求得空气湿度。电磁波湿度计（传感器）利用某些物质吸附水汽后，以其振荡频率、传播速度、整流特性等物理性能变化的原理来测定相对湿度，包括晶振式、二极管式、微波式、声表面波湿度计（传感器）等。

第二节　空气压力和风速测定仪器

空气压力和风速是通风测定最主要的参数，其测定仪器也较多。

一、空气压力测定仪器

用于工业通风的空气压力测定仪器主要有皮托管、气压计、压差计、压差传感器等，现分述如下：

1. 皮托管

皮托管是一种测压管，它是测定风筒内的气压时承受和传递压力的工具。常用的有 L 型皮托管和 S 型皮托管两种。如图 9—5 所示是 L 型标准皮托管的结构示意图，其头部和柄均由套管组成，头的端部呈椭圆形，端顶有小孔 A，在距端顶 $8D$ 处的 B 断面，环周有数个等距的小孔，其孔径不超过 1 mm，数目不少于 6 个。当皮托管置于管道气流中时，A 点迎向气流，因此，小孔 A 所感受的是全压，头部管段 AB 平行于气流，因此，B 断面环周各小孔感受的是静压。如图 9—6 所示是 S

型皮托管的结构示意图，它由两根金属管组成，测端做成方向相反的两个相互平行的开口。测定时一个开口面向气流，另一个开口背向气流，面向气流的开口测得的是全压值，背向气流的开口测得的是静压值。

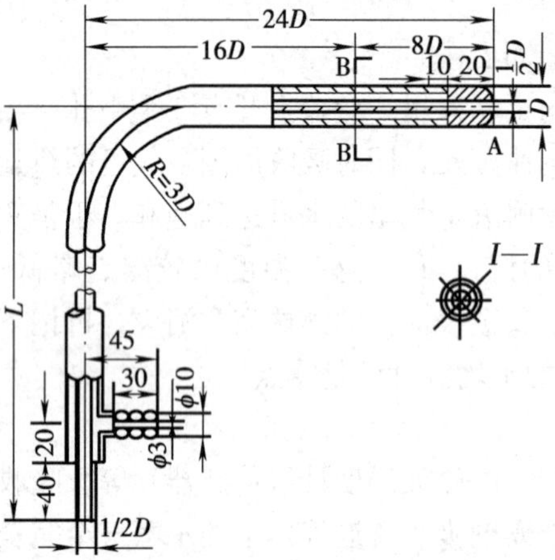

图 9—5 L 型标准皮托管的结构示意图

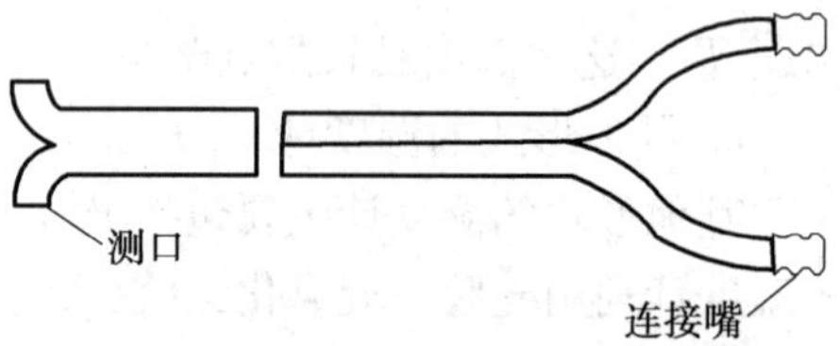

图 9—6 S 型皮托管的结构示意图

L 型标准皮托管的测孔很小，当测量含尘气流（如烟道内）时，测孔易被堵塞，故只适合于测量较清洁气流。S 型皮托管无标准型皮托管的 90°弯角，容易伸入厚壁的管道中。另外，由于它的开口较大，减少了被尘粒堵塞的可能性，但在低流速的情况下，由于其断面积较大，测量时受到涡流和气流不均匀的影响，导致灵敏度下降，故 S 型皮托管一般不宜用于测量气流速度小于 3 m/s 的气流。应当指出，在使用 S 型皮托管时，由于在背向气流的开口上受吸力影响，测得的静压值与实际静压值之间有一定的误差。因此，在使用 S 型皮托管前，须用 L 型标准皮托管进行校正，求出它的校正系数。校正方法是，分别用 L 型标准皮托管和 S 型皮托管进行风速对比测定，两者测得速度之比称为 S 型皮托管的速度校正系数，即：

$$K=\frac{v_b}{v_S} \tag{9—2}$$

式中 v_b——L 型标准皮托管测得的速度，m/s；

v_S——S 型皮托管测得的速度，m/s。

2. 气压计

气压计主要用来测定大气压力或大断面空间的空气压力，常用的气压计包括空盒气压计和数字气压计两种。

（1）空盒气压计。空盒气压计一般用于测量空气的绝对压力，如图 9—7 所示为空盒气压计的工作原理示意图。它主要是由感受压力的波纹真空膜盒 1、传动机构 2、指针 3 及刻度盘组成。空气压力发生变化时，膜盒收缩或膨胀，产生轴向变形，通过拉杆和传动机构使指针偏转，指示空气压力值。其测压范围一般为 80～108 kPa。使用时，可将气压计水平地放在测点处 3～5 min（从一点移到另一点，若两点压差为 2 668～5 337 Pa，则需放置 20 min），即可与刻度盘持平而保持垂直的视线读数。

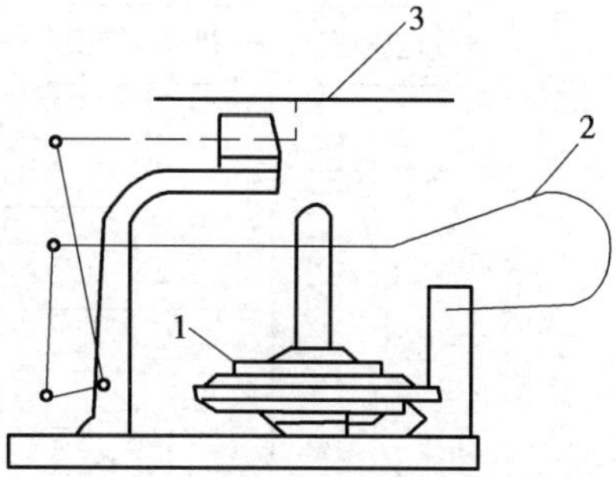

图 9—7　空盒气压计的工作原理示意图
1—波纹真空膜盒　2—传动机构　3—指针

为了提高测定精度，读数值应按厂方提供的校正表（或曲线）进行刻度、温度和补偿校正。每台仪器出厂检定书中均附有这三个校正值。其中，温度校正值 p_t 用下式计算：

$$p_t = \Delta p_t \cdot t \tag{9—3}$$

式中　Δp_t——温度变化 1℃时的气压校正值，Pa/℃；

t——仪器所在的环境温度，℃；

p_t——温度校正值，Pa。

（2）数字气压计。数字气压计既可用来测定空气的绝对压力，也可用来测定空气的相对压力或压差。

如图 9—8 所示为 BJ－1 型数字气压计的工作原理示意图，它由气压探头组件、面板组件、电源和机壳、机箱等组成。其中，气压感受装置是由真空波纹管和弹性元件构成的，气压探头感受的气压及其变化量经机—电转换、放大和调节，最终以数字显示出来。其面板布置示意图如图 9—8b 所示，包括信号调节、面板表等。测定绝对压力时，按下面板上的“绝对”压力键，并将“标高”键置于“0”挡，在显示值稳定后，方可读数，绝对压力按下式计算：

$$p = p_0 \pm p_x \tag{9—4}$$

式中　p_0——仪器的基准气压值，由厂方调定，一般为 1 000 kPa；

p_x——仪器显示的气压值，单位为 kPa，加或减由显示符号而定。

测定压差时，先在测段始点按上述方法测定当地的大气压值，然后按下“相对”压力键，再根据现场标高按下相应的“标高”键，调整“调基”电位器，使显

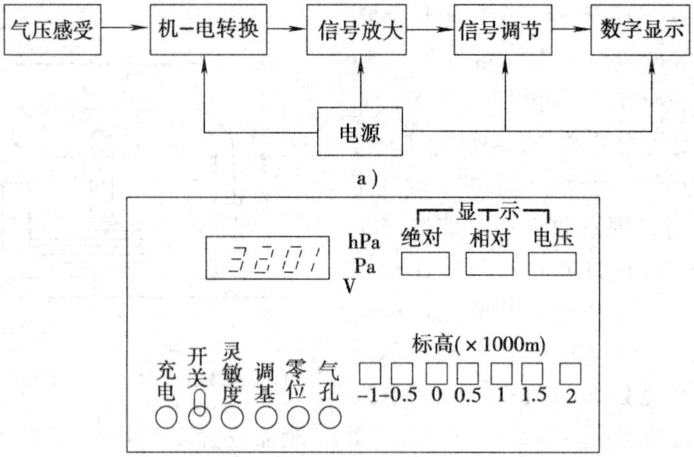

图 9—8　BJ－1 型数字气压计的工作原理示意图

a）原理框图　b）面板布置示意图

示数字为零（当测段两点压差不超过量程时，也可记下显示数值）。将仪器移至测段终点，其显示值（与前一点的示值之差）即为被测段的压差，单位为 Pa。

3. 压差计

压差计包括 U 型压差计、补偿式微压计、单管倾斜微压计等，主要用来测定通风风筒内的空气压力及压差。

(1) U 型压差计。U 型压差计又称 U 型水柱计，如图 9—9 所示，分为垂直型和倾斜型两大类。U 型压差计是把一根等直径的玻璃管弯成 U 型，装入蒸馏水或酒精，中间放置一个刻度尺。测压前，U 型管的两个液面处于同一水平。测压时，在压差作用下，较大压力的液面下降，较小压力的液面上升。

U 型倾斜压差计两端的压差 Δp 为：

$$\Delta p=\rho g l\sin\alpha \qquad (9—5)$$

式中　Δp——压差，Pa；

α——U 型管倾斜的角度；

l——两液面长度差，m；

ρ——液体密度，kg/m^3。

对于 U 型垂直压差计两端的压差，只要将 α=90°代入式（9—5）即可。

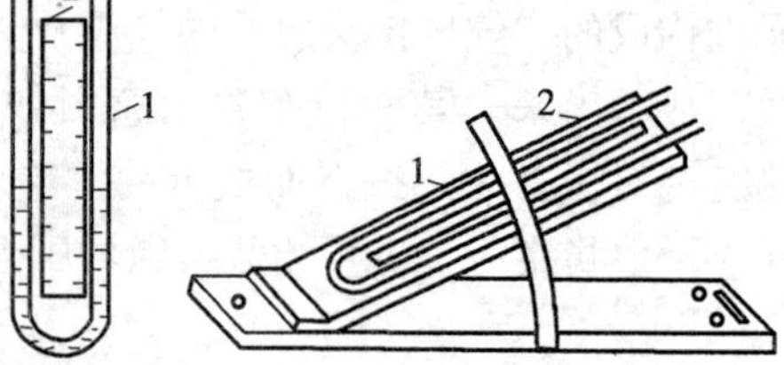

a)　　b)

图 9—9　U 型压差计

a）垂直型　b）倾斜型

1—U 型玻璃槽　2—刻度尺

（2）单管倾斜微压计。单管倾斜微压计由一个盛有工作液体的容器和一根直径比较小的斜管组成，其工作原理示意如图 9—10 所示。为使斜管液面上升到拟定高度而容器内液面下降得不太多，一般斜管内径是盛液体容器内径的 1/10 或 1/15。当容器断面积为 S_2 时，其液面上受到压力为 p_1。当斜管断面积为 S_1 时，其液面上受到压力为 p_2。且当 $p_1>p_2$ 时，设容器液面下降高度为 h_2，斜管液面上升高度 $h_1=l\sin\alpha$，这时容器内液体下降的体积等于斜管内液体上升的体积，即：

$$h_2=l\cdot\frac{S_1}{S_2} \tag{9—6}$$

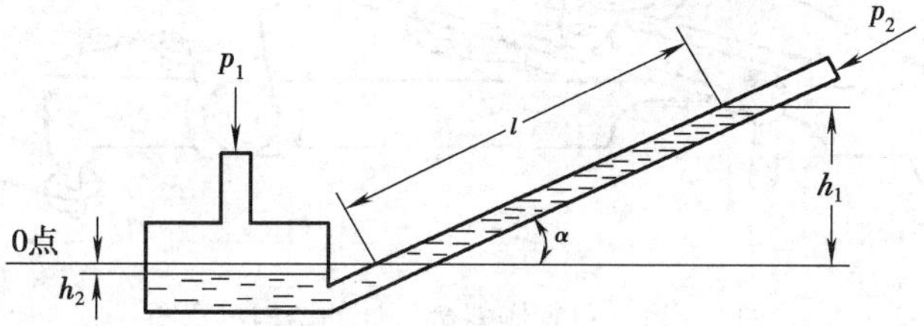

图 9—10 单管倾斜微压计的工作原理示意图

亦即：

$$h=h_1+h_2=l\cdot\left(\sin\alpha+\frac{S_1}{S_2}\right) \tag{9—7}$$

所以，压差为

$$\Delta p=p_1-p_2=h\rho g=l\rho g\left(\sin\alpha+\frac{S_1}{S_2}\right)=K_{dw}l \tag{9—8}$$

式中 ρ——单管倾斜微压计液体的密度，kg/m^3，一般用工业酒精和蒸馏水配成密度为 0.81 kg/m^3 的工作液；

K_{dw}——校正系数，$K_{dw}=\rho g\left(\sin\alpha+\frac{S_1}{S_2}\right)$，一般都标在斜管限位标尺上。

实际的单管倾斜微压计的结构示意如图 9—11 所示，它由大断面容器 10 和小断面的倾斜测量管 8 及标尺等组成。大容器装在有 3 个定位螺钉 9 和一个水准指示器 2 的底板 1 上，底板 1 上还装有弓形支架 3，可把倾斜测量管 8 固定在 5 个不同的位置上，刻在支架上的数字即为校正系数。

使用单管倾斜微压计测量压差的操作步骤如下：

1）将仪器放置在平整且无振动影响的工作台上，调节前后 3 个调整螺钉，使仪器处于水平位置，根据被测压力的大小，将倾斜测量管固定在弓形支架相应的校正系数上。

2）取下容器上的加液嘴盖帽，缓缓地加入密度为 0.81 kg/m^3 的工作液，使液面在倾斜测量管上的“零”点刻度线附近，旋紧盖帽，检查容器和倾斜测量管之

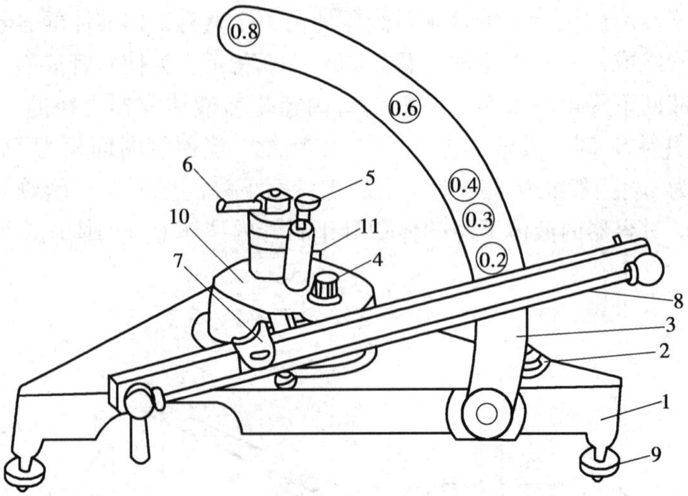

图 9—11　单管倾斜微压计的结构示意图

1—底板　2—水准指示器　3—弓形支架　4—加液盖　5—零位调整旋钮　6—阀门柄
7—游标　8—倾斜测量管　9—定位螺钉　10—大断面容器　11—多向阀门

间管道内有无气泡存在。如有，应在容器接进嘴上接上橡皮管并轻轻吹气，使倾斜测量管液面上升到接近于顶端处，排除存留在容器、连接管和倾斜测量管之间的气泡，反复数次，直至气泡排尽为止。

3）旋动容器调整旋钮，校正液面的“零”点。

4）测压差时，较大压力与容器接进嘴相接，较小压力与测量管接进嘴相接。

5）测压时，将测压计和测压管之间的橡皮管拧紧，等测压管放好后再徐徐把手放开，读数时，把倾斜测量管上的读数乘以校正系数，即为所得水柱高度。

(3) 补偿式微压计。补偿式微压计是一种精度较高（达 0.2～0.5 Pa）的压差计，它除了用来作一般微小压差的测量外，还用于校正其他压差计。这类仪器有 DJM9 型、YJB—150/250—Ⅰ型等。如图 9—12 所示为典型的补偿式微压计的结构示意图，它是用橡皮管 9 连接充满水的小容器 1 和大容器 2 所组成的系统。大容器 2 具有螺旋沟槽，与中央的螺杆相配，螺杆下端用铰与仪器的底座相连，而上端连于读数盘 3 上，转动固定于丝杆上的读数盘 3，大容器 2 沿丝杆上升。无压差时，两容器液面处于同一水平面上，大压力作用在小容器 1 时，其液面下降。在小容器 1 内装有光学设备，可在反射镜 6 内看到水准器 7 的尖端同它自己的像互相接触，如图 9—12b 所示，从而由大容器液面新的平衡位置来确定大小容器所受到的压力差。借助于读数盘 3 上的柱销，使其向左、向右旋转，带动大容器 2 上下移动，并使小容器 1 中的水位不断变化。

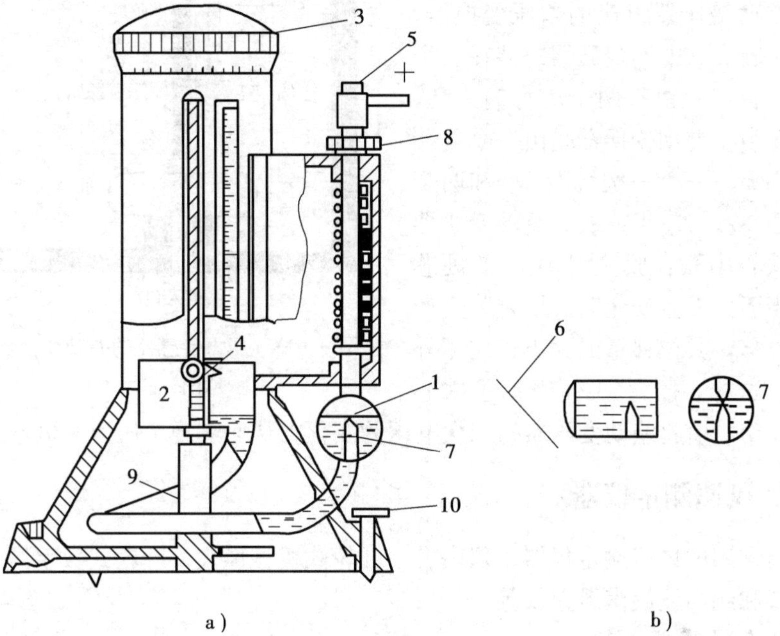

图 9—12　补偿式微压计的结构示意图

1—小容器　2—大容器　3—读数盘　4—指针　5—螺盖　6—反射镜
7—水准器　8—调节螺母　9—橡皮管　10—调平螺钉

使用补偿式微压计前的准备工作是：先转动读数盘，使读数盘及位移指针 4 均处于零点，再打开螺盖 5，注入蒸馏水，直到从反射镜中观察到水准器 7 中的正倒影像近似相接为止。然后盖好螺盖 5，缓慢转动读数盘，使大容器 2 上下移动数次，以排除大、小容器间连接橡皮管内的气泡。用调平螺钉 10 将仪器调平，慢慢转动调节螺母 8，使小容器 1 微微移动，使水准器 7 中的正倒影像尖端恰好相接触。测压时，应预先测算被测压力的最大值，再转动读数盘至被测压力最大值，而后将被测压力较大的橡皮管接到螺盖 5 附近的“＋”接头上，压力较小的橡皮管接到指针 4 附近的“－”接头上，此时小容器 1 中的液面下降，从反射镜 6 中观察到的水准器正倒影像消失，此时缓慢转动读数盘，直至恢复两影像尖端再次刚好相接为止。指针 4 位移后所指的整数与读数盘所指的小数之和，即为所测压力差。

4. 压差传感器

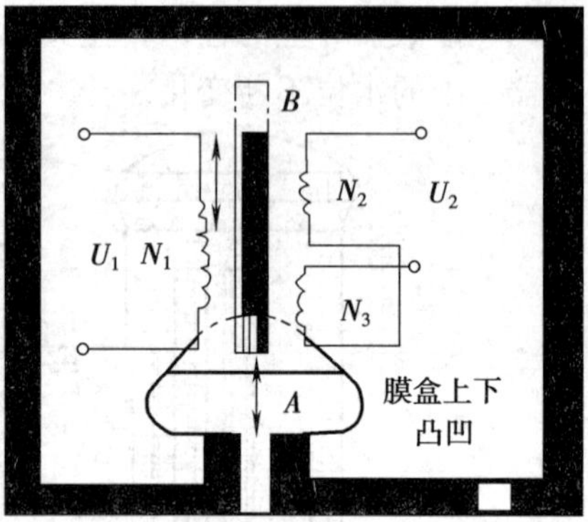

图 9—13 压力传感器的差动变换器原理示意图

压差传感器应用了差动变压器原理，如图 9—13 所示。其探头是由差压膜盒和差动变压器组成的差压变换器，并将差压膜盒和差动变压器封装在一个容器内，容器上留有两个压力输入孔，以传递压力。差动变换器是由一个可移动的铁心 B、一个一次线圈 N_1 和两个二次线圈 N_2、N_3 组成的。差动变压器的活动铁心串联在膜盒 A 中心的硬芯部分，当压力发生变化时，压差膜盒产生轴向位移，其位移量的大小正比于外加压力。这样，膜盒 A 便带动了铁心 B 上下移动，引起差动变压器的二次电压的变化，从而实现了压力－电量的转换。

二、风速测定仪器

目前常用的风速测定仪器、仪表有：叶轮式机械风表、叶轮式数字风表、热球式风速仪和超声波旋涡风速仪等。

1. 叶轮式机械风表

按测量范围来分，叶轮式机械风表可分为高速风表（1～30 m/s)、中速风表（1～10 m/s)、低速风表（0.1～0.5 m/s）三种。按其结构来分，叶轮式机械风表可分为叶轮式和杯式两种，如图 9—14 所示。两者内部结构相似，主要由叶轮、传动蜗轮、蜗杆、计数器、指针及回零杆、离合闸板、护壳底座等构成。当风流吹动风轮时，通过机械传动机构将运动传给计数器，指示出叶轮的转速，称为表速 v_b，再按风表校正曲线查得真实风速 v_b，即为测风断面上的风速。

叶轮式机械风表的校正曲线包括非线性区和线性区。在线性区内，v_t 与 v_b 的关系可用下式表示：

$$v_t = a + bv_b \tag{9—9}$$

式中 a——常数，取决于风表转动部件的惯性和摩擦力；

b——校正系数，取决于风表的构造和尺寸；

v_b——风表的指示风速，格/min 或格/s。

测定风速之前，先打开离合闸板，再按一下回零杆，在大小指针回零后让风表空转 20～30 s，同时准备好一块秒表，并使秒表回零；测定时，风表和秒表同时动

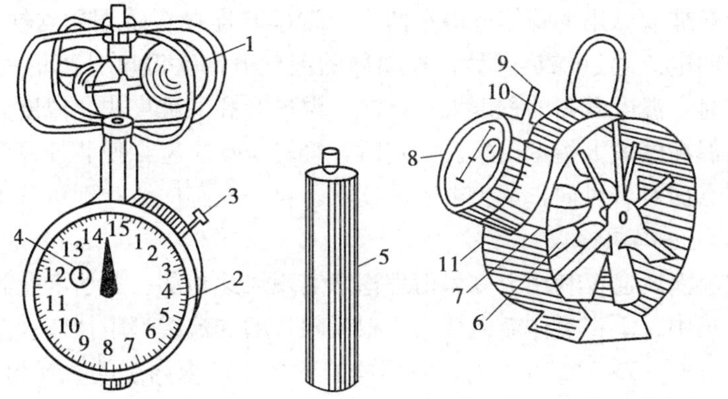

a）　　　　　　　　　　　　　　　　b）

图 9—14　叶轮式机械风表

a）杯式风表　b）叶轮式风表

1—旋杯　2—计数器　3—启动杆　4—计时指针　5—表把　6—叶轮

7—蜗杆轴　8—计数器　9—开关　10—回零压杆　11—外壳

作，并按一定的测定路线均匀地移动风表。当到达测定时间后，同时制停风表和秒表，从风表的表盘上读取风表的指示风速 v_b。

2. 叶轮式数字风表

叶轮式数字风表如图 9—15 所示，感受元件仍是叶轮，不同的是其传动机构为光电，即根据光电、电感等原理，把机械物理量转变为电物理量，利用电子线路实现自动记录和检测数字化。如 XSF－1 型数字风表，其叶轮在风流作用下连续不断转动，带动同轴上的光轮做同步转动。当光轮上的孔正对着红外光电管时，发射管发出的脉冲信号被接收管接收，光轮每转动一次，接收管接收到两个脉冲。由于风轮的转动与风速呈线性关系，接收管接收到的脉冲与风速也呈线性关系。脉冲信号经整形、分频和一分钟记数后，LED 数码管显示一分钟的平均风速值。

图 9—15　叶轮式数字风表

3. 热球式风速仪

热球式风速仪是一种能测量低风速的仪器，其测定范围为 0.05～10 m/s。它由热球式测杆探头和测量仪表两部分组成，探头有一个直径为 0.6 mm 的玻璃球，球内绕有加热玻璃球用的镍铬丝圈和两个冷端串联连接在磷铜质支柱上的热电偶。当一定大小的电流通过加热圈后，玻璃球的温度升高。温度升高的程度和风速有关，风速小时，温度升高的程度大；反之，温度升高的程度小。温度升高程度的大小通过热电偶在电表上指示出来。测定时，轻轻拉动螺塞，使测杆探头露出，并使探头上的红点面对着风向，读出电表的读数，再查校正曲线，即可查出风速。

4. 超声波漩涡风速仪

超声波漩涡风速仪利用卡曼涡街理论来实现风速检测。所谓卡曼涡街理论，就是在无限流场中，垂直流体流向插入一根无限长的非流线型阻挡体（漩涡发生体），在雷诺数为 $200\sim5\times10^4$ 范围内，阻挡体的下游将产生内旋的、互相交替的漩涡，其漩涡频率 n_f 与流体流速 v 成正比，与阻挡体直径 d 成反比，即：

$$n_f=S_t\frac{v}{d} \tag{9—10}$$

式中 d——阻挡体直径，m；

n_f——卡曼漩涡频率，次/s；

v——流体流速，m/s；

S_t——常数，在雷诺数 $Re=200\sim2\times10^5$ 范围内，对于圆柱体，$S_t=0.21$。

由式（9—10）可知，只要准确测出卡曼漩涡频率 n_f，就可以确定出流体流速的大小。

超声波传感器的工作原理是，超声波发生器产生连续等幅的振荡信号，经放大后加到发射换能器上，转换成等幅连续的超声波信号并发射到流体中，接收换能器接收到的是经漩涡调制的超声波信号，并转换成电信号，送到选频放大器，选频放大器把经漩涡调制了的微弱信号放大送到检波器，检出漩涡信号，再经低频放大、电路整形、脉冲计数信号输出显示风速。

第三节　空气压力与风道风量的测定

测定空气压力与风道风量的目的是检验实际通风系统是否达到设计的风量、风压，是否经济、合理。

一、空气点压力测定方法

大气压力及大断面风道空气点压力一般采用空盒气压计或数字气压计在测定点测定的方法。下面以抽出式通风风筒某点的相对静压测定为例，说明风流点压力的测定原理。其测定原理示意如图 9—16 所示，皮托管的（一）接头用橡皮管连在 U 型水柱计上，水柱计的压差为 h，以水柱计的等压面 0—0 为基准面，设 i 点至基准面的高度为 Z，橡皮管内的空气平均密度为 ρ_m，橡皮管外的空气平均密度为 ρ'_m，与 i 点同标高的大气压为 p_0，则水柱计等压面 0—0 两侧的受力分别为：

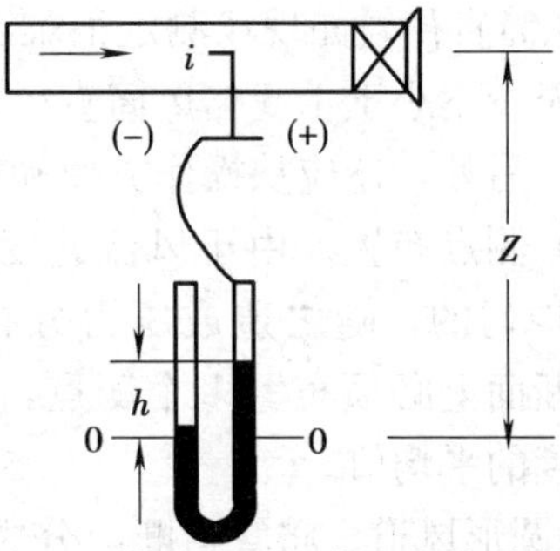

图 9—16　抽出式通风点压力的测定原理示意图

水柱计左边等压面上受到的力：$p_{0i}+\rho_m gZ$　　(9—11)

水柱计右边等压面上受到的力：$p_i+\rho'_m g(Z-h)+h$　　(9—12)

由等压面的定义得：

$$p_{0i}+\rho_m gZ=p_i+\rho'_m g(Z-h)+h \quad (9\text{—}13)$$

设 $\rho_m=\rho'_m$，且忽略 $\rho'_m gh$ 这一微小量，经整理得：

$$h=p_{0i}-p_i \quad (9\text{—}14)$$

二、风道风量测定方法

由第二章内容可知，风道内的风速分布是不均匀的，因此，要正确测定风道风量，就应测定其平均风速，这样通过风道的风量为风道断面积与平均风速的乘积。根据测定原理和现场条件，风道风量的常用测定方法有速压法、风速仪法、静压差法三种，现分述如下：

1. 速压法风量测定

此方法是测定管道、软质风筒及烟道风量的一种最基本方法。其测定原理是，在选择正确的测定断面后，在测定断面上布置若干个测点，并测定各测点的速压，然后根据速压与速度的关系计算各测定点的风速，最后计算断面平均风速和风量。

(1) 测定断面的选择。由第二章可知，在风机出口、风流拐弯、三通、断面突然增大或缩小等处，其气流很不稳定，存在着涡流。在实际测定中，有时会发现在气流不稳定断面上的动压读数为零，甚至是负值，这样的断面是不宜作为测定断面的。而离这些部件或设备远的地方气流平稳，测量结果准确。因此，测量断面应选择在气流平稳、扰动小的直线段风筒内。当测量断面设在弯头、三通、断面突然增大或缩小等局部构件或净化设备前面（按气流运动方向）时，测量断面与它们的距离要大于 3 倍的风筒直径；而当测量断面设在这些部件或设备的后面时，则应大于

6 倍的风筒直径。如现场测定很难满足这样的要求，可选择距局部构件或设备的最小距离至少不小于 1.5 倍风筒直径处为测定断面。不过，此时应适当增加断面上的测点数。另外，还应从操作方便和安全角度考虑测定断面的选择。

（2）测点布置。由于风流速度在管道断面上的分布是不均匀的，随之造成压力分布也不均匀。因此，在测定断面上必须布置多个测点，然后求出断面上压力和速度的平均值。

1）圆形风道。将管道断面分成一定数量、面积相等的同心圆环，在每个面积环的面积平分线上，沿互相垂直或互成 120°角的线布置测点。如图 9—17 所示是划分为 3 个同心环的圆形风道上沿互相垂直的线布置测点的示意图，其他同心环的测点布置可参照图 9—17 所示。根据经验可知，一般圆形风道同心环的环数可按表 9—1 确定，烟道的分环数可按表 9—2 确定。

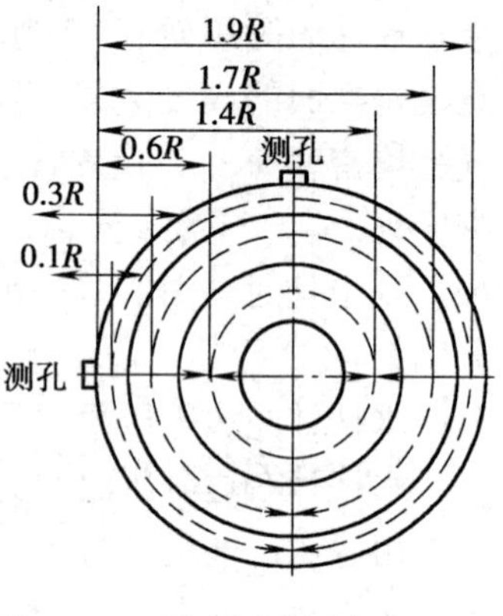

图 9—17　圆形风道测点布置图

同心圆环上各测点与圆心的距离可按下式确定：

$$R_i = R_0 \sqrt{\frac{2i-1}{2n}} \qquad (9—15)$$

式中　i——从风管中心开始的同心环顺序号；

n——测定断面上划分的同心环数；

R_0——圆形风道半径，mm 或 m；

R_i——风道中心到第 i 点的距离，mm 或 m；

表 9—1　一般圆形风道测定断面分环数

风道直径（mm）	≤500	500～1 100	1 100～2 200	2 200～2 600	2 700～3 400
分环数	2～3	4～5	5～6	6～7	7～10

表 9—2　烟道测定断面分环数

烟道直径（m）	＜0.5	0.5～1	1～2	2～3	3～5
测定断面分环数	1	2	3	4	5
测点数	4	8	12	16	20

2）矩形风道。将风管断面划分为若干等面积的矩形小块，测点布置在每个矩形小块的中心，如图9—18所示。不同面积的矩形风道所设测点数列于表9—3中。一般要求矩形小块每边的长度不大于220 mm，若断面流速分布比较均匀，可适当减少测点数，但是每个测点所代表的管道面积不得超过0.6 m^2。

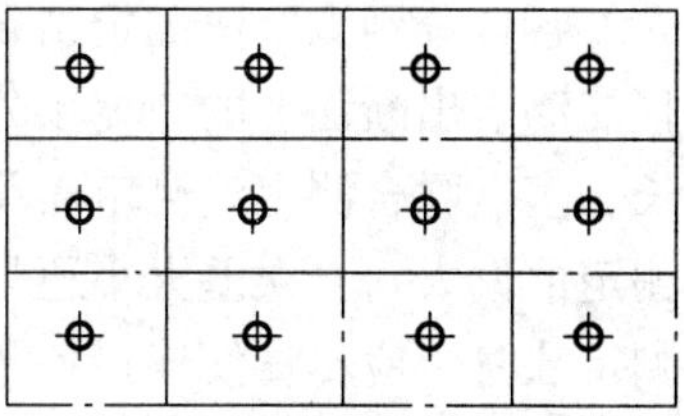
图9—18　矩形风道测点布置图

表9—3　　**矩形风道测定断面的测点数**

风道断面积（m^2）	<1	1～4	4～9	9～16	16～20
测点数	4	9～12	12～16	16～28	28～36

3）环形断面风道。对于环形断面风道，其测定方法与圆形风道基本相似，各测点位置按下式计算：

$$R_i=\frac{D}{2}\sqrt{\left(\frac{d}{D}\right)^2+\frac{2i-1}{2n}\left[1-\left(\frac{d}{D}\right)^2\right]} \tag{9—16}$$

式中　d——环形风道内径；

D——环形风道外径。

（3）平均风速与风量测算。确定测定断面和布置测点后，就可通过皮托管和压差计测算平均风速与风量。用皮托管和压差计测定平均风速时，目前常采用多点联合测定法和各点分别测定法两种方法。

1）多点联合测定法。即将各皮托管所有静压端相连、所有全压端相连后，集中用一台压差计测平均动压$\left(为\ \frac{1}{n}\sum_{i=1}^{n}h_{vi}\right)$，其断面平均风速$v'_m$为：

$$v'_m=\sqrt{\frac{2}{\rho}}\sqrt{\frac{1}{n}\sum_{i=1}^{n}h_{vi}} \tag{9—17}$$

2）各点分别测定法。即用一台压差计依次测各点的动压或用多台压差计同时测各点的速压，按下式求断面平均风速v_m：

$$v_m=\frac{1}{n}\sqrt{\frac{2}{\rho}}\sum_{i=1}^{n}\sqrt{h_{vi}}=\frac{1}{n}\sum_{i=1}^{n}v_i \tag{9—18}$$

式中　h_{vi}、v_i——第i测点的速压、风速；

n——测点数；

ρ——空气密度，kg/m^3，测得湿度后按第一章介绍的公式计算。

各点分别测定法测定结果的精度高，易发现橡皮管或皮托管堵塞和漏气故障，且能测定出断面上的速度场分布。但需大量连接橡皮管，测定比较麻烦，读数时间长。多点联合测定法测定简单、快速，但比较式（9—17）和式（9—18）可知，其测定值偏大，且误差大小还与并联各点的橡皮管长度及其内径有关。应用多点联合测定法时，应尽量使连接各测点的橡皮管长度和内径相等。根据经验数据可知，在速度场分布比较正常的条件下，这个偏差值较小，用 v_m' 代替 v_m 可保证有足够的精度；而在速度场分布特别不正常的条件下，偏大值就不能忽略。还应指出，如现场测定中速压出现负值或零值，在计算平均速压时，宜将负值做零值处理，测点数应为全部测点的数目。

2. 风速仪法风量测定

风速仪法主要在可放置风速测量仪器的风道中使用，如管道及软质风筒的出口处、地下巷道等。其测定原理是，选择正确的测定断面后，在测定断面上布置若干个测点，采用风速测量仪器测定各测点的风速 v_i，最后按下式计算风道风量 Q：

$$Q=S\frac{1}{n}\sum_{i=1}^{n}v_i \tag{9—19}$$

式中 n——测点数；

S——测点断面积；

v_i——风速。

风速仪法测定断面和测点布置的确定原则与速压法基本相同，测定时可用风速测量仪器依次测各点的点风速，也可用多台风速测量仪器同时测定各点速度。

3. 静压差法风量测定

利用静压差法测定风量的原理是，当风道中存在长度较短，可忽略摩擦阻力，且局部阻力系数为已知的局部构件时，如弯道、风道断面增大或缩小、风道增设的孔板等局部构件，可通过测定局部构件两端的静压差，再利用局部构件两侧的风流能量方程来计算风道风量。下面通过例子简要介绍风道中存在断面增大和缩小的局部构件时，利用静压差法进行风量测定的原理与方法。

［例 9—1］　在如图 9—19 所示的圆锥形水平集气罩中，其入口是角度为 45°的圆锥管。已知局部阻力系数为 ξ，空气密度为 ρ，现在离集气罩距离为风管直径 D 处开设静压测试孔，并测得该处相对静压为 p_s。如设通过该处风管的风量和断面为 Q、S，并选两个断面：一个是静压测试孔的断面，另一个是与静压测试孔断面平行、离集气罩有一定距离且风速为零的进风断面，同时忽略两断面之间的风流摩擦阻力，则对这两个断面列出的能量方程为：

$$p_s-\frac{\rho}{2}\left(\frac{Q}{S}\right)^2=\xi\frac{\rho}{2}\left(\frac{Q}{S}\right)^2$$

解得：
$$Q=S\sqrt{\frac{2\mid p_s\mid}{(1+\xi)\ \rho}} \tag{9—20}$$

不难看出，静压测试孔断面测定的相对静压 p_s 即为上述两断面的静压差。式（9—20）表明，如局部阻力系数 ξ 已知，只要测得开设静压测试孔断面积 S 和静压 p_s，就可按此式计算风道风量。

［例 9—2］　某矿井通风机入口的一段风道如图 9—20 所示，已知通过风量为 Q，断面积 1、2 分别为 S_1、S_2，空气密度为 ρ，断面 1、2 之间的局部阻力系数为 ξ，断面 1、2 的静压分别为 p_1、p_2，断面 1、2 之间的摩擦阻力可忽略，则在断面 1、2 之间列出的能量方程为：

$$\xi\frac{\rho}{2}\cdot\left(\frac{Q}{S_1}\right)^2=(p_1-p_2)+\frac{\rho}{2}\cdot\left(\frac{Q}{S_1}\right)^2-\frac{\rho}{2}\cdot\left(\frac{Q}{S_2}\right)^2 \tag{9—21}$$

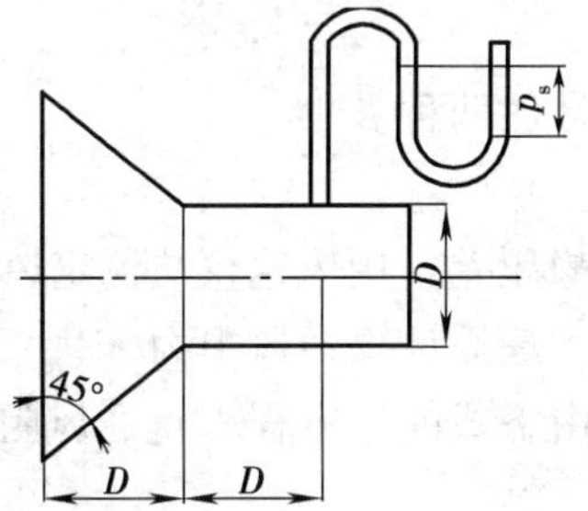

图 9—19　集气罩风量测定

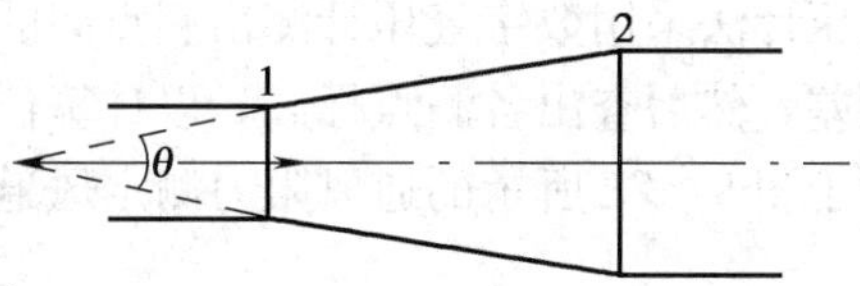

图 9—20　断面增大的风道

由此解得通过风量为：

$$Q=\sqrt{\frac{2S_1^2S_2^2\ (p_1-p_2)}{\rho\ (S_1^2+\xi S_2^2-S_2^2)}} \tag{9—22}$$

在管道通风的测定中，可利用静压差法原理设计制作文丘里流量计、喷嘴流量计、孔板流量计、弯头流量计等固定的风量测定装置来测定风道风量。

应当指出，为了提高测量精度，采用静压差法测定风量时，一般应测定同一断面周边的平均静压。其方法是，在风道周边壁上均匀布置 3～4 个静压孔，孔径约为 2.5 mm，在孔上垂直壁面焊接或安装 3～4 个金属管，然后用内径和长度相等的橡皮管将其并联后接在补偿式微压计上。

第四节　通风阻力的测定

通风阻力的测定是通风技术管理的重要内容之一。其主要目的有：考察通风除尘设备与设施的通风阻力，提供实际的阻力系数和风阻值；了解通风系统中阻力的分布情况，以便降阻增风；为通风设计、网络计算、通风系统优化等提供可靠的基础资料。在通风阻力测定路线选择和测点布置时，如果测定目的是为了获得摩擦阻力系数、局部阻力系数或分支风阻，则应选择不同类型的典型风道，测点布置选择在风流比较稳定的风道内，同时应考虑测点间的压差应不小于 10～20 Pa；如果测定目的是为了解通风系统的阻力分布，因为最大阻力路线决定通风系统的阻力，其测定路线必须选择通风系统的最大阻力路线。在进行通风局部阻力、摩擦阻力系数、局部阻力系数测定时，一般要求测段内风道断面基本一致，无风流汇合、分岔点；测点前后 3 m 的地段内通风断面没有突然增大或缩小，也没有堆积物。

一、通风阻力的测定方法

通风阻力的测定方法通常有气压计法和压差计法两种。

1. 气压计法

气压计法采用数字气压计测出测点间的绝对静压差，用风速仪法测定风量并得出动压差，然后查出各测点标高，以计算位压差，最后计算通风阻力。

对于图 9—21 所示的通风阻力测定风道，可由下式能量方程求得通风阻力 h_{R12} 为：

$$h_{R12}=(p_1-p_2)+\left(\frac{\rho_1}{2}v_1^2-\frac{\rho_2}{2}v_2^2\right)+\rho_m g Z_{12} \tag{9—23}$$

其中，气温 t_1、t_2 和相对湿度 φ_1、φ_2 用通风干湿表测定，平均风速 v_1、v_2 用风速仪器测定，绝对静压 p_1、p_2 采用数字气压计测定，各断面的空气密度 ρ 根据各断面的 p、t、φ 值求出。若两断面标高相差不大，式（9—23）中两断面 1、2 间空气柱的平均密度 ρ_m 可近似取为 ρ_1、ρ_2 的平均值；若两断面标高相差很大，则应分段测算空气密度，精确求出两断面的位压差。

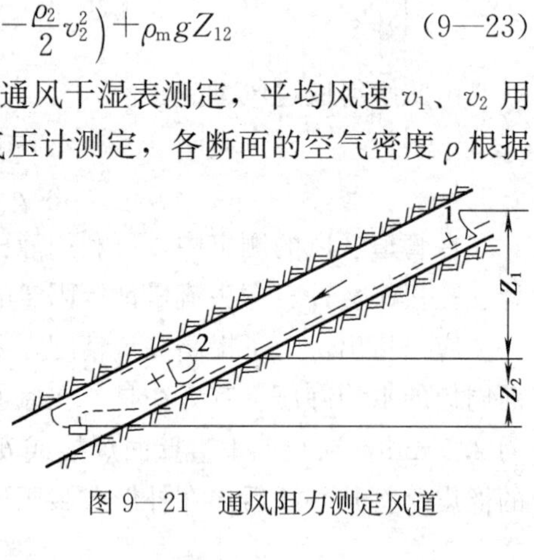

图 9—21　通风阻力测定风道

在地下风道阻力测定中，有时风道距离长，若用一台数字气压计分别测定 p_1、p_2，两点测定不能同时进行，且地面大气压力可能发生变化，则测得的静压差与实际将有偏差。因此，通常使用两台基本一致的数字气压计采用逐点测定法或双测点同时测定法测定。双测点同时测定法测定时，先将编号为1号、2号的两台气压计放在测点1，待仪器读值稳定后同时读取绝对气压值为 $p_{1,1}$、$p_{1,2}$ 或相对气压值为 $\Delta p_{1,1}$、$\Delta p_{1,2}$，再将编号为1号的气压计原地不动，作为基点气压变化监测仪，将编号为2号的气压计移置测点2，约定时间在测点1、2同时分别读取绝对气压值为 $p'_{1,1}$、$p'_{1,2}$ 或相对气压值为 $\Delta p'_{1,1}$、$\Delta p'_{1,2}$，如测定中采用绝对气压值，则可用式（9—24）计算绝对静压差（p_1-p_2），如测定中采用相对气压值，则可用式（9—25）计算绝对静压差（p_1-p_2），最后按式（9—23）即可求得测段通风阻力。

$$p_1-p_2=(p_{1,2}-p'_{1,2})-(p_{1,1}-p'_{1,1}) \tag{9—24}$$

$$p_1-p_2=(\Delta p_{1,2}-\Delta p'_{1,2})-(\Delta p_{1,1}-\Delta p'_{1,1}) \tag{9—25}$$

式（9—24）或式（9—25）认为基点的气压变化与地面大气压变化是同步、同幅度的，右端第一项为2号气压计在测点1、2的测值差，右端第二项为1号气压计在测点1不同时间的测值差，它是前后两次读数时地面大气压变化和通风系统内风压变化的修正值。如果此修正值很大，说明测定时出现异常或通风系统不正常，测定无效。如果修正值很小，可认为是地面大气压力的影响，应予以修正。

使用气压计法测量工作简便、快速，省人省力，但仅用于气温正常且放置气压计的非风筒（即管道及软质风筒除外）风道，如地下风道等。

2. 压差计法

如图9—21所示，如橡皮管内的空气平均密度 ρ'_m 与风道中的空气平均密度 ρ_m 相等，根据能量方程，风道1、2段的通风阻力 h_{R12} 为：

$$h_{R12}=p_1-p_2+\rho'_{m1}g(Z_1+Z_2)-\rho'_{m2}gZ_2+\frac{\rho_1}{2}v_1^2-\frac{\rho_2}{2}v_2^2 \tag{9—26}$$

式中 ρ'_{m1}、ρ'_{m2}——分别为两橡皮管中空气的平均密度；

p_1、p_2——断面1、2的静压；

v_1、v_2——断面1、2的风速。

现将压差计两侧用橡皮管与固定于断面1、2的皮托管的静压接口（一）相连，则压差计两侧液面所受压力分别为 $p_1+\rho'_{m1}g$（Z_1+Z_2）和 $p_2+\rho'_{m2}gZ_2$，其中 ρ'_{m1} 和 ρ'_{m2} 分别为两橡皮管中空气的平均密度，故压差计所示测值为：

$$h=p_1+\rho'_{m1}g\,(Z_1+Z_2)-(p_2+\rho'_{m2}gZ_2) \tag{9—27}$$

通过比较式（9—27）和式（9—26），并整理得：

$$h_{R12}=h+\frac{\rho_1}{2}v_1^2-\frac{\rho_2}{2}v_2^2 \tag{9—28}$$

从式（9—28）可以看出，用压差计可测出两个测定断面的静压差和位压差，再按照本章第三节所讲方法测定风道风量后计算确定速压差，即能根据能量方程计算通风阻力。这就是压差计法的原理。

这种方法适用于任何风道的测定，其测定结果比较精确，数据整理比较简单，但对于线路较长的地下风道来说，收放橡皮管的工作量较大，对倾角较大的地下风道测量较为困难。

应当指出，式（9—26）和式（9—28）成立的前提是橡皮管内的空气平均密度 ρ'_{m} 与风道中的空气平均 ρ_{m} 相等，为此，测定前应将橡皮管放置在风道相应位置上保存一定时间，使橡皮管中的气温与风道气温平衡，必要时可用打气筒换气，把风道中的空气置换到橡皮管中，以缩短气温平衡时间。这在测段高差较大的风道中测定阻力时尤为重要。还应指出，在测定管道通风阻力时，为提高测量精度，应采用本章第三节测定平均相对静压差方法；而在测定非管道的风道通风阻力时，因风道周边壁面布置静压孔较为困难，故静压测点一般仅选在风道中线上的点。

二、通风阻力测定的误差检验

由于仪表精度、测定技巧和各种因素的影响，测定时总会发生各种误差。如果这些误差是在允许范围以内，那么测定结果是可用的，否则结果不可用。为此，在测定资料汇总计算以后，应对全系统或个别地段的测定结果进行检查校验。

1. 自然风压 H_N 的计算

为了对测得的通风阻力进行校验，对于有高差的通风系统，如隧道、地下风道等，通常要进行自然风压计算。

计算通风系统的自然风压时，一般以最低水平面为界面，将通风系统分为两个高度均为 Z 的空气柱，并分别计算平均密度值 ρ_{m1}、ρ_{m2}。密度较大的一个称之为进风空气柱，密度较小的一个称之为回风空气柱（有时也含有部分实际通风系统进风段）。

若各测点间高差相等，可用算术平均法求各点密度的平均值，即：

$$\rho_{m1}=\frac{1}{n}\sum_{i=1}^{n}\rho_i\text{；}\rho_{m2}=\frac{1}{N}\sum_{i=1}^{N}\rho_i \tag{9—29}$$

若高差不等，则按高度加权平均法求其平均值，即：

$$\rho_{m1}=\frac{1}{Z}\sum_{i=1}^{n-1}\frac{\rho_i+\rho_{i+1}}{2}\left|z_i-z_{i+1}\right| \qquad \rho_{m2}=\frac{1}{Z}\sum_{i=1}^{N-1}\frac{\rho_i+\rho_{i+1}}{2}\left|z_i-z_{i+1}\right| \tag{9—30}$$

式中　n、N——进风空气柱、回风空气柱中通风阻力测定的测点数；

ρ_i——测点 i 的空气密度；

z_i——测点 i 的标高。

2. 风量检验

在空气密度不变的条件下，根据风量平衡定律，流进汇点或闭合风路的风量应等于流出汇点或闭合风路的风量，因此，在重要的风流汇合点，应检验流入和流出该汇点的风量，各测点的风量误差不应超过 5%。对于误差过大和明显错误的地段，应该分析、查明原因，在必要时局部或全部重测。

3. 阻力检验

根据第三章内容可知，整个通风系统的计算阻力值为：

$$h_{Rm}=H_s+H_N \tag{9—31}$$

式中　H_s——通风机静压，取该系统整个测定过程中读数的平均值，Pa；

H_N——测定系统自然风压，自然风压与风流同向取“＋”，反之取“－”，Pa。

因此，通风系统阻力测定的相对误差（检验精度）可按下式计算：

$$\varepsilon=\left|\frac{h_{Rs}-h_{Rm}}{h_{Rm}}\right|\times100\%<5\% \tag{9—32}$$

式中　h_{Rs}——全系统测定阻力累计值，Pa；

ε——测定结果的相对误差。

第五节　通风机性能的测定

在实际工作中，由于通风机的制造与现场安装质量以及增加外扩散器等原因，通风机的实际运转特性与风机厂提供的特性曲线（大型风机是模型试验曲线）有一定误差，因此，在通风机投产之前，应进行现场通风机性能测定，而且以后一般应每五年至少进行一次性能测试，以获得通风机的实际性能，来指导安全生产。

一、通风机性能测定的基本要求

现场进行通风机性能测定的主要工作是，测出在管网风阻不同条件下的通风机工作风压 H、通风机工作风量 Q、通风机转速 n、效率 η 及电动机输入功率 N 等，绘出通风机的 H——Q、N——Q、η——Q 曲线。此外，在测定各工况点的同时，还应测定通风机装置的噪声。

在现场进行通风机性能测定前，要因地制宜地制定测试方案，其内容包括：确定风量、风压测定断面的位置及测定方法；确定调节风阻的地点及调阻方式；测定前的准备与测试中的组织工作。在测定过程中，为提高精度，在测量时间内（如 1 min 内）应三次读取各测定参数，再取其平均值。

二、参数测定方法

1. 空气物理参数的测定

空气物理参数测定包括大气压力 p_0、空气温度 t、空气相对湿度 φ、空气密度 ρ。空气气温 t 采用温度计测定，大气压力 p_0 一般采用空盒气压计或数字气压计测定，空气相对湿度 φ 使用湿度计测量计算，空气密度 ρ 按式（9—29）计算，此时的空气压力 p 应为测定断面的空气绝对静压值。

2. 通风机工作风量的测定

通风机工作风量的测定方法可采用本章第三节所述的静压差法、速压法和风速仪法测定。其中，测量风速断面选择是风量测定的最重要方面之一。

静压法测定简单，测定时读数稳定，有条件时可优先采用。如通风机前后附近断面增大或缩小等，因距离较短可忽略摩擦阻力，且局部阻力系数为已知的局部构件时，如测定 GAF、BDK 系列通风机、通风机进风侧附近装有集气罩等，可采用静压法测定。静压法测定的测风断面就选在该局部构件前后。

现场不能满足静压法测定条件，而采用速压法和风速仪法测定时，应考察通风机前后通风断面上的速度分布是否稳定。通常情况下，测风断面应尽可能选择在风流均匀、靠近通风机并处于通风机进风侧断面上，如在非管道通风系统的大型轴流式通风机通风性能测定时，测风断面一般选择在集风器与一级叶片之间筒体的平直段的环形断面上，因该断面气流经过导叶整流，气流较平稳，此处通风断面较小，风速较高，动压值较大，相对地减少了测量误差，风流稳定，风速较大且分布比较均匀；在抽出式管道通风系统中，可选择在离通风机较近的进风管道中。如果在风机入风侧确实没有合适的测风断面，可选择在通风机出风侧。在出风侧选择测风断面时，更应注意选在风流分布尽可能均匀、稳定的断面。例如，非管道抽出式通风系统的大型轴流式通风机可布置在环形扩散器出口断面，非管道抽出式通风系统的大型离心式风机可布置在通风机出口扩散器内平直段上，大型通风机外接扩散器出口断面，一般风流不稳定，不宜测风；在小型轴流式通风机出口风道中布置时，测风断面距通风机出口应大于 50 m，否则影响测风精度。

3. 通风机工作风压的测定

由于通风机出口的一定范围内风流不稳定，在通风机出口较近的距离内不易测得准确的全压，因此，在通风测定中，一般通过测定通风机进风口、出风口的平均相对静压 h_{jj}、h_{jc}和通风机工作风量 Q，再按下式计算通风机全压 H_t：

$$H_t = |h_{jc} - h_{jj}| + \frac{\rho}{2}Q^2\left(\frac{\rho_c}{S_c^2} - \frac{\rho_j}{S_j^2}\right) \tag{9—33}$$

式中　S_c、S_j——通风机出口、进口相对静压测定断面的断面积；

ρ_c、ρ_j——通风机出口、进口相对静压测定断面的空气密度。

通风机静压 H_s 按下式计算：

$$H_s = H_t - \frac{\rho_c Q^2}{2S_c^2} \tag{9—34}$$

为了减小误差，通风机进风口、出风口的平均相对静压 h_{jj}、h_{jc}的常用测定方法是，在通风机进风口、出风口处的风道周边壁上均匀布置 3～4 个静压孔，孔径约 2.5 mm，在孔上垂直壁面焊接或安装 3～4 个金属管，然后用内径和长度相等的橡皮管将其并联后接在 U 型压差计或单管倾斜微压计上测得。在式（9—34）中，h_{jj}、h_{jc}为代数值，应注意 h_{jj}、h_{jc}的正负号。

还应指出，对于通风机进风侧风道很长、出风侧很短的抽出式通风系统，一般其通风机出风口的平均相对静压 h_{jc}等于或近似为零，此时，通风机全压 H_t 也可按下式计算：

$$H_t = |-h_{jj}| + \frac{\rho}{2}Q^2\left(\frac{\rho_c}{S_c^2} - \frac{\rho_j}{S_j^2}\right) \tag{9—35}$$

实际上，非管道抽出式通风系统的大型通风机一般构筑有通风机房，其内安装有测定通风机进风平均相对静压 h_{jj}的 U 型压差计（也称水柱计）。

4. 通风机转速和噪声的测定

通风机转速一般用转速表测定。目前的转速表主要有离心式转速表、磁性转速表、电动式转速表、磁电式转速表、频闪式转速表和电子式转速表等。离心式转速表是利用旋转质量的离心力与转角成比例的原理而制成的，当转速表的轴转动时，离心器上的重锤在惯性离心力的作用下离开轴心，并通过传动装置带动表针转动，轴的转速根据指针在惯性离心力和平捓簧或螺旋形弹簧弹力平衡时的位置来确定。磁性转速表和用旋转磁场在金属罩帽上产生旋转力，并利用旋转力与弹簧力的平衡来指示转速。电动式转速表由小型交流发电机、电缆、电动机和磁性表头组成，它由小型交流发电机产生交流电，驱动小型交流电动机，小型交流电动机的转速与被测轴的转速一致。磁电式转速表主要由永久磁钢与霍尔元件探头组成，磁钢座通过卡环与旋转轴固定（或将磁钢座嵌入联轴节），当旋转轴磁钢每次接近霍尔开关时，都能输出一个转速输出脉冲，再由单片机系统对转速输出脉冲进行计数并转换成转速。当物体做周期运动时，若用与其运动周期一致的闪光观测的话，看上去物体好像是静止不动一样，频闪式转速表就是根据这个原理制成的。电子式转速表可分为磁电感应式、光电效应式、霍尔效应式、磁阻效应式、介质电磁感应式转速表等。

通风机噪声一般采用声级计或噪声计测量。声级计一般由传声器、放大器、衰减器、计权网络、检波器、指示表头和电源等组成。传声器是把声压信号转变为电压信号的装置，常见的传声器有晶体式、驻极体式、动圈式和电容式等多种形式。计权网络一般有 A、B、C 三种。A 计权声级模拟人耳对 55 dB 以下低强度噪声的频率特性；B 计权声级模拟 55～85 dB 的中等强度噪声的频率特性；C 计权声级模拟高强度噪声的频率特性。声级计的工作原理是，由传声器将声音转换成电信号，再由前置放大器变换阻抗，使传声器与衰减器相匹配。放大器将输出信号加到计权网络，对信号进行频率计权（或外接滤波器），然后再经衰减器及放大器将信号放大到一定的幅值，送到有效值检波器（或外接电平记录仪），在指示仪表上给出噪声声级的数值。

5. 电动机输入功率与效率的测定

（1）电动机输入功率。电动机输入功率的测定方法有三种：一是用功率表测出电动机输入功率；二是采用电参数多功能测量仪表测定电动机的输入功率、功率因数、电流、电压等；三是测出电动机的电流 I、电压 U 和功率因数 $\cos\varphi$，按下式求电动机输入功率 N_m：

$$N_m=\sqrt{3}IU\cos\varphi\times10^{-3} \tag{9—36}$$

（2）电动机效率及输出功率。电动机输出功率测量方法有电测法和扭矩法两种。扭矩法是通过测量转子转速和扭矩，经计算得到输出功率，测定时一般将驱动电动机支撑起来，使其能自由摆动，再用磅秤直接测量电动机转子与定子之间的相对扭矩。电测法的工作原理是，电动机输出功率（即通风机轴功率 N）等于电动机输入功率 N_m 减去电动机总损耗功率 N_z 后再乘以传动效率 η_{tr}。即：

$$N=(N_m-N_z)\eta_{tr} \tag{9—37}$$

因此，通过测定总损耗功率方法计算输出功率。现场测定总损耗功率的基本方法一般为分离损耗累加法（即损耗分析法），即分别测定电动机的恒定损耗、负载损耗和负载附加损耗，总损耗 N_z 即为上述各项分离损耗之和，分离损耗累加法的具体测定要求可见 IEC 60034—2《旋转电机确定损耗和效率的试验方法》。

测出总损耗功率后，电动机效率 η_m 可按下式计算：

$$\eta_m = \frac{N_m - N_z}{N_m} \tag{9—38}$$

电动机输出功率（即通风机轴功率 N）也可按下式计算：

$$N = N_m \eta_m \eta_{tr} \tag{9—39}$$

三、工况调节

一般用调节通风阻力的方法来获得风机的不同工况。压入式通风时，调阻的地点一般选择在通风机出风侧 15 m 范围以内，以保证测定地点的风流比较稳定；抽出式通风时，调阻的地点应选择在通风机进风侧，在离风压、风量测定断面较远处，同时还要使调阻方便、安全。调节次数一般不少于 8～10 次，以获得完整的特性曲线，轴流式通风机曲线驼峰附近的工况点要加密。

对于非管道通风的大型通风机，可根据现场条件，通过改变现场原构筑风门开启度来调节，或通过改变通风机附件本身带有的调节闸门开启度来调节，或在风口框架上利用增减木板的方法来调节工况；对于管道通风系统，调节通风阻力可通过改变管道调节阀门的开启度来调节；对于压入式软质风筒通风系统，调节通风阻力既可通过改变管道调节阀门的开启度来调节，也可用细绳捆扎软质风筒来调节。

根据轴流式风机和离心式风机功率曲线的不同特点，调节工况时，轴流式风机应由小风阻逐步增加到大风阻，离心式风机则相反。

四、数据整理和特性曲线绘制

数据整理和特性曲线绘制按以下步骤进行：

（1）根据测定的原始记录，按公式计算测试条件下通风机的风压 H'、风量 Q'、轴功率 N'和效率 η'（η'_s 或 η'_t）。

（2）根据通风机相似原理，把上述所得参数按下列公式换算至标准状态下的通风机工作风量 Q、工作风压 H 和功率 N：

$$Q_i = Q'_i \frac{n_0}{n_i} \tag{9—40}$$

$$H_i = H'_i \frac{1.2}{\rho_i} \left(\frac{n_0}{n_i}\right)^2 \tag{9—41}$$

$$N_i = N'_i k_{\rho_i} k_{n_i}^3 \left(\frac{n_0}{n_i}\right)^3 \tag{9—42}$$

式中　1.2——在标准条件下的空气密度，kg/m^3；

ρ_i——i 工况时的空气密度，kg/m^3；

n_0——通风机铭牌转速，r/min；

n_i——i 工况时的转速，r/min。

(3) 绘制特性曲线。根据校正计算后的数据，以 Q 为横坐标，分别以 H、N、η 为纵坐标，将与 Q_i 相对应的点 H_i、N_i 和 η_i 描在图上，即可得各个工况点，然后用光滑的曲线将各参数点连接起来，便是通风机装置在标准状态下的个体特性曲线。通风机性能测定的数据整理和特性曲线绘制过程也可借助计算机电子表格功能来完成。

第六节　粉尘主要物理参数的测定

影响粉尘危害的主要物理参数包括粉尘真密度、粉尘分散度、游离 SiO_2 含量等，这里主要介绍粉尘真密度、游离 SiO_2 含量测定、粉尘分散度。

一、粉尘真密度测定

粉尘真密度是研究粉尘运动规律的重要参数，也是测定粉尘分散度（即粉尘粒度）分布的依据。

1. 粉尘真密度测定原理

粉尘真密度的测定是求出粉尘的真实体积，进而计算出粉尘真密度，一般用液体置换法（或称比重瓶法）将粉尘颗粒之间的空隙和外开孔孔隙的空气置换出来，以获得粉尘的真实体积，按下式计算粉尘真密度：

$$\rho=\frac{m_3-m_2}{m_1+m_3-m_2-m_4}\rho_0 \tag{9—43}$$

式中 ρ——粉尘真密度，g/cm³；

ρ_0——液体密度，g/cm³；

m_1——装满液体的比重瓶质量，g；

m_2——装半瓶液体的比重瓶质量，g；

m_3——装半瓶液体加粉尘的比重瓶质量，g；

m_4——装满液体、粉尘的比重瓶质量，g；

2. 仪器设备与材料

液体置换法需要的仪器设备与材料包括天平（感量 0.001 g）、抽气装置（真空度低于 0.09 MPa）、恒温器（0～50℃）、比重瓶（25 mL）、滴管（10 mL）、温度计（0～50℃，分度值 0.1℃）、漏斗（ϕ50 mm）、烧杯（25 mL）及支架等。

3. 测定步骤

测定按以下步骤进行：先洗净并烘干比重瓶后，将比重瓶注满液体，放入恒温器恒温 20 min，记录恒温器中的温度；然后从恒温器中取出比重瓶，擦干外表面液迹，添满液体，称量液体和比重瓶的质量，即为式（9—43）中的 m_1；再将比重瓶中的液体倒出约一半，称量此时液体和比重瓶的质量，即为式（9—43）中的 m_2；在比重瓶中装入粉尘试样约 3～5 g，称量此时液体、粉尘和比重瓶的质量，即为式（9—43）中的 m_3，并静止存放 30 min 以上；将装有粉尘和液体的比重瓶放入抽气装置中抽气不少于 20 min，待比重瓶中液体不冒气泡后，取出比重瓶，将液体添至瓶颈，放入恒温器中恒温 20 min；最后从恒温器中取出比重瓶，擦干瓶外液迹，添满液体，称量此时装有粉尘、液体的比重瓶质量，即为式（9—43）中的 m_4。使用该法测定时，一个试样做两次平行测定，取其平均值作测定结果，测定数据按规定处理，即同一试样测定的平行试样误差应不大于 0.02 g/cm^3，否则重做。

二、粉尘中游离 SiO_2 含量测定

对于某些粉尘，特别是矿物质粉尘，粉尘中的游离 SiO_2 是导致肺尘埃沉着病的主要因素之一，粉尘中的游离 SiO_2 测定方法可分为化学法和物理法两大类，这里主要介绍常用的红外光谱测定法和焦磷酸溶解法。

1. 红外光谱测定法

其测定原理是，如果具有相同振动频率的红外线通过分子时，将会激发该分子振动，转动能级由基态能量跃迁到激发态，从而引起特征性红外吸收谱带，其特征性吸收谱带强度与该化合物的质量在一定范围内呈正相关，如生产性粉尘中最常见的 α-石英在红外光谱中于 12.5（800 cm^{-1}）、12.8（780 cm^{-1}）及 14.4（695 cm^{-1}）处出现特异性的吸收谱带，在一定范围内其吸光度值与 α-石英质量呈线性关系，符合比尔·朗伯特定律，这为红外光谱测定提供了前提条件。红外光谱法的核心仪器为红外分光光度计，如图 9—22 所示为典型的红外分光光度计的基本结构示意图，由光源发出的光（碳化硅棒）被分为对称的两束，一束通过样品，称为样品光（S），另一束作为基准用，称为参比光（R），这两束光通过样品室进入光度计后，被一个以每秒 10 周旋转着的扇形镜所调制，形成交变光信号，然后合为一路，并交替地通过入射狭缝而进入单色器中，经光栅色散并通过出射狭缝之后，被滤光片滤出高级次光谱，再经椭球镜而聚焦在探测器上，将上述的交变光信号转换为相应的电信号，经过放大器进行电压放大后，馈入转换单元，将放大电信

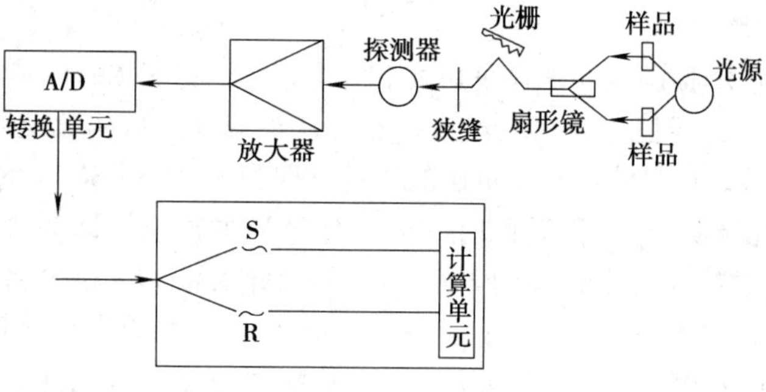

图 9—22 红外分光光度计的基本结构示意图

号转换为相应的数字量，然后再进入数据处理系统的计算单元中。在计算单元中，运用同步分离原理，将被测信号中的基频分量（R－S）和倍频分量（R＋S）分离开来，再通过解联立方程求出 R 和 S 的值，最后再求出 S/R 的比值。这个比值表示被测样品在某一固定波数位置的透过率值，可以通过仪器的终端显示器显示出来，也可运用终端绘图打印装置记录下来。当仪器从高波数至低波数进行扫描时，就可连续地显示或记录被测样品的红外吸收光谱。红外光谱法测定游离 SiO_2 时，应先按如下方法制备石英标准曲线：将不同质量的标准石英锭片置于样品室光路中进行波数扫描，根据红外光谱 900^{-1}～600 cm^{-1}区域内游离 SiO_2 具有 3 个特征的吸收带的特点，即 800 cm^{-1}、780 cm^{-1}、595 cm^{-1}3 处吸光度值为纵坐标，石英质量为横坐标，绘制出 3 条不同波数的石英标准曲线。制备标准曲线时，每条曲线有 6 个以上质量点，每个质量点应不少于 3 个平行样品，并求出标准曲线回归方程。在无干扰的情况下，一般选用 800 cm^{-1}标准曲线进行定量分析。然后根据实测的粉尘样品的吸光度值，查 SiO_2 含量。

2. 焦磷酸溶解测定法

该法的原理是，利用硅酸盐溶于加热的焦磷酸而石英几乎不溶的特性，以质量法测定粉尘中 SiO_2 的含量。所用的器材与试剂包括焦磷酸（将 85%的磷酸加热到沸腾至 250℃不冒泡为止，放冷，储存于试剂瓶中）、盐酸、结晶硝酸铵、氢氟酸、锥形烧瓶（50 mL）、量筒（25 mL）、烧杯（200～400 mL）、温度计（0～360℃）、电炉（可调）、高温电炉（附温度控制器）、玻璃漏斗和漏斗架、瓷坩埚或铂坩埚（25 mL）、坩埚钳或铂尖坩埚钳、干燥器（内盛变色硅胶）、玛瑙研钵、定量滤纸（慢速）、分析天平（感量为 0.000 1 g）、pH 试纸等。以上试剂均为二级化学纯。

分析步骤如下：第一步，烘干，即将采集的粉尘样品放在（105±3)℃烘箱中烘干 2 h，稍冷，储于干燥器中备用；第二步，称量，即准确称取 0.1～0.2 g 粉尘样品于 50 mL 的锥形烧瓶中；第三步，样品处理，即样品中若含有煤、其他碳素及有机物的粉尘时，应放在瓷坩埚中，在 800～900℃下灼烧 30 min 以上，冷却后将残渣用焦磷酸洗入锥形烧瓶中，若含有硫化矿物，应加数毫克结晶硝酸铵于锥形烧瓶中；第四步，焦磷酸与样品混合并加热，即用量筒取 15 mL 焦磷酸，倒入锥形烧瓶中摇动，使样品全部湿润后，将锥形烧瓶置于可调电炉上，迅速加热到 245～250℃，保持 15 min，并用带有温度计的玻璃棒不断搅拌；第五步，冷却并稀释，即取下锥形烧瓶，在室温下冷却到 100～150℃，再将锥形烧瓶放入冷水中冷却到 40～50℃，在冷却过程中，加 50～80℃的蒸馏水稀释到 40～45 mL，稀释时一面加水，一面用力搅拌混匀；第六步，再加热煮沸并过滤，即将锥形烧瓶内溶物小心移入烧杯中，再用热蒸馏水冲洗温度计、玻璃棒及锥形烧瓶，把洗液一并倒入烧杯中，并加蒸馏水稀释至 150～200 mL，用玻璃棒搅匀后，将烧杯放在电炉上煮沸内容物，趁热用无灰滤纸过滤（滤液中有尘粒时，须加纸浆）；第七步，冲洗、烘干、灼烧、称重，即用 0.1 mol/L 盐酸洗涤烧杯移入漏斗中，并将滤纸上的沉渣冲洗 3～5 次，再用热蒸馏水洗至无酸性反应为止（可用 pH 试纸检验），如用铂坩埚时，要洗至无磷酸根反应后再洗三次。将带有沉渣的滤纸折叠数次，放于恒温的瓷坩埚中，在 80℃的烘箱中烘干，再放在电炉上低温炭化，炭化时要加盖并稍留一小缝隙，然后放入高温电炉（800～900℃）中灼烧 30 min，取出瓷坩埚，在室温下稍冷后，再放入干燥器中冷却 1 h，称至恒重并记录。粉尘中游离 SiO_2 含量 H_{SiO_2} 按下式计算：

$$H_{SiO_2}=\frac{m_2-m_1}{G}\times 100\% \tag{9—44}$$

式中 m_1——坩埚质量，g；

m_2——坩埚加沉渣质量，g；

G——粉尘样品质量，g。

三、粉尘分散度测定

测定粉尘分散度的方法很多。每一种方法的基本原理不尽相同，往往适用于一定的条件。这里扼要介绍粉尘分散度测定的滤膜溶解涂片计数法、自然沉降计数法、移液管计重法、沉降天平计重法、离心沉降计重法、惯性冲击计重法及电导计数法等。

1. 滤膜溶解涂片计数法

滤膜溶解涂片计数法的原理是，采样后的滤膜溶解于有机溶剂中，形成粉尘粒子的混悬液，并制成标本，在显微镜下测定。需要的试剂和器材包括醋酸丁酯（化学纯）、瓷坩埚（25 mL）或小烧杯（25 mL）、显微镜、目镜测微尺、物镜测微尺、玻璃棒、玻璃滴管或吸管、载物玻璃片（75 mm×25 mm×1 mm）等。但本方法不适用于可溶于有机溶剂中的粉尘和纤维状粉尘分散度的测定。

其操作步骤如下：将采用粉尘的滤膜放在瓷坩埚或小烧杯中，用吸管加入 1～2 mL 醋酸丁酯，再用玻璃棒充分搅拌，制成均匀的粉尘混悬液，立即用滴管吸取一滴，滴于载物玻璃片上，用另一载物玻璃片制成 45°角推片，贴上标签、编号，注明采样地点及日期。在 400～600 倍的放大倍率下，用物镜测微尺（见图 9—23）校正目镜测微尺（见图 9—24）每一刻度的间距，即将物镜测微尺放在显微镜载物台上，目镜测微尺放在目镜内。在低倍镜下（物镜 4 倍或 10 倍）找到物镜测微尺的刻度线，将其刻度移到视野中央，然后换成测定时所需倍率，在视野中心使物镜测微尺的任一刻度与目镜测微尺的任一刻度相重合，然后找出两尺再次重合的刻度线，分别数出两种测微尺重合部分的刻度数，计算出目镜测微尺一个刻度在该放大倍数下代表的长度。如目镜测微尺的 45 个刻度相当于物镜测微尺 10 个刻度，已知目镜测微尺一个刻度为 10 μm，则物镜测微尺一个刻度为 10×10/45＝2.2 μm，如图 9—25 所示。最后取下物镜测微尺，将粉尘标本放在载物台上，先用低倍镜找到粉尘粒子，然后用 400～600 倍的放大倍率观察。用目镜测微尺无选择地依次测定粉尘粒子的大小，遇长径量长径，遇短径量短径。至少测量 200 个尘粒，并算出平均百分数。

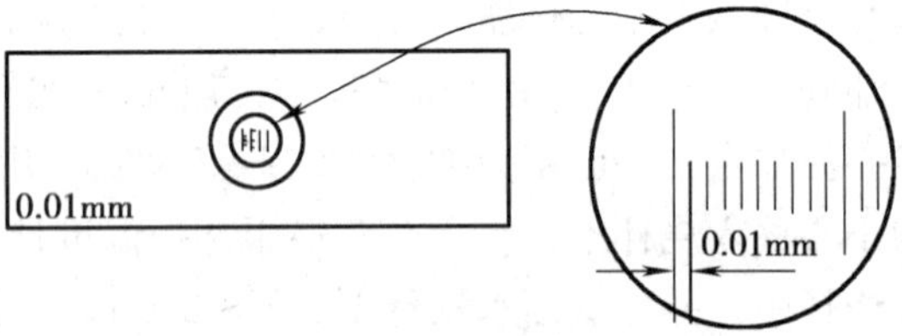

图 9—23　物镜测微尺

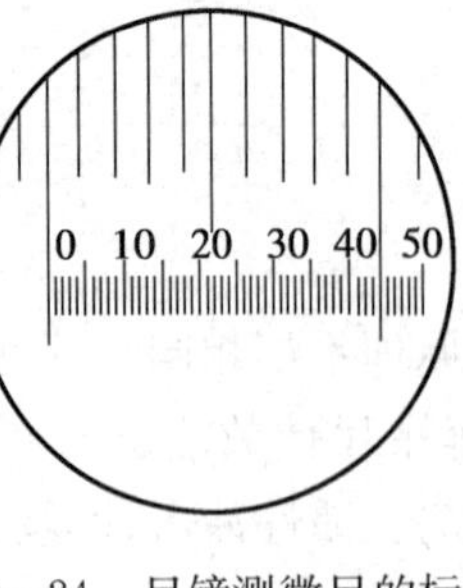

图 9—24　目镜测微尺的标定

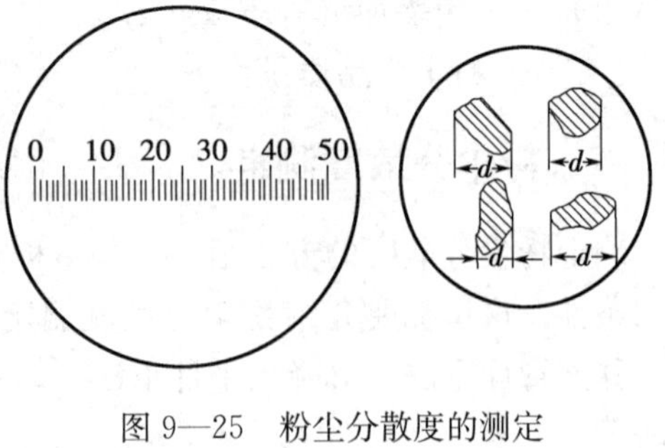

图 9—25　粉尘分散度的测定

2. 自然沉降计数法

该法适用于可溶于有机溶剂中的粉尘和纤维状粉尘分散度的测定，它是将含尘空气采集在沉降器内，使尘粒自然沉降在盖玻璃片上，在显微镜下测定。需要的器材包括格林沉降器、盖玻璃片（18 mm×18 mm）、载物玻璃片（75 mm×25 mm×1 mm）、显微镜、目镜测微尺、物镜测微尺等，粉尘分散度的测算与滤膜涂片计数法相同。

其操作步骤是：先将盖玻璃片用铬酸洗液浸泡，并用水冲洗后，再用95%酒精擦洗干净，放在沉降器的凹槽内，推动滑板至与底座平齐，再盖上圆筒盖以备采样。采样时将滑板向凹槽方向推动，直至圆筒位于底座之外，取下筒盖，上下移动数次，使含尘空气进入圆筒内，盖上圆筒盖，推动滑板至与底座平齐。然后将沉降器水平静置 3 h，使尘粒自然降落在盖玻璃片上，然后将滑板推出底座外，取出盖玻璃片贴在载物玻璃片上，编号，注明采样日期及地点，最后在显微镜下测量。

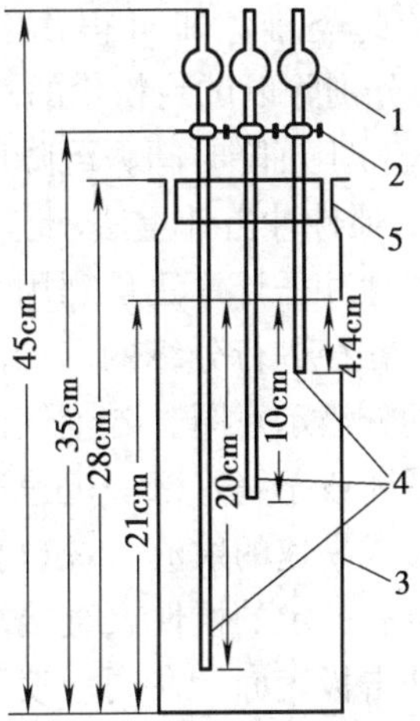

图 9—26　三管移液管瓶的结构示意图
1—定量球　2—三通活塞　3—沉降瓶
4—移液管　5—磨口瓶瓶塞

3. 移液管计重法

移液管计重法是将粉尘均匀搅拌于液体溶液后，利用粒径不同的粉尘在液体介质中沉降速度不同的原理来测得粒径分布的。当液体介质温度一定时，同一种物料的沉降速度是随粒径的增大而增加的。移液管装置的形式很多，如图 9—26 所示是我国用得较多的三管移液管瓶的结构示意图。其仪器全部用玻璃制作。移液瓶的内径为 6 cm，高为 28 cm，吸管内径为 0.15 cm。每根移液管有三通活塞和 10 mL 的定量球。借助三通活塞，改变开启位置，从定量球中取出沉降液。沉降瓶上刻有表示液体体积的刻度线。三根移液管的高度不同，可供测定不同粒径的尘粒时选用，以缩短测定时间。

某一粒径间隔的尘粒所占的质量百分数 $d\phi_i$ 可按下式计算：

$$d\phi_i = \frac{G_i - G_{i+1}}{G_0} \qquad (9—45)$$

式中　G_i、G_{i+1}——第 i、$(i+1)$ 次吸出的悬浮液中所含尘粒质量，g；

G_0——10 mL 悬浮液中原始的尘粒质量，g。

4. 沉降天平计重法

沉降天平计重法的原理和移液管计重法基本相同，它是利用粒径不同的粉尘在液体介质中沉降速度、沉降时间不同而使粉尘颗粒分级的。测定时，将粉尘均匀搅拌于液体溶液后，经过 t_1 时间后沉降到测定平面的质量为 ΔG_1，即为粒径 d_1 范围的沉降质量；经过 t_2 时间沉降到测定平面的质量为 ΔG_2，即为粒径 d_2 范围的沉降质量；经过时间 t_3 时间沉降到测定平面的质量为 ΔG_3，即为粒径 d_3 范围的沉降质量；依此类推，即可得出各粒径范围的沉降质量，这些沉降质量 ΔG_1、ΔG_2、ΔG_3…分别除以试验粉尘的总质量，即为粉尘质量分散度。在较好的沉降天平中，各粒径粉尘沉降时间、沉降质量 ΔG_i 及分散度曲线可直接给出。

5. 惯性冲击计重法

惯性冲击计重法是利用惯性冲击原理对粉尘粒径进行分级的。如图 9—27 所示是它的分级示意图。含尘气流被迫通过喷嘴（圆孔或条缝）以一定速度从喷嘴喷出后，形成高速的射流，颗粒获得一定的动能并且有一定的惯性，直接冲向位于其前方的冲击板表面。在同一喷射速度下，粒径越大，惯性越大，惯性大的大尘粒难于改变运动方向，含尘气流中惯性大的大尘粒会脱离气流，碰撞到冲击板上；由于黏性力、静电力等作用，尘粒间互相黏聚并沉积到冲击板表面上，而惯性力较小的尘粒随气流改变自身的流动方向，进行绕流并进入下一级，在此以更高的射流速度冲向下一级的冲击板。如果把几个喷嘴依次串联，逐渐减小喷嘴直径（即加大喷嘴出口流速），并由上而下依次减小喷嘴与冲击板的距离，则气流中的尘粒由大到小地被分开，沉积在不同的捕集板上，最末级捕集板用玻璃纤维滤膜代替，以捕集更小的尘粒。对于每一级冲击板，有一特征粉尘粒径，并称为有效分割径，它表示这种粒径的粉尘有 50%被冲击板捕集（即捕集效率为 50%），而 50%的粉尘随气流进入下一级。用该原理测定粉尘粒径分布的仪器称为串联冲击器，它通常由两级以上的喷嘴串联而成。

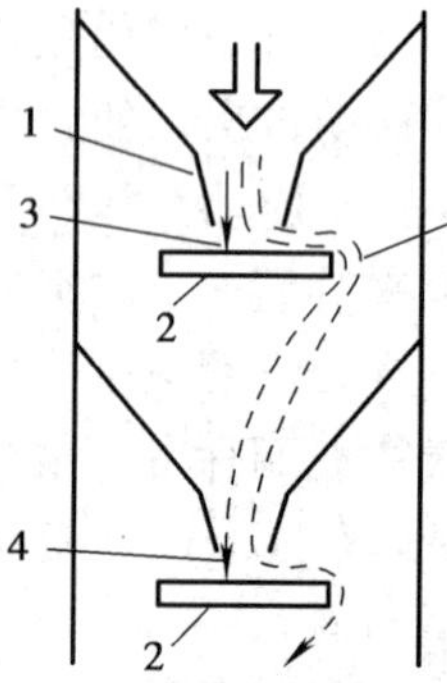

图 9—27　惯性冲击计重法尘粒分级示意图
1—喷嘴　2—冲击板　3—粗大粉尘
4—细小粉尘　5—气流

6. 离心沉降计重法

离心沉降计重法采用离心分尘器将不同粒径的粉尘分级，其原理和结构与旋风除尘器相似。离心分尘器一般带有一套节流片（多为 7 片），制造厂先用标准粉尘进行试验，确定每一个节流片（即每一种风量）所对应的粉尘粒径，为了便于计算，有的厂家随产品提供换算表，根据粉尘真密度和节流片规格，即可测得分级粒径。在操作中，一般由最小的风量开始，逐渐加大风量，则其风速也由小到大逐级把粉尘由分级机吹出，使粉尘由细到粗逐渐分级，每分组一次应把分级室内残留的粉尘仔细刷清、称重，两次分级的质量差就是被吹出的尘粒质量，也就是两次分组相对应的尘粒粒径间隔之间的粉尘质量。这种仪器适用于松散性的粉尘，如滑石粉尘、石英粉尘、煤尘等，不适用于黏性粉尘或粒径小于 1 μm 的粉尘。与上述移液管计重法和沉降天平计重法相比，用离心沉降计重法实现粉尘分级具有不少优点，因此，其应用较广。某一粒径间隔的尘粒所占的质量百分数 $d\phi_i$ 可按下式计算：

$$d\phi_i = \frac{G_{i-1} - G_i}{G_0} \tag{9—46}$$

式中　G_i、G_{i-1}——第 i、($i-1$) 次分级后在分级室内残留的尘粒质量，g；

G_0——试验粉尘质量，g。

7. 电导计数法

库尔特粒径测定仪（计数器）是用电导法使粉尘分级的一种仪器。其基本原理是，尘粒在电解液中通过小孔时，小孔处的电阻发生变化，由此引起电压波动，其脉冲值与尘粒的体积成正比，从而使粉尘颗粒分级。这种仪器最早用于检查血球数，随后用于测定粉尘的粒度，即进行粉尘颗粒的分级。

第七节　作业场所粉尘浓度的测定

一、测定方法分类与测点布置

粉尘浓度的测定方法很多，除第一章介绍的按计量方法分为计重法和计数法两类外，这里另外介绍两种分类。

1. 测定方法的分类与选择

粉尘浓度的测定方法主要有以下三种：

（1）按计量方法来分，可分为计重法和计数法两大类，如第一章所介绍。

（2）按检测原理来分，可分为滤膜计量法和快速直读法两大类。滤膜计量法是通过采样器将悬浮粉尘采集到测尘滤料中，再用天平称其质量，求出粉尘的质量浓度或用显微镜计数求其数量浓度，可分为滤膜计重法和滤膜计数法两种，其中，滤膜计重法是我国目前规定的测定方法。快速直读法是直接在现场通过测定与悬浮粉尘量有相关性的物理量，如光、β射线等，经换算直接求得粉尘浓度。

（3）按测尘时间长短来分，可分为长时间连续测尘和短时间连续测尘两大类。长时间连续测尘法一般连续测尘 6 h 或 6 h 以上，如作业人员佩戴的个体粉尘采样器，其在作业人员作业期间可连续采集粉尘浓度；短时间连续测尘法一般连续测尘几分钟至 30 min，即可测得瞬时粉尘浓度。

测尘方法的选择应随测尘的目的而定，如为探索作业场所粉尘分布规律和监督检查，采用快速测尘法较为方便；为确定尘源强度，了解产尘环境被粉尘污染的程度，研究改善防尘措施，采用现行的短时间定点连续测尘法较为合适；为检测作业人员吸入的粉尘量，采用个体连续测尘方法较为合适。

2. 测尘点的布置

测尘点的布置以能代表粉尘对人体健康的危害为原则，应考虑粉尘发生源在空间和时间上的扩散规律，以及工人接触粉尘情况的代表性，测定点应根据工艺流程和工人操作方法而确定。在生产作业地点较为固定时，应在工人经常操作和停留的地点采集工人呼吸带水平的粉尘，距地面的高度应随工人生产时的具体位置而定，例如，在工人站立生产时，可在距地面 1.5 m 左右尽量靠近工人呼吸带之处进行采样，工人坐位、蹲位工作时，采尘位置应适当放低；为了测得作业场所的粉尘平均浓度，应在作业范围内选择若干点（尽可能均匀分布）进行测定，求其算术平均值或几何平均值和标准差；在生产作业不固定时，应在接触粉尘浓度较高、接触粉尘时间较长和工人集中的地点分别采样；在有风流影响的作业场所，应在产尘点的下风侧或回风侧粉尘扩散较均匀地区的呼吸带进行粉尘浓度的测定。

二、粉尘浓度快速直读测定

粉尘浓度快速直读测定主要通过快速直读测尘仪直读测定。不同的快速直读测尘仪是根据不同的工作原理研制的。下面主要介绍 β 射线测尘仪、压电晶体测尘仪和光散射测尘仪的工作原理。

1. β 射线测尘仪的工作原理

β 射线是一种电子流，当 β 射线通过被测物质后，其强度衰减程度与所透过物质的质量有关，而与物质的物理、化学性质无关。当它的能量很小，穿透物质的质量小于 20 mg 而被吸收时，这一吸收量与物质的质量成正比，即：

$$Y=Y_0 e^{\gamma B \rho} \tag{9—47}$$

式中 Y——采样后经介质吸收的 β 粒子计数；

Y_0——采样前未经介质吸收的 β 粒子计数；

γ——β 粒子对特定介质的吸收系数，cm^2/mg；

B——吸收介质的厚度，cm；

ρ——吸收介质的相对密度，mg/cm^3。

因为采集空气样的体积是已知的，所以可利用这种β射线的吸收原理，通过测定清洁滤膜和采样滤膜对β射线吸收程度的差异，来测定采样滤膜粉尘浓度。

如图 9—28 所示为典型β射线测尘仪的结构示意图。β射线测尘仪可以直接读出粉尘的质量浓度，操作比较简单，获得结果迅速，适于瞬间测定环境中的粉尘浓度，也可以用于较长时间的采样。粉尘一般附着在有黏着剂的玻璃板或滤膜上，在滤膜上的粉尘处理后也可以在显微镜下观察或做成分分析。该仪器既可测定总粉尘浓度，也可使用呼吸性粉尘预分离器测定呼吸性粉尘浓度，测定精度一般为±10%。

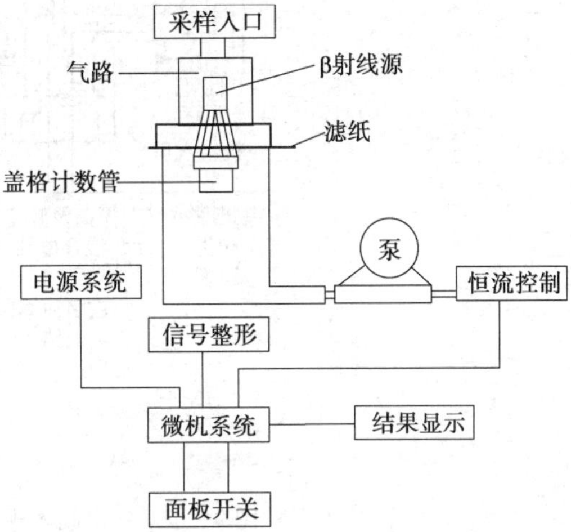

图 9—28　典型β射线测尘仪的结构示意图

2. 压电晶体测尘仪的工作原理

压电晶体测尘仪的工作原理是：石英压电晶体有一定的振荡频率，当晶体表面沉积有一定量的粉尘粒子时，就会改变其振荡频率，根据振荡频率的变化，可求出粉尘浓度。

压电晶体测尘仪一般由颗粒物浓度变送器和颗粒物浓度计算器组成，如图 9—29 所示。其测定步骤为：小型抽气泵把含尘空气抽到一个惯性冲击式的分粒装置中，除去粒径大于 10 μm 的尘粒，然后利用电沉降的原理，使尘粒采集在石英晶体上，最后根据采样后粉尘质量的不同，使振荡频率发生改变，以一定的系数换算成粉尘的质量浓度。这种测尘仪的优点是能较快地获得现场的粉尘浓度，其缺点是粉尘浓度的测定范围有限，一般在 10 mg/m^3 以内。

3. 光散射式测尘仪的工作原理

光散射式测尘仪是利用专门光源照射尘粒引起的散射光，使其经过光电器件变为电子信号，以测量悬浮粉尘浓度的一种快速测尘仪。其测尘原理是：由专门光源经透镜产生的平行光照射尘粒时，各尘粒引起不同方向（或某一方向）的散射光，如果光学系和尘粒系一定，则这种散射光强度就与粉尘浓度成正比，这样就可将散射光量经过转换元件变换成为呈比例的电脉冲，通过单位时间内的脉冲记数，就可

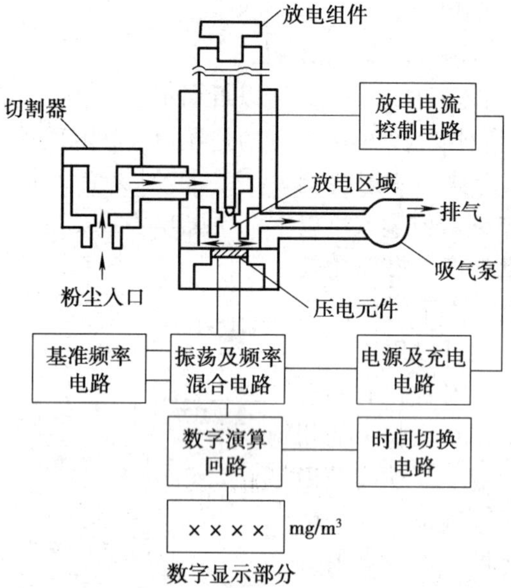

图 9—29　压电晶体测尘仪的结构原理图

以测知悬浮粉尘的相对浓度。如采样前后通过干净滤膜与含尘滤膜的光电流为 I_0、I，试验确定的粉尘消光系数为 K_g，采样流量为 Q，采样时间为 t，则可根据下式专门制造直接读取粉尘浓度 C 的刻度盘：

$$C=\frac{\ln I_0-\ln I}{K_g Qt} \tag{9—48}$$

光散射式测尘仪按光源来分，可分为可见光散射式测尘仪和激光散射式测尘仪两种。可见光散射式测尘仪的光源为可见光，其工作原理是，通过光电倍增管将颗粒物的散射光转换成光电流，再经光电流积分电路将光电流转换成电脉冲。定时电路和控制调节电路通过石英晶体振荡器和分频器产生时基信号，并以一套逻辑电路来控制计数器的导通时间，从而获得所需要的采样周期，最后从液晶显示器读出脉冲计数值。激光散射式测尘仪的光源为导体激光器，光电二极管为接收部件。微机激光粉尘仪的工作原理框图如图 9—30 所示，含尘空气由环行采样口吸入，经切割器分离除去粗大粒子，进入检测器暗室，暗室中的粉尘在激光照射下产生散射光，经前向接收，并转换成与散射光强度及粉尘浓度成正比的每分钟脉冲计数，即为粉尘相对质量浓度。光散射式测尘仪的优点是可立即测得瞬间空气的粉尘浓度，其缺点是所测得的结果受粉尘粒子大小和粉尘颜色的影响。

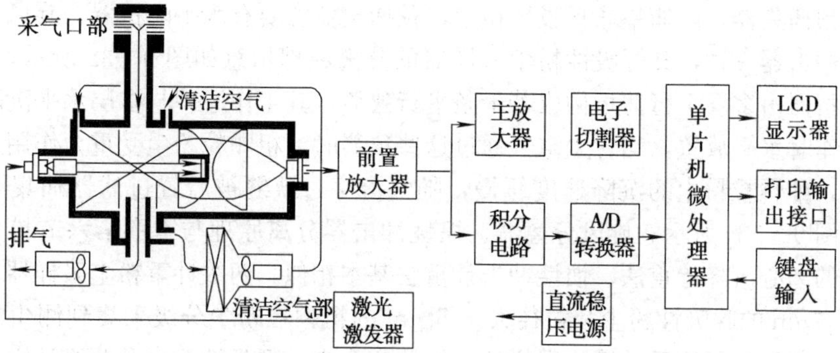

图 9—30 微机激光粉尘仪的工作原理框图

三、粉尘浓度滤膜计重法测定

采用滤膜计重法测定粉尘浓度时，要采用一定体积的含尘空气将粉尘阻留在已知质量的滤膜或前置预捕集器上，由采样器采样后，根据滤膜或前置预捕集器的增量，来求出单位体积空气中粉尘的质量。

1. 粉尘采样器和测尘滤膜

(1) 粉尘采样器。粉尘采样器是滤膜计重法采用的主要仪器，一般由采样头、滤料安放装置、流量计、抽气泵、流量调节阀、控制电路及其他相关附件组成。其基本原理是，在电源打开后，抽气泵形成负压，待测定的含尘空气在负压的作用下被抽吸到采样器后，待测的粉尘被阻留在滤膜或滤筒中，而流量计、流量调节阀、控制电路及其他相关附件为控制采样流量、粉尘的装置。典型的作业场所粉尘采样器外形如图 9—31 所示。

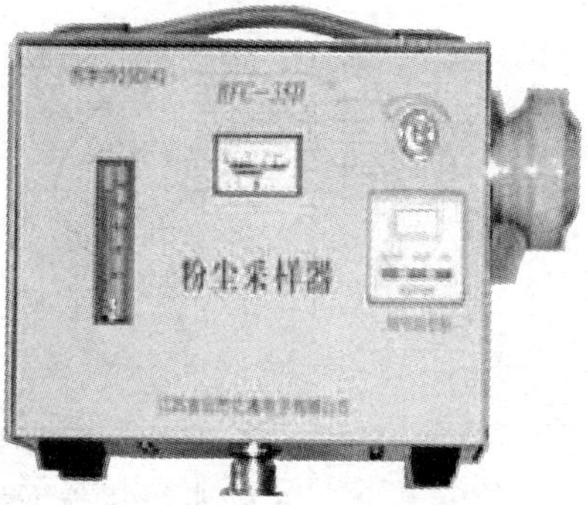

图 9—31 作业场所粉尘采样器外形图

根据测尘浓度类型，粉尘采样器有全尘浓度采样器、呼吸性粉尘采样器和两级计重粉尘采样器三种。全尘浓度采样器是指将全部粉尘采集到一个测尘滤料的采样器中，也即将一定体积的含尘空气通过采样头，全部大小不同的粉尘粒子被阻留于采样头内的滤膜表面，根据滤膜的增重和通过采样头的空气气体体积计算出空气中的粉尘浓度。呼吸性粉尘采样器是仅将粒径小于 5 μm 的呼吸性粉尘采集到测尘滤料进行称重计算的采样器，它与全尘采样器的差别在于，呼吸性粉尘采样器增设了一个前置预捕集器，以捕集非呼吸性粉尘，预捕集器主要有水平陶析器、旋风分离器和惯性冲击器三种，其呼吸性粉尘采样器的分离原理示意如图 9—32 所示，其中，水平陶析器由多层平行薄板构成若干条平行狭缝，其工作原理与多层水平沉降室相似，工作时水平放置，当含尘空气通过这些狭缝时，粗颗粒粉尘受重力作用逐渐沉降下来，细颗粒粉尘的沉降速度缓慢，随气流穿过狭缝被后置过滤器捕集在滤膜上，如图 9—32a 所示。旋风分离器、惯性冲击器分离原理与本章第六节粉尘分散度测定的离心沉降计重法、惯性冲击计重法基本相似。两级计重粉尘采样器是将粒径小于 5 μm 的呼吸性粉尘和粒径大于 5 μm 的粗颗粒粉尘分级采集到测尘滤料和前置预捕集器进行称重计算的采样器，能测定全尘、呼吸性粉尘及两级计重分级采样，如 AFQ－20A 粉尘采样器。两级计重粉尘采样器与全尘浓度采样器的区别是粒径小于 5 μm 和大于 5 μm 的粉尘分别采样；与呼吸性粉尘采样器的区别是前置预捕集器捕集的粒径大于 5 μm 的粗颗粒粉尘也进行称重并计算全尘浓度，其前置预捕集器多以惯性冲击分离器为主，水平陶析器不宜作为两级计重粉尘采样器的前置预捕集器。

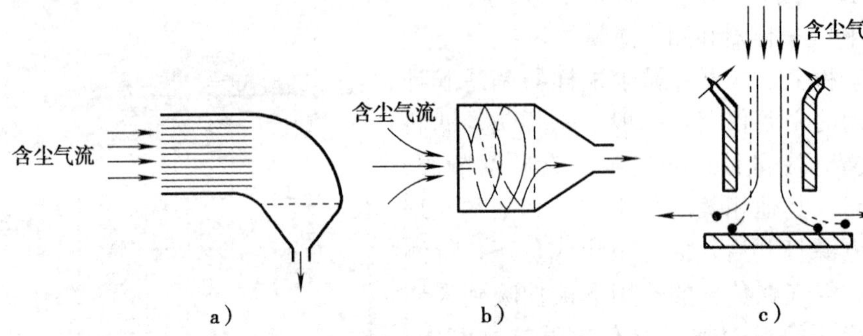

图 9—32　呼吸性粉尘采样器的分离原理示意图
a) 水平陶析器分离　b) 离心分离　c) 惯性冲击分离

(2) 测尘滤膜。滤膜由一种孔隙直径为 1.2～1.5 μm、带有电荷的超细纤维（高分子聚合物）构成，常用的测尘滤膜为过氯乙烯纤维滤膜和玻璃纤维滤膜。过氯乙烯纤维滤膜所组成的网状薄膜孔隙很小，表面成细绒状，不易破裂，具有静电性、憎水性、耐酸碱和质量轻等特点，纤维滤膜质量稳定性好，在低于 55℃的气温下不受温度变化影响，因此，正常情况下（温度低于 60℃、相对湿度不高于 95%）一般使用过氯乙烯纤维滤膜测尘，如现场条件不适用过氯乙烯纤维滤膜，则改用玻璃纤维滤膜。滤膜形状多为圆形，规格有直径 40 mm 和直径 75 mm 两种，当粉尘浓度低于 200 mg/m^3 时，用直径为 40 mm 的滤膜；当粉尘浓度高于 200 mg/m^3 时，用直径为 75 mm 的滤膜。

2. 测定工作相关要求

（1）准备滤膜时，应用镊子取下滤膜两面的夹衬纸，并置于天平上称量，记录其初始质量，然后将滤膜装入滤膜夹。在确认滤膜无褶皱或裂隙后，放入带编号的样品盒里备用。

（2）架设采样器时，取出准备好的滤膜夹，并装入采样头中拧紧。采样时，滤膜的受尘面应迎向含尘气流。当无法避免飞溅的泥浆、沙粒对样品的污染时，受尘面可以侧向。

（3）采样的流量一般为 15～40 L/min，在浓度较低时，可适当加大流量，但流量不得超过 80 L/min。在整个采样过程中，流量应稳定。

（4）连续性产尘作业点应在作业开始 30 min 后采样；而对于阵发性产尘作业点，应在工人工作时采样。

（5）根据测尘点的粉尘浓度估计值及滤膜上所需粉尘增量的最低值确定采样的持续时间（当粉尘浓度高于 10 mg/m^3 时，采气量不得小于 0.2 m^3；当粉尘浓度低于 2 mg/m^3 时，采气量为 0.5～1 m^3）。采样持续时间一般按下式估算：

$$t \leqslant \frac{\Delta m \times 1\,000}{9C'Q} \tag{9—49}$$

式中　Q——采样流量，L/min；

t——采样持续时间，min；

C'——作业场所的估计粉尘浓度，mg/m^3；

Δm——要求的粉尘增量，其质量应大于或等于 1 mg。

（6）直径为 40 mm 的滤膜上粉尘的增量，应不少于 1 mg，但不得多于 10 mg；直径为 75 mm 的滤膜，应做成锥形漏斗进行采样，其粉尘增量不受此限制。

（7）采样结束后，将滤膜从滤膜夹上取下，一般不需干燥处理，可直接放在感量不低于 0.000 1 g 的分析天平上称量记录。如果采样现场的相对湿度在 90%以上或有水雾存在时，应将滤膜放在干燥器内干燥 2 h 称量记录后再放入干燥器中干燥 30 min，并再次称量。当相邻两次称量后的质量差不超过 0.1 mg 时，取其最小值。

3. 粉尘浓度的计算

粉尘浓度一般可按下式计算：

$$C = \frac{m_2 - m_1}{Q't} \times 1\,000 \tag{9—50}$$

式中 C——粉尘质量浓度，mg/m^3；

t——采样器的采样时间，min；

m_1——采样前的滤膜质量，mg；

m_2——采样后的滤膜质量，mg；

Q'——换算成标准状态下采样器的采样流量，L/min。

Q'按下式计算：

$$Q'=\frac{1.2}{\rho_i}Q_x \tag{9—51}$$

式中 ρ_i——作业场所的空气密度，kg/m^3；

Q_x——采样器流量，L/min。

在实际测尘工作中，如现场状态与标准状态相差不大，式（9—50）中的Q'可以用Q_x代入。

第八节　管道内粉尘浓度的测定

管道内粉尘浓度的测定一般有两种方法，一是根据计量方法，可分为计重法和计数法两种；二是根据检测原理，可分为滤筒计量法和快速直读法两种，其中，滤筒计量法是通过采样器将悬浮粉尘采集到测尘滤筒中，再用天平称其质量求出粉尘的质量浓度或用显微镜计数求其数量浓度，快速直读法的测定同第七章所述。下面重点介绍采用滤筒计量法进行管道粉尘浓度的测定。

一、粉尘采样仪器

粉尘采样仪器由采样管、空气参数测量系统、抽气系统、数据处理系统及连接管路等组成，如图 9—33 所示为某烟尘采样装置示意图，如图 9—34 所示为某微机烟尘平行采样仪结构框图。其中，抽气系统包括抽气泵、流量计、冷凝器、干燥器等，抽气泵多采用旋转叶片式真空泵，也有部分采用引射器，流量计一般为转子流量计、孔口流量计，有的也添加累积流量计；空气参数测量系统包括本章第一节、第二节介绍的风流压力、风量、温度、湿度等测定仪器；数据处理系统主要是将测得的数据经过预先设定的程序采用人机对话方式进行处理，新研制的采样装置一般配有数据处理系统；采样管由采样嘴、管壁、滤筒夹、滤筒等组成。玻璃纤维滤筒采样管和刚玉滤筒采样管分别如图 9—35 和图 9—36 所示，滤筒夹是固定滤筒的装置，常用的滤筒有玻璃纤维滤筒、硅酸铝滤筒和刚玉滤筒，对粒径在 0.3～0.5 μm

以上颗粒物的阻留效率均在99.9%以上，其中玻璃纤维滤筒常用于气温在400℃以下的粉尘采样，气温在400～850℃的粉尘采样多用刚玉滤筒、硅酸铝滤筒，其最高能承受1 000℃的高温气流，采样嘴根据等速采样方法的不同而有多种类型；连接管仅起联结导气的作用，一般均用耐腐蚀材料制作，以不锈钢最为常见。

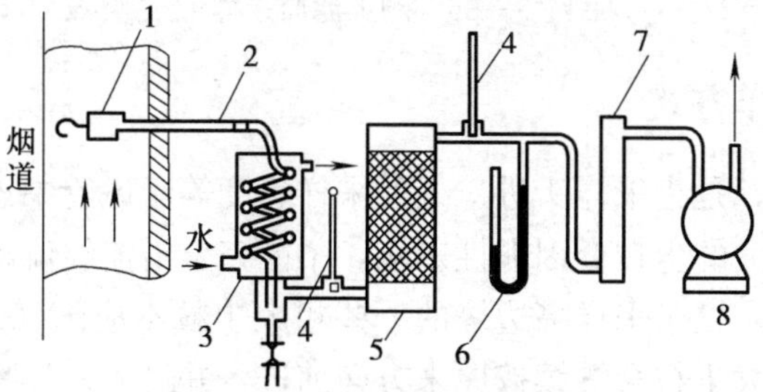

图 9—33 某烟尘采样装置示意图

1、2—滤筒采样管 3—冷凝器 4—温度计 5—干燥器 6—压力计 7—转子流量计 8—抽气泵

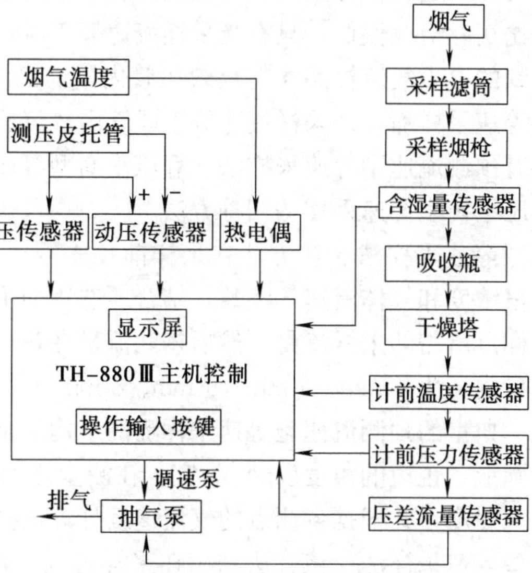

图 9—34 某微机烟尘平行采样仪结构框图

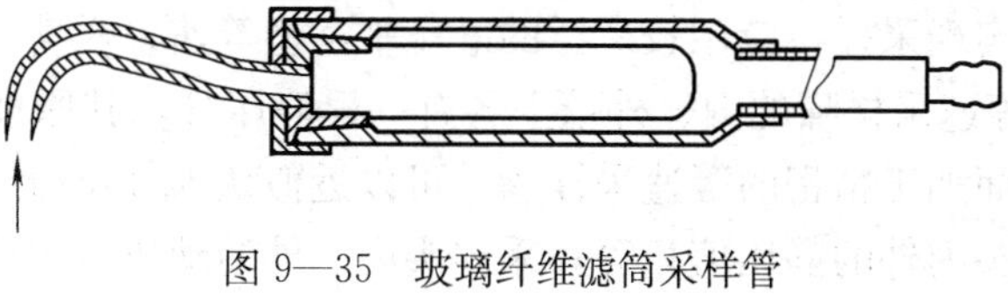

图 9—35 玻璃纤维滤筒采样管

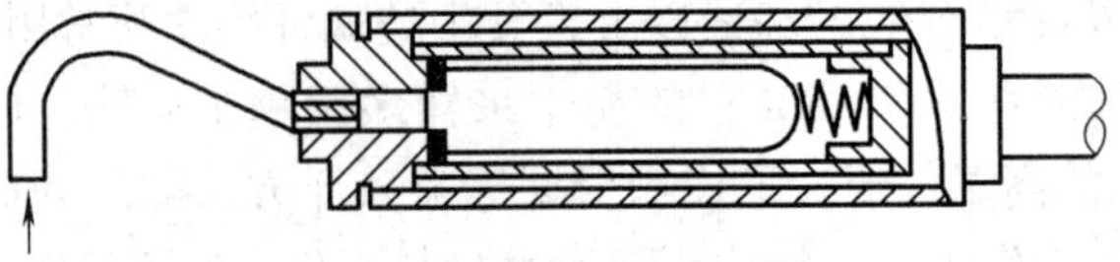

图 9—36　刚玉滤筒采样管

二、等速采样方式

所谓等速采样，是指采样头进口处的采样速度等于风管中该点的气流速度；而非等速采样时，较大的尘粒会因惯性影响，不能完全沿流线流动。当采样流速小于风管的气流速度时，处于采样嘴边缘的一些粗大尘粒本应随气流一起绕过采样嘴，但因惯性作用，粗大尘粒会继续按原来方向前进，并进入采样嘴内，使测定结果偏高。当采样速度大于风管流速时，处于采样嘴边缘的一些粗大尘粒因本身的惯性作用，不能随气流改变方向进入采样头内，而继续沿着原来的方向前进，在采样嘴外通过，使测定结果比实际情况偏低，只有当采样流速等于风管内气流速度即等速采样时，采样管收集到的含尘气流样品才能反映风管内气流的实际含尘情况。因此，管道采样中应使用等速采样嘴，即采样流速等于风管内气流速度的采样嘴。

等速采样方式有预测流速型等速采样法、静压平衡型等速采样法、与皮托管平行等速采样法、动压平衡型等速采样法四种方法。

（1）预测流速型等速采样法。该方法在采样前预先测出各采样点处的排气温度、压力、水分质量浓度和气体流速等参数，结合所选用的采样嘴直径，计算出等速采样条件下各采样点所需的采样流量，然后按此流量在各点采样。预测流速型等速采样嘴一般由进口内径为 4 mm、5 mm、6 mm、8 mm、10 mm、12 mm、14 mm 的系列采样嘴组成，典型的预测流速型等速采样嘴的结构示意如图 9—37 所示，一般制作成渐缩锐边圆形，锐边的角度以 30°为宜。在测尘之前，先要测出风管测定断面上各测点的气流速度，并根据各测点的气流速度计算选择其中之一采样嘴。

（2）静压平衡型等速采样法。该方法利用在采样管入口配置的专门的采样嘴，在采样嘴的内外壁上分别开有测量静压的条缝，调节采样流量，使采样嘴内外条缝处静压相等，以实现采样。应用较广泛的静压平衡型等速采样嘴，其结构示意如图 9—38 所示。在等速采样嘴的内、外壁上各有一根静压管，其原理是，对于采用锐角边缘、内外表面加工精密的等速采样嘴，可以近似认为气流通过采样嘴时的阻力为零，只要采样头内外的静压值相等，采样头内、外的动压就相等，采样嘴内的气流速度就等于风管内的气流速度。应当指出，平衡型静压等速采样嘴是利用静压而不是采样流量来指示等速情况的。瞬时流量是被动的，记录采样流量不能用瞬时流量计，要用累计流量计，此法用于测量低含尘量的排放源操作简单、方便。

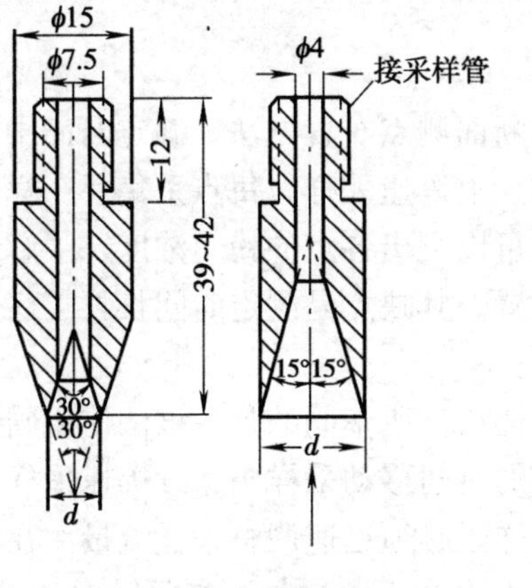

图 9—37　预测流速型等速采样嘴的结构示意图

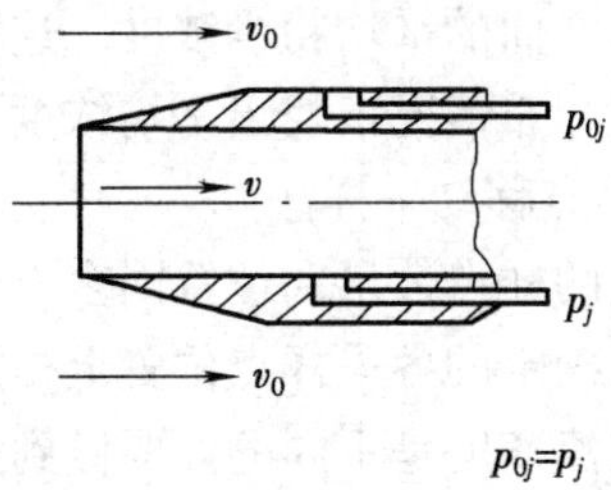

图 9—38　静压平衡型等速采样嘴的结构示意图

（3）与皮托管平行等速采样法。这种采样方法是预测流速型等速采样法的改进方法，它将采样管、皮托管和热电偶温度计固定在一起插入同一采样点，根据预先测得的含尘气流静压、含湿量和当时测得的动压、温度等参数，结合选用的采样嘴直径，由编有程序的计算器及时算出等速采样流量，迅速调节转子流量计至所要求的读数。如图 9—34 所示的平行采样仪即按此方法设计。此法与预测流速型等速采样法的不同之处在于测定流量和采样几乎同时进行，适用于工况点易发生变化的含尘气流。

（4）动压平衡型等速采样法。这种采样方法是将采样管与皮托管平行放置在采样点，利用装置在采样管的滤筒夹后的孔板压差与皮托管指示的采样点含尘气的动压相平衡原理来实现等速采样，具有与静压平衡等速采样管相同的优点，而且加工较为方便，但采样装置需附加皮托管，装置稍加复杂。

三、测定断面平均粉尘浓度的采样方法

管道粉尘浓度测定的断面选择、测点布置同本章第三节速压法风量测定的要求。

研究表明，风管断面上含尘浓度的分布是不均匀的。在气流稳定的垂直管中，含尘浓度由管中心向管壁逐渐增加；在气流稳定的水平管中，由于重力的影响，下部的含尘浓度较上部大，而且粉尘粒径也大；在气流不均匀的风管中，断面上含尘

浓度分布不稳定。因此，作为管道及烟道粉尘浓度的测定目的之一，即测算管道除尘装置的除尘效率时，应测定管道平均粉尘浓度。管道测定断面平均粉尘浓度的采样方法主要有以下几种：

1. 多点分别采样法

该法按本章第三节速压法风量测定的断面测点布置方法，确定断面中的采样点位置和数量，然后分别在已定的每个采样点上等速采样，每点采集一个样品，而后再计算出断面的平均粉尘浓度。这种方法可以测出各点的粉尘浓度，了解断面上的粉尘浓度分布情况，找出平均浓度点的位置。其缺点是测定时间长，工序烦琐。

2. 多点移动采样法

该法的样点数量和位置同多点分别采样法。所不同的是，该法使用同一测尘滤料，在已确定的各采样点位置上，用相同的时间移动采样头连续等速采样。由于各测点的气流速度是不同的，要做到等速采样，必须迅速调整采样流量。在测定过程中，随着滤膜上或滤筒内粉尘的积聚，阻力也会不断增加，必须随时调整螺旋夹，以保证各测点的采样流量保持稳定。每个采样点的采样时间不得少于 2 min。这种方法比多点分别采样法简单、省事、省时间，平均浓度测定结果精度高，目前应用较为广泛。

3. 固定点采样法

该法是预先了解断面上的浓度分布情况及管道平均浓度点的位置，在管道中确定一点为固定采样点，进行等速采样，把测得的粉尘浓度再乘以平均浓度系数作为断面的平均浓度。这个固定采样点有的为平均流速点，有的为平均浓度点，也有的为管道中心点。平均浓度系数一般在预先了解断面粉尘浓度分布情况下获取，一般来说，在平均浓度点采样时，其平均浓度系数为 1；平均流速点、管道中心点作为固定采样点时，其平均浓度系数不为 1。这种方法最为简便，对粉尘浓度随时间变化显著的场合最为适合，但采用这种方法应预先了解断面上的浓度分布情况，如没有相关资料，应按多点分别采样法预先测定断面上的浓度分布情况。

四、采样操作与粉尘浓度计算

采样的步骤是：计算出采样操作所要求的流量，将已称量的滤筒（放入干燥器 24 h 或 102℃烘箱中烘干 1 h）放入采样管滤筒夹内，组装仪器，在检查系统不漏气后，将采样管放入管道采样，使采样嘴背着气流。预热 5 min 后，把采样嘴对准气流方向，同时启动抽气泵，迅速调整采样流量到等速采样流量。由于采样时间的延续，烟尘在滤筒上逐渐沉积，阻力会逐渐增加，需要随时调节流量，并记录采样时流量计前的温度和压力。采样结束后，抽出采样管，小心取出滤筒，将采集尘样的滤筒放在105℃烘箱中烘2 h，取出置于玻璃干燥器内冷却20 min后，用分析天平称重。采样之后，应再次测定采样点的压力（静压、动压），并与采样前的预测值相比较，若相差不大于20%则数据可用，否则应重复测定。

本章小结

为了正确评价、完善通风系统和作业场所的劳动卫生条件，通风与粉尘测定是必不可少的环节。本章在介绍通风、粉尘测定仪器结构及原理的基础上，重点介绍了空气压力、风道风量、通风机性能、通风阻力、粉尘物理参数和浓度的测定方法等内容。风道风量的常用测定方法有速压法、风速表法、静压法三种，通风阻力的测定方法通常有气压计法和压差计法两种，现场通风机性能测定的主要工作是测出在管网风阻不同条件下的通风机工作风压 H、通风机工作风量 Q、通风机转速 n、效率 η 及电动机输入功率 N 等，绘出通风机的 H——Q、N——Q、η——Q 曲线。粉尘主要物理参数的测定一般包括粉尘真密度、粉尘分散度、游离 SiO_2 含量等的测定。滤膜计重法是我国目前规定的粉尘浓度测定方法。

复习思考题

1. 简述热电偶温度计的测温原理。简述如何用干湿球湿度计测定湿度。

2. 为何S型皮托管一般不宜用于测量气流速度小于3 m/s的气流？简述单管倾斜微压计仪器的测压原理。

3. 简述如何用补偿式微压计和皮托管测定管道中某点的动压。

4. 在速压法风量测定中，对测定断面的选择和测点布置有何要求？

5. 如已知某通风管道的一段弯道局部阻力系数为 ξ，弯道两端静压差为 h，空气密度为 ρ，管道直径均为 d，试求该通风管道内通过的风量。

6. 如何测定通风机的工作风压、电动机功率与效率？

7. 用压差计法测定通风阻力时，当两断面相等时，为什么压差计的读数等于通风阻力？

8. 利用通风机相似原理推导实际测得的通风机工作风量、功率换算至标准状态下的通风机工作风量、功率的关系式。

9. 简述焦磷酸溶解法测定粉尘中游离 SiO_2 的分析步骤。

10. 可以用哪些方法测定粉尘分散度？可以用哪些方法测定作业场所粉尘浓度？

11. 粉尘浓度快速直读法测定采用的测尘仪有哪几种？试简述其各自的测尘原理。

12. 采用滤膜计重法测定粉尘浓度有哪些要求？

13. 等速采样方式有哪几种方法？简述静压平衡型等速采样嘴的结构原理。

14. 如何确定排气管道中的粉尘采样点位和采样点数？如何确定排气中气体样品的采样点位？用校正系数为 0.85 的 S 型皮托管测得管道的空气动压为 78.8 Pa，空气温度为 20℃，绝对压力接近大气压力，与标准状态基本相同，试求空气的流速。

15. 某排烟气管道的断面为 1.5 m^2，烟气平均流速为 15 m/s，烟气温度为 120℃，烟气静压为−1.3 kPa，大气压力为 100.6 kPa，烟气中相对湿度为 12%，求标准状态下的干烟气流量。

16. 直径为 400 mm 的通风管道，用标准毕托管（校正系数 $K=1$）和单管倾斜压差计测定动压，读数分别为 250 Pa、260 Pa、260 Pa、270 Pa、260 Pa、250 Pa、250 Pa、240 Pa、250 Pa、260 Pa、250 Pa，倾斜式微压计校正系数 $K=0.3$，用干湿温度计测得管内气流干温度为 20℃、湿温度为 17℃，当地大气压力 101 kPa，计算该风管的风量。

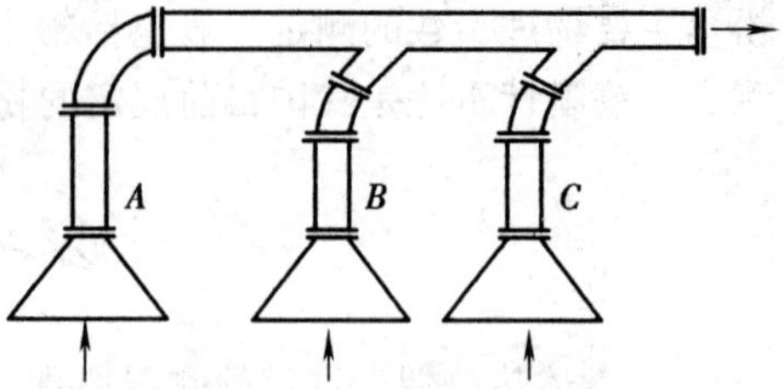

图 9—39 局部排风系统

17. 如图 9—39 所示的局部排风系统，其 3 个局部集气罩的结构完全相同。已知系统总风量为 2.5 m^3/s，A 点静压 $p_{Aj}=-150$ Pa，B 点静压 $p_{Bj}=-180$ Pa，C 点静压 $p_{Cj}=-150$ Pa，求各个集气罩的风量。

附　录

附录 1　　由干湿球湿度计读值查相对湿度表

湿球温度（℃）	干湿球温度差（℃）														
	0	0.5	1	1.5	2.0	2.5	3.0	3.5	4.0	4.5	5.0	5.5	6.0	6.5	7.0
	相对湿度（%）														
1	100	91	83	76	69	62	56	48	44	39	34	30	25	21	17
2	100	92	83	77	70	64	58	50	47	42	37	33	28	24	21
3	100	92	84	78	72	65	60	52	49	44	39	35	31	27	23
4	100	93	85	79	73	67	61	54	51	46	42	37	33	30	26
5	100	93	86	80	74	68	63	57	54	48	44	40	36	32	29
6	100	93	87	81	75	68	64	59	56	50	46	42	38	34	31
7	100	93	87	81	76	70	65	60	57	52	48	44	40	37	33
8	100	94	88	82	76	71	66	62	59	53	49	46	42	39	35
9	100	94	88	82	77	72	68	63	60	55	51	47	44	40	37
10	100	94	88	83	78	73	69	64	61	56	52	49	45	42	39
11	100	94	89	84	79	74	69	65	62	57	54	50	47	44	41
12	100	94	89	84	79	75	70	66	63	59	55	52	49	45	42
13	100	95	90	85	80	76	71	67	64	60	56	53	50	47	44
14	100	95	90	85	81	76	72	68	65	61	57	54	51	48	45
15	100	95	90	85	81	77	73	69	66	62	59	55	52	50	47
16	100	95	90	86	82	78	74	70	67	63	60	57	54	51	48
17	100	95	91	86	82	78	74	71	68	64	61	58	55	52	49
18	100	95	91	87	83	79	75	71	69	65	62	59	56	53	50
19	100	95	91	87	83	79	76	72	69	65	62	59	57	54	51
20	100	96	91	87	83	80	76	73	70	66	63	60	58	55	52
21	100	96	92	88	84	80	77	73	71	67	64	61	58	56	53
22	100	96	92	88	84	81	77	74	71	68	65	62	59	57	54
23	100	96	92	88	84	81	78	74	72	68	65	63	60	58	55
24	100	96	92	88	85	81	78	75	72	69	66	63	61	58	6
25	100	96	92	89	85	82	78	75	73	69	67	64	62	59	57
26	100	96	92	89	85	82	79	76	73	70	67	65	62	60	57
27	100	96	93	89	86	82	79	76	74	71	68	65	63	60	58
28	100	96	93	89	86	83	80	77	74	71	68	66	63	61	59
29	100	96	93	89	86	83	80	77	75	72	69	66	64	62	60
30	100	96	93	90	86	83	80	77	75	72	69	67	65	62	60
31	100	96	93	90	87	84	81	78	76	73	70	68	65	63	61
32	100	97	93	90	87	84	81	78	76	73	71	68	66	63	61

附录 2 饱和水蒸气参数表

干球温度 t（℃）	水蒸气分压 p_{sat} (Pa)	水蒸气分压 p_{sat} (mmHg)	水蒸气密度 ρ_{sat}（kg/m³）	含湿量 (g/kg)	焓 i（kJ/kg）
−1	562	4.22	4.50×10^{-3}	3.52	7.8
0	611	4.58	4.84×10^{-3}	3.82	9.5
2	705	5.29	5.56×10^{-3}	4.42	13.1
4	813	6.10	0.006 36	5.10	16.8
6	935	7.01	0.007 26	5.87	20.7
7	1 001	7.51	0.007 75	6.29	22.8
8	1 072	8.04	0.008 26	6.74	25.0
9	1 147	8.61	0.008 82	7.22	27.2
10	1 227	9.21	0.009 40	7.73	29.5
11	1 312	9.84	0.010 01	8.27	31.9
12	1 401	10.51	0.010 66	8.84	34.4
13	1 500	11.23	0.011 34	9.45	37.0
14	1 597	11.98	0.012 06	10.10	39.5
15	1 704	12.78	0.012 82	10.78	42.3
16	1 817	13.61	0.013 63	11.51	45.2
17	1 936	14.53	0.014 47	12.28	48.2
18	2 062	15.47	0.015 36	13.10	51.3
19	2 196	16.47	0.016 30	13.97	54.5
20	2 337	17.53	0.017 29	14.88	57.9
21	2 485	18.65	0.018 33	15.85	61.4
22	2 642	19.82	0.019 42	16.88	65.0
23	2 808	21.07	0.020 57	17.97	68.8
24	2 982	22.38	0.021 77	19.12	72.8
25	3 167	23.75	0.023 03	20.34	77.0
26	3 360	25.21	0.024 37	21.63	81.3
27	3 564	26.74	0.025 76	22.99	85.8
28	2 778	28.35	0.027 23	24.42	90.5
29	4 004	30.04	0.028 76	25.94	95.4
30	4 241	31.83	0.030 37	27.52	100.5
31	4 491	33.70	0.032 0	29.25	106.0
32	4 753	35.67	0.033 8	31.07	111.7
33	5 029	37.73	0.035 7	32.94	117.6
34	5 318	39.90	0.037 6	34.94	123.7
35	5 622	42.18	0.039 62	37.05	130.2

附录 3　　几种气体或蒸气的爆炸极限

名称	气体、蒸气相对密度（空气为 1）	爆炸浓度				生产类别	发火点（℃）
		按体积（%）		按质量（mg/L）			
		下限	上限	下限	上限		
氨气	0.59	16.00	27.00	111.20	187.70	乙	
乙炔	0.90	3.50	82.00	37.20	870.00	甲	
汽油	3.15	1.00	6.00	37.20	223.20	甲	−50～30
苯	2.77	1.50	9.50	49.10	31.00	甲	−50～10
氢气	0.07	9.15	75.00	3.45	62.50	甲	
水煤气	0.54	12.00	66.00	81.50	423.50	乙	
发生炉煤气	2.90	20.70	73.70	221.00	755.00	乙	
高炉煤气	—	35.00	74.00	315.00	668.00	乙	
甲烷	0.55	5.00	16.00	32.60	104.20	甲	
甲苯	3.20	1.20	7.00	45.50	266.00	甲	
丙烷	1.52	2.30	9.50	41.50	170.50	甲	
乙烷	1.03	3.00	15.00	30.10	180.50	甲	
戊烷	2.49	1.40	8.00	41.50	237.00	甲	−10
丁烷	2.00	1.60	8.50	38.00	201.50	甲	
丙酮	2.00	2.90	13.00	69.00	308.00	甲	−17
二氯化乙烯	3.55	9.70	12.80	388.00	514.00	甲	6
氯化乙烯	—	3.00	80.00	54.00	144.00	甲	
照明气	0.50	8.00	24.50	47.50	145.20	甲	
乙醇	1.59	3.50	18.00	66.20	340.10	甲	9～32
丙醇	2.10	2.50	8.70	62.30	226.00	甲	22～45
煤油	—	1.40	7.50	—	—	甲	28
硫化氢	1.19	4.30	45.50	60.58	642.20	甲	
二硫化碳	2.60	1.90	81.30	58.80	250.00	甲	−43
甲醇	—	8.00	36.50	78.50	478.00	甲	−1～32
丁醇	—	3.10	10.20	94.00	309.00	甲	27～34
乙烯	0.97	3.00	34.00	34.80	392.00	甲	
丙烯	1.45	2.00	11.00	34.40	190.00	甲	
松节油	—	0.80	—	44.50	—	乙	

附录 4　各种粉尘的爆炸浓度下限

名称	浓度下限（g/m³）	名称	浓度下限（g/m³）	名称	浓度下限（g/m³）
铝粉末	58.0	马铃薯淀粉	40.3	硫黄	2.3
蒽	5.0	玉蜀黍	37.8	硫矿粉	13.9
酪素赛璐璐尘末	8.0	木质	30.2	页岩粉	58.0
豌豆	25.2	亚麻皮屑	16.7	烟草末	68.0
二苯基	12.5	玉蜀黍粉	12.6	泥炭粉	10.1
木屑	65.0	硫的磨碎粉末	10.1	六次甲基四胺	15.0
渣饼	20.2	奶粉	7.6	棉花	25.2
工业用酪素	32.8	面粉	30.2	菊苣（蒲公英属）	45.4
樟脑	10.1	萘	2.5	茶味末	32.8
煤末	114.0	燕麦	30.2	兵豆	10.1
松香	5.0	麦糠	10.1	虫胶	15.0
饲粉粉末	7.6	沥青	15.0	一级硬橡胶尘末	7.6
咖啡	42.8	甜菜糖	8.9	谷仓尘末	227.0
染料	270.0	甘草尘土	20.2	电子尘	30.0

附录 5　局部阻力系数表

序号	名称	图形和断面	局部阻力系数 ξ（ξ值以图内所示的速度 v 计算）											
			h/D_0	0.1	0.2	0.3	0.4	0.5	0.6	0.7	0.8	0.9	1.0	∞
1	伞形风帽（管边尖锐）	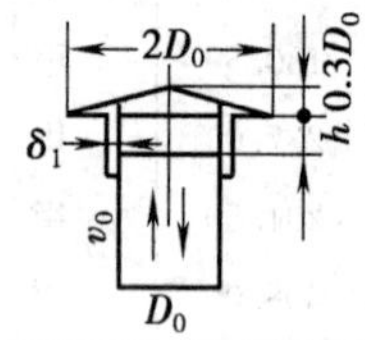	进风	2.63	1.83	1.53	1.39	1.31	1.19	1.15	1.08	1.07	1.06	1.06
			排风	4.00	2.30	1.60	1.30	1.15	1.10	—	1.00	—	1.00	—
2	带扩散管的伞形风帽	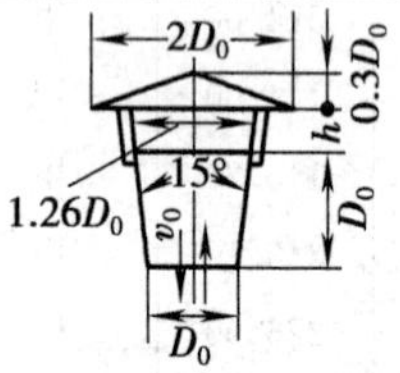	进风	1.32	0.97	0.60	0.48	0.41	0.30	0.29	0.28	0.25	0.25	0.25
			排风	2.60	1.30	0.80	0.7	0.60	0.60	0.60	0.60	—	0.60	—

序号	名称	图形和断面	$\frac{S_1}{S_0}$	$\alpha°$				
				10	15	20	25	30
3	渐扩管	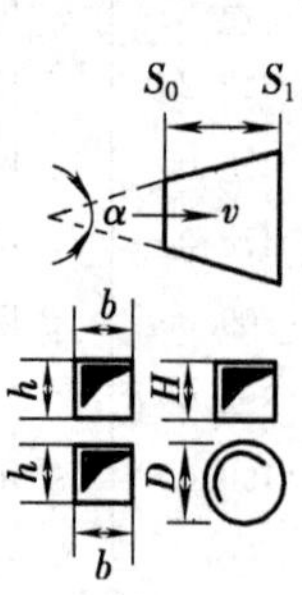	1.25	0.02	0.03	0.05	0.06	0.07
			1.50	0.03	0.06	0.10	0.12	0.13
			1.75	0.05	0.09	0.14	0.17	0.19
			2.00	0.06	0.13	0.20	0.23	0.26
			2.25	0.08	0.16	0.26	0.38	0.33
			3.50	0.09	0.19	0.30	0.36	0.39

续表

<table>
<tr><th>序号</th><th>名称</th><th>图形和断面</th><th>局部阻力系数 ξ（ξ 值以图内所示的速度 v 计算）</th></tr>
<tr><td>4</td><td>渐扩管</td><td>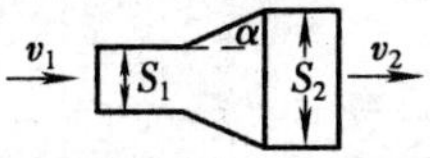
</td><td>
<table>
<tr><td>α</td><td>22.5</td><td>30</td><td>45</td><td>90</td></tr>
<tr><td>ξ1</td><td>0.6</td><td>0.8</td><td>0.9</td><td>1.0</td></tr>
</table></td></tr>
<tr><td>5</td><td>突扩</td><td>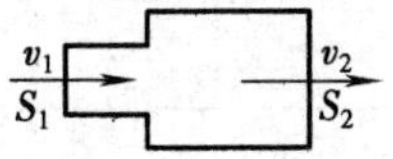
</td><td>
<table>
<tr><td>S1/S2</td><td>0</td><td>0.1</td><td>0.2</td><td>0.3</td><td>0.4</td><td>0.5</td><td>0.6</td><td>0.7</td><td>0.9</td><td>1.0</td></tr>
<tr><td>ξ1</td><td>1.0</td><td>0.81</td><td>0.64</td><td>0.49</td><td>0.36</td><td>0.25</td><td>0.16</td><td>0.09</td><td>0.01</td><td>0</td></tr>
</table></td></tr>
<tr><td>6</td><td>突缩</td><td>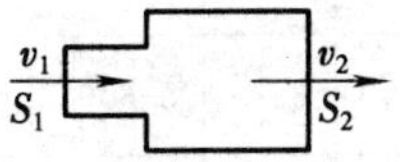
</td><td>
<table>
<tr><td>S1/S2</td><td>0</td><td>0.1</td><td>0.2</td><td>0.3</td><td>0.4</td><td>0.5</td><td>0.6</td><td>0.7</td><td>0.9</td><td>1.0</td></tr>
<tr><td>ξ1</td><td>0.5</td><td>0.47</td><td>0.42</td><td>0.38</td><td>0.34</td><td>0.30</td><td>0.25</td><td>0.20</td><td>0.09</td><td>0</td></tr>
</table></td></tr>
<tr><td>7</td><td>渐缩管</td><td>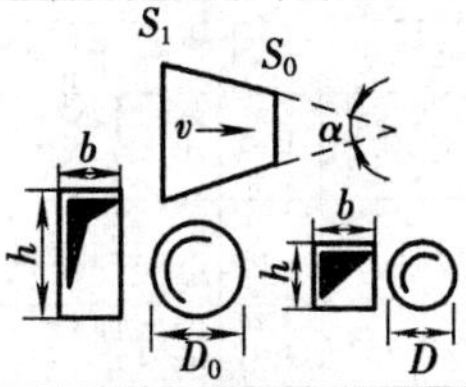
</td><td>当 α≤45°时，ξ=0.10</td></tr>
<tr><td>8</td><td>伞形罩</td><td>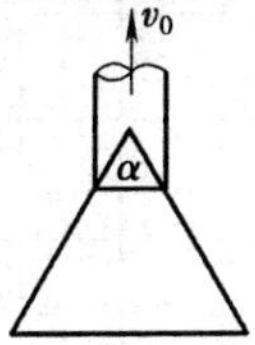
</td><td>
<table>
<tr><td>α°</td><td>20</td><td>40</td><td>60</td><td>90</td><td>100</td></tr>
<tr><td>圆形</td><td>0.11</td><td>0.06</td><td>0.09</td><td>0.16</td><td>0.27</td></tr>
<tr><td>矩形</td><td>0.19</td><td>0.13</td><td>0.16</td><td>0.25</td><td>0.33</td></tr>
</table></td></tr>
<tr><td>9</td><td>圆（方）弯管</td><td>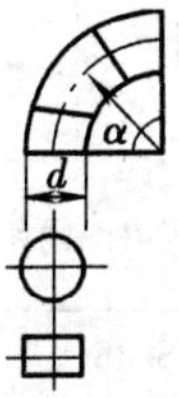
</td><td>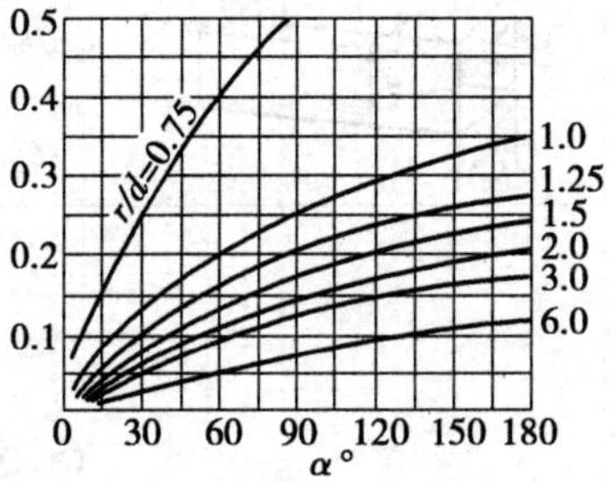
</td></tr>
<tr><td>10</td><td>矩形弯头</td><td>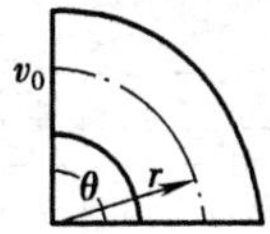

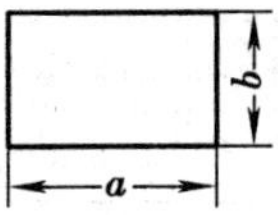
</td><td>
<table>
<tr><td rowspan="2">r/b</td><td colspan="11">a/b</td></tr>
<tr><td>0.25</td><td>0.5</td><td>0.75</td><td>1.0</td><td>1.5</td><td>2.0</td><td>3.0</td><td>4.0</td><td>5.0</td><td>6.0</td><td>8.0</td></tr>
<tr><td>0.5</td><td>1.5</td><td>1.4</td><td>1.3</td><td>1.2</td><td>1.1</td><td>1.0</td><td>1.0</td><td>1.1</td><td>1.1</td><td>1.2</td><td>1.2</td></tr>
<tr><td>0.75</td><td>0.57</td><td>0.52</td><td>0.48</td><td>0.44</td><td>0.40</td><td>0.39</td><td>0.39</td><td>0.40</td><td>0.42</td><td>0.43</td><td>0.44</td></tr>
<tr><td>1.0</td><td>0.27</td><td>0.25</td><td>0.23</td><td>0.21</td><td>0.19</td><td>0.18</td><td>0.18</td><td>0.19</td><td>0.20</td><td>0.27</td><td>0.21</td></tr>
<tr><td>1.5</td><td>0.22</td><td>0.20</td><td>0.19</td><td>0.17</td><td>0.15</td><td>0.14</td><td>0.14</td><td>0.15</td><td>0.16</td><td>0.17</td><td>0.17</td></tr>
<tr><td>2.0</td><td>0.20</td><td>0.18</td><td>0.16</td><td>0.15</td><td>0.14</td><td>0.13</td><td>0.13</td><td>0.14</td><td>0.14</td><td>0.15</td><td>0.15</td></tr>
</table></td></tr>
</table>

续表

序号	名称	图形和断面	局部阻力系数 ξ（ξ 值以图内所示的速度 v 计算）
11	板弯头带导叶		1. 单叶式 $\xi=0.35$ 2. 双叶式 $\xi=0.10$
12	乙形管	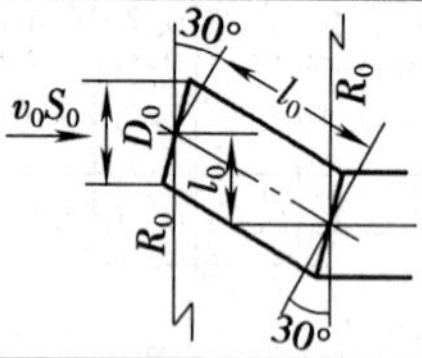	见下表
13	乙形管	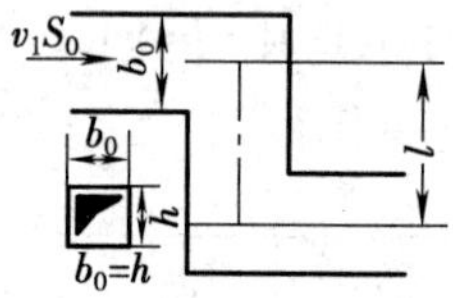	见下表
14	Z形管	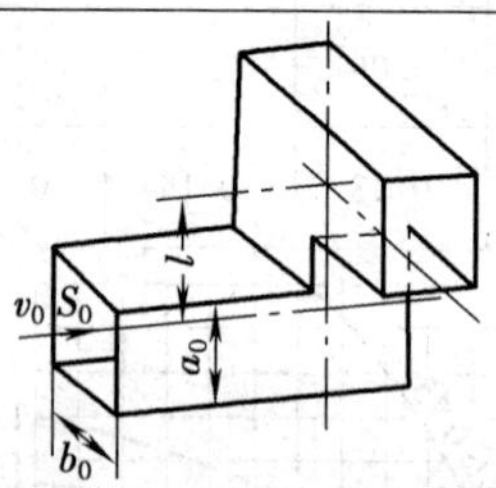	见下表
15	合流三通	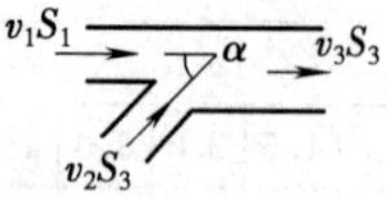 $S_1+S_2=S_3$, $\alpha=30°$	见下表

12 乙形管：

l_0/D_0	0	1.0	2.0	3.0	4.0	5.0	6.0
$R/0/D_0$	0	1.90	3.74	5.60	7.46	9.30	11.3
ξ	0	0.15	0.15	0.16	0.16	0.16	0.16

13 乙形管：

$1/b_0$	0	0.4	0.6	0.8	1.0	1.2	1.4	1.6	1.8	2.0
ξ	0	0.62	0.89	1.61	2.63	3.61	4.01	4.18	4.22	4.18
$1/b_0$	2.4	2.8	3.2	4.0	5.0	6.0	7.0	9.0	10.0	∞
ξ	3.75	3.31	3.20	3.08	2.92	2.80	2.70	2.5	2.41	2.30

14 Z形管：

$1/b_0$	0	0.4	0.6	0.8	1.0	1.2	1.4	1.6	1.8	2.0
ξ	1.15	2.40	2.90	3.31	3.44	3.40	3.36	3.28	3.20	3.11
$1/b_0$	2.4	2.8	3.2	4.0	5.0	6.0	7.0	9.0	10.0	∞
ξ	3.16	3.18	3.15	3.00	2.89	2.78	2.70	2.50	2.41	2.30

15 合流三通：局部阻力系数 ξ（ξ_1、ξ_2 值以图内所示速度 v_1、v_2 计算）

	S_2/S_3											
Q_2/Q_3	0.00	0.03	0.05	0.1	0.2	0.3	0.4	0.5	0.6	0.7	0.8	1.0
	ξ_2											
0.06	−1.13	−0.07	−0.30	1.82	10.1	23.3	41.5	65.2	—	—	—	—
0.10	−1.22	1.00	−0.75	−0.02	2.88	7.34	13.4	21.1	29.4	—	—	—
0.20	−1.50	−1.35	−1.22	−0.84	−0.05	1.4	2.70	4.46	6.48	8.70	11.4	17.3
0.33	−2.00	−1.80	−1.70	−1.40	−0.72	−0.12	0.52	1.20	1.89	2.56	3.30	4.80
0.50	−3.00	−2.80	−2.6	−2.44	−1.44	−0.91	−0.36	0.14	0.56	0.84	1.18	1.53

续表

序号	名称	图形和断面	局部阻力系数 ξ（$\frac{\xi_1}{\xi_2}$值以图内所示的速度 v 计算）												
								ξ_1							
15	合流三通		0.01	0.00	0.06	0.04	−0.10	−0.81	−2.10	−4.07	−6.60	—	—	—	—
			0.10	−0.01	0.10	0.08	0.04	−0.33	−1.05	−2.14	−3.60	−5.40	—	—	—
			0.20	0.06	0.10	0.13	0.36	0.06	−0.24	−0.73	−1.40	−2.30	−3.34	−3.59	−8.64
			0.33	0.42	0.45	0.48	0.51	0.52	0.32	0.07	−0.32	−0.83	−1.47	−2.19	−4.00
			0.50	1.40	1.40	1.40	1.36	1.26	1.09	0.86	0.53	0.15	−0.52	−0.82	−2.07

序号	名称	图形和断面	$\frac{Q_2}{Q_3}$	S_2/S_3						
				0.1	0.2	0.3	0.4	0.6	0.8	1.0
				ξ_2						
16	合流三通（分支管）	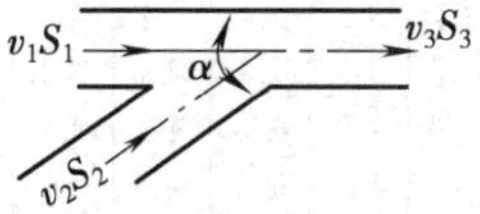 $S_1=S_3$ $S_1+S_2>S_3$ $\alpha=30°$	0	−1.00	−1.00	−1.00	−1.00	−1.00	−1.00	−1.00
			0.1	0.21	−0.46	−0.57	−0.60	−0.62	−0.63	−0.63
			0.2	3.1	0.37	−0.06	−0.20	−0.28	−0.30	−0.35
			0.3	7.6	1.5	0.50	0.20	0.05	−0.08	−0.10
			0.4	13.50	2.95	1.15	0.59	0.26	0.18	0.16
			0.5	21.2	4.58	1.78	0.97	0.44	0.35	0.27
			0.6	30.4	6.42	2.60	1.37	0.64	0.46	0.31
			0.7	41.3	8.5	3.40	1.77	0.76	0.56	0.40
			0.8	53.8	11.5	4.22	2.14	0.85	0.53	0.45
			0.9	58.0	14.2	5.30	2.58	0.89	0.52	0.40
			1.0	83.7	17.3	6.33	2.92	0.89	0.39	0.27

序号	名称	图形和断面	$\frac{Q_2}{Q_3}$	S_2/S_3						
				0.1	0.2	0.3	0.4	0.6	0.8	1.0
				ξ_1						
17	合流三通（直管）	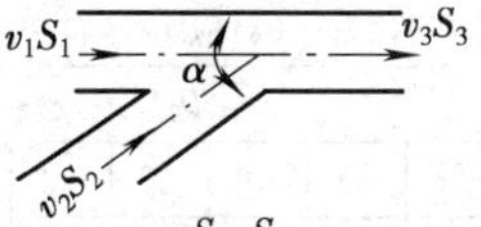 $S_1=S_3$ $S_1+S_2>S_3$ $\alpha=30°$	0	0.00	0	0	0	0	0	0
			0.1	0.02	0.11	0.13	0.15	0.16	0.17	0.17
			0.2	−0.33	0.01	0.13	0.18	0.20	0.24	0.29
			0.3	−1.10	−0.25	−0.01	0.10	0.22	0.30	0.35
			0.4	−2.15	−0.75	−0.30	−0.05	0.17	0.26	0.36
			0.5	−3.60	−1.43	−0.70	−0.35	0.00	0.21	0.32
			0.6	−5.40	−2.35	−1.25	−0.70	−0.20	0.06	0.25
			0.7	−7.60	−3.40	−1.95	−1.2	−0.50	−0.15	0.10
			0.8	−10.1	−4.61	−2.74	−1.82	−0.90	−0.43	−0.15
			0.9	−13.0	−6.02	−3.70	−2.55	−1.40	−0.80	−0.45
			1.0	−16.30	−7.70	−4.75	−3.35	−1.90	−1.17	−0.75

续表

序号	名称	图形和断面	局部阻力系数 ξ（ξ值以图内所示的速度 v 计算）											
18	合流三通	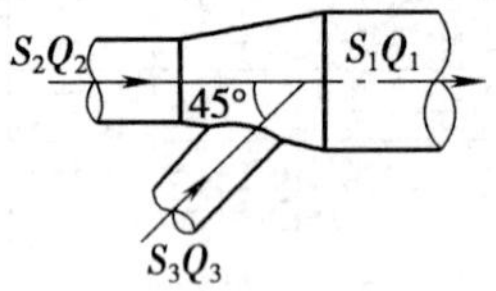	支管 ξ_{31}（对应 v_3）											
			$\frac{S_2}{S_1}$	$\frac{S_3}{S_1}$	Q_3/Q_2									
					0.2	0.4	0.6	0.8	1.0	1.2	1.4	1.6	1.8	2.0
			0.3	0.2	−2.4	−0.01	2.0	3.8	5.3	6.6	7.8	8.9	9.8	11
				0.3	−2.8	−1.2	0.12	1.1	1.9	2.6	3.2	3.7	4.2	4.6
			0.4	0.2	−1.2	0.98	2.8	4.5	5.9	7.2	8.4	9.5	10	11
				0.3	−1.6	−0.27	0.18	1.7	2.4	3.0	3.6	4.1	4.5	4.9
				0.4	−1.8	−0.72	0.07	0.66	1.1	1.5	1.8	2.1	2.3	2.5
			0.5	0.2	−0.46	1.5	3.3	4.9	6.4	7.7	8.8	9.9	11	12
				0.3	−0.94	0.25	1.2	2.0	2.7	3.3	3.8	4.2	4.7	5.0
				0.4	−1.1	−0.24	0.42	0.92	1.3	1.6	1.9	2.1	2.3	2.5
				0.5	−1.2	−0.38	0.18	0.58	0.88	1.1	1.3	1.5	1.6	1.7
			0.6	0.2	−0.55	1.3	3.1	4.7	6.1	7.4	8.6	9.6	11	12
				0.3	−1.1	0	0.88	1.6	2.3	2.8	3.3	3.7	4.1	4.5
				0.4	−1.2	0.48	0.10	0.54	0.89	1.2	1.4	1.6	1.8	2.0
				0.5	−1.3	0.62	−0.14	0.21	0.47	0.68	0.85	0.99	1.1	1.2
				0.6	−1.3	0.69	−0.26	0.04	0.26	0.42	0.57	0.66	0.75	0.82
			0.8	0.2	0.06	1.8	3.5	5.1	6.5	7.8	8.9	10	11	12
				0.3	−0.52	0.35	1.1	1.7	2.3	2.8	3.2	3.6	3.9	4.2
				0.4	−0.67	−0.05	0.43	0.80	1.1	1.4	1.6	1.8	1.9	2.1
				0.6	−0.75	−0.27	0.05	0.28	0.45	0.58	0.68	0.76	0.83	0.88
				0.7	−0.77	−0.31	−0.02	0.18	0.32	0.43	0.50	0.56	0.61	0.65
				0.8	−0.78	−0.34	−0.07	0.12	0.24	0.33	0.39	0.44	0.47	0.50
			1.0	0.2	0.40	2.1	3.7	5.2	6.6	7.8	9.0	11	11	12
				0.3	−0.21	0.54	1.2	1.8	2.3	2.7	3.1	3.7	3.7	4.0
				0.4	−0.33	0.21	0.62	0.96	1.2	1.5	1.7	2.0	2.0	2.1
				0.5	−0.38	0.05	0.37	0.60	0.79	0.93	1.1	1.2	1.2	1.3
				0.6	−0.41	−0.02	0.23	0.42	0.55	0.66	0.73	0.80	0.85	0.89
				0.8	−0.44	−0.10	0.11	0.24	0.33	0.39	0.43	0.46	0.47	0.48
				1.0	−0.46	−0.14	0.05	0.16	0.23	0.27	0.29	0.30	0.30	0.29
			支管 ξ_{21}（对应 v_2）											
			$\frac{S_2}{S_1}$	$\frac{S_3}{S_1}$	Q_3/Q_2									
					0.2	0.4	0.6	0.8	1.0	1.2	1.4	1.6	1.8	2.0
			0.3	0.2	5.3	−0.01	2.0	1.1	0.34	−0.20	−0.61	−0.93	−1.2	−1.4
				0.3	5.4	3.7	2.5	1.6	1.0	0.53	0.16	−0.14	−0.38	−0.58
			0.4	0.2	1.9	1.1	0.46	−0.07	−0.49	−0.83	−1.1	−1.3	−1.5	−1.7
				0.3	2.0	1.4	0.81	0.42	0.08	−0.20	−0.43	−0.62	−0.78	−0.92
				0.4	2.0	1.5	1.0	0.68	0.39	0.16	0.04	−0.21	−0.35	−0.47
			0.5	0.2	0.77	0.34	−0.09	−0.48	−0.81	−1.1	1.3	−1.5	−1.7	−1.8
				0.3	0.85	0.56	0.25	0.03	−0.27	−0.48	−0.67	−0.82	−0.96	−1.1
				0.4	0.88	0.66	0.43	0.21	0.02	−0.15	−0.30	−0.42	−0.54	−0.64
				0.5	0.91	0.73	0.54	0.36	0.21	0.06	−0.06	−0.17	−0.26	−0.35

续表

序号	名称	图形和断面	局部阻力系数 ξ（ξ值以图内所示的速度 v 计算）

19　通风机出口变径管

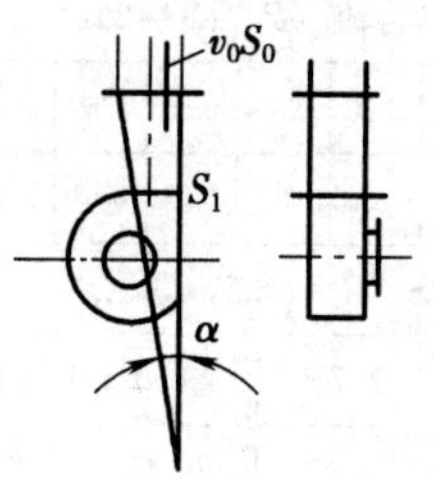

$\alpha°$	S_0/S_1 1.5	2	2.5	3	3.5	4
10	0.08	0.09	0.1	0.1	0.11	0.11
15	0.1	0.11	0.12	0.13	0.11	0.15
20	0.12	0.14	0.15	0.16	0.17	0.18
25	0.15	0.18	0.21	0.23	0.25	0.26
30	0.18	0.25	0.3	0.33	0.35	0.35
35	0.21	0.31	0.38	0.41	0.43	0.44

20　分流三通

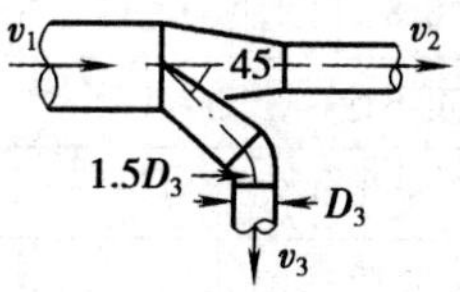

主管道（对应 v_3）

v_2/v_1	0.2	0.4	0.6	0.7	0.8	0.9	1.0	1.1	1.2
ξ_{13}	0.76	0.60	0.52	0.50	0.51	0.52	0.56	0.6	0.68
v_3/v_1	1.4	1.6	1.8	2.0	2.2	2.4	2.6	2.8	3.0
ξ_{13}	0.86	1.1	1.4	1.8	2.2	2.6	3.1	3.7	4.2

主管道（对应 v_2）

v_2/v_1	0.2	0.4	0.6	0.8	1.0	1.2	1.4	1.6	1.8
ξ_{12}	0.14	0.06	0.05	0.09	0.18	0.30	0.46	0.64	0.84

21　90°矩形断面吸入三通

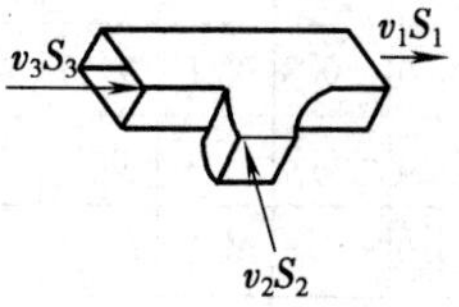

$\frac{Q_2}{Q_1}$	$\frac{S_2}{S_3}$ 0.25	0.50	1.0	$\frac{S_2}{S_3}$ 0.5	1.0
	ξ_2（对应 v_2）			ξ_3（对应 v_3）	
0.1	−0.6	−0.6	−0.6	0.20	0.20
0.2	0.0	−0.2	−0.3	0.20	0.22
0.3	0.4	0.0	−0.1	0.10	0.25
0.4	1.2	0.25	0.0	0.0	0.24
0.5	2.3	0.40	0.1	−0.1	0.20
0.6	3.6	0.70	0.2	−0.2	0.18
0.7	—	1.0	0.3	−0.3	0.15
0.8	—	1.5	0.4	−0.4	0.00

22　矩形三通

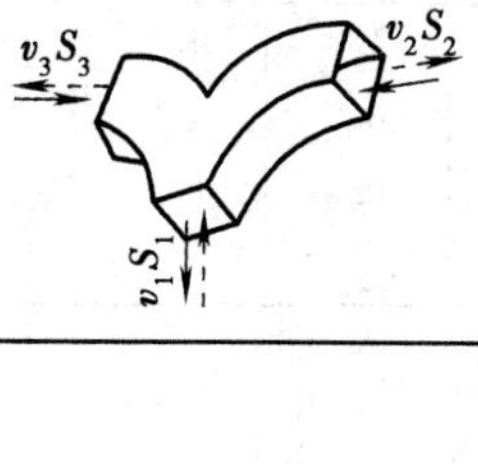

S_2/S_1	0.5	1
分流	0.304	0.247
合流	0.233	0.072

续表

序号	名称	图形和断面	局部阻力系数 ξ（ξ 值以图内所示的速度 v 计算）
23	圆形三通	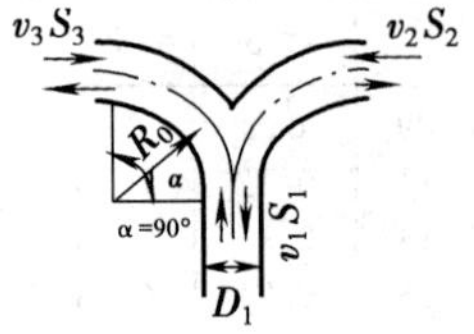	见下表
24	直角三通	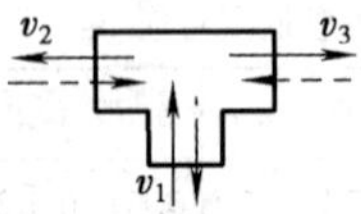	见下表
25	矩形送出三通	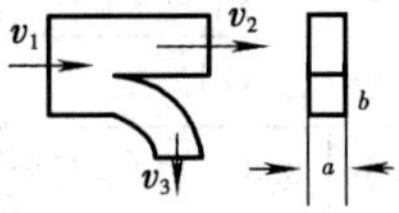	见下表
26	矩形吸入三通	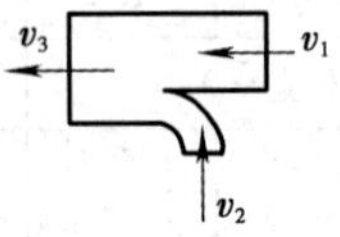	见下表
27	侧孔吸风	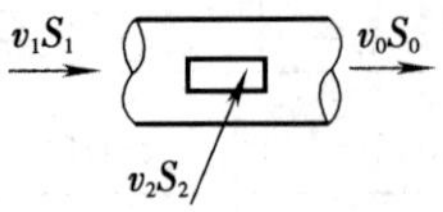	见下表

23 圆形三通

合流（$R_0/D_1=2$）

Q_3/Q_1	0	0.10	0.20	0.30	0.40	0.50	0.60	0.70	0.80	0.90	1.0
ξ_1	−0.13	−0.10	−0.07	−0.08	0	0.03	0.03	0.03	0.03	0.05	0.08

分流（$S_3/S_1=0.5$，$Q_3/Q_1=0.5$）

R_0/D_1	0.5	0.75	1.0	1.5	2.0
ξ_1	1.10	0.60	0.40	0.25	0.20

24 直角三通

v_2/v_1	0.6	0.8	1.0	1.2	1.4	1.6
ξ_{12}	1.18	1.32	1.50	1.72	1.98	2.28
ξ_{21}	0.6	0.8	1.0	1.6	1.9	2.5

25 矩形送出三通

$v_2/v_1<1$ 时可不计，$v_2/v_1\geqslant1$ 时

x	0.25	0.5	0.75	1.0	1.25
ξ_2	0.21	0.07	0.05	0.15	0.36
ξ_3	0.30	0.20	0.30	0.4	0.65

表中：$x=\left(\frac{v_3}{v_1}\right)\times\left(\frac{a}{b}\right)^{1/4}$

$\Delta P=\xi\frac{\rho v_1^2}{2}$

26 矩形吸入三通

v_1/v_3	0.4	0.6	0.8	1.0	1.2	1.5
$\frac{S_1}{S_3}=0.75$	−1.2	−0.3	0.35	0.8	1.1	—
0.67	−1.7	−0.9	−0.3	0.1	0.45	0.7
0.60	−2.1	−0.3	−0.8	0.4	0.1	0.2
ξ_2	−1.3	−0.9	−0.5	0.1	0.55	1.4

$\Delta P=\xi\frac{\rho v_3^2}{2}$

27 侧孔吸风

$\frac{S_2}{S_1}$	Q_2/Q_0				
	0.1	0.2	0.3	0.4	0.5
	ξ_0				
0.1	0.8	1.3	1.4	1.4	1.4
0.2	−1.4	0.9	1.3	1.4	1.4
0.4	−9.5	0.2	0.9	1.2	1.3
0.6	−21.2	−2.5	0.3	1.0	1.2

续表

<table>
<tr><th>序号</th><th>名称</th><th>图形和断面</th><th>局部阻力系数 ξ（ξ 值以图内所示的速度 v 计算）</th></tr>
<tr><td>27</td><td>侧孔吸风</td><td></td><td>
<table>
<tr><td rowspan="3">$\frac{S_2}{S_1}$</td><td colspan="4">Q_2/Q_0</td></tr>
<tr><td>0.1</td><td>0.2</td><td>0.3</td><td>0.4</td></tr>
<tr><td colspan="4">ξ_1</td></tr>
<tr><td>0.1</td><td>0.1</td><td>−0.1</td><td>−0.8</td><td>−2.6</td></tr>
<tr><td>0.2</td><td>0.1</td><td>0.2</td><td>−0.01</td><td>−0.6</td></tr>
<tr><td>0.4</td><td>0.2</td><td>0.3</td><td>0.3</td><td>0.2</td></tr>
<tr><td>0.6</td><td>0.2</td><td>0.3</td><td>0.4</td><td>0.4</td></tr>
</table>
</td></tr>
<tr><td>28</td><td>调节式送风口</td><td>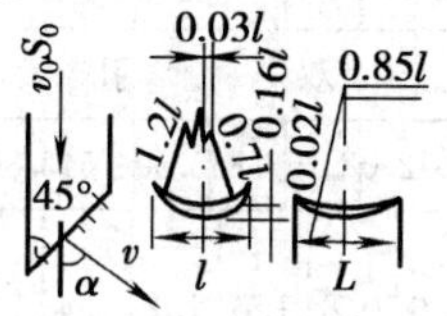
</td><td>
<table>
<tr><td>α°</td><td>30</td><td>40</td><td>50</td><td>60</td><td>70</td><td>80</td><td>90</td><td>100</td><td>110</td></tr>
<tr><td>流线型叶片</td><td>6.4</td><td>2.7</td><td>1.7</td><td>1.6</td><td>—</td><td>—</td><td>—</td><td>—</td><td>—</td></tr>
<tr><td>简易叶片</td><td>—</td><td>—</td><td>—</td><td>1.2</td><td>1.2</td><td>1.4</td><td>1.8</td><td>2.4</td><td>3.5</td></tr>
</table>
</td></tr>
<tr><td>29</td><td>带外挡板的条缝形送风口</td><td>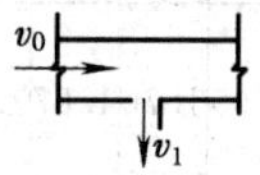
</td><td>
<table>
<tr><td>v_1/v_0</td><td>0.6</td><td>0.8</td><td>1.0</td><td>1.2</td><td>1.5</td><td>2.0</td></tr>
<tr><td>ξ_1</td><td>2.73</td><td>3.3</td><td>4.0</td><td>4.9</td><td>6.5</td><td>10.4</td></tr>
</table>
</td></tr>
<tr><td>30</td><td>侧面送风口</td><td>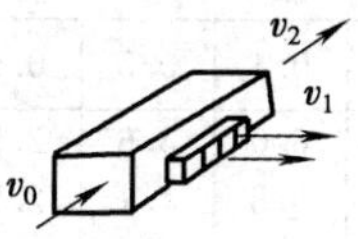
</td><td>$\xi=2.04$</td></tr>
<tr><td>31</td><td>45°的固定金属百叶窗</td><td>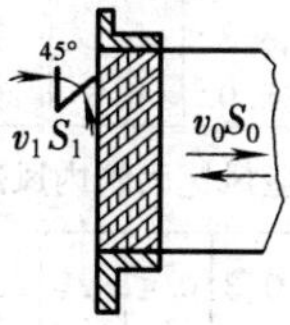
</td><td>
<table>
<tr><td>$\frac{S_1}{S_0}$</td><td>0.1</td><td>0.2</td><td>0.3</td><td>0.4</td><td>0.5</td><td>0.6</td><td>0.7</td><td>0.8</td><td>0.9</td><td>1.0</td></tr>
<tr><td>进风 ξ</td><td>—</td><td>45</td><td>17</td><td>6.8</td><td>4.0</td><td>2.3</td><td>1.4</td><td>0.9</td><td>0.6</td><td>0.5</td></tr>
<tr><td>排风 ξ</td><td>—</td><td>58</td><td>24</td><td>13</td><td>8.0</td><td>5.3</td><td>3.7</td><td>2.7</td><td>2.0</td><td>1.5</td></tr>
<tr><td colspan="11">S_0—净面积</td></tr>
</table>
</td></tr>
<tr><td>32</td><td>单面空气分布器</td><td>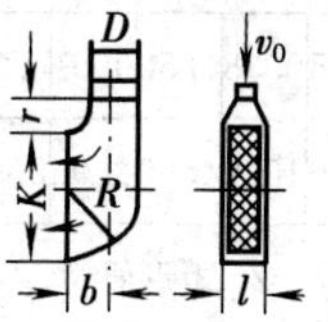
</td><td>当网格净面积为 80%时　$r=0.2D$　$R=1.2D$
$b=0.7D$　$l=1.25D$
$\xi=1.0$　$K=1.8D$</td></tr>
</table>

续表

序号	名称	图形和断面	局部阻力系数 ξ（ξ 值以图内所示的速度 v 计算）

33 侧面孔口（最后孔口）

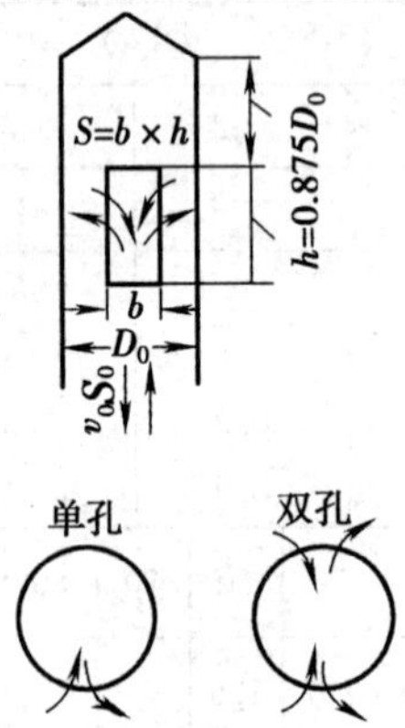

	S/S_0	0.2	0.3	0.4	0.5	0.6	0.7	0.8	0.9	1.0	1.2	1.4	1.6	1.8
送出	单孔													
	ξ	65.7	30.0	16.4	10.0	7.30	5.50	4.48	3.67	3.16	2.44	—	—	—
	双孔													
	ξ	67.7	33.0	17.2	11.6	8.45	6.80	5.86	5.00	4.38	3.47	2.90	2.52	2.25
吸入	单孔													
	ξ	64.5	30.0	14.9	9.00	6.27	4.54	3.54	2.70	2.28	1.60	—	—	—
	双孔													
	ξ	66.5	36.5	17.0	12.0	8.75	6.85	5.50	4.54	3.84	2.78	2.01	1.40	1.10

34 墙孔

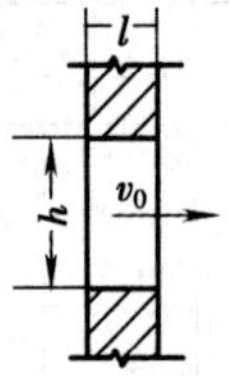

$\frac{l}{h}$	0.0	0.2	0.4	0.6	0.8	1.0	1.2	1.4	1.6	1.8	2.0	4.0
ξ	2.83	2.72	2.60	2.34	1.95	1.76	1.67	1.62	1.6	1.6	1.55	1.55

35 孔板送风口

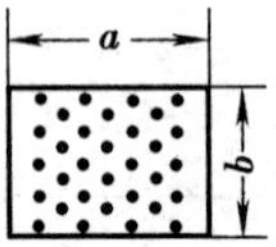

v	开孔率 0.2	0.3	0.4	0.5	0.6	
0.5	30	12	6.0	3.6	2.3	$\Delta P=\xi=\frac{v^2\rho}{2}$ v 为面风速
1.0	33	13	6.8	4.1	2.7	
1.5	35	14.5	7.4	4.6	3.0	
2.0	39	15.5	7.8	4.9	3.2	
2.5	40	16.5	8.3	5.2	3.4	
3.0	41	17.5	8.0	5.5	3.7	

36 插板槽

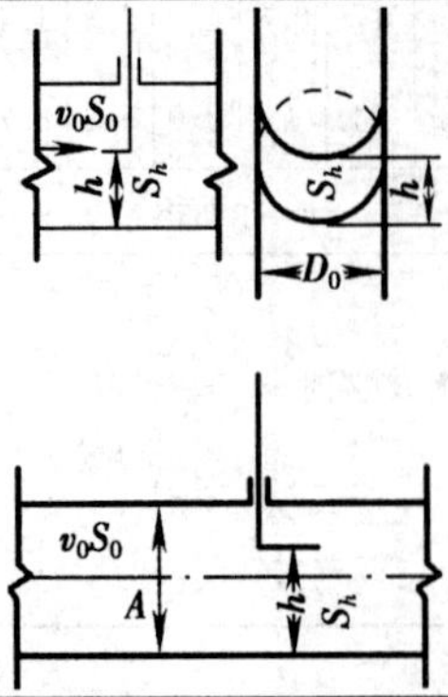

ξ 值（相应风速为管内风速 v_0）

h/D_0	0	0.1	0.13	0.2	0.3	0.4	0.5	0.6	0.7	0.8	0.9	1.0
1. 圆管												
S_h/S_0	0	—	0.16	0.25	0.38	0.50	0.61	0.71	0.81	0.90	0.96	1.0
ξ	∞	—	97.9	35.0	10.0	4.60	2.06	0.98	0.44	0.17	0.06	0
2. 矩形管												
ξ	∞	193	—	44.5	17.8	8.12	4.02	2.08	0.95	0.39	0.09	0

续表

序号	名称	图形和断面	局部阻力系数 ξ（ξ 值以图内所示的速度 v 计算）
37	蝶阀	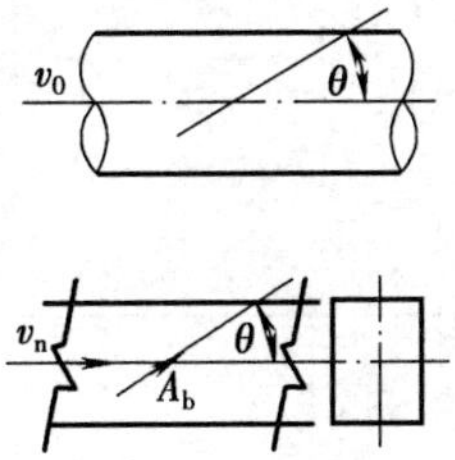	见下表

ξ 值（相应风速为管内风速 v_0）

θ (°)	0	10	20	30	40	50	60
1. 圆管							
ξ_0	0.20	0.52	1.5	4.5	11	29	108
2. 矩形管							
ξ_0	0.04	0.33	1.2	3.3	9.0	26	70

序号	名称	图形和断面	局部阻力系数 ξ
38	矩形风管平行式多叶阀	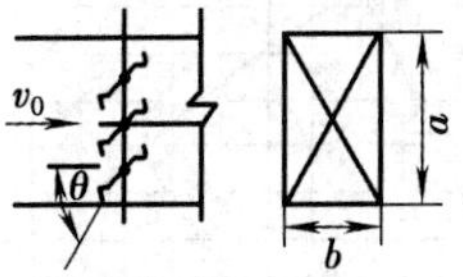	见下表

ξ 值（相应风速为管内风速 v_0）

$\frac{l}{s}$	θ (°) 80	70	60	50	40	30	20	10	0
0.3	116	32	14	9.0	5.0	2.3	1.4	0.79	0.52
0.4	152	38	16	9.0	6.0	2.4	1.5	0.85	0.52
0.5	188	45	18	9.0	6.0	2.4	1.5	0.92	0.52
0.6	245	45	21	9.0	5.4	2.4	1.5	0.92	0.52
0.8	284	55	22	9.0	5.4	2.5	1.5	0.92	0.52
1.0	361	65	24	10	5.4	2.6	1.6	1.0	0.52
1.5	576	102	28	10	5.4	2.7	1.6	1.0	0.52

$$\frac{l}{s}=\frac{n\cdot b}{2\ (a+b)}$$

l——合计的阀门叶片总长度，mm；
s——风管的周长，mm；
n——阀门叶片的数量；
b——平行于叶片轴的风管尺寸，mm。

序号	名称	图形和断面	局部阻力系数 ξ
39	矩形风管对开式多叶阀	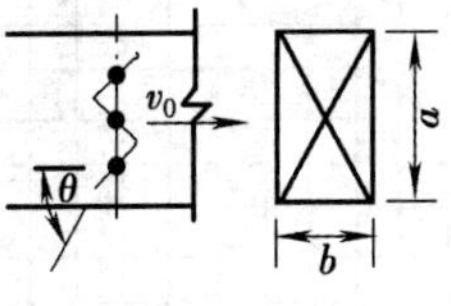	见下表

ξ 值（相应风速为管内风速 v_0）

$\frac{l}{s}$	θ (°) 80	70	60	50	40	30	20	10	0
0.3	807	284	73	21	9.0	4.1	2.1	0.85	0.52
0.4	915	332	110	28	11	5.0	2.2	0.92	0.52
0.5	1 045	377	122	33	13	5.4	2.3	1.0	0.52
0.6	1 121	411	148	38	14	6.0	2.3	1.0	0.52
0.8	1 299	495	188	54	18	6.6	2.4	1.0	0.52
1.0	1 521	547	245	65	21	7.3	2.7	1.2	0.52
1.5	1 654	677	361	107	28	9.0	3.2	1.4	0.52

附录 6　　通风压力单位换算表

单位名称	帕斯卡 (Pa)	巴 (bar)	公斤力/米^2 (mmH_2O)	公斤力/厘米^2（工程大气压）(at)	毫米汞柱 (mmHg)	标准大气压 (atm)
帕斯卡	1	10^{-5}	0.101 972	$0.101\ 972\times10^{-4}$	$7.500\ 62\times10^{-3}$	$9.869\ 23\times10^{-6}$
公斤力/米^2	9.806 65	$9.806\ 65\times10^{-5}$	1	1×10^{-4}	$7.355\ 59\times10^{-2}$	$9.678\ 41\times10^{-5}$
毫米汞柱	133.322	$1.333\ 22\times10^{-4}$	13.595	1.3595×10^{-3}	1	$1.315\ 79\times10^{-3}$
标准大气压	101 325	1.013 25	10 332.3	1.033 23	760	1

附录 7　　几种通风机的性能特性曲线

一、4－72－11 型离心式通风机的性能特性曲线

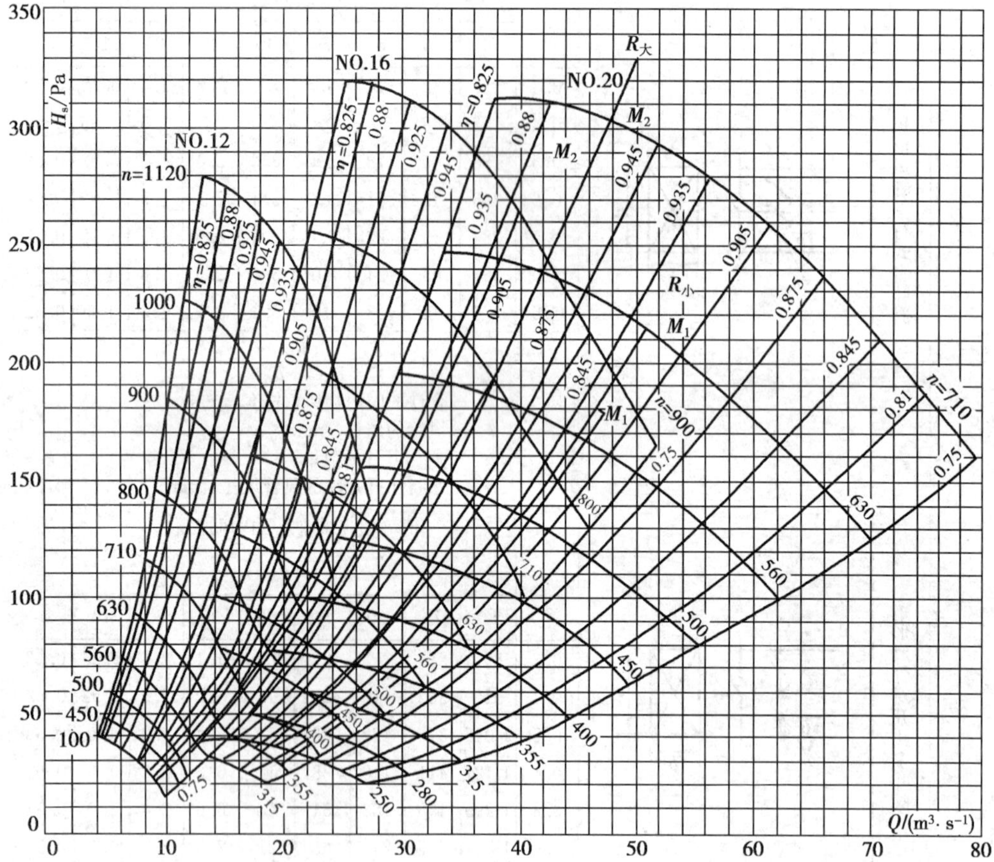

二、2K－60 型轴流式通风机的性能特性曲线

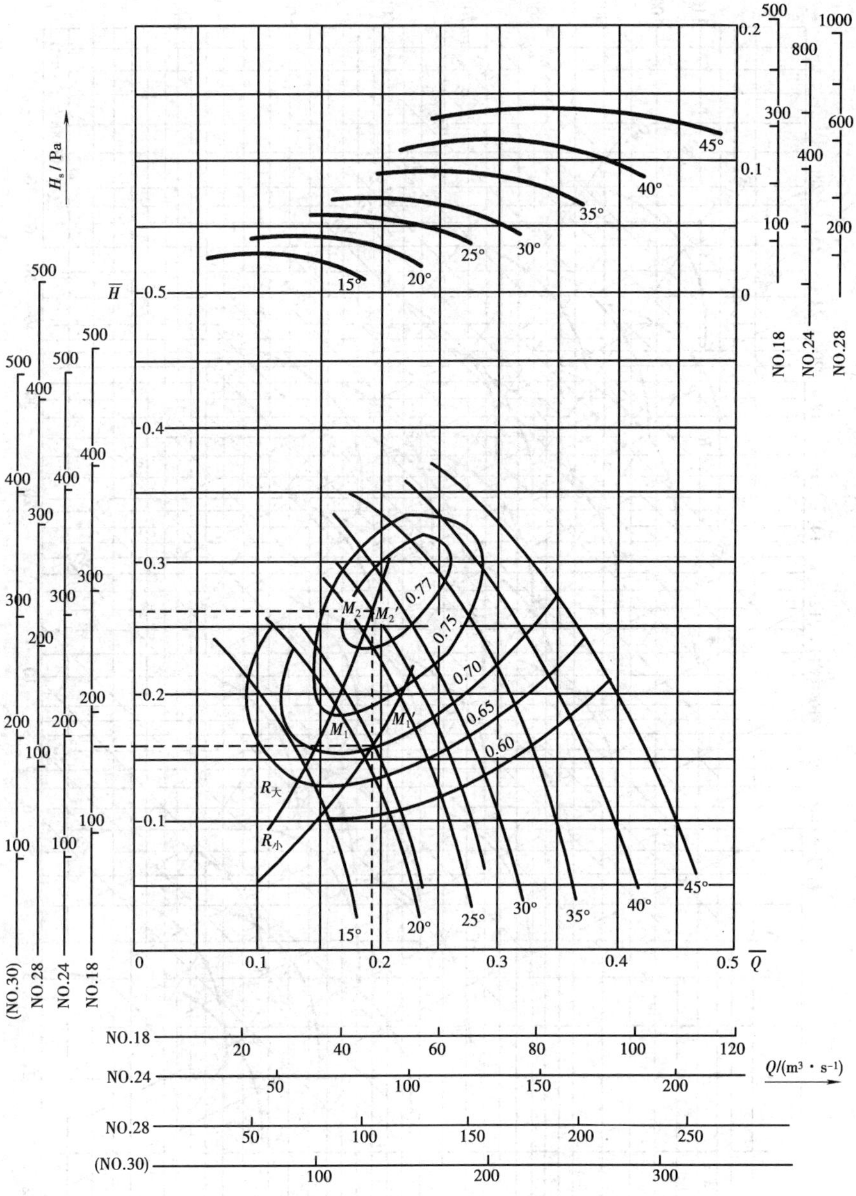

注：NO. 18，n=985 r/min；NO. 24，n=750 r/min；NO. 28，n=600 r/min

三、G4－73－11 型离心通风机的性能特性曲线

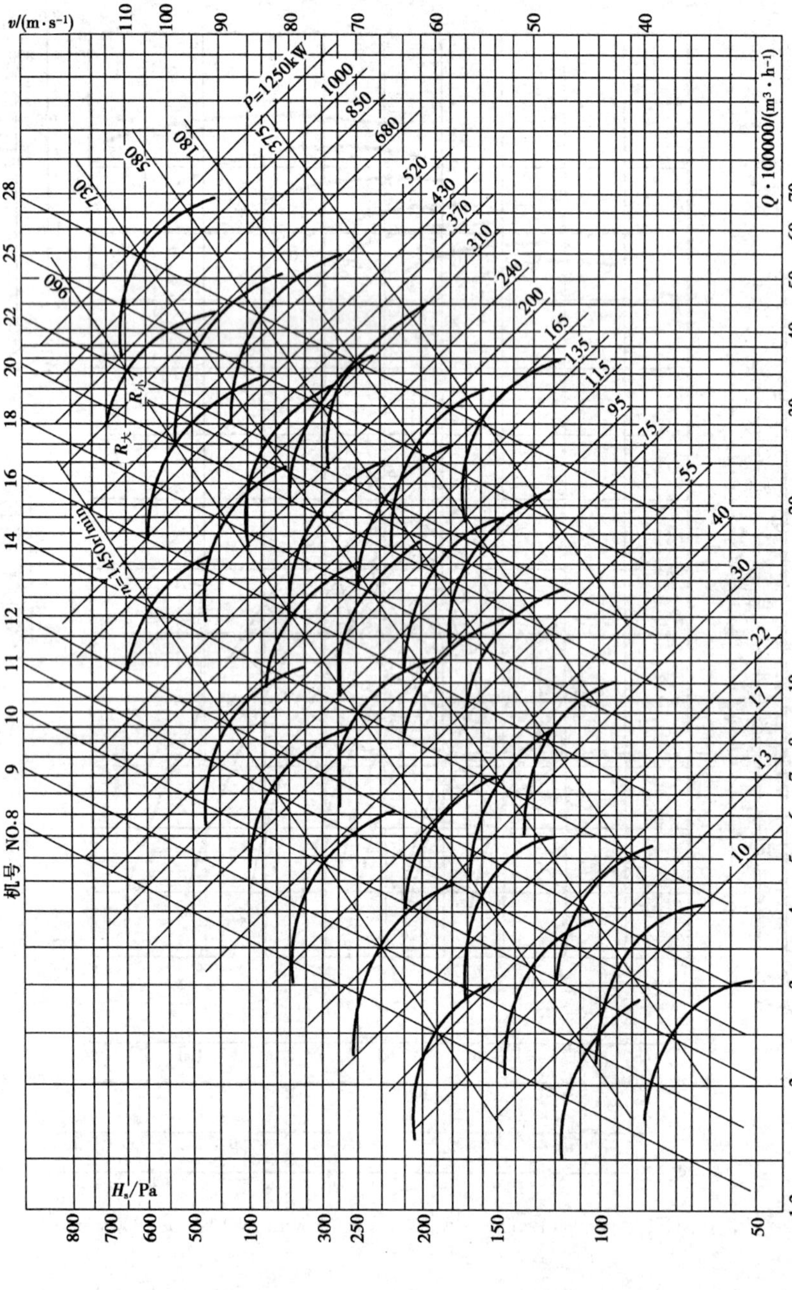

四、BD 系列风机的性能特性曲线

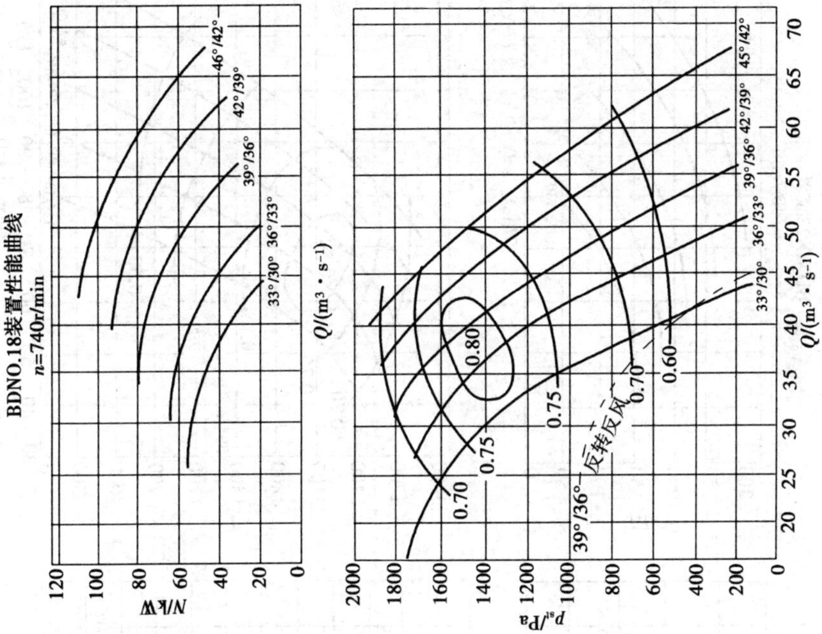

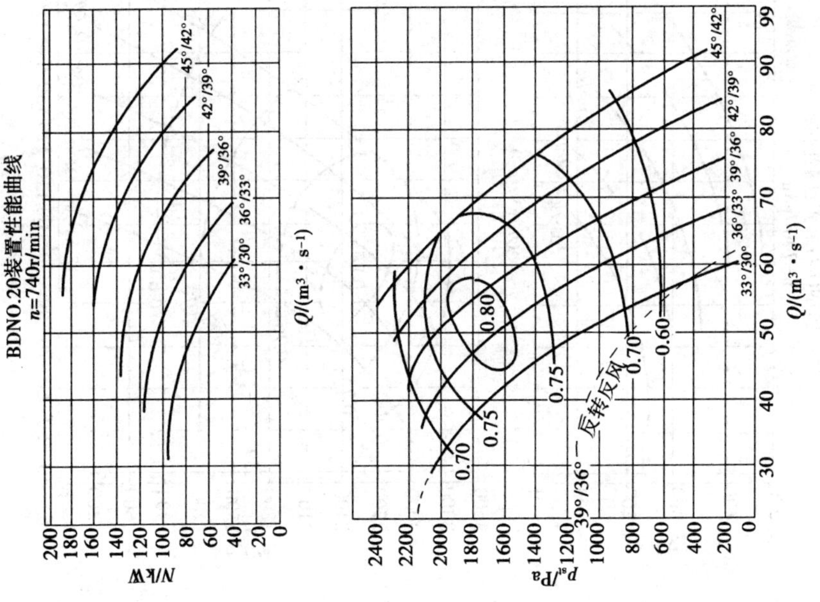

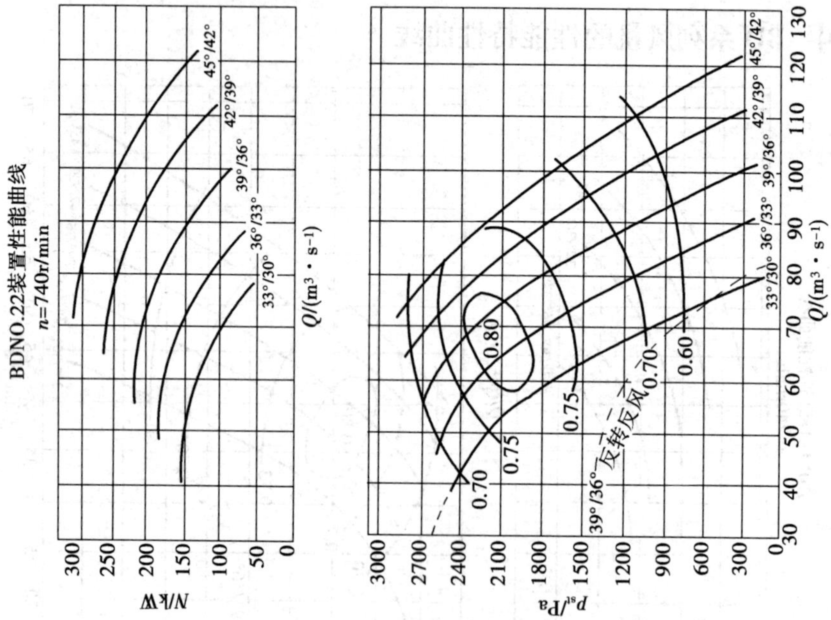
BDNO.22装置性能曲线
n=740r/min
N/kW
Q/(m³ · s⁻¹)
45°/42°
42°/39°
39°/36°
36°/33°
33°/30°
p_{st}/Pa
0.80
0.75
0.70
0.60
39°/36°
反转反风

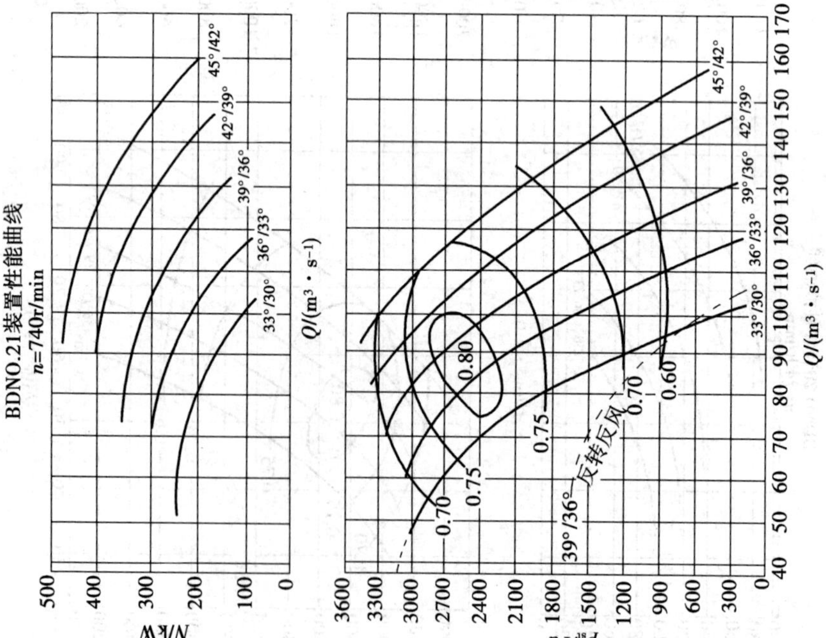
BDNO.21装置性能曲线
n=740r/min
N/kW
Q/(m³ · s⁻¹)
45°/42°
42°/39°
39°/36°
36°/33°
33°/30°
p_{st}/Pa
0.80
0.75
0.70
0.60
39°/36°
反转反风

附录 8　几种典型通风机的性能范围

种类	型号	名称	全压范围(Pa)	风量范围(m^3/h)	功率范围(kW)	操作温度(℃)	主要用途
一般离心通风机	4－72－11 T4－72 4－79 11－74	离心通风机 离心通风机 离心通风机 低噪声离心通风机	200～3 240 180～3 200 180～3 400 150～760	990～227 500 850～408 000 990～438 000 500～82 700	1.1～210 0.75～310 0.75～245 0.18～10	≤80 ≤80 ≤80 —	一般厂房通风换气 一般厂房通风换气 一般厂房通风换气 要求低噪声所通风空调
排尘离心通风机	C4－73－11 6－46－11	排尘离心通风机 排尘离心通风机	300～4 000 410～1 900	1 730～19 350 710～46 320	0.8～22 1.1～55	≤80	输送尘埃、纤维、杂屑 输送尘埃、纤维、杂屑
防爆离心通风机	B4－72－11	防爆离心通风机	200～3 240	990～77 500	1.1～75	—	用于产生易挥发气体的厂房通风换气
防爆离心通风机	F4－72	不锈钢离心通风机	280～3 240	1 470～8 370	1.1～13	—	—
高压离心通风机	9－26－11 101 8－18－001 12	离心通风机 离心通风机	3 370～16 250 3 450～16 900	690～57 590 620～97 600	1.5～410 1.5～410	≤50 ≤80	高压强制通风,气力输送用
塑料离心通风机	上塑 4－72 北塑 4－72 P4－72	塑料离心通风机 塑料离心通风机 塑料离心通风机	90～1 560 280～1 160 90～1 160	400～18 560 1 170～10 180 400～18 560	0.37～5.5 1.1～4.0 0.6～5.5	—	用于防腐、防爆厂房排风 用于防腐、防爆厂房排风 用于防腐、防爆厂房排风

参考文献

1 马中飞．工业通风与防尘［M］．北京：化学工业出版社，2007
2 茅清希．工业通风［M］．上海：同济大学出版社，1998
3 孙一坚．工业通风［M］．北京：中国建筑工业出版社，1994
4 张国枢等．通风安全学［M］．徐州：中国矿业大学出版社，2000
5 谭天佑等．工业通风除尘技术［M］．北京：中国建筑工业出版社，1984
6 王汉青等．通风工程［M］．北京：机械工业出版社，2005
7 向晓东．现代除尘理论与技术［M］．北京：冶金工业出版社，2002
8 叶钟元．矿尘防治［M］．徐州：中国矿业大学出版社，1991.02
9 孙研．通风机选型实用手册．北京：机械工业出版社，2000.01
10 苏德全等．通风与空气调节［M］．哈尔滨工业大学出版社，2002
11 孙一坚．简明通风设计手册［M］．北京：中国建筑工业出版社，1994
12 何天祺．供暖通风与空气调节［M］．重庆大学出版社，2002
13 吴超．化学抑尘［M］．长沙：中南大学出版社，2003
14 浑宝炬等．矿井粉尘检测与防治技术［M］．北京：化学工业出版社，2005
15 郝吉明等．大气污染控制工程［M］．北京：高等教育出版社，2002
16 李广超．大气污染控制技术［M］．北京：化学工业出版社，2004
17 齐文启，孙宗光，边归国．环境监测新技术［M］．北京：化学工业出版社，2004
18 赵以惠．矿井通风与空气调节［M］．徐州：中国矿业大学出版社，1990
19 李强民．置换通风原理、设计及应用．暖通空调，2000（5）：41－46
20 蒋裕平．磁化水除尘的研究［J］．科学技术与工程，2004（6）：494－498
21 王开松等．采煤机综合防尘措施的改进［J］．矿山机械，2004（7）：109－110
22 蒋仲安等．泡沫除尘机理与泡沫药剂配方的要求［J］．中国矿业，1995（6）：

61—64

23 齐金彦等. 陶瓷质微孔管过滤式除尘器的研究 [J]. 环境工程，1999 (12)：33—36

24 王开德. 球型阀门自动喷雾降尘技术在转载点上的应用 [J]. 煤炭科学技术，1999 (12)：33—36

25 李德文. 预荷电喷雾降尘技术的研究 [J]. 矿业安全与环保，1994 (6)：8—11

26 吴琨等. 荷电水雾振弦栅除尘技术机理研究 [J]. 金属矿山，2004 (8)：59—62

27 赵星光等. 露天矿山运输路面抑尘剂的研究与综述 [J]. 黄金，2005 (9)：48—50

28 徐启明等. 滤料的应用及其发展 [J]. 污染防治技术，2006 (2)：38—40

29 余战桥等. 用荷电水雾控制敞开空间粉尘污染 [J]. 工业安全与环保，1997 (2)：1—3

30 张明江等. 高压静电抑制尘源技术在水泥厂中的应用 [J]. 吉林建材，1999 (1)：34—36

31 马中飞等. 文氏管组喷雾器在采煤机降尘技术中的应用 [J]. 煤矿安全，2003 (1)：21—23

32 马中飞等. 采煤机吸尘滚筒降尘技术的初步研究 [J]. 煤炭科学技术，2001 (1)：7—9

33 李永生. 隧道施工方式的选择 [J]. 西部探矿工程，2004 (6)：86—89

34 王银生等. 静电喷雾除尘适于微细粉尘的理论分析 [J]. 东北大学学报（自然科学版），1996 (3)：301—304

35 蓝惠霞等. 高梯度磁分离技术用于工业烟气除尘的研究 [J]. 冶金能源，2004 (1)：55—59

36 蒋文举、宁平. 大气污染控制工程 [M]. 成都：四川大学出版社，2001

37 许居鹓. 机械工业采暖通风与空调设计手册 [M]. 上海：同济大学出版社，2007

38 彭伟功. 高梯度磁净化除尘的理论及实验研究 [D]. 中国优秀博硕士学位论文全文数据库（硕士），2004，(4)